21世纪普通高等院校规划教材

土壤地理学与生物地理学实习实践教程

主编 郝汉舟

西南交通大学出版社
·成 都·

内容简介

土壤地理学与生物地理学是一门实践性、综合性很强的课程。其中，土壤地理与生物地理的实验实习在该课程的教学过程中是一个重要的教学环节。在课堂系统学习和基础理论知识讲授的基础上，需要结合实验室室内实验及野外实践来培养学生的实践动手能力和创新能力。本教程内容包括基础知识、室内实验、野外实习三个部分。基础知识部分主要介绍 GPS、罗盘的使用以及地形图、地质图的判读等内容；室内实验的目的在于应用理化测试手段，培养学生的理化分析、结果计算和数据处理技能；野外实习包括野外土壤地理调查、水文地理学实验以及植物分类实践。本教程内容涵盖基本层次的验证性实验、提高层次的综合性和设计性实验以及高级层次的创新性实验三个层次的实验和实习内容。

本书可作为地理科学专业、地理信息系统专业、环境科学专业、生态学专业本科学生及研究生的参考书，也可作为科研工作者及高等院校教师参考用书。

图书在版编目（CIP）数据

土壤地理学与生物地理学实习实践教程 /郝汉舟主编. —成都：西南交通大学出版社，2013.6
21 世纪普通高等院校规划教材
ISBN 978-7-5643-2291-5

Ⅰ. ①土… Ⅱ. ①郝… Ⅲ. ①土壤地理学－高等学校－教材②生物地理学－高等学校－教材 Ⅳ. ①S159②Q15

中国版本图书馆 CIP 数据核字（2013）第 081571 号

21 世纪普通高等院校规划教材

土壤地理学与生物地理学实习实践教程

主编　郝汉舟

*

责任编辑　陈　斌
封面设计　何东琳设计工作室
西南交通大学出版社出版发行
（成都二环路北一段 111 号　邮政编码: 610031　发行部电话: 028-87600564）
http: //press.swjtu.edu.cn
四川五洲彩印有限责任公司印刷

*

成品尺寸: 185 mm × 260 mm　印张: 21.75
字数: 534 千字
2013 年 6 月第 1 版　2013 年 6 月第 1 次印刷
ISBN 978-7-5643-2291-5
定价: 39.80 元

《土壤地理学与生物地理学实习实践教程》
编 委 会

前　言

土壤地理与生物地理实验实习指导书是高等院校土壤专业、地理专业、生态专业、环境科学专业及相关专业的培养学生能力的重要教材，也可以作为其他相关学科教师的教学参考书。强化实践教学环节、提高实践教学质量、培养学生实践能力和创新意识，是高等教育改革与发展的方向。近年来，各高校的地理相关专业也在不断拓展，急需立足地方特色，满足教学、实践需求的教材。据此，湖北科技学院组织，邀请中国地质大学（武汉）、华中农业大学、湖北师范学院、湖北文理学院、黄冈师范学院五所开设地理科学专业的骨干老师，共同编写了这本《土壤地理学与生物地理学实习实践教程》。

在本教材中，我们认为：① 学生在基础能力的培养方面，应了解实验室的规范和野外实习的准备，如化学实验室纯水及试剂规格、GPS 及罗盘使用、地形图和地质图的判读。② 室内实验方面，考虑生态学、环境科学方面的需要，注意生态学观点在研究土壤地理的体现。③ 野外实习方面，立足湖北的土壤地理与生物地理的特点，如突出南方的红壤、九宫山土壤与生物的地带性分布特点等。④ 生物地理方面，注重联系生态学和环境学的相关知识，扩展学生的视野。

在编写本教材的过程中，限于作者知识水平，以及学科交叉综合的特点，书中缺点在所难免，恳请读者批评指正。

编　者

2013年4月

目 录

第一部分 基础知识

第二部分 室内实验

第三部分　野外实习

第一部分　基础知识

第一章　GPS的使用

第二章　地形图和地质图的判读

第三章　地质罗盘仪的野外应用

第四章　化学实验室纯水及试剂规格

第一章　GPS 的使用

全球定位系统（Global Positioning System），简单地说，这是一个由覆盖全球的 24 颗卫星组成的卫星系统。这个系统可以保证在任意时刻，地球上任意一点都可以被 4 颗卫星同时观测到，以保证卫星可以采集到该观测点的经纬度和高度，以便实现导航、定位、授时等功能。

目前，GPS 已广泛应用于交通运输、军事和野外作业等各领域。在地学研究领域的全球或区域尺度上，利用高精度 GPS 可以监测板块移动和大陆隆升及水库大坝是否发生位移等。地质野外作业用的是中等精度的 GPS 接收机，主要用途为定位、导航，其单机定位误差为 15 ~ 25 m RMS，甚至更大。

目前情况下，GPS 定位优势体现在地物标志不明显的地形平缓地区，如海洋、沙漠、高原和平原地区。

一、基本理论

（一）GPS 的组成

全球定位系统由三部分构成：

（1）地面控制部分。由主控站（负责管理、协调整个地面控制系统的工作）、地面天线（在主控站的控制下，向卫星注入寻电文）、监测站（数据自动收集中心）和通讯辅助系统（数据传输）组成。

（2）空间部分。由 24 颗卫星组成，分布在 6 个轨道平面上。

（3）用户装置部分。主要由 GPS 接收机和卫星天线组成。

（二）GPS 定位原理

GPS 卫星定位技术是通过安置在地球表面的 GPS 接收机同时接收 4 颗以上的 GPS 卫星发出的信号来测定接收机的位置，即显示出本地的坐标。坐标有二维、三维两种坐标表示，当 GPS 能够收到 4 颗及以上卫星信号时，它能计算出本地的三维坐标：纬度、经度、高度。若只能收到 3 颗卫星信号，它只能计算出二维坐标：经度和纬度。这时它可能还会显示出高度数据，但这数据是无效的。

GPS 的工作原理是利用三颗以上的卫星的已知空间位置可交会出地面未知点（用户接收机）的位置。

设时刻 t_i 观察点用 GPS 接收机同时测得 p 点 3 颗 GPS 卫星 s_1，s_2，s_3 的距离为 ρ_1，ρ_2，

ρ_3，通过 GPS 电文译出卫星的坐标为（x_i，y_i，z_i），$i=1$，2，3。用距离交会的方法求解 p 点的三维坐标：

$$\rho_1^2=(x-x_1)^2+(y-y_1)^2+(z-z_1)^2$$

$$\rho_2^2=(x-x_2)^2+(y-y_2)^2+(z-z_2)^2$$

$$\rho_3^2=(x-x_3)^2+(y-y_3)^2+(z-z_3)^2$$

再将 p 点的三维坐标换算成纬度、经度和高度，即可达到定位的目的。

（三）坐标转换

因为地球是一个球体，用平面表示时需要做投影变换。投影变换有很多种方法，如世界地图一般采用等差分纬线多圆锥投影，中国地图采用等积圆锥投影（$Q_1=25$，$Q_2=47$）；而我们用的 1∶5 万和 1∶10 万及 1∶1 万的地形图是采用高斯-克吕格投影。高斯-克吕格投影是用数学的方法解决球面展开平面的矛盾，其特点是：在很小的范围内，球面上的图形投影到平面后，图形的角度不变，即投影前后的图形是相似的。设想用一个圆柱横套在地球椭球的外面，并与设定的中央经线相切，将球面投影到柱面上，柱面展开就是一平面。投影结果有以下特点：

（1）中央子午线（Central meridian）的投影为一条直线，且投影后长度无变形，其余经线（Longitude）为凹向中央子午线的对称曲线。

（2）赤道（Equator）的投影也为一条直线，其余纬线（Latitude）的投影是凸向赤道的162°对称曲线。

（3）经纬线投影后，仍然保持互相垂直的关系，即投影前后角度无变形。

（4）中央经线和赤道的投影为互相垂直的直线，成为其他经纬线投影的对称轴（见图 1.1.1）。

高斯-克吕格投影其角度无变形，但在长度变形上，除中央子午线无变形外，离中央子午线愈远其变形愈大。变形过大对于图形表达不利。为控制变形，采用分带投影的方法，在比例尺（1∶2.5 万）~（1∶50 万）图上采用 6°分带，对比例尺为 1∶1 万及大于 1∶1 万的图采用 3°分带。由于中央子午线和赤道投影后为一相互垂直的直线，从而建立平面直角坐标系统。为便于应用，在每一投影带内，引用一系列平行于 X 轴和 Y 轴的直线，而组成直角坐标网，其间隔一般为 1 km 或 2 km，故称公里格网。其横坐标 Y 位于中央子午线以东为正，以西为负；纵坐标 X 位于赤道以北为正，以南为负。我国领土全部位于赤道以北，故 X 值均为正。为了避免横坐标出现负值，我国规定将各带纵坐标轴西移 500 km（见图 1.1.2），即将所有 Y 值加上 500 km，同时为了能从点的坐标值上直接说明其所属的投影带，而在 Y 坐标值前再加各带带号，以 18 带为例，原坐标值为 $y=243\ 353.5$ m，西移后为 $y=743\ 353.5$ m，加带号通用坐标为 $y=18\ 743\ 353.5$ m。值得指出的是，这里的 x、y 坐标与通常坐标系的 x、y 方向相反。

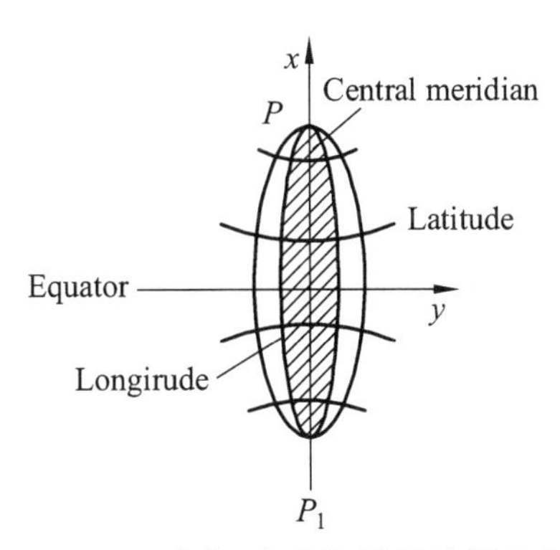

图 1.1.1 高斯-克吕格投影结果示意图

（据武汉地质学院测量教研室，1978，改编）

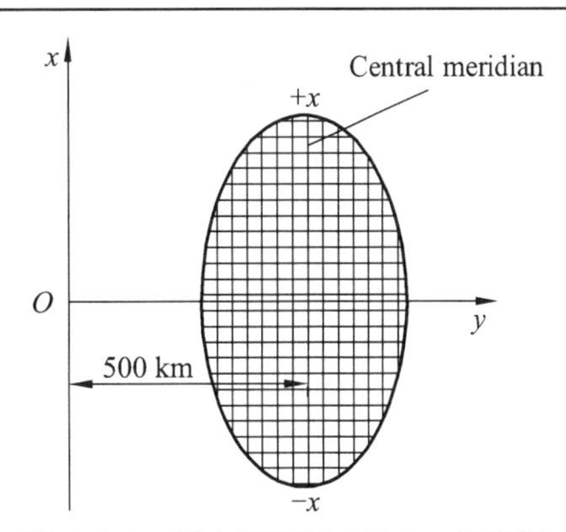

图 1.1.2 横坐标西移 500 km 示意图

多数 GPS 具有地理坐标和直角坐标系统，只要正确设置即可获得直角坐标。如果 GPS 没有设置直角坐标系统功能则需要坐标转换，可以利用地理信息系统中函数进行转换（如 MAPGIS 或 MAPINFO、ARC/INFO、ARCVIEW），也可以根据上述原理自己编程或查表进行转换。

值得注意的是，坐标系转换过程中，椭球参数的正确选择很重要，否则会得到不正确的结果。如黄院 281 高地（三脚架所在地）的 GPS 实测坐标为 115°54′09″E，39°41′22″N；消除系统误差后为 115°54′07″E，39°41′22″N。在 1∶10 000 地形图上量出横坐标为（39）405 800，纵坐标为 4 395 711。如用 WGS84 坐标系转换则得到 405 856 和 4 395 623，与图上点位相比误差较大；若用北京 54 坐标参数转换则得到 405 806.7 和 4 395 701.7，误差则小于 10 m。我国 1952 年以前采用海福特椭球（该椭球 1924 年被定为国际椭球），从 1953 年起，开始改用克拉索夫斯基椭球，相当于北京 54 坐标系。1978 年我国决定采用国际大地测量协会推荐的“1975 年基本大地数据”中给定的椭球参数，并以此建立了我国新的、独立的大地坐标系，形成了 1980 年的西安坐标系。而 GPS 缺省参数是 WGS84 椭球数（见表 1.1.1）。坐标的转换这里只做简单介绍，具体内容可参照有关大地测量书籍。

表 1.1.1 不同年代地球椭体参数表

椭球体名称	年份	长半轴 a	短半轴 b	扁率 e	备 注
白塞尔	1841	6 377 397	6 356 079	1/299.15	
克拉克	1880	6 378 249	6 356 515	1/293.5	
克拉索夫斯基	1940	6 378 245	6 356 863	1/298.3	北京 BJ54
第十六届 IUGG	1975	6 378 140	6 356 755	1/298.26	西安 80
第十七届 IUGG	1979	6 378 137	6 356 752	1/298.257	WGS84
第十八届 IUGG	1983	6 378 136	6 356 751	1/298.257	

二、常见 GPS 接收机的应用

GPS 接收机是接收全球定位系统卫星信号并确定地面空间位置的仪器。可以在任何时候用 GPS 信号进行导航定位测量。根据使用目的的不同，用户要求的 GPS 信号接收机也各有差异。目前世界上已有几十家工厂生产 GPS 接收机，产品也有几百种。这些产品可以按照原理、用途、功能等来分类。按接收机的用途分类有：导航型接收机、测地型接收机。按接收机的载波频率分类有：单频接收机、双频接收机。按接收机通道数分类有：多通道接收机、序贯通道接收机、多路多用通道接收机。按接收机工作原理分类有：码相关型接收机、平方型接收机、混合型接收机和干涉型接收机。这里主要介绍两种常见的 GPS 接收机：手持 GPS315 和南方北极星 9600 型单频 GPS 接收机的基本操作和基本用途。

（一）GPS315 的使用方法

1. GPS315 定点和导航功能

（1）GPS315 的操作程序。

装上电池，其结构如图 1.1.3 所示，两节 5 号电池可连续工作 15 h。

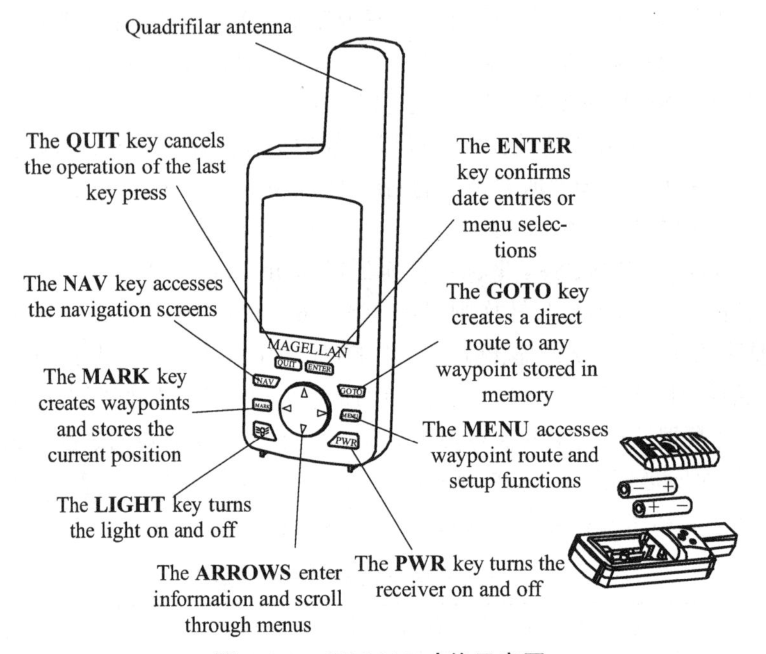

图 1.1.3　GPS315 功能示意图

在开阔条件下，打开电源 PWR 键，并按下 ENTER 键，否则 10 秒后自动开关机，正常情况下开机后呈图 1.1.4 状态。

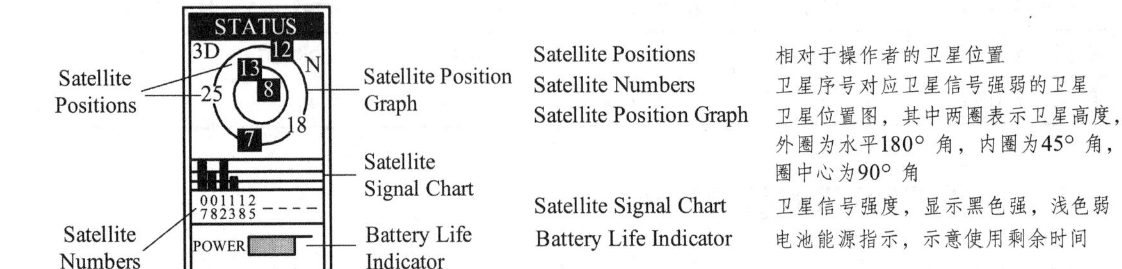

图 1.1.4　GPS 状态屏幕

初始化：初始化不是每次都要做的工作，只有当清除了内存，或开机状态下位移 300 多英里后，开机才需要进行初始化工作。

手动初始化过程：打开电源 PWR 键，并按下 ENTER 键，按 MENU 键选中 Setup→初始化状态（Initialize）→选择地区 Select region（Asia East→China NE，China SE，China W，Hong Kong）。

关闭导航屏幕：按 MENU 键选中 Setup→Select NAV SCREENS（选择 STATUS 和 POSITION，关闭其他 7 个）。

选择坐标系：按 MENU 键选中 Setup→Selecting a Coordinate Syetem（PRIMARY→LAT/LON→DEG/MIN/SEC），缺省情况下 PRIMARY 选择 LAT/LON（经纬度），SECONDARY。

选择 UTM：

Steup→Selecting Map Datum（PRIMARY→WGS84）：选择椭球参数；

Steup→Selecting Elevation Mode（3D）：选择高程模式；

Steup→Selecting Time Format（LOCAL AM/PM）：时间格式；

Steup→Selecting Nav Units（KM/KPH——适合美国以外陆地区使用）；

Steup→Selecting North Reference（MAGNETIC）：磁北极；

Steup→Selecting Light Timer（ALWAYS ON）：夜光灯；

Steup→Selecting the Beeper（KEYS/ALARM）：鸣笛；

Steup→Selecting Personalize（OFF/ON）：是否存入你的名字；

Steup→Selecting Clear Memory：清除内存；

Steup→Selecting Baud Rate（1 200/4 800/9 600/19 200）：接受波长。

GPS315 设置直角坐标系（WGS84 转 BJ-54 坐标）：

MENU→SETUP→COORD SYSTEM→PRIMARY→USER GRID→TRANS MERC。

A：LATITUDE OF ORIGIN 00.000 00N。

B：LONGITUDE OF ORIGIN117.000 00E（为 6 度分带的第 20 带的中央子午线，视具体位置而定）。

C：SCALE FACTOR 1.000 000 00。

D：UNITS TO METERS CONV.1.000 000 00。

E：FALSE EAST.AT ORIGIN 00 500 000.0（横坐标西移 500 km）。

F：FALSE NORTH.AT ORIGIN 00 000 000.0。

MAP DATUM →PRIMARY→USER→

LCL TO WGS84 DELTA A（－0 108.000M，两个坐标系椭球体长轴 a 之差，6 378 137－6 378 245＝－108）；LCL TO WGS84 DELTA F（X10，000）两个坐标系椭球体扁率 e 之差（0.006 694 479 246－0.006 693 421 6）*10 000 ＝ ＋0.010 666：LCL TO WGS84 DELTA X 0000.0M；LCL TO WGS84 DELTA Y 0000.0M；LCL TO WGS84 DELTA

Z 0000.0M。

（2）定位。

定位过程：在户外开阔的天空下，接通电源，进入状态屏幕显示进展情况，当捕获并锁定 3 颗以上卫星信号时，手持机立即计算出当前的位置，并自动将画面切换到定位屏幕，将定位数据显示于该画面中（见图 1.1.5）（手持机静止状态时定位屏幕内有关数据表示平均值，一旦手持机开始移动即自动变换成实时数据）。

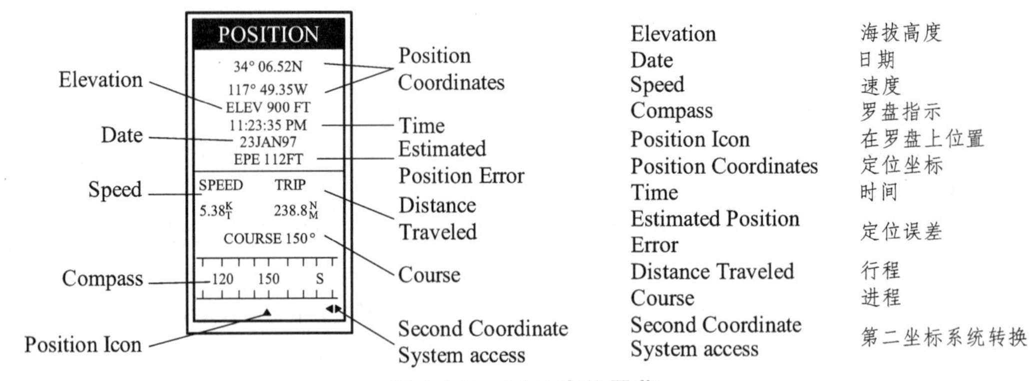

图 1.1.5　GPS 定位屏幕

定位精度：GPS 定位数据与已知地形点（测量控制点或地形物标志明显点）可以判断定位精度。从表 1.1.2 数据可以看出，纬度数据非常一致，而 GPS 经度数据比实际地形数据系统偏高 2″左右。扣除系统误差后，GPS 定位经度可以满足要求。

表 1.1.2　GPS 与地形控制点坐标对比表

点　号	1	2	3	4
GPS 点	N39°40′56″ E115°54′03″	N39°41′8.5″ E115°54′03″	N39°41′22.3″ E115°54′8.7″	N39°41′27″ E115°54′14″
地形图控制点	N39°40′56″ E115°54′01″	N39°41′8.5″ E115°54′01″	N39°41′23.6″ E115°54′7.2″	N39°41′27.6″ E115°54′10.8″

保存航点：任何定位点都可以人为定义一名字存入内存，像这样存入的定位点成为航点。保存航点的方法是利用航点键功能逐步实施，依据取名方式来划分，有下述两种方法。

A. 由手持机自动命名存储航点（见表 1.1.3）。

表 1.1.3

对已测出的定位点	MARK 保存	授受自动提供名称	SAVE 保存

B. 由操作者人为取名存储航点：进入 MARK 画面后（见图 1.1.6），用上下左右键＋确认键设定航点名，SAVE 保存（本机可存储 500 个航点，并支持随时查询 MENU LANDMARKS ENTER）。若要编辑航点，可选择航点后，再按 MENU，选择 EDIT。若要输入一已知航点，可采用按 MARK，再按 MARK，然后再输入数据和航点名。

MARK
LMK　010
39°41′22″N
115°54′09″E
285M
09:20:18 AM
15AUG00
CREATE MSG
SAVE LMK
SAVE TO RTE

图 1.1.6　航点参考画面

删除航点（Deleting a User Waypoint）：

MENU→Select→WAYPOINTS→ENTER→选择分类→ENTER→选择航点→Select→DELETE →WPT→ENTER→Select→Yes/No→ENTER。

建立单点导航：

从当前位置到任意航点直达航线称为单点导航。利用单点导航键（GOTO）功能按下列步骤进行。其他画面 GOTO 选择分类（MOB 机动点、USER 用户点、MAJOR CITIES 主要城市、LARGE CITIES 大城市、MED CITIES 小城市），ENTER 确认分类，选择航点 ENTER 确认。我们可以把基点坐标存入 GPS 中，无论走到哪里，都可利用 GOTO 指示我们回基地的方向和直线距离。

导航路线：

Creating a Man Over Board（MOB）Routes。

Creating a Backtrack Route。

建立多段导航路线（Creating a Multi-Leg Route）：（例如：从基地—孤山口—十渡）。

MENU Routes ENTER Empty ENTER\Create ENTER\User ENTER\Gu01 ENTER\User sh01 ENTER\ Save Route。

导航操作：

按导航画面导航：

（Ⅰ）按 GOTO 键，显示导航点画面。

（Ⅱ）用选中要驶向的航路点编号或名称是反白。

（Ⅲ）按 ENTER 键确认后，GPS 自动转至导航画面，并计算出到现在（TRACK）的方位和所走里程（TRIP）等导航参数。

在导航画面中，GPS 12C/GPS 12XLC 行驶的偏航指标中，箭头方向指向要驶往的目的地方向，正上方表示航迹方向，所以偏右时应向右修正航向，偏左时应向左修正航向。一般 GPS 中有罗盘指示画面和高速公路画面供选取：① 按 PAGE 键数次至 COMPASS（罗盘）或 HIGH WAY（高速公路）画面，如图 1.1.7 所示，按 ENTER 键出现如图示菜单，向驶往哪一航路点，按上下选择至反白，再按 ENTER 键即选择了自己的目的地。② 在 COMPASS 画面中，最上方为现在正驶向的航路点名称，左上方显示 BRG（现在位置到正驶向目标的方位）信息、DST（距离）信息，右下方 TRK（航向）、SPD（实时速度）信息，中间为罗盘显示，箭头代表偏差角度，箭头指向正上方表明角度无偏差。③ 在 HIGH WAY 画面中，上部显示四种信息，BRG、DST、TPK、SPD，内容同上。左下方为 ETE（预计到达目的地所需要时间），右下方为 VHG（沿计划航线上速度）信息，中间为高速公路画面。④ 如果画面出现选择 HIGH WAY 和 COMPASS 画面，而不想改变时可按 PAGE 键即返回原画面。

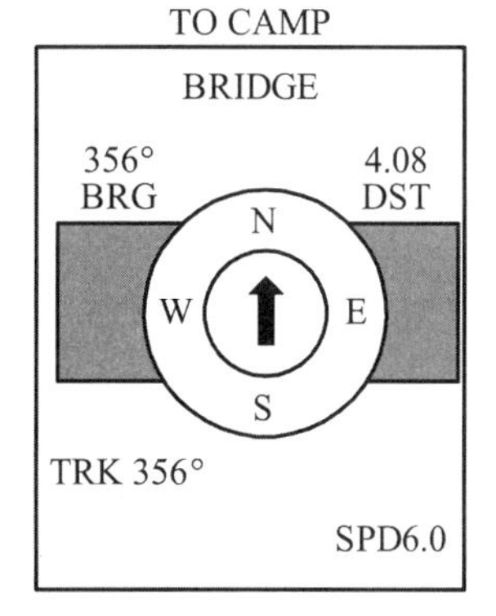

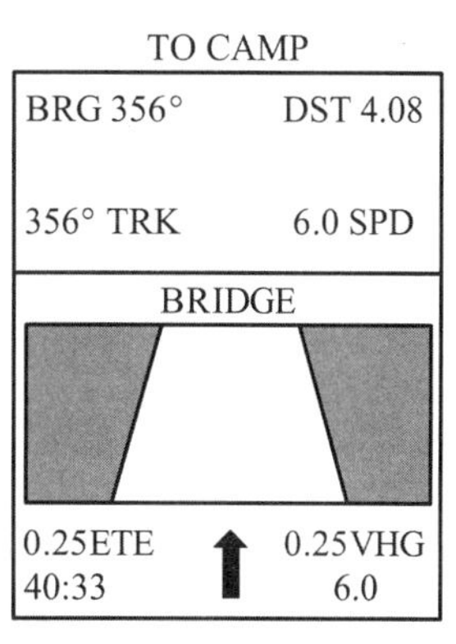

图 1.1.7　罗盘导航和高速公路导航画面

按航迹画面导航：

按 1 次或数次 PAGE 键，出现导航画面（见图 1.1.8）。

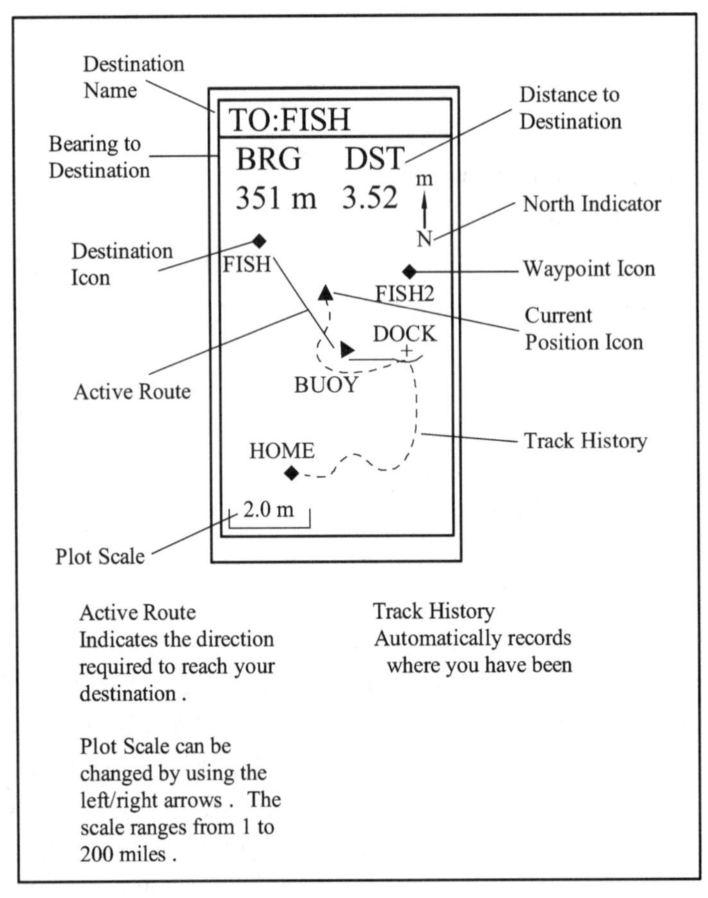

图 1.1.8 导航画面

（Ⅰ）调整画面比例尺。按“→”键移光标至顶部左侧，按 ENTER 键，再按左右键，可变换画面比例尺（0.1 ~ 200 km，共 12 档），变换到需要的比例尺后按 ENTER 键确认。

（Ⅱ）移动画面。按“→”“←”“↑”“↓”键就可移动画面，观看周围航迹及目的地情况。此时，按 QUIT 键可退出“移动画面”状态。

例如，在新疆戈壁滩、陕北黄土高原地区开展区域油气地球化学采样工作，先在室内设计好采样点位，并把直角坐标系转换为经纬度输入 GPS（如果 GPS 有直角坐标系则不用转换）。

实际工作过程中，用 GPS 指引到采样点附近，采样并准确定位。

2. 接口设置

GPS 的输入/输出共有五种方式：NONE/NONE、NMEA/NMEA、GRMN/GRMN、RTCM/-、RTCM/NMEA。

NMEA/NMEA：以国际标准的 NMEA 0180、0182、0183（1.5/2.0）等协议输出卫星定位的有关信息。

GRMN/GRMN：GPS 拥有 GARMIN 自己的专用传输协议，可和其他类型的 GARMIN 接收机相互传送航路点、航线乃至卫星历书等信息，进行上下载。

RTCM/-：接收 RTCM SC-104 2.0 的实时差分校正数据，波频率从 300 ~ 9 600 可任意调节。GPS 差分后精度可达 1 ~ 5 m。

RTCM/NMEA：接收 RTCM 差分信号的同时输出 NMEA 数据，并可调节 GARMIN 的 GBR21 信标接收的频率、传输速率等参数。

为便于熟练操作，将常用术语及缩写列于表 1.1.4 中。

表 1.1.4 GPS315 手持机常用术语及缩写

常用术语	中文含义	Land（陆地）	Marine（海洋）
Speed	速度	SPD	SOG
Bearing	方位	BRG	BRG
Distance	距离	DST	DST
Heading	航向	HDG	COG
Velocity Made Good	设定速度	VMG	VMG
Course to Steer	行程	CTS	CTS
Estimated Time of Arrival	到达时间	ETA	ETA
Time to Go	剩余时间	TTG	ETE
Gross Track Error	偏航差	XTE	XTE
Recorded Position	定位记录	Land/Mark	Waypoint
Units of Measure	测量单位	MILES/MPH or KM/KPH	NM/KNOTS

（二）南方北极星 9600 型单频 GPS 接收机的认识和使用

1. 9600 型单频 GPS 接收机的特点及组成

南方北极星 9600 型是智能一体化的 GPS 接收机，没有电缆，没有外接电池，没有天线，任何部件都已内置在一个小小的主机壳里，宽大的液晶显示屏还可以在采集数据时查看星历情况、卫星分布。该机适合于不同层次用户，既可当傻瓜机使用，也可使用内置采集器来进行 GPS 数据采集工作。另外，采用双电源系统，可以自动切换到另一块电池中供电，从而保证不间断测量工作。9600 型 GPS 接收机内存高达 16 M，能连续存储约 20 d 的采集数据。

9600 型 GPS 测量系统可分为硬件、软件两个部分，具体组成如下：

硬件：① 9600 接收机（内置测量型天线及抑制多路径板）原装进口 OEM 板和 CPU；② 9600 单片机内置采集器（内置采集软件）；③ 可充电电池及充电器；④ 铝或木三脚架；⑤ 数据传输电缆。

软件：包括数据传输软件（计算机与 9600 主机通讯软件）、GPS 数据处理系统（包含基线向量处理、闭合差自动搜索、网平差、高程拟合以及图形输出等功能）。

为达到高精度的大地测量要求，9600 型 GPS 测量系统采用静态相对定位模式。此时外业部分需两台或两台以上 GPS 接收机。同时，为方便野外观测，提高野外作业的效率，建议用户在条件许可下配置更多 GPS 接收机。

9600 型 GPS 测量系统还可扩展成后差分测量系统，精度可达±0.1 m ~ ±1 m（精度与作用距离成反比）。

（1）测量系统的主要技术参数。

① 9600 接收机：

——12 个并行的独立通道，可同时接收 12 颗卫星；

——L1 载波相位、C/A 码伪距，1 575.42 MHz；

——扁平有源天线带内装式抑径板；

——根据卫星高度及卫星运行的健康状况自动选择卫星；

——flash 闪存内存 16 M（与优盘同芯片组），可存储连续约 20 d 数据量；

——240*160 的大液晶显示屏；

——两块高性能锂电池连续工作时间长达 16 h 之久。

② 静态相对定位精度：

——静态基线：±（5 mm + 1 ppm）；

——高　程：±（10 mm + 2 ppm）。

③ 同步观测时间：45 min 左右。

注：同步观测时间的多少与所测距离有关，当达到 20 km 以上时观测时段长度必须有 2 h 以上，具体可参考有关规范。还与要求达到的精度有关，若要求精度高，则观测时间应长一些，精度要求较低则可相对缩短。另外，同步观测时间还与观测时间段及卫星图形强度等因素有关。例如，在夜间进行观测，其观测时间可比白天稍短（夜间电离层的影响较小）。

（2）测量系统的基本配置（见表 1.1.5）。

表 1.1.5

配置名称	数量
9600 型 GPS 接收机（含仪器箱）	1 台
可充电锂电池	2 个
充电器	1 个
基座及对点器	1 套
数据传输电缆线	1 根/套
《9600 型 GPS 测量系统操作手册》	1 本
三脚架或对中杆	1 副

（3）操作界面的介绍。

打开 9600 主机电源后进入程序初始界面，初始界面如下图 1.1.9 所示：

① 初始界面中模式的选择。

初始界面有三种模式选择：智能模式、手动模式、节电模式；还有一个数字递减窗口，至零后就将进入主界面，若未在智能模式、手动模式、节电模式三种方式中选择一种模式，则自动进入默认智能模式主界面，也可按下对应键进入某一模式。

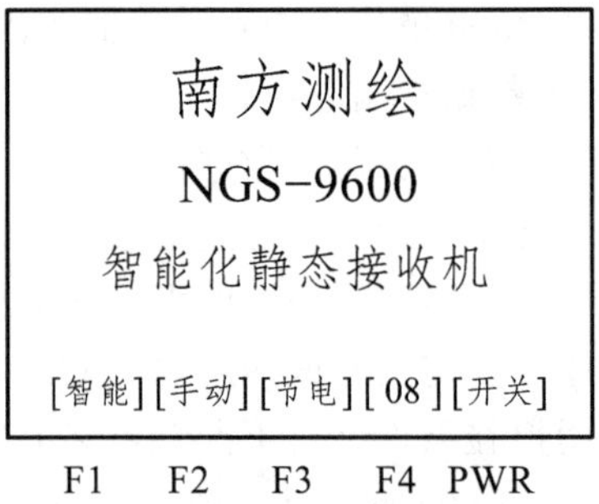

A. 智能模式。

相当于带液晶显示屏的“傻瓜机”采集。在该状态下，

南方测绘

NGS-9600

智能化静态接收机

[智能][手动][节电][08][开关]

F1 F2 F3 F4 PWR

图 1.1.9 南方北极星 9600 型接收机显示面板

9600 可根据采集条件判断满足采集条件后，自动进入采集状态（例如：PDOP<6，3D 状态）。在采集数据的同时，我们可通过液晶显示屏查看卫星星历和分布情况。

B. 手动模式。

在该状态下需要人工判断是否满足采集条件，一般采集条件要求 PDOP<6，定位状态为 3D，在显示屏上看到满足条件后就可输入点号以及时段号，让接收机进入采集状态。

C. 节电模式。

该种模式相当于完全傻瓜机采集模式，9600 可根据采集条件判断自动进入采集状态（例如：PDOP<6，3D 状态）。在选择这种模式后，液晶显示屏关闭，仅靠指示灯来指示采集状态。

② 指示灯含义。

显示屏上方的三个指示灯依次为电源灯、卫星灯、信息灯。

若正在使用 A 电池，则电源灯为绿灯。

若正在使用 B 电池，则电源灯为黄灯。

若 A、B 电池均不足，则电源灯变为红色，此时应更换电池。

未进入 3D 状态时，信息灯每闪烁 N 次红灯，则卫星闪烁一次红灯（N 表示可视的卫星数）进入 3D 状态后，开始记录，此时信息灯闪烁 M 次绿灯，卫星灯闪烁一次绿灯（M 表示采集间隔，即每隔 M 秒记录一次数据）。

（4）系统界面。

选手动或智能模式后进入主界面（见图 1.1.10）。

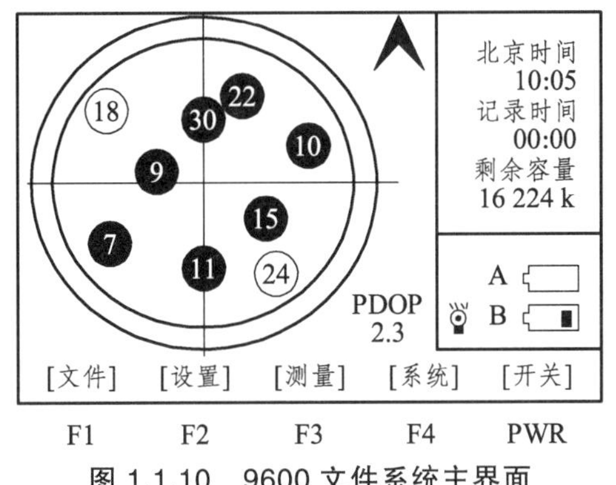

图 1.1.10　9600 文件系统主界面

主界面分三大部分：

① 卫星分布图。

显示天空卫星分布图，锁定的卫星将变黑，只捕捉到而未锁定的可视卫星为白色显示，越是接近内圈中心的卫星高度截止角越高，越远离内圈中心的卫星高度截止角越低。并且卫星几何精度因子值 PDOP 也在该界面下显示，如图 1.1.1.10 所示，PDOP 值为 2.3。

② 系统提示框（在任何界面状态，该右项框都会显示）。

北京时间：显示当地标准北京时间。

记录时间：显示在采集进入后已记录采集 GPS 星历数据的时间，单位为“分钟：秒”，如显示 30：40，表示数据已记录 30 分钟 40 秒。

剩余容量：表示还有多少内存空间，如显示 14 203 k，则内存大约还剩下 14 M。

采用的电源系统及电量显示：如图 1.1.10 所示，现在使用的电源系统是 B 号电池，剩余电量为电池容量的 1/3。

③ 功能项。

要进行功能项的操作，请选择各功能项下面所对应的按键，如要进入“文件”功能的操作则选择 F1 键。

下面将对每个功能进行介绍。

A. 按 F1 键进入“文件”功能的操作，界面如图 1.1.11 所示。

点名	开机时间		结束时间
➤ *****	02 · 08 · 20	16:50	16:52
*****	02 · 08 · 20	16:53	18:14
*****	02 · 08 · 23	09:51	18:14
*****	02 · 08 · 23	08:53	10:15
	文件总数 04		页1

[⇩] [⇧] [↓] [删除] [返回]

F1 F2 F3 F4 PWR

图 1.1.11 9600“文件”子界面

在文件项里可查看已采集数据的存储情况。文件排序是按照采集时间的先后顺序来排列的，点名为“****”，则是傻瓜采集方式采集的点名默认；开机时间和结束时间分别是 2002 年 8 月 20 日 16 点 50 分和 18 点 14 分。若是人工方式采集，文件名将显示用户输入的点名。

用 F1 键“⇩”向下翻页（当采集数据太多时需要翻页查看）。

用 F2 键“⇧”向上翻页（当采集数据太多时需要翻页查看）。

用 F3 键“↓”选择每一页当中的某一个文件。

如果要删除某个文件用 F3 键选择（当然要这个数据已经传输到电脑上），黑色光标会指示当前所要操作文件，用 F4 键来删除这个文件。

PWR 键返回主界面。

B. 按 F2 键进入“设置”功能的操作，界面如图 1.1.12 所示。

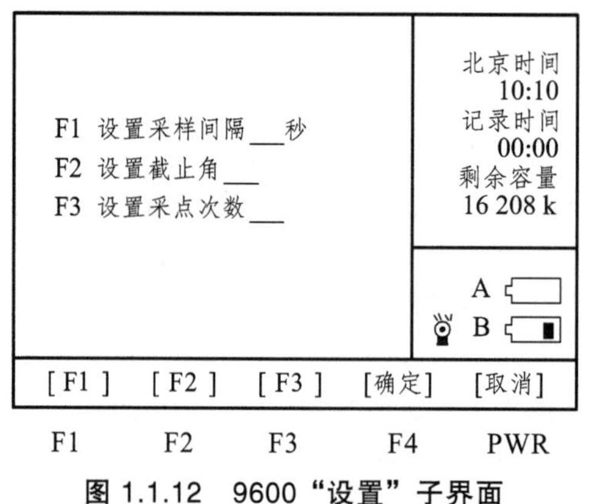

图 1.1.12 9600“设置”子界面

F1 用于设置采集间隔，出厂时默认为 10，连续按 F1 键，设置采集间隔值由 1 s 到 60 s 可改（变化间隔为 5 s）。

F2 设置高度截止角，出厂时默认为 10，连续按 F1 键，设置高度截止角由 0°到 45°可改（变化间隔为 5°）。

F3 设置采点次数，次数为 3 次，则表示采三个点取一个平均值。若设置成采样间隔 5 s，采点次数 3 次，则每一个点上需测 15 s。

F4 键“确定”以上设置选择好后，要用 F4 键确定，否则退出后还是以前的设置而非当前设置值。

特别注意：同时工作的几台 9600 主机高度截止角、采集间隔最好保证一致，即同样的设置值。

PWR 键“取消”：返回主界面。

C. 按 F3 键进入“测量”功能的操作，界面如图 1.1.13 所示。

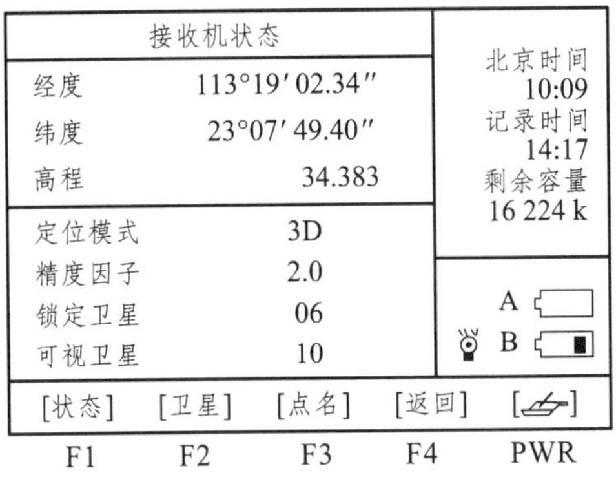

接收机状态		北京时间 10:09 记录时间 14:17 剩余容量 16 224 k
经度	113°19′02.34″	
纬度	23°07′49.40″	
高程	34.383	
定位模式	3D	A
精度因子	2.0	B
锁定卫星	06	
可视卫星	10	

[状态]　[卫星]　[点名]　[返回]　[ ]

F1　F2　F3　F4　PWR

图 1.1.13　9600“测量”子界面

有状态、卫星、点名（采集）、返回、记录图标五个子项：

F1 键“状态”：显示单点定位的经纬度坐标、高程和精度因子 PDOP 值、定位状态、锁定卫星数目、可视卫星数（见图 1.1.14）。

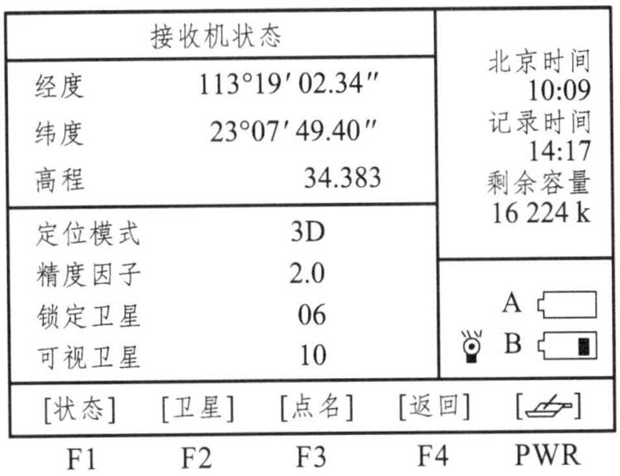

接收机状态		北京时间 10:09 记录时间 14:17 剩余容量 16 224 k
经度	113°19′02.34″	
纬度	23°07′49.40″	
高程	34.383	
定位模式	3D	A
精度因子	2.0	B
锁定卫星	06	
可视卫星	10	

[状态]　[卫星]　[点名]　[返回]　[ ]

F1　F2　F3　F4　PWR

图 1.1.14　9600“状态”子界面

F2 键“卫星”：显示卫星号和卫星信噪比，如图 1.1.15 所示。

F3 键“点名”：在智能模式下该项显示（点名），在人工模式下显示（采集），如图 1.1.16 所示。

在图 1.1.16 中，用户可以输入测站的相关信息，如：测站的点名、测站的采集的时段号、测站的天线高。

测站的点名：所架设仪器的点名（点名可以输入 0 ~ 9、A ~ Z 一共 36 个字符）。

时段号：给你采集的控制点取测量时段，要求某一控制点没搬站时，应该取相同的文件名，不同的时段号。例如：某一控制点上架站文件名为 GPS1，时段号取 1，第一个同步时段测完后该站没有搬站，则第二个时段还是取文件名为 GPS1，时段号取 2（时段号只能输 0 ~ 9）。

天线高：架站时的仪器高（请用卷尺量过后输入），天线高只能输入小于 10 的数字。

ID	高度角	方位角	信噪比
*26	49	21	55
*23	47	24	54
*17	47	328	52
*09	45	165	54
*26	49	21	55
*15	34	324	52
*06	31	233	50
*18	23	305	50
*10	22	75	50
*24	13	309	49
*19	0	0	02

北京时间 10:20
记录时间 00:14
剩余容量 16 192 k
A
B

[状态] [卫星] [点名] [返回] [ ]

F1 F2 F3 F4 PWR

图 1.1.15 9600“卫星”子界面

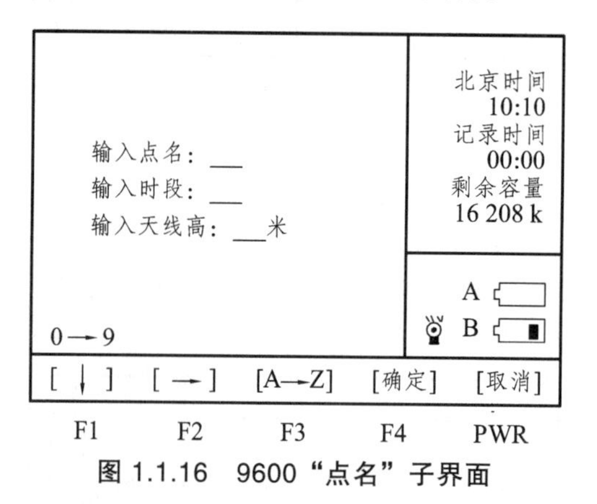

图 1.1.16 9600“点名”子界面

输入方法介绍：

F1 键用来在字符段下选取某一字符；

F2 键用来移动光标；

连续用 F3 键选择不同的字符段 0 ~ 9、A ~ G、H ~ N、O ~ U、V ~ Z。

下面以点名为 GPS1 为例介绍：

a. 用 F3 键选择 A ~ G 字符段（上图左下角会有 A ~ G 显示）；

b. 用 F1 键在 A ~ G 字符段再选择单个字符 G，第一个字母 G 就输入进去了；

c. 用 F2 键移动光标；

d. 重复 a ~ c 步，直到 GPS1 输入完成。

e. 然后用 F4 键“确定”。

光标移到“输入时段”，按照以上输入方法输入对应的时段号，F4“确定”。光标移到“天线高”，输入测站的天线高，F4“确定”，返回到主界面。

D. 按 F4 键进入“系统”功能的操作，界面如图 1.1.17 所示。

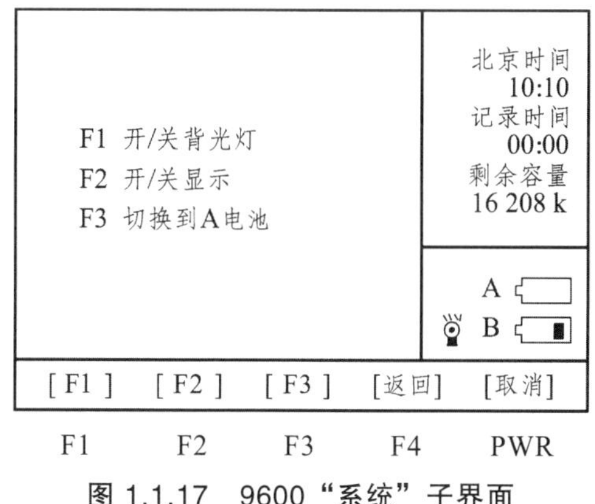

图 1.1.17　9600“系统”子界面

F1 键：开/关背光灯；

F2 键：开/关显示；

F3 键：切换到 A 或 B 电池，即在两块锂电池之间切换；

F4 键：返回主界面。

E. 长按 PWR 键关机。

2. 静态 9600 型 GPS 接收机的使用

（1）前期准备工作。

① 选点。选点应该注意：

A. 点位应设在易于安装接收设备，视野开阔的较高点上。

B. 点位目标要显著，视场周围 15°以上不应有障碍物，以减少 GPS 信号被遮挡或障碍物吸收。

C. 点位应远离大功率无线电发射源（如电视机、微波炉等），其距离不少于 200 m；远离高压输电线，其距离不得少于 50 m，以避免电磁场对 GPS 信号的干扰。

D. 点位附近不应有大面积水域或不应有强烈干扰卫星信号接收的物体，以减弱多路径效应的影响。

E. 点位应选在交通方便，有利于其他观测手段扩展与联测的地方。

F. 地面基础稳定，易于点的保存。

G. 选点人员应按技术设计进行踏勘，在实地按要求选定点位。

H. 网形应有利于同步观测边、点联结。

I. 当所选点位需要进行水准联测时，选点人员应实地踏勘水准路线，提出有关建议。

J. 当利用旧点时，应对旧点的稳定性、完好性，以及觇标是否安全可用做一下检查，符合要求方可利用。

② 标志埋设。

GPS 网点一般应埋设具有中心标志的标石，以精确标志点位，点的标石和标志必须稳定、坚固，以利于长久保存和利用。在基岩露头地区，也可以直接在基岩上嵌入金属标志。每个点标石埋设结束后，提交点之记及 GPS 网的选取点网图。

③ 静态基站安置。

A. 三脚架对中。

将三脚架安置在地面点上。要求：高度与观测者胸部齐平，架头概略水平，大致对中，稳固可靠。伸缩三脚架架腿调整三脚架高度，在架头中心处自由落下一小石头，观其落下点位与地面点的偏差，若偏差在 3 cm 之内，则实现大致对中。三脚架的架腿尖头尽可能插进土中。

B. 接收机基座对中。

a. 安置接收机基座：从仪器箱中取出基座放在三脚架架头上（手不放松），位置适中，另一手把中心螺旋（在三脚架头内）旋进基座中心孔中，使基座牢固地与三脚架连接在一起。

b. 脚螺旋对中：这是利用基座的脚螺旋进行精密光学对中的工作。

光学对点器对光（转动目镜调焦轮），使之看清光学对点器的分划板（圆圈）和地面，同时根据地面情况辨明地面点的大致方位。

两手转动脚螺旋，同时眼睛在光学对点器目镜中观察分划板标志与地面点的相对位置不断发生变化情况，直到分划板标志与地面点重合为止，则用脚螺旋光学对中完毕。

C. 三脚架整平。

a. 任选三脚架的两个脚腿，转动照准部使管水准器的管水准轴与所选的两个脚腿地面支点连线平行，升降其中一脚腿使管水准器气泡居中。

b. 转动基座上部使管水准轴转动 90°，升降第三脚腿使管水准器气泡居中。

升降脚架时不能移动脚腿地面支点。升降时左手指抓紧脚腿上半段，大拇指按住脚腿下半段顶面，并在松开箍套旋钮时以大拇指控制脚腿上下半段的相对位置实现渐进的升降，管水准气泡居中时扭紧箍套旋钮。整平时水准器气泡偏离零点少于 2 或 3 格。整平工作应重复 1 ~ 2 次。

D. 精确整平。

a. 任选两个脚螺旋，转动基座上部使管水准轴与所选两个脚螺旋中心连线平行，相对转动两个脚螺旋使管水准器气泡居中。管水准器气泡在整平中的移动方向与转动脚螺旋左手大拇指运动方向一致。

b. 转动基座上部 90°，转动第三脚螺旋使管水准器气泡居中。重复 a、b 使水准器气泡精确居中。

E. 将接收机装配到基座上。

南方北极星 9600 型单频 GPS 接收机下部有一个标准 5/8 英寸的装配孔，用于将接收机固定在基座或测杆上。

F. 天线定向。

在天线的上表面，位于电池盒上方的测点上有一个小三角形，它是定向标志，用它来对准参考北向。所有的接收机在测量时应对准相同方向。

G. 量取天线高。

静态测量时量取斜高，步骤为：

a. 将量高环安置在天线顶部。接收机的圆周上有一圈凹槽，将量高环旋到它里面。

b. 用 GPS 专用钢卷尺钩住量高环边缘的测量点，量取天线到地面待测点的距离。

天线高的量取如下图 1.1.18 所示。

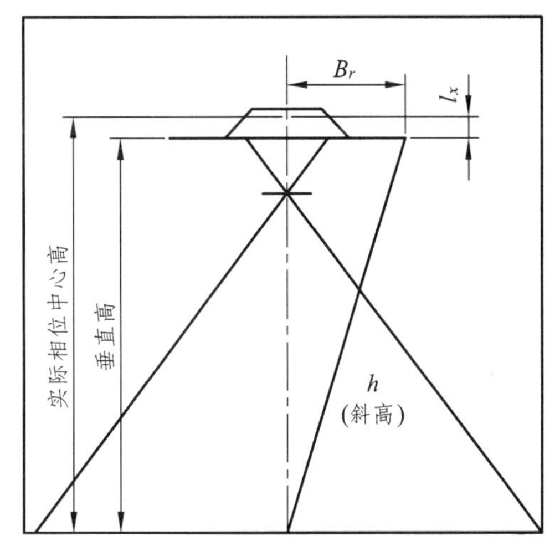

图 1.1.18 9600 型 GPS 接收机天线量取示意图

H. 打开接收机完成设置，搜寻卫星，接收机将开始数据采集。

打开主机电源后，初始界面有三种采集工作方式选择（智能模式、手动模式、节电模式），你需选择其中任何一种工作方式来采集数据，若不进行选择，则延时 10 秒后自动进入默认采集方式“智能模式”。

9600 有三种工作方式进行 GPS 数据采集工作，用户可根据实际情况和方便性来选择不同的工作方式。

注意：每一次只能用一种工作方式来采集数据。

（2）数据采集方式的操作。

① 智能模式采集。

A. 数据的采集。

在 9600 主机电源打开后，在初始界面下选 F1 键进入“智能模式”，如图 1.1.19 所示。

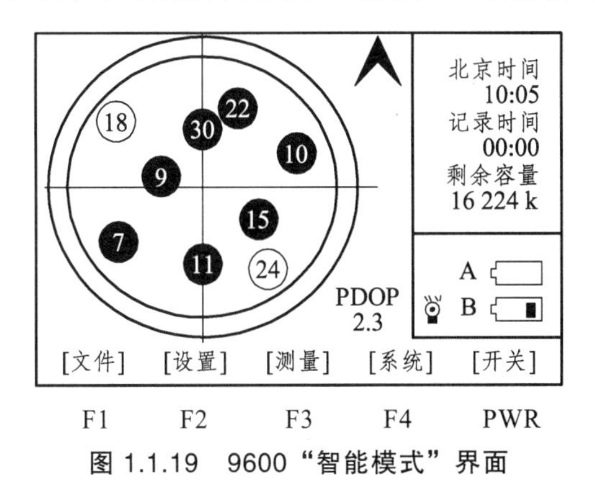

图 1.1.19 9600“智能模式”界面

进入该模式下，软件自动判断卫星定位状态和 PDOP 值，你不必进行任何操作，软件会在 PDOP 值满足后进入采集数据状态，这时在右项框中能看到采集时间在递增，表明 9600 主机已正在记录 GPS 数据，你可以给记录的数据取一个文件名，若不取文件名，软件会默认文件名为“****”。文件结构是靠采集时间先后来区分，若想不同名可在数据下载时更改，也可按以下操作更改文件名。

B. 给记录的数据取一个文件名：

a. 按 F3 键“测量”进入测量功能界面（可看到接收机状态、单点经纬度坐标、定位状态、精度因子），如图 1.1.20 所示。

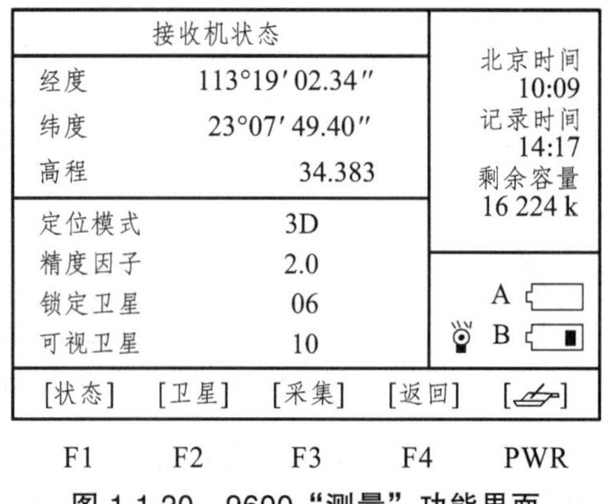

图 1.1.20 9600“测量”功能界面

b. 按 F3 键“点名”进入点名输入功能界面，给正在记录的数据起一个文件名、输入时段号及输入测站天线高，如图 1.1.21 所示。

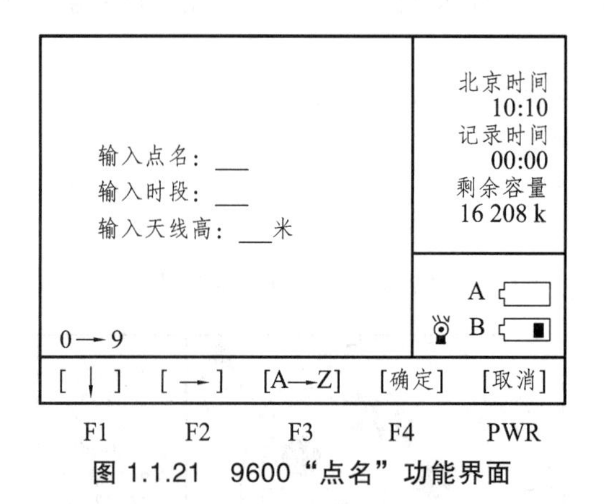

图 1.1.21 9600“点名”功能界面

注意：智能模式与人工模式采集的区别在于：智能模式下接收机已经开始记录数据或正在记录数据，然后给这个正记录的数据起一个文件名。而人工模式下接收机还没有记录数据，你给定文件名后才让接收机采集记录数据。

C. 退出数据记录：

a. 退回到主界面，然后长按 PWR 键关机。

b. 在任何界面下同时按下 F1 + F4 快捷键关机，即可退出采集，且不会丢失数据。

② 人工模式采集。

A. 数据的采集：

在 9600 主机电源打开后，在初始界面下选 F2 键进入“人工模式”，如图 1.1.22 所示。

在该种模式下工作，采集过程不会自动进行，需要我们人为判断目前接收机状态是否满足采集条件（PDOP<6，定位状态为 3D），当满足条件时，请按下 F3 键“测量”数据采集界面，如图 1.1.23 所示。

B. 给记录的数据取一个文件名：

当满足条件时，请按下 F3 键“采集”进入文件名输入界面。输入完文件名、时段号、天线高后，按 F4 键“确定”，接收机就开始记录数据。

C. 退出数据记录：

操作同“智能模式”。

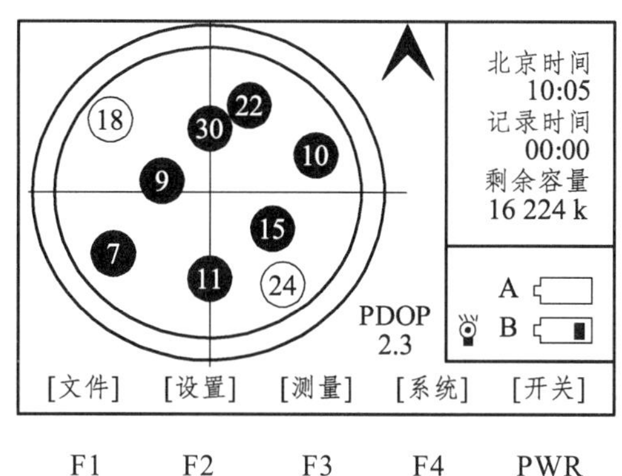

图 1.1.22 9600“人工模式”界面

接收机状态		北京时间 10:09 记录时间 14:17 剩余容量 16 224 k
经度	113°19′02.34″	
纬度	23°07′49.40″	
高程	34.383	
定位模式	3D	A
精度因子	2.0	
锁定卫星	06	B
可视卫星	10	

[状态] [卫星] [点名] [返回] [ ]

F1 F2 F3 F4 PWR

图 1.1.23 9600“测量”功能界面

③ 节电模式采集。

本方式操作最简单实用，完全“傻瓜式”操作，进入该方式后，你就可以稍事休息，等采集时间足够时就可收机搬站。

A. 数据的采集：

在 9600 主机电源打开后，在初始界面下选 F3 键进入“节电模式”。

节电模式一进入之后就自动关闭液晶显示屏，仅靠指示灯来显示卫星状态和采集状态，如图 1.1.24 所示。

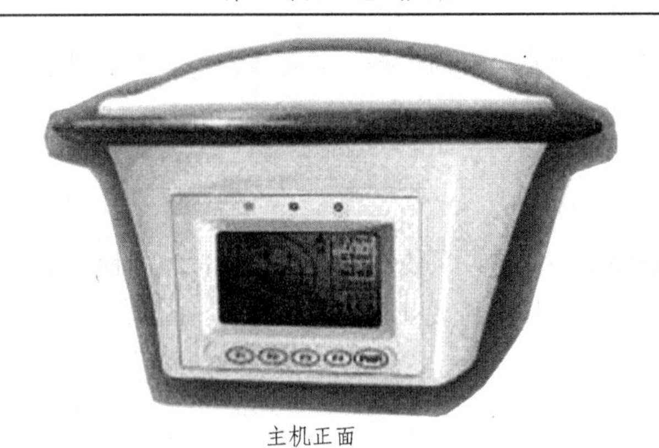

主机正面

图 1.1.24 9600 主机正面

显示屏上方三个指示灯依次为电源灯、卫星灯、信息灯。

a. 电源灯的工作情况：

若正在使用 A 电池，则电源灯为绿灯；若正在使用 B 电池，则电源灯为黄灯；若 A、B 电池均不足，则电源灯变为红色，此时应更换电池。

b. 卫星灯和信息灯的工作情况：

未进入 3D 状态时，信息灯每闪烁 N 次红灯，则卫星闪烁一次红灯（N 表示可视的卫星数）；进入 3D 状态后，开始记录，此时信息灯闪烁 M 次绿灯，卫星灯闪烁一次绿灯（M 表示采集间隔，即每隔 M 秒记录一次数据）。

节电模式能被任意键激活显示屏而进入智能模式。

B. 退出数据记录：

在任何界面下同时按下 F1 + F4 快捷键关机，即可退出采集。

“节电模式”的优点：节电模式适合在北方严寒地区使用，以克服液晶显示屏可能低温情况下无法正常显示的缺点。

思 考 题

1. GPS 系统由哪三部分组成？各部分之间是怎样进行协作工作的？

2. 使用广播星历进行定位后得到的地面点的坐标属于什么坐标系？如何将该坐标转换成我们国家的坐标？

第二章　地形图和地质图的判读

地形图和地质图是野外地理调查的重要工具，掌握地形图和地质图的野外应用，对地理工作者来说十分重要。

地形图从等高线形式的变化出发，利用等高线与地貌间的对应关系、等高线形式变化与地貌形态类型组合的一致性，分析地貌形态与形态类型组合，判译地貌形态类型及物质组成。这样可以掌握图面范围的地形大势，初步了解区域地貌的基本特征，还可以发现地表形态的细节。

地质图用规定的符号、颜色将各种地质资料按比例投影到平面上，地质图可以表示出一个地区的岩性、地质、地质构造、矿产分布等地质内容，是指导地质工作的重要图件，同时也是研究自然地理的基本资料之一，充分利用地质图有助于了解一个地区的地质构造与自然地理因素的关系。地质图按不同的目的和任务有不同类型，在这里我们指的是普通地质图。

第一节　地形图的判读

一、基本理论

1. 地形图的定义和用途

以一定的比例尺和投影方式，用规定符号表示地面上高低起伏的形态（也称地貌）和地物，在相应的介质上绘制地面点的平面位置和高程的这种图称为地形图。简单地说，地形图就是地貌和地物（总称地形）在水平面上的投影图。地形图的测绘有统一的国家规范和图式。

通过地形图，人们可以得到图幅所在地区的自然条件和社会经济状况。地形图是经济建设、国防建设、科学研究和人们生活的基本工具，是野外调查的工作底图，也是编制其他类型地图的基础资料，所以地形图在各国都是最基本、最重要的地图资料。

2. 地形图比例尺

将地形绘制到图上，必须加以缩小，缩小程度就用比例尺表示。一般来说，比例尺是指地形图上任意线段长度与地面上相应水平距离之比。用公式表示即为：

$$比例尺=\frac{图上长度}{地面上相应水平距离}$$

比例尺有数字比例尺、直线比例尺等形式，其中，数字比例尺常常以分子为 1 的分数表示，即

$$比例尺=\frac{d}{D}=\frac{1}{M}$$

式中 d——图上长度；

D——地面上相应水平距离；

M——比例尺分母。

比例尺的大小是由比例尺分数值的大小决定：分母愈小，比例尺就愈大；分母愈大，比例尺则愈小。例如，1∶1 万比例尺大于 1∶5 万比例尺。比例尺大，地形图包括的实地范围小，地形显示较详细，精度较高；反之，地形图包括的实地范围大，地形显示较简略，精度较低。为了满足经济建设和国防建设的需要，国家测绘、编制了不同比例尺的地形图。为了用图方便，通常将地形图比例尺分为大、中、小三类。大比例尺地形图包括 1∶500、1∶1 000、1∶2 000、1∶5 000 的地形图；中比例尺地形图包括 1∶1 万、1∶2.5 万、1∶5 万、1∶10 万的地形图；小比例尺地形图包括 1∶25 万、1∶50 万、1∶100 万的地形图。其中，1∶1 万、1∶2.5 万、1∶5 万、1∶10 万、1∶25 万、1∶50 万、1∶100 万这 7 种比例尺地形图被确定为国家基本比例尺地形图（见表 1.2.1）。

表 1.2.1 我国基本地形图的比例尺系列

比例尺系列	地图称号	比例尺精度（m）*	图上 1 cm 相当于地面上相应水平距离
1∶1 万	万分之一	1	100 m
1∶2.5 万	二万五千分之一	2.5	250 m
1∶5 万	五万分之一	5	500 m
1∶10 万	十万分之一	10	1 km
1∶25 万	二十五万分之一	25	2.5 km
1∶50 万	五十万分之一	50	5 km
1∶100 万	百万分之一	100	10 km

注：* 图上 0.1 mm 所代表的地面水平距离称为比例尺精度，即比例尺精度 = 0.1 mm × M。

为了用图方便，以及减小由于图纸变形引起的误差，地形图上常常绘制了图示比例尺。最常见的图示比例尺是直线比例尺。图 1.2.1 为 1∶1 000 的直线比例尺，以 2 cm 为基本单位，从直线比例尺上可直接读取基本单位的 1/10，估读到 1/100。

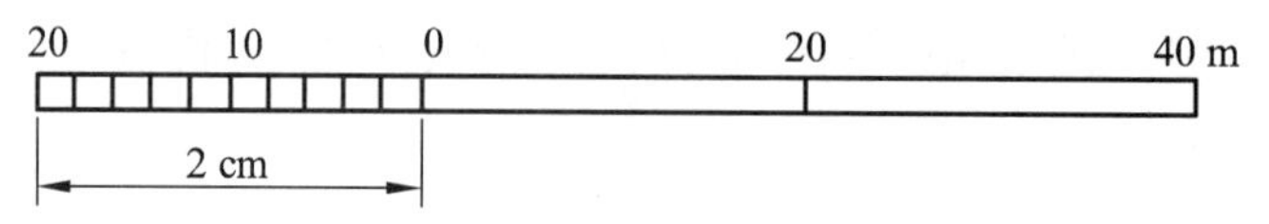

图 1.2.1 1∶1 000 直线比例尺

3. 地形图分幅和编号

为便于地形图的测绘、使用和管理，地形图需要统一分幅和编号。地形图的编号是由分幅的方法确定。常用的地形图分幅有两种方法：① 按经纬线分幅的梯形分幅法，用于国

家基本地形图的分幅；② 按坐标网格划分的正方形分幅法，用于工程建设的大比例尺地形图的分幅。

地图的梯形分幅，是以国际统一规定的经纬线为基础划分的。子午线向南北极收敛，因此，整个图幅呈梯形。其划分的方法和编号，随比例尺不同而不同。我国 1∶5 000～1∶50 万这 7 种比例尺地形图是以 1∶100 万比例尺地图为基础进行分幅与编号的。1∶100 万地形图的分幅是从地球赤道起，分别向南北两极，按纬差 4°分成横行，依次用字母 A，B，C，D，…V 表示；自经度 180°起，由西向东按经差 6°将地球分成 60 纵列，依次用数字 1，2，3，…60 表示。这种规定分幅只适用于纬度在 60°以下。当纬度在 60°～76°时，就以纬差 4°、经差 12°分幅；纬度在 76°～88°时，则以纬差 4°、经差 24°分幅。这样整个地球被分成梯形格网状，一个梯形即为一幅图。每幅图的编号用它们的横行字母和纵列数字组成，中间以横线相隔（见表 1.2.2）。1∶50 万、1∶25 万、1∶10 万地形图的分幅与编号都是在 1∶100 万地形图的分幅和编号基础上划分的，1∶5 万、1∶2.5 万、1∶1 万地形图的分幅与编号是直接或间接以 1∶10 万地形图的分幅和编号为基础进行划分，1∶5 000 地形图的分幅与编号直接以 1∶1 万地形图的分幅和编号为基础。

正方形分幅法是用整公里或整百米平面直角坐标线来划分图幅，常以 1∶5 000 地形图为基础（见表 1.2.3）。1∶5 000 地形图的图号是用该幅图西南角坐标进行编号，以下各级比例尺地形图的编号都是通过在图幅所属的那幅图图号后面加罗马数字Ⅰ、Ⅱ、Ⅲ或Ⅳ来表示。各种比例尺编号的编排顺序都是自西向东，自北向南。例如，1∶5 000 地形图西南角的纵、横坐标分别为 20 km、30 km，则它的图号为 20-30，背景为灰色的 1∶2 000、1∶1 000、1∶500 的图号分别为 20-30-Ⅰ、20-30-Ⅱ-Ⅱ、20-30-Ⅲ-Ⅳ-Ⅳ（见图 1.2.2）。

表 1.2.2　地形图的梯形法分幅与编号

比例尺	图幅大小		分幅方法		基本地形图的编号方法	
	经差	纬差	分幅基础	分幅数	代号	举例（北京）
1∶100 万	6°	4°			行 A，B，C，…V 列 1，2，3，…60	J-50
1∶50 万	3°	2°	1∶100 万	4	A，B，C，D	J-50-A
1∶25 万	1°30′	1°	1∶100 万	16	[1]～[16]	J-50-[3]
1∶10 万	30′	20′	1∶100 万	144	1～144	J-50-5
1∶5 万	15′	10′	1∶10 万	4	A，B，C，D	J-50-5-B
1∶2.5 万	7′30″	5′	1∶5 万	4	1，2，3，4	J-50-5-B-2
1∶1 万	3′45″	2′30″	1∶10 万	64	（1）～（64）	J-50-5-（15）
1∶5 000	1′52.5″	1′15″	1∶1 万	4	a，b，c，d	J-50-5-（15）-a

表 1.2.3　地形图正方形法分幅的图廓规格

比例尺	图幅大小/cm×cm	相当于实际面积/km^2	实际每平方千米图幅数
1∶5 000	40×40	4	1/4
1∶2 000	50×50	1	1
1∶1 000	50×50	0.25	4
1∶500	50×50	0.062 5	16

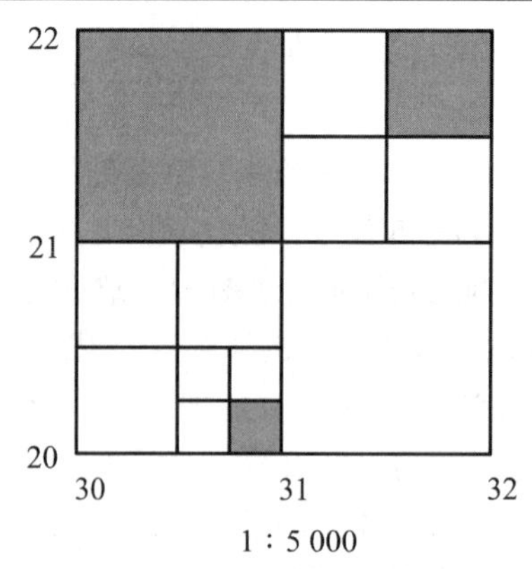

图 1.2.2 地形图的正方形法分幅

4. 地形图要素

地形图的内容和形式各不相同，但都有一个共同特点，即都由几种基本要素组成，例如，图名、图号、图廓、比例尺、接图表、图例、说明资料、大地坐标系、直角坐标方格网、测量控制点，以及水系、地貌、植被、居民地、道路、行政区划界线等。

二、地形图判读

地形图是用特殊的符号系统来反映图幅所在地区的自然条件和社会经济现象。因此，地形图阅读是提取和应用地形图信息的基本途径，一般包括以下几个步骤：

（1）了解测图的时间和单位，通过说明资料判断地形图的新旧程度和来源，分析是否符合自己的用图需要。

（2）了解地形图的比例尺，判断地图精度及其适用性。

（3）了解图幅范围及其与相邻图幅的关系，如果工作区范围大于图幅范围，可根据图廓外注明的图幅编号和接图表，到地形图保管部门收集自己工作区范围所需的地形图。

（4）了解图幅所用的等高距，确定地形图上的等高线高程。相邻两条等高线的高程差称为等高距。在同一幅地形图上一般只有一种等高距。等高距愈小，则图上等高线愈密，地貌显示愈详细；反之，图上等高线就越稀，地貌显示就越粗略。

（5）分辨水系的干支流关系、河流形状和流向、河谷宽度，以及湖泊位置和大小等信息。

（6）了解图幅的地势特征和地貌类型。从水系特征着手，结合等高线的高程，分析山地、丘陵、平原、高原和盆地分布，了解它们的相对高程和绝对高程；根据等高线形态特征了解山头、鞍部、洼地、山谷和山脊的分布（等高线通过山脊时，与山脊垂直相交，且向低处凸出；等高线通过山谷时，与山谷垂直相交，并向高处凸出）；根据等高距和等高线疏密分布特征，了解地形的陡、缓（等高线越密，表示地势越陡；等高线越稀，说明地势越缓）。

（7）读出植被的类型、分布、面积及其垂直变化和水平分布的地带性，了解植被的经济意义以及影响植被生长发育的因素。

（8）了解区域的经济建设和人民生活水平。根据居民点、交通、邮电设施、学校、医院、工厂、机关、公园、耕地等分布情况，分析城乡之间的关系、人民生活水平，以及图幅所在地区在经济、军事上的重要性，预测其发展前景。

三、地形图的应用

1. 读取图上任意点（*A*）的坐标

利用地形图上的坐标网格，采用图解法可以读出地形图上任意一点的平面直角坐标。即根据图廓西南角坐标，读取 *A* 点所在坐标网格左下角的横纵坐标；用尺子量出 *A* 点与其所在坐标网格左下角之间的水平距离和垂直距离，并换算成地面实际距离；将坐标网格左下角的横纵坐标与地面实际距离分别求和之后即可得到 *A* 点的坐标。

2. 确定图上两点（*A*、*B*）间的直线距离

通过直尺量出 *AB* 长度，再乘以比例尺分母，即得到相应的地面实际水平距离。也可用纸条和图上直线比例尺量取 *AB* 长度。

3. 求图上任意线段（*AB*）的方位角

用量角器直接量取 *AB* 直线的坐标方位角。

4. 求图上任意点的高程

图上任意点的高程可根据等高线和高程注记来确定。当点位在等高线上时，它的高程就等于所在等高线的高程；若点位不在等高线上，可用比例尺内插法求。

5. 确定图上两点（*A*、*B*）间的坡度

用 *AB* 的高程差（利用等高线和等高距读出）除以它们的地面实际距离（图上距离乘以比例尺分母）即可得到。

6. 图解法求面积

用透明纸描绘地形图上待求面积的边界线，并用方格网（或平行线）分割成若干个方格（或梯形），然后用方格数和方格面积（或梯形数与梯形面积）计算。

第二节　地质图的判读

一、基本理论

1. 地质图定义和用途

地质图是用规定的符号、色谱和花纹将某一地区的各种地质体和地质现象（如岩层、岩体、地质构造、矿床等的时代、产状、分布和相互关系），按一定比例缩小并概括地投影到平面图或地形图上的一种图件。着重表示某种地质现象的图件称专门地质图，如水文地质图。地质图与地形图不同，地质图主要是描述地质体和地质现象，有时以地形图为背景。

地质图可以为人们提供图幅所在地区的地层出露、岩石类型、地质构造、地壳活动、成矿规律及地质发展历史等信息。它是国家资源和地质工作最重要的综合性图件之一。

2. 地质图要素

一幅正规的地质图，除图幅本身之外，还包括图名、编号、接图表、比例尺、图例、综合地层柱状图、地质剖面图和责任表（包括编图单位、编图人员、编图日期）等。

（1）图名：一般放在图框上方正中位置，表明图幅所在地区及地质图的类型，采用区内主要城镇、居民点、山岭或河流等命名。如果比例尺较大、图幅面积小，地名前一般要写上所属的省（区）、市或县名。图框外注明了编号和接图表，可以方便地用于查找相邻地区的图件。

（2）比例尺：用以表明图幅反映实际地质情况的详细程度。地质图的比例尺与地形图或地图的比例尺一样，有数字比例尺和直线比例尺等形式。一般数字比例尺放在图名与图框之间，而直线比例尺放在图框下方正中位置。

（3）图例：用各种规定的颜色、花纹和符号来表示地层时代及其产状、岩性等。通常放在图框的右侧或下方，也可放在图框内足够安排图例的空白处。图例一般按地层（从新到老）、岩石（沉积岩、岩浆岩、变质岩）和构造的顺序排列。图例放在图框右侧时，自上而下排列；若放在图框下方，则从左至右排列。图例都画成大小适当的长方形格子，左边注明地层时代，右边注明主要岩性，方格内有对应的颜色、符号。地形图的图例一般不标注在地质图上。

（4）综合地层柱状图：一般放在图框外左侧。它的比例尺根据反映地层详细程度的要求和地层总厚度而定。图名写于柱状图的上方，一般标为“XX 地区综合地层柱状图”。综合地层柱状图是按工作区所有出露地层的新老叠置关系绘制的，包括地层单位或层位的厚度、时代及地层系统和接触关系等信息。

（5）地质剖面图：一般放在图框外正下方。它是切过工作区主要构造的剖面图。剖面在地质图的图幅内用一直线表示，两端标出剖面代号，如“*I*”和“*I′*”、“*A*”和“*A′*”等。剖面图的两端也标注相同的剖面代号。图名以剖面代号表示，如“*I*—*I′*剖面图”或“*A*—*A′*剖面图”。剖面图的水平比例尺一般与地质图的比例尺一致，不再注明。其垂直比例尺标注在剖面两端的竖直线上，并在竖直线上注明高程。剖面图两端的同一高度上注明剖面方向（用方位角表示）。剖面所经过的山岭、河流、城镇等地名标注在剖面上方的相应位置。剖面图与地质图所用的地层符号、色谱一致。如果剖面图与地质图在同一幅图上，剖面图的地层图例可以省略。

二、地质图的阅读方法和步骤

一幅地质图所包含的地质信息非常丰富，不同类型地质图所反映的内容有差异，但读图方法和步骤基本相同。内容方面可先从地形入手，然后再依次阅读地层、岩性、构造等。阅读时按“一般→局部→整体”三个步骤：首先了解图幅内的一般概况，然后分析局部地段的地质特征，逐渐向外扩展，最后建立图幅内宏观地质规律的整体概念。

1. 阅读地质图基本信息

从图名、图幅、编号和经纬度了解图幅的地理位置、面积以及地质图类型。从比例尺了解地质图的精度。通过读图例熟悉图幅所用的各种地质符号，了解工作区出露的地层及其时代、顺序以及岩石类型等。通过综合地层柱状图进一步了解出露地层的层序、岩性特征、厚度及接触关系等。通过地质剖面图大致了解该区的地质构造特征。通过图幅编绘出版年月和资料说明，了解图的新旧程度和来源及工作区研究史。

2. 了解地形特征

地形可以提供工作区的地理概况。地形是地质构造、岩性等特征在地表上的反映，也是内外动力地质作用相互制约的结果。因此，地形特征可以帮助了解地质情况。大比例尺地质图一般都有等高线，可以结合等高线的高程、水系分布来了解地形特点，如山脉走向、分水岭位置、海拔最高点和最低点、相对高差等。在一些没有等高线的中小比例尺地质图上，一般只能根据水系的分布来分析地形特点，如水系干流总是流经地势较低的地方，支流则分布在地势较高的地方；顺流而下地势越来越低，逆流而上地势越来越高；位于两条河流中间的分水岭总是比河谷地区要高。

3. 阅读地质内容

一般先了解地层分布规律，如时代、层序、岩性和产状等；然后判断有哪些地质构造类型。如果有褶皱，则分析褶皱的形态特征、空间分布、组合和形成时代；如果存在断裂构造，则具体分析断裂构造的类型、规模、空间组合、分布和形成时代。此外，还要了解岩浆岩及岩浆活动特征、变质岩区所表现的构造特征；最后分析地质体之间的相互关系。

（1）判断岩层产状。

岩层的空间位置及其排列状况可以用产状描述。产状包括走向、倾向和倾角这三种要素。产状三要素在地质图上常常用类似“ ⋌30°”这样的符号来表示。其中，长线表示走向，短线表示倾向，数字表示倾角。地壳中的岩层根据其产状一般分为三类：水平岩层、倾斜岩层、直立岩层。

水平岩层与水平面平行（倾角等于零），其地质界线与地形等高线平行或重合。岩层如果未发生倒转，从下往上岩层的形成时代越来越新。岩层露头宽度取决于岩层厚度和地面坡度。当地面坡度一致时，岩层厚度大的，露头宽度也宽；当厚度相同时，坡度陡处，露头宽度窄，在陡崖处，水平岩层顶、底界线投影重合成一线，造成岩层“尖灭”的假象。

倾斜岩层与水平面斜交，因此地质界线与等高线相交，在山坡和山谷处弯曲成“V”字形，“V”字形尖端的指向遵循“V”字形法则：① 当岩层倾向与地面坡向相反时，“V”字形尖端在山谷处指向上游，在山脊处指向下游；② 当岩层倾向与地面坡向一致，而且岩层倾角大于地面坡度时，“V”字形尖端在山谷处指向下游，而在山脊处指向上游；若岩层倾角小于地面坡度，“V”字形尖端在山谷处指向上游、山脊处指向下游。

直立岩层与水平面垂直（倾角等于 90°），地质界线在地质图上的表现不受地形影响，都呈直线延伸。

（2）判断地层接触关系。

地层接触关系有整合接触和不整合接触两种类型。不整合接触有平行不整合与角度不整合之分。在地质图中，整合接触表现为岩层时代延续，产状一致，岩层界线相互平行；平行不整合接触表现为上下两套岩层产状一致，岩层界线平行排列，岩层时代不延续（有地层缺失）；角度不整合接触表现为上下两套岩层产状不同，地层时代不延续，一般来说，较老的一套岩层界线被不整合线切割，而新的一套岩层界线与不整合线大致平行。

（3）判断褶皱构造。

层状岩石的一系列波状弯曲称为褶皱构造。褶皱的基本单位是褶曲，即岩层的一个弯曲。褶曲的基本形态是背斜和向斜。褶曲存在的根本标志是垂直岩层走向的方向上，同年代的岩层呈对称式重复出现。背斜和向斜的区分在于核部与翼部地层的新老关系不同：核部地层较两翼地层老，为背斜；反之，核部地层较两翼地层新，为向斜。褶曲的基本要素包括核、翼、轴面、枢纽等。核是褶曲的中心部分岩层；翼是褶曲核部两侧的岩层；轴面是褶曲两翼的近似对称面（将褶曲平分为两半的一个假想面）；枢纽是指褶曲岩层中同一层面最大弯曲点的连线，也是褶皱中同一层面与轴面的相交线。

在地质图上识别褶皱构造：先根据岩层产状、地质界线以及岩性，了解工作区内地层的分布情况；垂直地质界线，找出对称重复分布的地层；再根据新、老地层的相对位置，确定褶曲的形态和数目，以及褶曲核部和翼部的所在位置；由褶曲皱两翼地层倾角大小、出露宽度，判断轴面位置和轴向，推测其剖面形态；根据两翼地层平面分布形态，判断褶皱轴面的产状；根据褶曲枢纽的位置，进一步确定褶皱的平面组合方式；观察褶皱与其他地质体的关系。如果褶皱构造的地层被岩体、断层切断或被不整合面覆盖，应沿地层走向追踪，推断被切断或被覆盖地层的归属，恢复褶皱的原来面貌。

（4）判读断层构造。

岩石受力发生变形，其连续完整性遭到破坏，发生断裂，形成断裂构造。如果两侧岩体具有显著位移，则这种断裂称作断层。断层有很多要素，如断层的滑动面叫断层面；破裂面或错动带称为断裂带；断层面与地面的交线叫断层线；沿断层面两侧发生位移的岩块叫断盘，如果断层面是倾斜的，在断层面以上的一盘叫上盘，以下的一盘叫下盘。如果断层面直立，则按层面两侧断盘的相对位置，称为东盘、西盘或南盘、北盘等。断盘根据其运动方向划分为上升盘和下降盘。断层根据两盘相对滑动的方向可分为正断层、逆断层和平移断层三种基本形式。上盘相对下盘向下滑动的断层叫正断层。上盘沿断层面向上滑动的断层叫逆断层。断层两盘沿断层走向相对运动的断层叫平移断层。

露头良好的断层易于识别，但大多数断层因其两侧岩石破碎并受到风化，常成为松散物质覆盖的地带，断层特征不易察觉，此时需从构造、地层和地貌进行多方面考察分析。断层存在的构造标志有擦痕和镜面、断层构造岩、拖曳褶曲。地层标志包括地层的缺失与重复、构造不连续。地貌标志包括断层崖、三角面、错断的山脊、串珠状湖泊洼地、泉水的带状分布及河流急剧转向等。

在地质图上，一般用红色实线表示实测断层（虚线表示推测断层）的位置与长度；大、中比例尺地质图还用特定的符号表示断层类型及其产状。当地质图未标明断层时，断层的识别方法是：如果断层线与褶皱轴线（或地层界线）近于垂直、平行或斜交，则断层分别属于倾向断层、走向断层或斜向断层。断层线的形态及其与地形等高线的关系可用于判断断层面的陡、缓及其倾斜方向。通常，走向断层老地层出露的一盘为上升盘；但当断层面倾向与地层倾向一致，且断层倾角小于地层倾角或地层倒转时，新地层出露的一盘才是上升盘。当倾向断层切断褶皱，且断层两盘的褶皱核部出露同一时代的地层时，背斜核部变宽（或向斜核部变窄）的一盘为上升盘；如果断层两盘的褶皱核部出露不同时代的地层，则无论是背斜或向斜，其核部是老地层的一盘为上升盘。如果地质界线被倾向断层或斜向断层切断并发生位移，且断层面两侧地层出露宽度一致，则这种断层为平移断层。

4. 综合分析

在了解全区范围内地层的发育、空间分布、岩性、接触关系、褶皱构造、断裂构造及岩体等的特征、形成时代及其相互关系等的基础上，综合分析工作区的构造运动性质及其在空间和时间上的发展规律、地质发展简史、各种矿产的生成与分布及地貌发育等，从而对该区的总体地质概况有较全面的认识。

思考题

1. 叙述地形图、地质图的阅读方法。
2. 在地质图上如何判断岩层产状、地层接触关系、褶皱构造和断层构造？
3. 找一幅学校所在地的地形图，在里面找到自己学校所在地，计算学校所占的面积。

第三章 地质罗盘仪的野外应用

地质罗盘仪是开展野外地质工作必不可少的一种工具，被称为传统地质工作“三件宝”（罗盘、铁锤、放大镜）之一。利用它可以进行一般的地质测量，如测量目标物的方位和位置、观察面（如岩层面、褶皱轴面、断层面、节理面等）的产状、地形坡度等。地质罗盘仪式样较多，但其原理和结构类似。

一、基本理论

（一）地质罗盘仪的原理

地质罗盘仪利用磁针（能够指明磁子午线方向），配合刻度盘读数，确定目标相对于磁子午线的方向。根据两个已知测点，可测出另一个未知目标的位置。

（二）地质罗盘仪的结构

一般由磁针、刻度盘、测斜器、水准器和瞄准觇板等几部分组成（见图 1.3.1）。

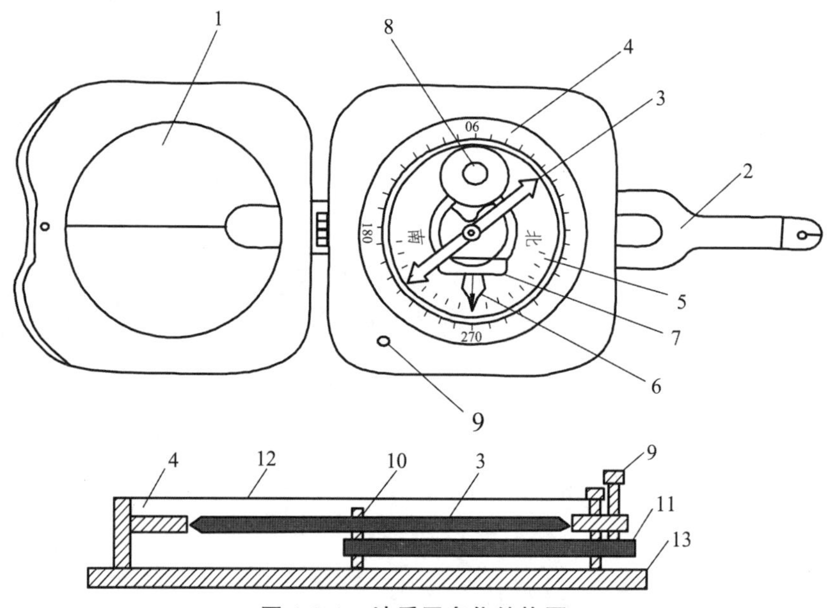

图 1.3.1 地质罗盘仪结构图

1—反光镜；2—瞄准觇板；3—磁针；4—水平刻度盘；5—垂直刻度盘；6—垂直刻度指示器；7—长水准器；8—圆水准器；9—磁针固定螺旋；10—顶针；11—杠杆；12—玻璃盖；13—底盘

（1）磁针：是罗盘（文中提到的罗盘都指地质罗盘仪）定向的最主要部件，安装在底盘中央的顶针上，不用时应旋紧制动螺丝，将磁针抬起压在玻璃盖上，避免磁针帽与顶针尖的碰撞，以保护顶针尖，延长罗盘使用的时间。在进行测量时放松磁针固定螺旋，使磁针自由摆动，静止时磁针的指向就是磁子午线方向。由于我国位于北半球，磁针两端所受磁力不等，使磁针失去平衡。为了使磁针保持平衡，常在磁针南端绕上几圈铜丝，这样也便于区分磁针的南、北端。

（2）水平刻度盘：水平刻度盘的刻度方式是从 0°开始按逆时针方向每 10°一记，连续刻至 360°，0°和 180°分别为 N（北）和 S（南），90°和 270°分别为 E（东）和 W（西）。用这种方法标记的罗盘称为方位角罗盘仪，用它可以直接测量地面两点间直线的磁方位角。在罗盘中东、西的标记对调（与实际相反）是为了便于测量时能直接读得所求数。

（3）垂直刻度盘：专门用来读倾角和坡角，E（东）或 W（西）为 0°，S（南）和 N（北）为 90°，每隔 10°标记相应数字。

（4）垂直刻度指示器：是测斜器的重要组成部分，悬挂在磁针的轴下方，通过底盘处的扳手进行转动，尖端所指刻度即为倾角或坡角的读数。

（5）水准器：包括圆水准器和长水准器。圆水准器固定在底盘上，使用时气泡居中，说明罗盘放置水平了。长水准器固定在测斜器上，其中的气泡是观察测斜仪是否水平的依据。

（6）瞄准器：包括瞄准觇板、反光镜（中间有平分线，下部有小孔），作瞄准被测物用。

二、地质罗盘仪的使用方法

（一）磁偏角的校正

地磁的南、北两极与地理的南、北两极位置不完全相同，使磁子午线（磁北方向）与地理子午线（真北方向）不重合，即地球上任一点的磁北方向与该点的真北方向不一致（这两个方向间的夹角叫磁偏角），所以，罗盘仪在使用之前必须进行磁偏角的校正，校正之后测得的数值才能代表真正的方位角。地球上某点磁针北端在真北方向以西为西偏（ – ），以东则为东偏（ + ）。校正时旋动罗盘的刻度螺旋，使水平刻度盘向左（西偏）或向右（东偏）转动，使罗盘底盘南北刻度线与水平刻度盘 0° ~ 180°线之间的夹角等于磁偏角。校正后测量的读数就为真方位角。例如，武汉地区磁偏角为西偏 2°54′（1970 年 1 月 1 日），只要旋动刻度螺旋，使水平刻度盘 0° ~ 180°线向左转动 2°54′即可。

（二）测岩层产状

岩层的产状是指岩层的空间位置及其排列状况，用走向、倾向和倾角这三个产状要素来描述（见图 1.3.2）。

岩层走向是岩层在地面上延伸的方向，即岩层面与水平面交线的方向。岩层倾向是指岩层向下最大倾斜方向线在水平面上的投影，与岩层走向垂直。岩层倾角是岩层面与假想水平面之间的最大夹角，它是沿着岩层的真倾斜方向测量得到的，也就是说，岩层面上的真倾斜线与水平面的夹角为真倾角。实际上，任何构造面，如节理面、断层面等都可以通过测量产状来描述其空间排列状况。不同构造面的产状测量方法类似，现以岩层产状测量（见图 1.3.3）为例，介绍产状三要素的测量方法。

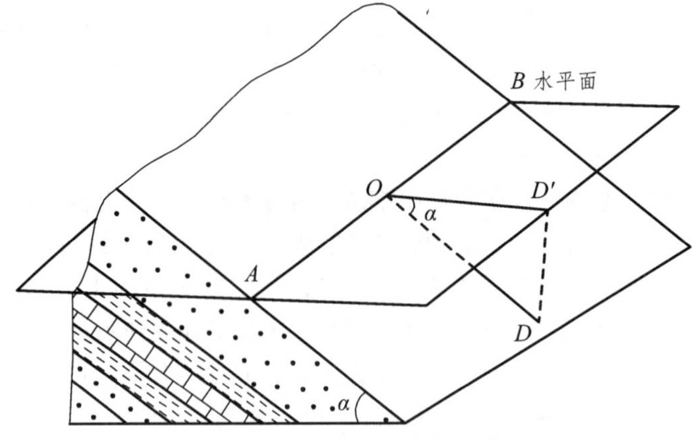

图 1.3.2 岩层的产状要素

AOB—走向；*OD′*—倾向；*α*—倾角

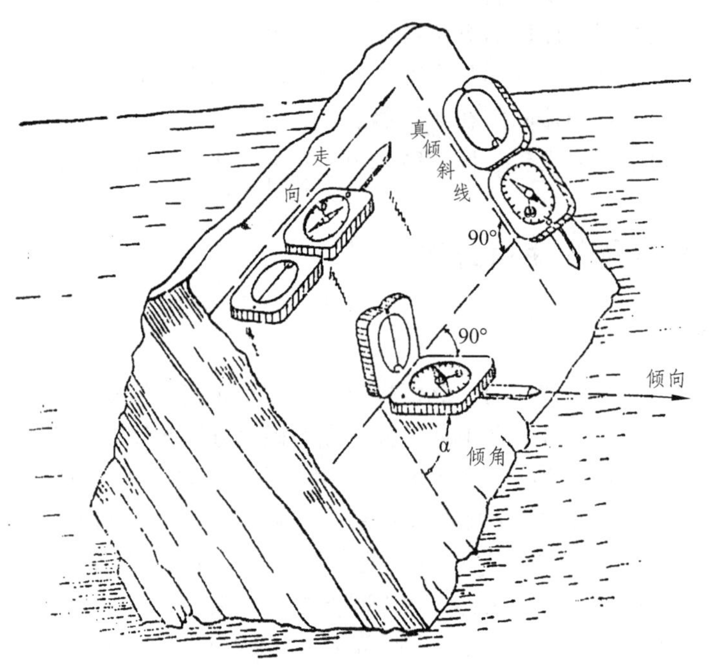

图 1.3.3 用地质罗盘仪测量地层产状示意图

1. 测走向

将罗盘的盖子打开到极限位置，罗盘的长边与岩层面紧贴，转动罗盘使底盘圆水准器气泡居中，指针所指的刻度读数即为岩层走向。走向是代表走向线的方向，可以向两边延伸，因此指南针或指北针所指的刻度读数，如 NE30 与 SW210 均可代表该岩层的走向。

2. 测倾向

将罗盘北端或瞄准觇板指向岩层面的倾斜方向，使底盘的短边紧靠岩层面，转动罗盘使底盘圆水准器气泡居中，指北针所指的刻度读数即为岩层的倾向。如果在岩层顶面上测量有困难，可以在岩层底面上测量，仍用瞄准觇板指向岩层倾斜方向，罗盘北端紧靠底面，读指北针所指刻度读数即可；若测量底面读指北针受阻，则用罗盘南端靠着岩层底面，读指南针。

3. 测倾角

野外分辨岩层面的真倾斜方向，可通过岩层走向（真倾斜方与走向垂直）判断，也可用小石子或滴水使之在岩层面上滚动（流动），滚动（流动）的方向即为岩层面的真倾斜方向。测量倾角时，将罗盘的盖子打开到极限位置，侧边垂直于走向且贴紧岩层面，并用中指拨动罗盘底部的活动扳手，使长水准器的气泡居中，读出垂直刻度指示器所指的刻度读数，即为岩层倾角。岩层倾角介于 0° ~ 90°之间。

如果测量出某一岩层走向为 240°，倾向为 150°，倾角 30°，一般记录为 150°∠30°。野外测量岩层产状需要在岩层露头测，不能在滚石上测量，因此要区分露头和滚石。露头是岩层在地表的出露，不能移动；而滚石由于各种原因被搬运到此地，有时可移动。区别露头和滚石，主要是靠多观察和追索并加以判断。测量岩层层面产状时，如果岩层凹凸不平，可把记录本平放在岩层面上，当作层面以便测量。

（三）地形草测

1. 定方位

定方位是指确定目标所处的方位和位置，也叫交会定点。当目标在视线（水平线）上方时，右手握紧罗盘底盘，上盖背面向着观测者，手臂贴紧身体，以减少抖动，左手调整瞄准觇板和反光镜，转动身体，使目标、瞄准觇板的像同时映入反光镜，并为镜线所平分，保持圆水准气泡居中，此时磁针北极所指的刻度读数就是目标所处的方位。按照同样的方法，在另一测点对该目标进行测量，这样从两个测点对同一目标测量得到两线，相交点即为目标的位置。当目标在视线（水平线）下方时，右手紧握罗盘底盘，反光镜在观察者的对面，手臂同样贴紧身体。左手调整瞄准觇板和上盖，转动身体，使目标、瞄准尖同时映入反光镜的椭圆孔中，并为镜线所平分，保持圆水准气泡居中，则磁针北极所指示的刻度读数，即为该目标所处的方位。按照同样的方法，在另一测点对该目标进行测量，这样从两个测点对同一目标测量得到两线，相交点即为目标的位置。

2. 定水平线

把长瞄准觇板扳至与底盘呈一平面，上盖扳至 90°，而瞄准尖竖直，平行上盖，将指示器对准“0”，通过瞄准尖上的视孔和反光镜椭圆孔的视线，即为水平线。

3. 测坡度角

地形坡度角是指地形斜坡面与假想水平面的夹角。坡度角有两种：一种是向上测的仰角，记录时在度数前用“+”说明，如“+15°”；另一种是向下的俯角，记录时在度数前加“-”号，如“-25°”。仰角和俯角的测量方法相同。先将罗盘长边平行于斜坡面并侧立起来，然后拨动罗盘背后的扳钮，使长水准器气泡居中，垂直刻度指示器所指的度数即为地形坡度角。由于地面在一段很短的距离内往往起伏不平，所以在测量地形坡度角时，往往是两个人，一个站在高处，另一个人站在低处，用罗盘互相瞄准等高位置进行测量，这样可以互相校正，以便测得更准确。方法是：用左手握住罗盘，先把罗盘上长的瞄准觇板打开平放，觇板瞄准尖立起，然后把罗盘侧立起来，将小镜折回与罗盘面呈一个角度，使反光镜对着自己，用觇板瞄准尖的小孔及反光镜透视孔中的平分线瞄准被测目标，使它们连成一线，再用右手调整长水准器气泡居中，这时，通过反光镜读得的垂直刻度指示器所指的刻度读数，即为所测斜坡的坡度角。

（四）测物体的垂直角

把上盖扳到极限位置，用地质罗盘仪侧面贴紧物体具有代表性的平面，然后调整垂直水准气泡居中，此时指示器的读数，即为该物体的垂直角。

（五）利用地质罗盘仪进行地形图实地定向

1. 依磁子午线定向

通常在地形图的北图廓和南图廓上分别绘有一个小圆圈各注有磁北（或注 P）和磁南（或注 P′）标记，连接磁北与磁南两点即得磁子午线。定向时首先把罗盘刻度盘上“N（北）”字和“S（南）”字各指向北图廓和南图廓亦即令罗盘仪“（北）”“（南）”两字的连线与地形图上磁子午线重合，接着转动地图连同放置于图上的罗盘仪直至磁北针与刻度盘“北”字（或0°）重合时为止，地图定向即可完成。

2. 依真子午线定向

将罗盘刻度盘上“北”字指向北图廓，并让由刻度盘“北”“南”二字注记连接所成的直线与东图廓或西图廓线重合，再依照南图廓外所绘“三北”（真北、磁北和坐标北）方向图形中标注的磁偏角值，转动地图连同放置于图上的罗盘，以使磁北针指向相应的磁偏角数值。此时，地形图的方向就与实地相一致了。在国家基本地形图上，均标绘有真子午线、磁子午线与坐标纵线，即“三北”方向线以及表达此三者关系的图形可使我们在地图定向时选用。

3. 依坐标纵线定向

将罗盘上“北”字指向北图廓，并使刻度盘上由“北”“南”注记连成的南北线与坐标纵线一致（坐标纵线指地形图上方里网即直角坐标网的纵方向线，在同一投影带内所有坐标纵线都与中央子午线平行）。再转动地形图连同其上的罗盘（依方向改正角的数值，坐标纵线北端偏于真子午线以东者为东偏，以西者为西偏），让磁针北端指向相应的角值，即完成地形图定向。

（六）注意事项

（1）避免罗盘仪与铁制品接触，使磁针失去磁性；不能受潮，以防磁针或顶针生锈不能灵活转动；用完后要锁定磁针固定器，以防磁针自由转动磨损顶针。

（2）在测量方位、走向、倾向、倾角和倾伏向时，一定要保持罗盘水平（圆水准器气泡居中），这样磁针才能左右转动。

（3）在测量坡度角、倾角时，务必要保持罗盘直立，长水准器气泡居中，这样测量的角度才比较准确。

（4）当面状要素凹凸不平或线状要素曲折不直时，要设法取其整体真正的方位，而不是受局部所干扰。

思考题

1. 观察与了解地质罗盘仪的构造。
2. 如何用地质罗盘仪在地形图上进行实地定向?
3. 练习用地质罗盘测量岩层产状要素。

第四章 化学实验室纯水及试剂规格

第一节 化学实验室纯水

纯水又称纯净水、去离子水，是指以符合生活饮用水卫生标准的水为原水，通过电渗析器法、离子交换器法、反渗透法、蒸馏法及其他适当的加工方法制得的，密封于容器内，且不含任何添加物，无色透明，可直接饮用的水。市场上出售的太空水、蒸馏水均属纯净水。

在分析实验室中，水是不可缺少的，洗涤仪器、配置溶液、冷却都需要水。水也是分析实验室中使用量最大的试剂，水的纯度是保证分析数据质量的基本条件之一。自来水中含有阳离子、阴离子、有机物、颗粒物和微生物，包括细菌、原生物、藻类等杂质。这些杂质会直接影响化学分析的准确性，所以，在制备分析用水过程中必须对自来水进行纯化处理。在理化检验中，纯水的质量直接影响着试验的准确性，由此可见，纯水的制备在理化检验中的重要性。另外，在实验室分析中，除了使用自来水外，对于不同实验的要求需要不同纯度的水，如何根据实验要求，选择制备设备是实验室的一项技术问题。纯水是化学分析的基本条件之一。在开展分析监测之前，首先要制备出合乎分析要求的纯水。所以，我们研究纯水是必不可少的。

一、基本理论

实验室纯水的制备是将原水中的悬浮性杂质、可溶性杂质和非可溶性杂质全部除净的水处理方法。

（一）天然水中的杂质情况

天然水中杂质种类很多，按性质可以分为：有机物、无机物、微生物；按颗粒大小可以分为：悬浮物、胶体、分子、离子。悬浮物颗粒较大，容易除去，其中比重较小、容易浮到水面的大多为腐殖质的有机物，比重较大、容易往下沉的大多为无机物颗粒（如黏土等）。胶体微粒是许多分子和离子的集合体，表面积大，有比较强的吸附力（如腐殖质、铁、铝、硅等的化合物）。分子主要是一些可溶性气体（如 CO_2、O_2、H_2S、Cl_2 等）。离子类主要为 K^+、Mg^{2+}、Ca^{2+}、Fe^{2+}、HCO^-、Cl^-、SO_4^{2-}、CO_3^{2-} 等。

（二）各类物质处理方法及原理

由于水中成分很复杂，只有通过多种方法组合处理，才能把各种杂质去除，达到纯水需要的纯度要求。具体方法有蒸馏法、离子交换法、反渗透法、超滤法、微孔过滤法、活性炭过滤法等。下面我们一一进行介绍。

1. 蒸馏法

蒸馏不同于其他形式的水纯化，因为水从不洁的水中提取出来，经过了液→汽→液的相变，即从液态至汽态又回到液态，沸点高于水（100 °C）的杂质将留在锅炉内，冷凝后，只有水及沸点低的残渣留下来。蒸馏可以有效去除大多数无机物，高于 100 °C 沸点的有机物、热原质、细菌。目前世界上绝大多数实验室都使用蒸馏法制备纯水。蒸馏法能去除大部分污染物，由于加热过程中很难排除二氧化碳的融入，所以水的电阻率是很低的，一般为 0.2 ~ 1 MΩ · cm，只能满足普通分析实验室的用水要求。其优点是此方法易于操作，缺点是在加热过程中会产生二次污染，不易控制水质，水耗费较高。

2. 离子交换法

离子交换法是利用称为离子交换树脂的、具有特殊网状结构的人工合成有机高分子化合物净化水的一种方法。在化工、冶金、环保、医药、食品等行业得到广泛应用。

常用于处理水的离子交换树脂有两种：一种是强酸性阳离子交换树脂，另一种是强碱性阴离子交换树脂。当水流过两种离子交换树脂时，阳离子和阴离子交换树脂分别将水中的杂质阳离子和阴离子交换为 H^+和 OH^-离子，从阳离子交换树脂释出的氢离子与从阴离子交换树脂释出的氢氧根离子相结合后生成纯水，从而达到净化水的目的。使用一段时间后，离子交换树脂的交换能力下降，可以分别用 5% ~ 10% 的 HCl 和 NaOH 溶液处理阳离子和阴离子交换树脂，使其恢复离子交换能力，这叫做离子交换树脂的再生。再生后的离子交换树脂可以重复使用。

阳离子交换树脂与水中的杂质阳离子发生交换：

$$RSO_3H + \begin{matrix} Ca^{2+} \\ Pb^{2+} \end{matrix} \underset{再生}{\overset{交换}{\rightleftharpoons}} R(SO_3)_2\begin{matrix} Ca \\ Pb \end{matrix} + 2H^+$$

$$\text{再生} \searrow (5\%\sim10\%)\,HCl$$

阴离子交换树脂与水中的杂质阴离子发生交换：

$$R\text{-}N^{+}R_3\overset{-}{O}H + NaCl \underset{再生}{\overset{交换}{\rightleftharpoons}} R\text{-}NR_3Cl + NaOH$$

$$\text{再生} \searrow (5\%\sim10\%)\,NaOH$$

阴阳离子交换树脂可被分别包装在不同的离子交换床中，分成所谓的阴离子交换床和阳离子交换床。也可以将阳离子交换树脂与阴离子交换树脂混在一起，置于同一个离子交换床中。不论是哪一种形式，当树脂与水中带电荷的杂质交换完树脂上的氢离子或氢氧根离子，就必须进行“再生”。再生的程序恰与纯化的程序相反，利用氢离子及氢氧根离子进行再生，交换附着在离子交换树脂上的杂质。

离子交换法能有效地去除水中的离子，却无法有效地去除大部分的有机物或微生物。而微生物可附着在树脂上，并以树脂作为培养基，快速生长并产生热源。因此，需配合其他的纯化方法设计使用。

3. 反渗透法

在了解“反渗透”原理之前，要先解释“渗透（Osmosis）”的概念。所谓渗透，是指以半透膜隔开两种不同浓度的溶液，其中溶质不能透过半透膜，则浓度较低的一方水分子会通过半透膜到达浓度较高的另一方，直到两侧的浓度相等为止。在还没达到平衡之前，可以在浓度较高的一方逐渐施加压力，则前述之水分子移动状态会暂时停止，此时所需的压力叫做“渗透压（Osmotic pressure）”；如果施加的力量大于渗透压时，则水分的移动会反方向而行，也就是从高浓度的一侧流向低浓度的一侧，这种现象就叫做“反渗透”。反渗透的纯化效果可以达到离子的层面，对于单价离子（Monovalentions）的排除率（Rejection rate）可达 90%～98%，而双价离子（Divalentions）可达 95%～99% 左右（可以防止分子量大于 200 道尔顿的物质通过）。

反渗透水处理常用的半透膜材质有纤维质膜、芳香族聚酝胺类、芳香族聚酰胺类等，它的结构形状有螺旋型（Spiral wound）、空心纤维型（Hollow fiber）及管状型（Tubular）等。这些材质中纤维素膜的优点是耐氯性高，但在碱性的条件下（pH≥8.0）或细菌存在的状况下，使用寿命会缩短。芳香族聚酰胺类膜的缺点是对氯及氯氨之耐受性差。至于采用哪一种材质较好，则目前还没有定论。

一般逆渗透膜的孔径约在 10 A 以下，可以有效地清除溶解于水中的无机物、有机物、细菌、热原及其他颗粒等。

4. 超滤法

在一定的压力作用下，当含有大、小分子物质两类溶质的溶液流过被支撑的膜表面时，溶剂和小分子溶质（如无机盐类）将透过膜，作为透过物被收集起来，大分子溶质（有机胶等）则被膜截留且作为浓缩液被收回。通常凡是能截留分子量约 500 Da 以上的高分子的膜分离过程被称为超过滤，即超滤。在超滤过程中，大分子溶质之所以不能像溶剂那样容易通过膜，主要是因为：第一，被吸附在过滤膜表面上和孔中；第二，被保留在孔内或者从那里被排出；第三，机械地被截留在过滤膜的表面上。超滤膜的主要性能和反渗透大致相同，主要有通水量、截留率、化学物理稳定性（包括机械强度）。

超滤法的优点是超滤对去除水中的微粒、胶体、细菌、热原等各种蛋白酶和各种有机物有较好的效果；缺点是它几乎不能截留无机离子。采用超滤的方法需定期消毒和定时冲洗滤膜。

5. 纳滤法

纳滤（NF，Nanofiltration）是一种介于反渗透和超滤之间的压力驱动膜分离过程，纳滤膜的孔径范围在几个纳米左右。纳滤与其他分离膜的分离性能比较，恰好填补了超滤与反渗透之间的空白，它能截留透过超滤膜的那部分小分子量的有机物，透析被反渗透所截留的无机盐。

纳滤类似于超滤和反渗透，均属于压力驱动型膜过程，但传质机理却有所不同。一般认为，超滤膜由于孔径较大，传质过程主要为孔流形式。而反渗透膜通常属于无孔致密膜，溶解扩散的传质机理，能够较好地解释该膜的截留性能。由于大部分纳滤膜为荷电型，其对无机盐的分离行为不仅受化学势的控制，同时也受到电势梯度的影响，所以，确切的传质机理至今尚无定论。

由于无机盐能透过纳滤膜，使其渗透压远比反渗透膜低。因此，在通量一定时，纳滤过程所需要的外加压力比反渗透要低得多。此外，纳滤能使浓缩和脱盐同时进行，所以用纳滤代替反渗透时，浓缩过程可以有效快速地进行，并达到较大的浓缩倍数。

纳滤法有一个很大的特征是膜本身带有电荷性。纳滤膜组件的操作压力一般为 0.7 MPa，最低为 0.3 MPa。其相对分子量大于 300 的有机溶剂有 90% 以上的截留能力，对盐有中等以上的脱除率。

6. 微孔过滤法

微孔过滤膜通常是由特种纤维素脂或高分子聚合物以及无机材质制成，它的孔径一般在 5.0 nm ~ 1.0 mm 之间。微孔过滤膜的截留机理大体可以分为以下几种：第一是机械截留，指膜可以截留比它孔径大或与孔径相等的微粒；第二是物理作用或吸附截留，包括吸附和电性质等各种因素的影响；第三是架桥截留，在孔的入口处微粒因架桥作用同样可以被截留。微孔膜的孔径十分均匀，孔隙率很高（一般为 80%），通常比具有同等截留能力的滤纸至少快 40 倍。由于空隙率高、材料薄，因而阻力小，一般只需较低的压力就可以驱动。微孔膜的主要性能指标有厚度、过滤速度、空隙率、孔径及其分布。

7. 活性炭过滤法

活性炭是一种多孔性材料。它是利用硬质木材经过长时间的加热干馏或活化处理制作而成的。经过活化处理的活性炭，它的表面积扩大产生大量的大小孔隙，从而吸附能力加强。无论是有机物或无机物均能被活性炭所吸附。天然的活性炭会有少部分颗粒脱落易污染水质，只适用于纯水制备的前期过滤，主要用于去除自来水中的有机物及氯；而人工合成的活性炭质粒均匀，对水污染很小，可去除水中的有机物质，一般用于超纯水的制备。

二、实验室纯水的规格

我国参考国际标准，根据实际需要制定了国家标准《实验室用水规格》，规定实验室用水分为以下三个等级：

一级水：基本上不含有溶解或胶态离子杂质及有机物。它可由二级水经过进一步处理制得。例如，可用二级水经过蒸馏、离子交换混合床和 0.2 μm 过滤膜的方法或用石英装置进一步蒸馏而制得。一级用水的要求：电导率（25 °C）≤0.01 mS/m，吸光度（254 nm，光程 1 cm）≤0.001，可溶性硅（以 SiO_2 计）<0.01 mg/L。一级水主要用于有严格要求的分析试验，包括对颗粒有要求的试验，如高压液相色谱分析用水。

二级水：可含有微量的无机、有机或胶态杂质。可采用蒸馏反渗透或去离子后再进行蒸馏等方法制备。二级用水的要求：电导率（25 °C）≤0.10 mS/m，吸光度（254 nm，光程 1 cm）≤0.01，可溶性硅（以 SiO_2 计）<0.02 mg/L，可氧化物质（以 O 计）<0.08 mg/L，蒸发残渣

（105 °C ± 2 °C）≤1.0 mg/L，主要用于无机恒量分析等试验，如原子吸收光谱分析用水。

三级水：适用于一般实验室试验工作。它可以采用蒸馏、反渗透或去离子等方法制备。三级用水的要求：电导率（25 °C）≤0.50 mS/m，可氧化物质（以 O 计）<0.4 mg/L，蒸发残渣（105 °C ± 2 °C）≤2.0 mg/L，pH 值范围（25 °C）5.0 ~ 7.0，用于一般化学分析试验。表 1.4.1，表 1.4.2 是我国实验室用水规格指标。

表 1.4.1 中国国家实验室用水规格 GB6682-92 标准

	pH(25 °C)	电导率(25 °C) /(μS/cm)	比电阻(25 °C) /(MΩ · cm)	可氧化物质（以 O 计）/(mg/L)	吸光度 254 nm，1 cm 光程	蒸发残渣 /(mg/L) (105 °C ± 25 °C)	可溶性硅（以 SiO_2 计）/(mg/L)
一级	—	≤0.1	≥10	—	≤0.001	—	<0.01
二级	—	≤1.0	≥1	<0.08	≤0.01	≤1.0	<0.02
三级	5.0 ~ 7.5	≤5.0	≥0.2	<0.40	—	≤2.0	—

表 1.4.2 中国国家实验室用水 GB6682-2000 标准

名 称	一级	二级	三级
pH 范围（25 °C）	—	—	5.0 ~ 7.5
电导率（25 °C），mS/m ≤	0.01	0.10	0.50
比电阻（25 °C，MΩ · cm） ≥	10	1	0.2
可氧化物质（以 O 计）mg/L <	—	0.08	0.40
吸光度（254 nm，1 cm 光程） ≤	0.001	0.01	—
蒸发残渣（105 °C ± 25 °C），mg/L ≤	—	1.0	2.0
可溶性硅（以 SiO_2 计），mg/L <	0.01	0.02	—

另外，实验室超纯水，是指水中电解质几乎全部去除，水中没有胶体物质、微生物、微粒、有机物等，并且溶解气体降至很低程度，25 °C 时，电阻率为 10 MΩ · cm 以上，通常接近 18 MΩ · cm，必须经膜过滤与混合床等终端精处理的水。

三、实验室纯水的制备

实验室制纯水的方法主要有反渗透、超滤、微孔过滤、离子交换、活性炭过滤、蒸馏法等。其中，蒸馏法和离子交换法比较常用，绝大多数实验室都使用这两种方法制纯水。下面我们比较详尽地介绍蒸馏法和离子交换法制纯水过程以及所使用的设备。

（一）蒸馏法

1. 主要用途

蒸馏水器是用电加热自来水制取纯水。通过加热蒸馏水产生蒸汽，冷凝成蒸馏水，可适用于制药、制剂、实验室、化验室等部门使用。

2. 工作原理

各种蒸馏水器都是利用液体遇热汽化遇冷液化的原理制备蒸馏水的。

3. 使用方法（蒸馏水器都带有详细的使用说明书，这里只简单介绍以下几点）

（1）打开进水龙头，使蒸发锅内水注到标准线后再关闭。通电工作后再打开防水龙头，使蒸馏水流入专用容器内。

（2）蒸馏水器应与外接电路连接好。

（3）不同的电源连接方法也不同。各种情况下应正确使用接线方法。

4. 注意事项

（1）外壳须接地良好，以免出现危险。

（2）每次使用前应洗刷锅内部一次，排尽存水，更换新水。注意不要损伤表面的锡层。

（3）如有条件，水源改用去离子水，不用自来水。

（4）锅内加足水后才可通电加热，工作过程中水源不可中断，液面应始终维持在水位线处，如果锅内无水或水量很少，电热管将会烧坏。

（5）更换电热管时，接水处垫圈必须衬好，保证密封不漏水，否则电热管头部附着的水滴会击穿绝缘物造成事故。导线与电热管的螺栓连接处要压紧，否则接触电阻过大会严重发热，也可能产生电火花烧坏电热管头部。

（6）定期清除蒸发锅内壁、电热管表面、冷凝器内壁、冷凝管表面及冷凝器出水管中的水垢，避免影响冷凝效果，降低热效率和堵塞管路，减少使用寿命。

（二）离子交换法

1. 实验原理

请参考上文中离子交换的原理，这里不再做详细介绍。

2. 实验用品

仪器：离子交换柱（也可用碱式滴定管代替）、棉花、乳胶管、蠕动泵、铁架台、烧杯、玻璃棒。

固体药品：717 强碱性阴离子交换树脂、732 强酸性阳离子交换树脂。

液体药品：NaOH（2 mol·L^{-1}）、HCl（2 mol·L^{-1}）、$AgNO_3$（0.1 mol·L^{-1}）、NH_3-NH_4Cl 缓冲溶液（pH = 10）、铬黑 T 指示剂、HNO_3（5 mol·L^{-1}）。

3. 溶液的配置

铬黑 T 指示剂：取 0.5 g 铬黑 T 与 4.5 g 盐酸羟胺混合溶于 100 mL 95% 的乙醇中。

NH_3-NH_4Cl 缓冲溶液：20 g NH_4Cl 溶于水，加 100 mL 浓氨水，用水稀释至 1 L。

0.1 mol·L^{-1} $AgNO_3$：8.5 g $AgNO_3$ 定容到 500 mL 容量瓶中。

5 mol·L^{-1} HNO_3：197 mL HNO_3 定容到 500 mL 容量瓶中。

4. 实验步骤

（1）树脂的预处理。

① 阴离子交换树脂的预处理。

将 717（201 × 7）强碱型阴离子交换树脂用纯净水浸泡 2 h，倾去水。

加 NaOH（2 mol · L^{-1}）浸泡 12 h，除去树脂中能够被碱溶解的杂质，倾去碱液，用纯净水洗至接近中性。

加 HCl（2 mol · L^{-1}）浸泡 12 h，除去树脂中能够被酸溶解的杂质，倾去酸液，用纯净水洗至接近中性。

加 NaOH（2 mol · L^{-1}）浸泡 12 h，使树脂全部转化成 OH^-型，倾去碱液，用纯净水洗至接近中性。

用纯净水浸泡备用。

② 阴离子交换树脂的预处理。

将 732（001 × 7）强酸型阳离子交换树脂用纯净水浸泡 2 h，倾去水。

加 HCl（2 mol · L^{-1}）浸泡 12 h，除去树脂中能够被酸溶解的杂质，倾去酸液，用纯净水洗至接近中性。

加 NaOH（2 mol · L^{-1}）浸泡 12 h，除去树脂中能够被碱溶解的杂质，倾去碱液，用纯净水洗至接近中性。

加 HCl（2 mol · L^{-1}）浸泡 12 h，使树脂全部转化成 H^+型，倾去酸液，用纯净水洗至接近中性。

用纯净水浸泡备用。

（2）装柱。

① 将交换柱固定在铁架台上。

② 在一支长约 30 cm、直径 2 cm 的交换柱内，下部放一团玻璃纤维/棉花，在柱中注入少量蒸馏水，排出管内玻璃纤维和尖嘴中的空气，然后将已处理并混合好的树脂与水一起，从上端逐渐倾入柱中，树脂沿水下沉，这样不致带入气泡（混合树脂也是这样装柱）。

在整个操作过程中，树脂要一直保持为水覆盖。如果树脂床中进入空气，会产生偏流使交换效率降低，若出现这种情况，可用玻璃棒搅动树脂层并赶走气泡。

③ 混合树脂的处理：将乳胶管内空气排尽一端接到装有混合树脂的交换柱出水口，另一端放入一个装有纯净水的烧杯中，中间固定在蠕动泵上，开启蠕动泵对混合树脂进行反冲，不断调节蠕动泵的转速，使混合树脂中的杂质尽量去除，使阴阳离子树脂分层。

（3）纯水制备。

将自来水慢慢注入阳离子交换柱中，同时打开螺旋夹，使水成滴流出（流速 1 ~ 2 d/s，等流过约 10 mL 以后，截取流出液作水质检验，直至检验合格。）

将检验合格之后的水注入阴离子交换柱中，同样重复上面步骤。

最后将通过了阳离子树脂和阴离子树脂的水注入混合树脂柱中，最后检查水的 pH 值。

四、几种特殊用水的制备方法

1. 无氨水的制备

一是适量的蒸馏水或离子交换水，用碳酸氢钠调至弱碱性（pH 值为 8 ~ 9），将水煮沸至原体积的 1/4，即可得无氨水。二是蒸馏水中加入数毫升阳离子交换树脂振摇数分钟，即可除氨。或者将蒸馏水通过阳离子交换柱也可除氨。三是蒸馏用水中加入硫酸至 pH<2，使水

中各种形态的氨或胺最终都能转换成不挥发的盐类，收集馏出液即可（为避免实验室空气中含有氨而污染，应在无氨气的实验室中进行蒸馏）。

2. 无二氧化碳水的制备

将蒸馏水或离子交换水煮沸至少 10 min（水多时），或使水量蒸发 10% 以上（水少时），即得二氧化碳水。待水冷却后，用带碱石灰管的胶塞盖紧瓶，以防吸收空气中的二氧化碳。

3. 重蒸馏水的制备

用硬质玻璃或石英蒸馏器，在每升蒸馏水或去离子水中加入 50 mL 碱性高锰酸钾溶液，重新蒸馏，弃去头尾各 1/4 容积，收集中段的重蒸馏水，称二次蒸馏。此法适宜去除有机物，但不宜做无机含量分析之用，也可以直接在二次蒸馏水器中制备。

4. 无氧水的制备

将水注入平底烧瓶中，煮沸 1 h 后立即用装有玻璃导管的胶塞塞紧，导管与盛有焦性没食子酸的碱性溶液的洗瓶连接、冷却。

5. 无氯水的制备

加入亚硫酸钠等还原剂将自来水中的余氯还原为氯离子。用附有缓冲球的全玻璃蒸馏器进行蒸馏抽取。检验：取实验用水 10 mL 于试管中，加入 2 ~ 3 滴（1 + 1）硝酸、2 ~ 3 滴 0.1 mol/L 硝酸银溶液混匀，不得有白色混浊出现。

6. 无酚水的制备

一是活性炭吸附法。将粒状活性炭加热至 150 °C ~ 170 °C 烘烤 2 h 以上进行活化，放入干燥器内冷却至室温后，装入预先盛有少量水（避免碳粒间存留气泡）的层析柱中，使蒸馏水或去离子水缓慢通过柱床，按柱容量大小调节其流速，一般以每分钟不超过 100 mL 为宜。开始流出的水（略多于装柱时预先加入的水量）必须再次返回柱中，然后正式收集。每次柱所能净化的水量，一般约为所用碳粒表观容积的 1 000 倍。二是加碱蒸馏法。加入氢氧化钠至水的 pH 大于 11（可同时加入少量高锰酸钾溶液使水呈紫红色），使水中酚生成不挥发的酚钠后移入全玻璃蒸馏器电加热蒸馏，集取馏出液即可。

7. 不含有机物的水

向 2 000 mL 蒸馏水中加入适量碱性高锰酸钾溶液，进行重蒸馏，蒸馏过程中，溶液应保持浅紫红色（若浅紫红色退去时应及时补加高锰酸钾），弃去前 100 mL 馏出液，然后将馏出液收集在具塞磨口玻璃瓶中。待蒸馏器中剩下约 500 mL 溶液时，停止收集馏出液。

五、纯水质量的检验

纯水的质量检验指标很多，分析化学实验室主要对实验用水的电阻率、酸碱度、钙镁离子、氯离子的含量等进行检测。

（1）电阻率：选用适合测定纯水的电导率仪测定。

（2）酸碱度：要求 pH 值为 6 ~ 7。检验方法如下：

① 简易法：取 2 支试管，各加待测水样 10 mL，其中一支加入 2 滴甲基红指示剂应不显红色；另一支试管加 5 滴 0.1% 溴麝香草酚蓝（溴百里酚蓝）不显蓝色为合要求。

② 仪器法：用酸度计测量与大气相平衡的纯水的 pH 值，在 6 ~ 7 为合格。

（3）钙镁离子：取 50 mL 待测水样，加入 pH = 10 的氨水-氯化铵缓冲液 1 mL 和少许铬黑 T（EBT）指示剂，不显红色（应显纯蓝色）。

（4）氯离子：取 10 mL 待测水样，用 2 滴 $1\ mol \cdot L^{-1}$ HNO_3 酸化，然后加入 2 滴 $10\ g \cdot L^{-1}$ $AgNO_3$ 溶液，摇匀后以不浑浊为合要求。

化学分析法中，除络合滴定必须用去离子水外，其他方法均可采用蒸馏水。分析实验用的纯水必须注意保持纯净、避免污染。通常采用以聚乙烯为材料制成的容器盛载实验用纯水。

第二节 常用试剂规格

分析化学实验中所用试剂的质量，直接影响分析结果的准确性，因此应根据所做实验的具体情况，如分析方法的灵敏度与选择性，分析对象的含量及对分析结果准确度的要求等，合理选择相应级别的试剂，在既能保证实验正常进行的同时，又可避免不必要的浪费。另外，试剂应合理保存，避免沾污和变质。

一、化学试剂的分类

化学试剂产品已有数千种，而且随着科学技术和生产的发展，新的试剂种类还将不断产生，现在还没有统一的分类标准，本书只简要地介绍标准试剂、一般试剂、高纯试剂和专用试剂。

（一）标准试剂

标准试剂是用于衡量其他（欲测）物质化学量的标准物质，习惯称之为基准试剂，其特点是主体含量高，使用可靠。我国规定滴定分析第一基准和滴定分析工作基准的主体含量分别为（100 ± 0.02）% 和（100 ± 0.05）%。主要国产标准试剂的种类及用途见表 1.4.3。

表 1.4.3 主要国产标准试剂的规格与用途

类　别	主要用途
滴定分析第一基准试剂	工作基准试剂的定值
滴定分析工作基准试剂	滴定分析标准溶液的定值
滴定分析标准溶液	滴定分析法测定物质的含量
杂质分析标准溶液	仪器及化学分析中作为微量杂质分析的标准

续表 1.4.3

类　别	主要用途
一级 pH 基准试剂	pH 基准试剂的定值和高精密度 pH 计的校准
pH 基准试剂	pH 计的校准（定位）
热值分析试剂	热值分析仪的标定
气相色谱分析标准试剂	气相色谱法进行定性和定量分析的标准
临床分析标准溶液	临床化验
农药分析标准试剂	农药分析
有机元素分析标准试剂	有机物元素分析

（二）一般试剂

一般试剂是实验室最普遍使用的试剂，其规格是以其中所含杂质的多少来划分的，包括通用的一、二、三、四级试剂和生化试剂等。一般试剂的分级、标志、标签颜色和主要用途列于表 1.4.4 中。

表 1.4.4　一般化学试剂的规格及选用

级别	中文名称	英文符号	适用范围	标签颜色
一级	优级纯（保证试剂）	GR	精密分析实验	绿色
二级	分析纯（分析试剂）	AR	一般分析实验	红色
三级	化学纯	CP	一般化学实验	蓝色
四级	实验试剂	LR	一般化学实验辅助试剂	棕色或其他颜色
生化试剂	生化试剂、生物染色剂	BR	生物化学及医用化学实验	咖啡色、玫瑰色

（三）高纯试剂

高纯试剂其最大的特点是其杂质含量比优级或基准试剂都低，用于微量或痕量分析中试样的分解和试液的制备，可最大限度地减少空白值带来的干扰，提高测定结果的可靠性。同时，高纯试剂的技术指标中，其主体成分与优级或基准试剂相当，但标明杂质含量的项目则多 1 ~ 2 倍。

（四）专用试剂

专用试剂，顾名思义是指专门用途的试剂。例如，在色谱分析法中用的色谱纯试剂、色谱分析专用载体、填料、固定液和薄层分析试剂，光学分析法中使用的光谱纯试剂和其他分析法中的专用试剂。专用试剂除了符合高纯试剂的要求外，更重要的是在特定的用途中，其干扰的杂质成分不产生明显干扰的限度之下。

二、使用试剂的注意事项

（1）打开瓶盖（塞）取出试剂后，应立即将瓶（塞）盖好，以免试剂吸潮、沾污和变质。

（2）瓶盖（塞）不得随意放置，以免被其他物质沾污，影响原瓶试剂质量。

（3）试剂应直接从原试剂瓶取用，多取试剂不允许倒回原试剂瓶。

（4）固体试剂应用洁净干燥的小勺取用。取用强碱性试剂后的小勺应立即洗净，以免腐蚀。

（5）用吸管取用液态试剂时，决不许用同一吸管同时吸取两种试剂。

（6）盛装试剂的瓶上，应贴有标明试剂名称、规格及出厂日期的标签，没有标签或标签字迹难以辨认的试剂，在未确定其成分前，不能随便使用。

三、试剂的保存

试剂放置不当可能引起质量和组分的变化，因此，正确保存试剂非常重要。一般化学试剂应保存在通风良好、干净的房子里，避免水分、灰尘及其他物质的沾污，并根据试剂的性质采取相应的保存方法和措施。

（1）容易腐蚀玻璃影响试剂纯度的试剂，应保存在塑料或涂有石蜡的玻璃瓶中。如氢氟酸、氟化物（氟化钠、氟化钾、氟化铵）、苛性碱（氢氧化钾、氢氧化钠）等。

（2）见光易分解，遇空气易被氧化和易挥发的试剂应保存在棕色瓶里，放置在冷暗处。如过氧化氢（双氧水）、硝酸银、焦性没食子酸、高锰酸钾、草酸、铋酸钠等属见光易分解物质；氯化亚锡、硫酸亚铁、亚硫酸钠等属易被空气逐渐氧化的物质；溴、氨水及大多有机溶剂属易挥发的物质。

（3）吸水性强的试剂应严格密封保存。如无水碳酸钠、苛性钠、过氧化物等。

（4）易相互作用、易燃、易爆炸的试剂，应分开储存在阴凉通风的地方。如酸与氨水、氧化剂与还原剂属易相互作用物质；有机溶剂属易燃试剂；氯酸、过氧化氢、硝基化合物属易爆炸试剂等。

（5）剧毒试剂应专门保管，严格规定取用手续，以免发生中毒事故。如氰化物（氰化钾、氰化钠）、氢氟酸、氯化汞、三氧化二砷（砒霜）等属剧毒试剂。

思考题

1. 叙述各种纯水制备方法的优点与不足。
2. 为什么纯水比其他原水的电阻率都高？
3. 叙述化学试剂的分类。

第二部分　室内实验

第一章　土壤样品的采集与处理

一、概　述

土壤不仅是人类赖以生存的物质基础和宝贵的资源，又是人类最早开发利用的生产资料。但是，长期以来人们对土壤的重要性并不在意。随着全球人口增长和耕地锐减，资源耗竭，土壤退化现象严重，土壤质量衰退已成为全球普遍问题，并且给人类文明和社会发展留下了惨痛教训。因此，提高土壤质量与促进现代农业持续、稳步、健康发展，是二十一世纪现代土壤科学发展的趋势。

土壤是一个不均一体，影响它的因素是错综复杂的。有自然因素包括地形（高度、坡度）、母质等；人为因素有耕作、施肥，等等，特别是耕作施肥导致土壤养分分布的不均匀，例如条施和穴施、起垄种植、深耕等措施，均能造成局部差异。这些都说明了土壤不均一性的普遍存在，因而给土壤样品的采集带来了很大困难。采取 1 kg 样品，再在其中取出几克或几百毫克，以期代表一定面积的土壤，似乎要比正确的化学分析还困难些。在实验室土壤样体的分析时，如果送来的样品不符合要求，那么任何精密仪器和熟练的分析技术都将毫无意义。因此，分析结果能否说明问题，采样非常关键。

在样品采集前了解土壤的基本知识是非常必要的。其他章节有对土壤的详细介绍，这里我们只简单介绍与土壤采样至关重要的相关知识点。

（一）土壤的物理特性

土壤的物理性质、土壤的化学性质与土壤的生物活动密切相关，互有影响。如钙饱和的土壤所形成的土壤结构远优于钠饱和的土壤；植物根系和蚯蚓的活动、有机质的分解产物则是形成土壤良好结构性的基础。反之，土壤的物理性质也直接或间接地影响土壤养分的保持、移动和有效性，制约土壤生物特性以及植物根系的定植、穿插和摄取土壤中水分和养分的能力。

土壤的物理性质除受自然成土因素影响外，人类的耕作活动（包括耕作、轮作、灌排和施肥等）也能使之发生深刻的变化。因此，可在一定条件下，通过农业措施、水利建设以及化学方法等对土壤不良的物理性质进行改良、调节和控制。

土壤的物理性质包括土壤的颜色、质地、孔隙、结构、水分、热量和空气状况，土壤的机械物理性质和电磁性质等方面。各种性质和过程是相互联系和制约的，其中以土壤质地、土壤结构和土壤水分居主导地位，它们的变化常引起土壤其他物理性质和过程的变化。

（二）土壤剖面

即地表至母质（母岩）的土壤垂直断面，包括整个土体和母质层在内。最具有代表性的土壤剖面形态特征是土壤剖面构型，系指由发生上有内在联系的不同土层垂直序列组合构成的，简称土体构型。它显示了土壤发生过程和土壤类型的特征。土体构型与土壤剖面构型相当，但前者一般不包括“非土壤”的母质层或母岩层。土壤剖面构型的基本图式可由图 2.1.1 予以综合说明。

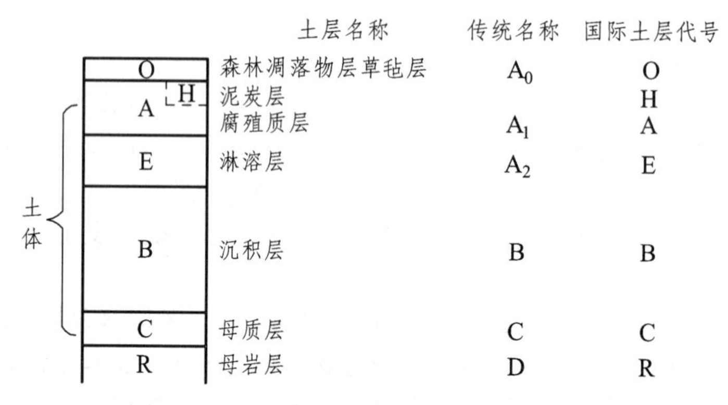

图 2.1.1 土壤剖面构型的一般综合图式

1. 有机质层

一般都出现在土体的表层，它是土壤的重要发生学层次。依据有机质的聚集状态，可以将土壤有机质层细分为腐殖质层、泥炭层和凋落物层。参考传统的土层代号和国际土壤学会（以下简称国际土层代码）拟定和讨论的土层名称（1968），拟将上述三个有机质土层分别用大写字母 A、H、O 表示。

2. 淋溶层

由于淋溶作用使得物质迁移和损失的土层（如灰化层、白浆层）。传统的代号为 A_2，国际土层代码为大写字母 E，本教材拟采用后者。在正常情况下，E 层区别于 A 层的主要标志是有机质含量较低，色泽较淡。

3. 淀积层

指土壤物质积累的层次。该层次常和淋溶层相伴存在，即上部为淋溶层，下部为淀积层。淀积层的代号以大写字母 B 表示，但因淀积的土壤物质成分不同，常需用词尾（小写字母）加以限定，以表示具体淀积的是何种土壤物质。如果淀积的是腐殖质，则用 Bh 表示；如果淀积的是氧化铁类物质，则用 Bs 表示；如果淀积的是氧化铁、氧化锰构成的锈纹锈斑质，则用 Bg 表示；如果淀积的是碳酸钙类物质，则用 Bk 表示；如果淀积的是次生黏土矿物，则用 Bt 表示等。

4. 母质层和母岩层

严格地讲，母质层和母岩层不属于土壤发生层，因为它们的特性并非由土壤形成过程所产生。但是，它们是土壤形成发育的原始物质基础，对土壤发生过程具有重要的影响，且它们之间的界限也是逐渐过渡，常是模糊不清的。因此，母质层和母岩层也是土壤发生发育不可分割的组成部分，也应作为土壤剖面的重要成分列出。较疏松的母质层用 C 表示，坚硬的母岩层以 R 示之。

二、实　验

（一）实验目的

（1）了解不同土壤样采集的原则与方法。
（2）熟练掌握土壤采样方法与土样处理过程。

（二）试剂及仪器

包括土壤筛、土钻、报纸、木块、广口瓶、米尺、铁锹、土壤袋、标签、铅笔。

另外，不同采样方法采样工具亦不同。常用的采样工具有：小土铲、管形土钻和普通土钻、土壤取样器。

1. 小土铲

在切割的土面上根据采土深度用土铲采取上下一致的一薄片。这种土铲在任何情况下都可使用，但比较费工，因此在多点混合采样中往往不宜使用。

2. 管形土钻

下部系一圆柱形开口钢管，上部系柄架，根据工作需要可用不同管径土钻。将土钻钻入土中，在一定土层深度处，取出一均匀土柱。管形土钻取土速度快，又少混杂，特别适用于大面积多点混合样品的采集。但它不太适用于很强砂性的土壤，或干硬的黏重土壤。

3. 普通土钻

普通土钻使用起来比较方便，但它一般只适用于湿润的土壤，不适用于很干的土壤，同样也不适用于砂土。另外，普通土钻的缺点是容易使土壤混杂。

4. 土壤取样器

土壤取样器有一套两支的，分别为稀泥取样器和硬土取样器，硬土取样器是超硬不锈钢开口、往复旋入式，反向取样。稀泥取样器是方形推出式。

（三）操作步骤

1. 不同土壤样品的采集

分析某一土壤或土层，只能抽取其中有代表性的少部分土壤。根据不同的研究目的，可用不同的采样方法。

（1）混合土样的采集。

以指导生产或进行田间试验为目的的土壤分析，一般都采集混合土样。采集土样时首先根据土壤类型以及土壤的差异情况，同时也要向农民作调查并征求意见，然后把土壤划分成若干个采样区，我们称它为采样单元。每一个采样单元的土壤要尽可能均匀一致。一个采样单元包括多大面积的土地，由于分析目的不同，具体要求也不同。每个采样单元再根据面积大小，分成若干小单元，每个小单元代表面积愈小，则样品的代表性越可靠。但是面积愈小，采样花的劳力就愈大，而且分析工作量也愈大，那么一个混合样品代表多大面积比较可靠而经济呢？除不同土类必须分开来采样，一般可以为 1/5 公顷。原则上应使所采的土样能对所研究的问题在分析数据中得到应有的反应。

由于土壤的不均一性，各个个体都存在着一定程度的变异。因此，采集样品必须按照一定采样路线和“随机”多点混合的原则。每个采样单元的样点数，一般常常是人为的决定 5 ~ 10 点或 10 ~ 20 点，视土壤差异和面积大小而定，但不宜少于 5 点。混合土样一般采集耕层土壤（0 ~ 15 cm 或 0 ~ 20 cm）；有时为了解各土种肥力差异和自然肥力变化趋势，可适当地采集底土（15 ~ 30 cm 或 20 ~ 40 cm）的混合样品。

采集混合样品的要求：

① 每一点采取的土样厚度、深浅、宽狭应大体一致。

② 各点都是随机决定的，在田间观察了解情况后，随机定点可以避免主观误差，提高样品的代表性，一般按 S 形线路采样，从图 2.1.2 三种土壤采样点的方式可以看出 1 和 2 两种情况容易产生系统误差。因为耕作、施肥等措施往往顺着一定的方向进行。

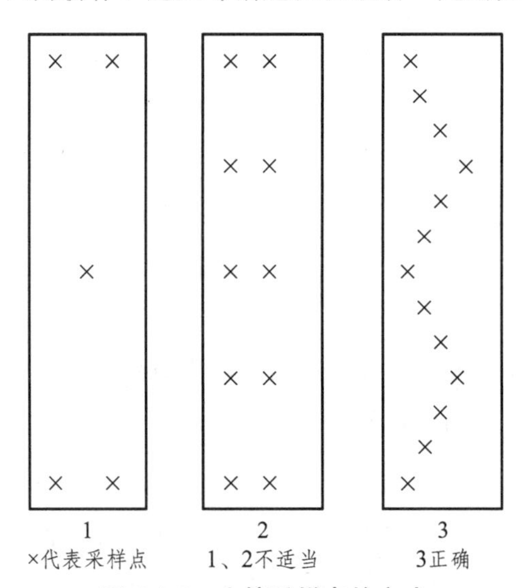

图 2.1.2 土壤采样点的方式

③ 采样地点应避免田边、路边、沟边和特殊地形的部位以及堆过肥料的地方。

④ 一个混合样品是由均匀一致的许多点组成的，各点的差异不能太大，不然就要根据土壤差异情况分别采集几个混合土样，使分析结果更能说明问题。

⑤ 一个混合样品重在 1 kg 左右，如果重量超出很多，可以把各点采集的土壤放在一个

木盆里或一块塑料布上用手捏碎摊平，用四分法对角取两份混合放在布袋或塑料袋里，其余可弃去，附上标签，用铅笔注明采样地点、采土深度、采样日期、采样人，标签一式两份，一份放在袋里，一份扣在袋上。与此同时要做好采样记录。

四分法的方法是：将采集的土样弄碎，除去石砾和根、叶、虫体，并充分混匀铺成正方形（见图 2.1.3），画对角线分成四份，淘汰对角两份，再把留下的部分合在一起，即为平均土样。如果所得土样仍嫌太多，可再用四分法处理，直到留下的土样达到所需数量（1 kg）。

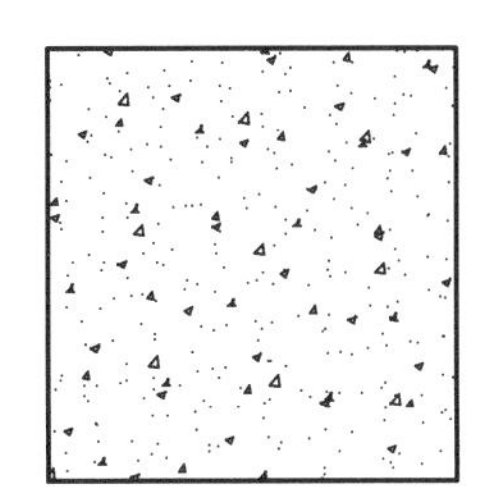 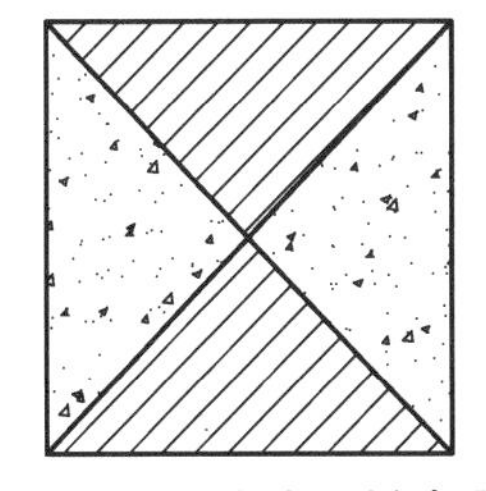 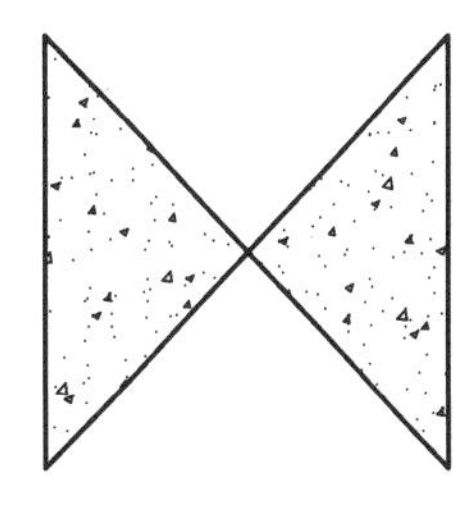

图 2.1.3　四分法取样步骤图

（2）试验田土样的采集。

首先要求找一个肥力比较均匀的土壤，使试验中的各个“处理”尽可能地少受土壤不均一性的干扰。肥料试验的目的是要明确推广的范围，因此我们必须知道试验是布置在什么性质的土壤上。在布置肥料试验时所采集的土壤样品，通常只采表土。试验田的取样，不仅在于了解土壤的一般肥力情况，而且希望了解土壤肥力的差异情况，这就要求采样单元的面积不能太大。

① 大田土样的采样：对农场、村和乡的土壤肥力进行诊断时，先要调查访问，了解村和乡的土壤、地形、作物生长、耕作施肥等情况，再拟定采样计划。就一个乡来讲，土壤类型、地形部位、作物布局等都可能有所不同，确定采样区（采样单元）后，采集混合土样。村土地面积较小，南方各地一般只有 7 ~ 13 公顷，土壤种类、地形等比较一致，群众常根据作物产量的高低，把自己的田块分成上、中、下三类，可以作为村、场采样的依据。

② 水田土样的采集：在水稻生长期间，地表淹水情况下采集土样，要注意地面要平，只有这样采样深度才能一致，否则会因为土层深浅的不同而使表土速效养分含量产生差异。一般可用具有刻度的管形取土器采集土样。将管形取土器钻入一定深度的土层，取出土钻时，上层水即流走，剩下潮湿土壤，装入塑料袋中，多点取样，组成混合样品，其采样原则与混合样品采集相同。

（3）特殊土样的采集。

① 剖面土样的采集：为了研究土壤基本理化性状，除了研究表土外，还常研究表土以下的各层土壤。这种剖面土样的采集方法，一般可在主要剖面观察和记载后进行。必须指出，土壤剖面按层次采样时，必须自下而上（这与剖面划分、观察和记载恰恰相反）分层采取，以免采取上层样品时对下层土壤的混杂污染。为了使样品能明显地反映各层次的特点，通常是在各层最典型的中部采取（表土层较薄，可自地面向下全层采样），这样可克服层次间

过渡现象的影响，从而增加样品的典型性或代表性。样品重量也是 1 kg 左右，其他要求与混合样品相同。

② 土壤盐分动态样品的采集：盐碱土中盐分的变化比土壤养分含量的变化还要大。土壤盐分分析不仅要了解土壤中盐分的多少，而且常要了解盐分的变化情况。盐分的差异性是有关盐碱土的重要资料。在这样的情况下，就不能采用混合样品。

盐碱土中盐分的变化垂直方向更为明显。由于淋洗作用和蒸发作用，土壤剖面中的盐分季节性变化很大，而且不同类型的盐土，盐分在剖面中的分布又不一样。例如，南方滨海盐土，底土含盐分较重，而内陆次生盐渍土，盐分一般都积聚在表层。根据盐分在土壤剖面中的变化规律，应分层采取土样。

分层采集土样，不必按发生层次采样，而自地表起每隔 10 cm 或 20 cm 采集一个土样，取样方法多用“段取”，即在该取样层内，自上而下，整层地均匀地取土，这样有利于储盐量的计算。研究盐分在土壤剖面中分布的特点时，则多用“点取”，即在该取样层的中部位置取土。根据盐土取样的特点，应特别重视采样的时间和深度。因为盐分上下移动受不同时间的淋溶与蒸发作用的影响很大。虽然土壤养分分析的采样也要考虑采样季节和时间，但其影响远不如对盐碱土的影响那样大。鉴于花碱土碱斑分布的特殊性，必须增加样点的密度和样点的随机分布，或将这种碱斑占整块田地面积的百分比估计出来，按比例分配斑块上应取的样点数，组成混合样品；也可以将这种斑块另外组成一个混合样品，用作与正常地段土壤的比较。

③ 养分动态土样的采集：为研究土壤养分的动态而进行土壤采样时，可根据研究的要求进行布点采样。例如，为研究过磷酸钙在某种土壤中的移动性，前述土壤混合样品的采法显然是不合适的。如果过磷酸钙是以条状集中施肥的，为研究其水平移动距离，则应以施肥沟为中心，在沟的一侧或左右两侧按水平方向每隔一定距离，将同一深度所取的相应同位置土样进行多点混合。同样，在研究其垂直的移动时，应以施肥为起点，向下每隔一定距离作为样点，以相同深度土样组成混合土样。

④ 城市土壤采样：城市土壤是城市生态的重要组成部分，虽然城市土壤不用于农业生产，但其环境质量对城市生态系统影响极大。城区内大部分土壤被道路和建筑物覆盖，只有小部分土壤栽植草木，在这里城市土壤主要是指后者。由于城市土壤的复杂性，分两层采样，上层（0 ~ 30 cm）可能是回填土或受人为影响大的部分，另一层（30 ~ 60 cm）为人为影响相对较小部分。两层分别取样监测。

城市土壤监测点以网距 2 000 m 的网格布设为点，功能区布点为辅，每个网格设一个采样点。对于专项研究和调查的采样点可适当加密。

⑤ 污染事故监测土壤采样：污染事故不可预料，接到举报后立即组织采样。现场调查和观察，取证土壤被污染时间，根据污染物及其对土壤的影响确定监测项目，尤其是污染事故的特征污染物是监测的重点。据污染物的颜色、印渍和气味以及结合考虑地势、风向等因素，初步界定污染事故对土壤的污染范围。如果是固体污染物抛洒污染型，等打扫后采集表层 5 cm 土样，采样点数不少于 3 个。如果是液体倾翻污染型，污染物向低汁处流动的同时，

向深度方向渗透并向两侧横向方向扩散，每个点分层采样，事故发生点样品点较密，采样深度较深，离事故发生点相对远处样品点较疏，采样深度较浅。采样点不少于5个。如果是爆炸污染型，以放射性同心圆方式布点，采样点不少于5个，爆炸中心采分层样，周围采表层土（0~20 cm）。

事故土壤监测要设定2~3个背景对照点，各点（层）取1 kg土样装入样品袋，有腐蚀性或要测定挥发性化合物，改广口瓶装样。含易分解有机物的待测定样品，采集后置于低温（冰箱）中，直至运送、移交到分析室。

2. 样品的处理

（1）风干处理。

野外取回的土样，除田间水分、硝态氮、亚铁等需用新鲜土样测定外，一般分析项目都用风干土样。方法是将新鲜湿土样平铺于干净的纸上，弄成碎块，摊成薄层（厚约 2 cm），放在室内阴凉通风处自行干燥。切忌阳光直接暴晒和酸、碱、蒸气以及尘埃等污染。

（2）磨细和过筛。

① 挑出自然风干土样内的植物残体，使土体充分混匀，称取土样约500 g，压碎，拣除植、动物的残体及其他杂物，混匀土壤，用四分法取出 200 g 左右，放在报纸上，用木棒压碎，通过3 mm筛，记录不通过3 mm筛子的石块重量，然后弃去。

② 过3 mm的土样再过孔径为1 mm（18号筛）的土筛，并用橡皮头玻棒研磨、过筛，直到无土为止，记录不通过1 mm筛的砾石重量，然后弃去。

③ 将通过1 mm筛的土样称量，记录，并混匀后铺成薄层，划成若干小格，用骨匙从每一方格中取出少量土样，总量约 30 g。将其置于乳钵中反复研磨（用研杵磨），使其全部通过孔径0.25 mm（60号筛）的土筛，然后混合均匀。

④ 将剩余的小于 1 mm 土样和小于 0.25 mm 的土样各自混匀后，分别装入大小广口瓶中。

样品装入广口瓶后，应贴上标签，并注明其样号、土类名称、采样地点、采样深度、采样日期、筛孔径、采集人等。一般样品在广口瓶内可保存半年至一年。瓶内的样品应保存在样品架上，尽量避免日光、高温、潮湿或酸碱气体等的影响，否则影响分析结果的准确性。

小于1 mm土样可用以测定速效性养分、pH值等；小于0.25 mm可用于测定全磷、全氮和有机质含量。

思考题

1. 采集土样时要注意哪些问题？怎样才能采得有代表性的样品？
2. 为什么测定有机质的样品要拣去植物根，而且全部通过0.25 mm的筛子？
3. 土壤样品处理过程中应注意哪些问题？

【附注】 土筛号数即为每英寸长度内的孔（目）数，如 100 号（目）即为每一英寸长度内有 100 孔（目）。筛号与筛孔直径（mm）对照见附表。

附表 标准筛孔对照表

筛 号	筛孔直径/mm	筛 号	筛孔直径/mm
2.5	8.00	35	0.50
3	6.72	40	0.42
3.5	5.66	45	0.35
4	4.76	50	0.30
5	4.00	60	0.25
6	3.36	70	0.21
7	2.83	80	0.177
8	2.38	100	0.149
10	2.00	120	0.125
12	1.68	140	0.105
14	1.41	170	0.088
16	1.18	200	0.074
18	1.00	230	0.062
20	0.84	270	0.053
25	0.71	325	0.044
30	0.59		

第二章　土壤含水量的室内测定
（包含 TDR，中子仪的介绍）

一、绪　论

水分是土壤最重要的组成部分之一，土壤水分含量多少及其存在形式对土壤形成发育过程及肥力水平的高低与自净能力都有重要的影响。作为土壤的组成物质，水分是土壤物质迁移和移动的载体，也是土壤能量转化的重要物质基础。

土壤水分的多少及运动对于土壤的形成发育有着重要作用。土壤中水分的多少有两种表示方法：一种是以土壤含水量表示，分重量含水量和容积含水量两种，两者之间的关系由土壤容重来换算。另一种是以土壤水势表示，土壤水势的负值是土壤水吸力。水分的多寡不仅对土壤形成速率有着至关重要的影响，同时，对工程施工也有一定的技术要求。

由于土壤水分的不断运动，一方面，伴随着土壤有机质和无机物在土壤中不断迁移转化，土壤剖面发生分异，形成特定的土壤剖面形态特征。也正是由于土壤水的运动，土壤中的营养元素才能向植物根际迁移，被植物吸收利用。另一方面，土壤水分的运动属于自然界水分循环的一部分，土壤水分含量的多寡及其运动循环模式，对于地表物质的形成及分布也具有重要影响。

土壤水的主要来源是降水和灌溉水，参与岩石圈—土壤层—生物圈—大气圈—水圈的水分大循环。土壤水存在于土壤孔隙中，尤其是中小孔隙中，大孔隙常被空气所占据。穿插于土壤孔隙中的植物根系从含水土壤孔隙中吸取水分，用于蒸腾。土壤中的水气界面存在湿度梯度，温度升高，梯度加大，因此水会变成水蒸气蒸发逸出土表。蒸腾和蒸发的水加起来叫做蒸散，是土壤水进入大气的两条途径。

表层的土壤水受到重力作用会向下渗漏，在地表有足够水量补充的情况下，土壤水可以一直入渗到地下水位，继而可能进入江、河、湖、海等地表水。

本章主要介绍土壤水的一些基本知识和土壤自然含水量、土壤最大吸湿水、土壤稳定凋萎系数含水量、土壤田间持水量、土壤毛管持水量、土壤饱和含水量等六种土壤含水量的测定方法。

（一）土壤水的类型

随季节及天气状况的变化，土壤中的水分数量及其存在方式也在不断变化。在自然界的土壤中，水分也有固态水、液态水和气态水之间的相互转化。这里主要介绍和植物生长联系最密切的液态水。

在土壤科学研究和农业生产过程中，通常按水在土壤中的存在状态，将土壤水划分为土壤固态水、土壤液态水和土壤气态水三大类，如表 2.2.1 所示。

表 2.2.1　土壤水分类型划分表

<table>
<tr><td rowspan="11">土壤水</td><td rowspan="3">固态水</td><td rowspan="2">化学结合水</td><td colspan="2">组构水</td></tr>
<tr><td colspan="2">结晶水</td></tr>
<tr><td colspan="3">冰</td></tr>
<tr><td rowspan="7">液态水</td><td rowspan="2">束缚水</td><td colspan="2">紧束缚水</td></tr>
<tr><td colspan="2">松束缚水</td></tr>
<tr><td rowspan="5">自由水</td><td rowspan="2">毛管水
（部分自由水）</td><td>悬着毛管水</td></tr>
<tr><td>支持毛管水</td></tr>
<tr><td rowspan="2">重力水</td><td>渗透重力水</td></tr>
<tr><td>停滞重力水</td></tr>
<tr><td colspan="2">地下水</td></tr>
<tr><td>气态水</td><td colspan="3">水汽</td></tr>
</table>

土壤固态水包括化学结合水和冰。其中化学结合水又分为结晶水和组构水。结晶水是指存在于多种矿物之中的水，如 $CaSO_4 \cdot H_2O$、$MgCl_2 \cdot H_2O$，它们在高温下可释放出来，但并不破坏矿物的晶体构造；组构水是指土壤矿物表面包含的-H_2O 或-OH 基，而不是以水分子（H_2O）的形式存在，当矿物在风化或高温条件下可释放出来。冰存在于寒冷地区的永冻土或者冻土层中。土壤固态水一般不参与土壤中的生物化学过程，因此，在计算土壤水分含量时不把它们考虑在内。

土壤液态水包含束缚水和自由水，土壤水中数量最多的是液态水。土壤液态水又可细分以下几种：

① 束缚水。束缚水是由土壤颗粒表面各种力的吸附作用而保持在土粒表面的膜状水层。其中由于土壤颗粒强大的表面力，而吸附保持的水没有自由水的性质，故称为紧束缚水，亦称为吸附水。它们只能化为水汽而扩散，不能迁移营养物质和盐类，植物根系一般不能吸收利用，故属于无效水。而依据土壤颗粒表面力和水分子引力而吸附和保持的水层，称为薄膜水，或松束缚水。土壤束缚水的溶解能力很弱、密度较大（密度大于 1.3 g/cm^3）、介电常数较大、移动速率很小，大部分亦属于无效水。

② 毛管水。毛管水是指在土壤毛管力作用下保持和移动的液态水。它是土壤中移动较快而易为植物根系吸收的水分，是输送土壤养分至植物根际的主要载体，土壤中的各种理化、生化过程几乎都离不开它。所以在农田土壤水分管理过程中，人们主要通过调控土壤毛管水库容、增加毛管水储量，以创造适合于作物生长的土壤环境。在土壤固相、液相和气相的界面上，由于土壤颗粒—水分子之间及水分子—水分子之间的范德华力、静电引力可以导致水分移动或保持。由于土壤具有十分复杂多样的毛管体系，故在地下水较深的情况下，降水或灌溉水等地面水进入土壤，借助毛管力保持在土壤上层的毛管孔隙中，与来自地下水上升的毛管水并不相连，好像悬挂在上层土壤中一样，称为毛管悬着水。毛管悬着水是地势较高处

植物吸收水分的主要来源。土壤中毛管悬着水的最大含量称为田间持水量。当土体中水分储量达到田间持水量时，随着土壤表面蒸发和作物蒸腾的损失，土壤含水量开始下降，当土壤含水量降低到一定程度时，土壤中较粗毛管中悬着水的连续状态出现断裂，但细毛管中仍然充满水，蒸发速率明显降低，此时土壤含水量称为毛管断裂量。借助于毛管力由地下水上升进入土壤中的水称为毛管上升水，从地下水面到毛管上升水所能到达的相对高度叫毛管水上升高度。毛管水上升的高度和速度与土壤孔径的粗细有关。毛管水上升的高度对农业生产有重要意义。如果它能达到根系活动层，可对作物利用地下水提供有利条件。但是如果地下水的矿化度较高，盐分可随水上升至根层或地表，容易引起土壤的盐渍化，危害作物，必须加以防治。

③ 重力水。借助重力作用下能在土壤的非毛管孔隙中移动或沿坡向侧渗的水称为重力水。重力水具有很强的淋溶作用，能够以溶液状态使盐分和胶体随之迁移。它的出现标志着土壤孔隙全部为水所充满，土壤通气状况变差，属于土壤不良的特征。

④ 地下水。地下水系指某些水成土壤中地下水水位较高处于地面之上，或接近地面时的水分。

土壤气态水是指存在于土壤孔隙中的水汽，其移动取决于土壤剖面中的温度梯度和水汽压梯度，它也是影响土壤水分状况和植物生长发育的重要因子。

（二）土壤水分的有效性

土壤水类型不同，其被植物利用的难易程度也不同。土壤中不能被植物吸收利用的水称为无效水，能被植物吸收利用的水称为有效水。植物发生永久凋萎时的土壤含水量称为凋萎系数，这是土壤有效水的下限；低于凋萎系数的水分，作物无法吸收利用，属于无效水。凋萎系数因土壤质地、盐分含量、作物和气候等因素的不同而不同。一般土壤质地愈黏重，凋萎系数愈大。通常把田间持水量视为土壤有效水分的上限。所以，田间持水量与凋萎系数之间的差值即土壤有效水最大含量。土壤水的有效性在程度上决定于土壤水吸力和植物根系根吸力的对比，如图 2.2.1 所示。

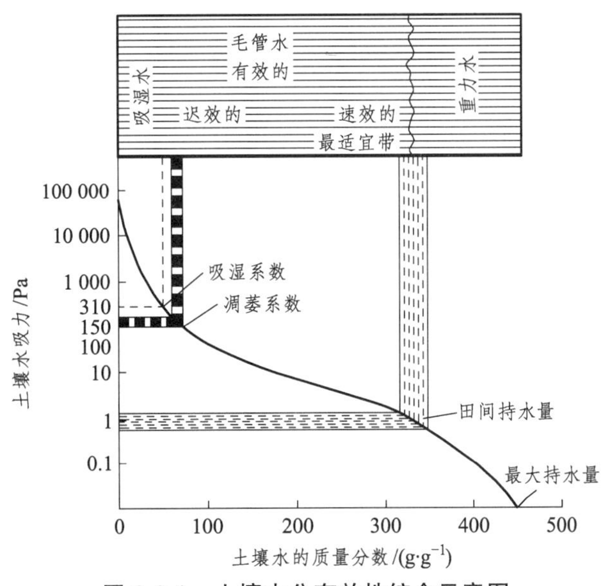

图 2.2.1　土壤水分有效性综合示意图

土壤有效含水量一般系指田间持水量至永久凋萎系数之间的含水量，即田间含水量减永久凋萎系数之差。田间持水量和永久凋萎系数受土壤质地、腐殖质含量、盐分含量和土壤结构等因素制约。以土壤质地来说，砂质土壤的永久凋萎系数和田间持水量均较低，土壤有效含水量较低；黏质土壤的田间持水量虽然较大，但其永久凋萎系数亦较高，其土壤有效含水量也不高。唯有壤质土壤的有效含水量最多，如图 2.2.2 所示。

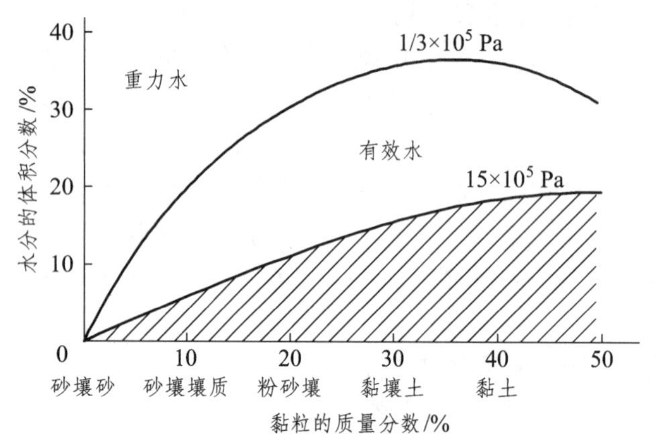

图 2.2.2　不同质地土壤的有效水分含量图

（三）土壤水的表示

土壤水分含量是表示土壤水分状况的一个指标，表示方法很多，一般可以分为质量含水量、容积含水量以及土壤储水量等。质量含水量是指土壤中水分质量与干土质量的比值，又称重量含水量，无量纲。土壤质量含水量可由以下公式计算：

质量含水量 = 土壤水质量/烘干的土质量

容积含水量是指土壤水分容积占土壤总容积的含量，它表明土壤水填充土壤孔隙的程度，无量纲，可以由以下公式计算：

容积含水量 = 土壤水容积/土壤总容积

（四）土水势及其分类

土水势是指单位水量从一个平衡的土-水系统移动到与它温度相同而处于参比状态的水池时所做的功。1963 年国际土壤学会土壤物理名词委员会对土水势的定义是：把单位质量纯水可逆地等温地以无限小量从标准大气压下规定水平的水池移至土壤中某一点而成为土壤水所做的有用功。

通常把假想的在一个大气压力下（101.325 kPa），与土壤水温度相同，以及在固定高度的储水池中纯自由水的势能，作为土水势的标准参照状态，即势能零点。与此标准参照状态相比较而确定的土水势不是绝对数值，而是相对数值。由于土壤水是在土壤中各种力的作用下运动，其势能的变化主要是降低，所以其土水势一般为负值。根据土壤水的受力状况，可将土水势细分为以下几个分势能：

① 基质势：基质势是指单位水量从一个平衡的土-水系统移到没有基质而其他条件都相

同的另一个系统中所做的功。它是由于土壤颗粒（基质）通过吸附力、毛管力作用于土壤水分的结果。非饱和土壤的基质势为负值，而饱和土壤的基质势最大，即为零。

② 压力势：压力势是指单位水量从一个平衡的土-水系统移到除压力不等于参比压力，而其他条件都相同的另一个系统时所做的功。它是由压力场中的压力差而引起的。为了方便起见，基准气压一般都选择标准大气压。

③ 渗透势：渗透势是指单位水量从一个平衡的土-水系统移到没有溶质而其他条件都相同的另一个系统中所做的功，也称为溶质势。土壤溶液中的溶质对水分有吸引力，水分移动时必须克服这种吸持作用对土壤水做功，因此渗透势也是负值。土壤中无半透膜存在，如果土壤中含盐量较低时，溶质势不会引起水分运移，也没什么重要性，然而在含盐量高的土壤里，渗透势可以控制水从土壤到植物根系和微生物的移动。对植物来说，吸收水分、养分必须通过植物根系细胞的半透膜，溶质势就显得重要。

④ 重力势：重力势是指单位水量从一个处于任何位置的平衡的土-水系统移到处于参比位置上而其他条件都相同的另一个系统中所做的功。它是由地球引力场所引起的，所有土壤水都受重力作用，与基准的高度相比，高于基准面的土壤水，其所受重力大于基准面，故重力势为正值。高度愈高则重力势的正值愈大，反之亦然。

⑤ 总土水势：总土水势是指土壤中任一点的单位质量土壤水分的自由能和标准参比状态下自由能的差值，即为该点的总土水势。它包括因系统压力变化引起的自由能增加量的压力势，由于温度改变引起的自由能增加量的温度势，溶液浓度变化引起的溶质势，土壤基质吸力引起的基质势以及位置变化引起的重力势。在这5项分势能之中，由于温度势观测较为困难，在实际调查研究中，一般不考虑它。这样，其余四项分势之和就是总土水势：

$$\psi_t = \psi_g + \psi_m + \psi_p + \psi_o$$

式中，ψ_t是总土水势；ψ_g是重力势；ψ_m是基质势；ψ_p是压力势；ψ_o为渗透势。

二、实　验

（一）土壤自然含水量测定

土壤自然含水量的测定方法归纳起来可分为三大类：质量分析法、核技术法和电磁技术法。随着技术的进步，测定速度和精度都在不断提高，测量环境的限制在逐步减弱，各种方法各有优劣，测定值只是实际值的无限接近。

质量分析法：通过测量土壤中水分含量，并与干土质量的比值测算土壤质量含水量。包括经典烘干法、红外烘干法、微波炉烘干法和酒精燃烧法。其优点是操作简单方便，设备价格低廉，普通实验室即可做相关测定；同时，也有测量精度不高，受环境限制、室外操作不便等缺点。

核技术法：它是利用射线直接穿过土体的时候能量会衰减的原理进行测定。射线衰减量是土壤含水量的函数，通过射线探测器计数，经过校准后得出土壤含水量，包括中子射线法和γ射线衰减法等。中子散射法面向的是室外实地测量，测量结果非常准确，是称重法之外的第二标准方法。测量相对比较简单、容易，速度也很快。套管永久安放后不破坏土壤，能长期定位测定，可达根区土壤任何深度。安装套管过程中会破坏土壤以及中子仪存在潜在的辐射危害，仪器设备昂贵等均是中子法测定的局限所在。γ射线透射法利用放射源 137Cs 放射出γ线，用探头接收γ射线透过土体后的能量，与土壤水分含量换算得到。其优点是仪器携带方便，无现场扰动测量，测量精度高；也具有设备昂贵、有放射性污染危险的缺点。

从电磁角度看，土壤由 4 种介电物质组成：空气、土壤固体物质、束缚水和自由水。在无线电频率、标准状态（20 °C，1 个大气压）时，纯水的介电常数为 80.36，土壤固体物质约 3 ~ 7，空气为 1。这种巨大的差异表明，可通过测量土壤介电特性来推测土壤含水量。电磁技术法是根据土壤的电磁特性随土壤水分含量的关系，来测定土壤含水量的方法，包括时域反射法（TDR 仪）、FDR（包括电容法）。具有测量方便、快捷，受环境限制小，测量精度高等优点，且测定结果几乎与土壤类型、密度、温度无关。在测量高有机质含量土壤、高 2∶1 型黏土矿物含量土壤、容重特别高或特别低的土壤时，需要标定。TDR 最大的缺点是电路复杂，导致设备昂贵。

土壤水分测定法包括以下 3 种：

1. 烘干法

（1）适用范围。

本方法用于测定除石膏性土壤和有机土（含有机质 20% 以上的土壤）以外的各类土壤的水分含量。

（2）测定原理。

土壤样品在 105 °C ± 2 °C 烘至恒重时的失重，即为土壤样品所含水分的质量。

（3）主要仪器、设备、药品。

① 土钻或取土器；

② 土壤筛：孔径 2 mm；

③ 铝盒：小型的直径约 40 mm，高约 20 mm，大型的直径约 55 mm，高约 28 mm；

④ 分析天平：感量为 0.001 g 和 0.01 g；

⑤ 电热恒温烘箱；

⑥ 干燥器：内盛变色硅胶或无水氯化钙。

（4）试样的制备。

① 风干土样：选取有代表性的风干土壤样品，压碎，通过 2 mm 筛，混合均匀后备用。

② 新鲜土样：在田间用土钻取有代表性的新鲜土样，刮去土钻中的上部浮土，将土钻中部所需深度处的土壤约 20 g，捏碎后迅速装入已知准确质量的大型铝盒内，盖紧，装入木箱或其他容器，带回室内，将铝盒外表擦拭干净，立即称重，尽早测定水分。

（5）测定步骤。

① 风干土样水分的测定。

取小型铝盒在 105 °C ± 2 °C 恒温箱中烘约 2 h，移入干燥器内冷却至室温，称重，准确至 0.001 g。用角勺将风干土样拌匀，舀取约 5 g，均匀地平铺在铝盒中，盖好，称重，准确至 0.001 g。将铝盒盖揭开，放在盒底下，置于已预热至 105 °C ± 2 °C 的烘箱中烘烤 6 h。取出，盖好，移入干燥器内冷却至室温（约需 20 min），立即称重，精确到 0.001 g。风干土样水分的测定应做三份平行测定。

② 新鲜土样水分的测定。

将盛有新鲜土样的大型铝盒在分析天平上称重，准确至 0.01 g。揭开盒盖，放在盒底下，置于已预热至 105 °C ± 2 °C 的烘箱中烘烤 12 h。取出，盖好，在干燥器中冷却至室温（约需 30 min），立即称重，精确到 0.01 g。新鲜土样水分的测定应做三份平行测定。

注：烘烤至规定时间后一次称重，即达“恒重”。

（6）测定结果的计算。

$$质量含水量 = 土壤水质量/烘干土质量$$

即

$$水分 = [(m_2 - m_1)/(m_2 - m_0)] \times 100\%$$

式中　m_0——烘干空铝盒质量（g）；

m_1——烘干前铝盒及土样质量（g）；

m_2——烘干后铝盒及土样质量（g）。

（7）精密度。

平行测定结果的允许误差：

水分含量	允许误差
<5%	≤0.2%
5% ~ 15%	≤0.3%
>15%	≤0.7%

平行测定的结果用算术平均值表示，保留小数后一位。

（8）注意事项。

① 确保烘箱干燥，防止因烘箱水分引起误差。

本实验仪适用于低有机质（<200 g/kg）及低钙质的各类土壤水分测定。

② 烘干前，烘箱应预热至 105 °C。

③ 本实验温度应严格控制在 105 °C 恒温烘干，温度过高会导致土壤内有机质的碳化，从而造成误差。

④ 烘干时间为 6 ~ 12 h，风干土一般 6 h 可达恒重，对于土壤含水量较大、质地黏重的样品需 12 h。

2. 中子射线法

中子射线法，是利用射线直接穿过土体的时候能量会衰减的原理。射线衰减量是土壤含水量的函数，通过射线探测器计数，经过校准后得出土壤含水量。目前有轻便手持式的中子仪，因中子仪存在潜在的辐射危害、仪器设备昂贵以及其使用必须经过专业的培训并得到许可等局限，使得普通实验室不能较好地利用这种方法。且中子仪仅可用于短期实时测量，不能长期大面积实施动态监测，因而一般用作研究工具。本节主要介绍中子射线法（503 型中子水分仪）。

（1）中子水分仪的构造。

中子水分仪主要由探头和主机两部分构成。

探头主要由中子源、探测器、前级放大器和防护标准慢化器、两用石蜡容器等部分组成。

主机主要由计数率仪、定标器和数字转换微处理机等组成。探头和主机用导线相连。

原理：中子是一种不带电的粒子，具有很强的穿透能力。当 Am-be 中子源中子射入土壤后，与土壤水分中的氢原子碰撞后会减速，但待测材料的其他原子并不会使中子减速，中子水分仪只能测被水分减速后的低能中子。通过对已知水分的测定，就可以来标定中子仪的标准曲线。

（2）操作方法（详细使用方法请阅读其使用说明书，这里只介绍重要的几个步骤）。

① 导管及其埋设：田间埋设导管是深层探头中子测水的重要环节。其要求是：

A. 导管材料铝合金最好，禁用塑料管；

B. 导管的大小以探头能上下自由活动为宜，间距不宜过大，管底封闭，管口要配盖；

C. 埋设导管要用机器打洞，不扰动土层；

D. 非测试时间，管内需吊放干燥剂；

E. 导管口要略高于四周，防止雨水流入。

② 电池检查：503 型中子水分仪需根据电池的充电及使用要求正确使用，充电时使用调压设备，将外接电源变电为 115 V，一次充电不能超过 12 h。

③ 标准计数：在田间每一测点的地面上，距地面 20 cm 为宜。具体步骤是把仪器安放平稳后，打开计数器反复测 10 次，记下 10 个数字，取其平均值，即为标准计数。

④ 所测点的计数区间：计数区间的大小，等于标准计数加上标准计数开平方数；计数区间的小数，等于标准计数减去标准计数开平方数。

⑤ 不同深度水分测定：每一深度取 2 ~ 3 个计数的平均值，供求比率用。

⑥ 地面数字比较：该仪器的使用有一严格规定，即地面所测的 10 个数字与计算的区间大、小作比较，10 个数字中至少要有 7 个计数在（标准计数 + 标准计数开平方数）~（标准计数 – 标准计数开平方数）范围内，才算符合要求，才可用作计数标准。

⑦ 求比率：用不同深度的两次（或三次）数字平均数为分子，除以标准计数，其值为比率。求出不同深度的比率后，按不同深度土壤容重（应事先用普通方法测定），再查水分探测比率表，即可得到不同深度土壤水分含量。

（3）注意事项。

① 导管为重要设施，平常应盖紧管口，严防他人打开，每次测试前，应用探棒试探，如有障碍，必须清除。

② 探头是中子水分仪的核心部件，使用时须小心谨慎，电缆线放到一定深度要卡紧，严防滑动，操作时尽可能快速准确。

③ 运输仪器时应把仪器放在专门备用的中子车上，注意安全，不能有较大震动，并与运输者保持 1 m 以上距离。

④ 仪器应有专人保管，每半年做一次漏逸试验。

3. 时域反射法（TDR 仪）

时域反射技术（Time Domain Reflectometry，TDR），其理论模型早在 1939 年就已建立，最初用于电缆查错。用于土壤含水量的监测，是由加拿大科学家 Topp 等人于 1980 年首次提出来的。TDR 是根据探测器发出的电磁波在不同介电常数物质中的传输时间的不同，而计算出被测物含水量。

（1）简介。

电磁波的传播速度与传播媒体的介电常数有密切关系，而土壤基质和空气的介电常数有很大差异，0 °C 时，水的介电常数为 80，空气的介电常数为 1，干燥土壤的介电常数介于 3 ~ 7 之间。故土壤含水量的变化对介电常数有明显的影响，由此电磁波的传播速度，电磁波在介质中传播的速度与介质的介电常数的平方根成反比，便可确定其含水量。由于 TDR 测量快速，一般不需标定，可以作定位连续测量，既可以做成轻巧的便携式作野外测量，又可与计算机相连，自动完成单个或成批监测点的测量，因此，20 世纪 90 年代后国际上已把 TDR 作为研究土壤水分的基本仪器设备。

（2）原理。

高频电磁脉冲沿传输线在土壤中传播的速度依赖于土壤的介电特性。在一定的电磁波频率范围内（50 MHz ~ 10 GHz），矿物质、空气和水的介电特性为常数，因此土体的介电常数主要依赖于土壤容积含水量（极微弱地依赖于土壤类型、紧实度、束缚水等），这样可以建立土壤容积含水量与土壤介电常数的经验方程。TDR 通过测量高频电磁脉冲在土壤中的传播速度求得土壤的介电常数，从而计算出土壤的含水量。高频电磁波在土壤中的传播速度 v 与土壤介电常数 k 存在下面的关系式：

$$v \approx \frac{c}{\sqrt{k}}$$

式中，c 为电磁波在自由空间的传播速度（3×10^8 m/s）。

在实际测量中，TDR 通过一个振荡器（一种发射高频方波脉冲的装置，以达到同步和事件定时的目的）发射电磁脉冲，测量它在传输线（插入土壤中的金属导波棒，长度为 1）中的传输时间 t 而计算传输速度 v：

$$v = 1/t$$

由 TDR 发射的电磁脉冲到达导波棒后，有一部分返回仪器；当脉冲到达导波棒末端时，脉冲反射回仪器。这些反射的波形信号被捕捉下来，TDR 系统自动分析这些波形，计算出电磁波在导波棒中传播的时间 t，然后自动转换成土壤含水量。

TDR 仪测定的精度取决于获取信号的时间精度，同时，信号的相互干扰和电容的干扰对测量成果的准确度也有一定影响。TDR 为目前测量土壤含水量的主流方法。对土壤样品可进行快速、连续、准确的测量，平均分辨率 0.02 ~ 0.005 cm^3/cm^3。一般不需标定，测量范围广（含水量 0 ~ 100%），操作简便，野外和室内都可使用，可做成手持式的进行田间即时测量，也可通过导线远距离多点自动监测。还能够测量表层土壤含水量，这是中子仪法不能做到的。导波棒可以单独留在土壤中好几年，需要的时候再连上 TDR 测量；导波棒可做成不同形状以适应不同情况，长度一般为 10 ~ 200 cm。TDR 测量结果受土壤盐度影响很小，但当含盐量增加后，脉冲信号从导波棒末端的反射会减弱，在测量高有机质含量土壤、高 2∶1 型黏土矿物含量土壤、容重特别高或特别低的土壤时，需要标定。TDR 仪采用的脉冲的双程传导，致使电路复杂，设备昂贵。

（3）室内标定。

虽然 TDR 仪在出厂时已经进行了校正，但在应用中还需要根据实际情况做进一步的校正，特别是黏壤土地区，通过对野外的土壤取样，进行使用前的室内标定，以提高仪器的准确度。

① 标定仪器及主要药品材料：

A. TDR 仪主要部件：导波管、探针、主机、电缆线；

B. 风干土；

C. 土壤筛：2 mm 孔筛；

D. 塑料桶：有底，直径约 20 cm，高约 25 cm；

E. 塑料盆：直径 40 cm；

F. 环刀；

G. 土壤比重测定所需的仪器设备及药品；

H. 经典烘干法所需的仪器设备及药品。

② 室内标定的具体标定步骤如下：

A. 从野外采回约 20 kg 土样（若试验精度要求较高，则需分层取土），除去根系、杂草、砾石等，风干，过 2 mm 孔筛。

B. 利用比重计等仪器测定土样比重。

C. 按给定容重（如 1.10 g/cm^3、1.20 g/cm^3、1.30 g/cm^3）将风干过筛后的土样分层（每层不超过 5 cm）均匀地夯入至柱形塑料桶中，直至桶顶。桶的个数根据设定的重复数来定，桶的大小要适中，以减轻夯土工作量。

D. 将 TDR 探针垂直插入夯好的土柱，测定给定容重下风干土的含水量，然后在 TDR 探针没有插过的地方用环刀（100 cm^3）取土，立即放入烘箱（105 °C，24 h），测定其含水量，至此，第 1 组含水量较低的 TDR 和烘干法对比测量完成（试验过程中还可设置 2 ~ 3 个重复）。

E. 为了充分利用风干过筛土，将第 1 组测量完的土壤倒入塑料盆中，加入少量风干土（环刀量），并按增长约 5% 的水分梯度缓慢加水，充分搅拌和匀（人工或搅拌机）。例如，风干土含水量为 0.1 cm^3/cm^3，则加水配制成土壤含水量约 0.15 cm^3/cm^3 即可。

F. 将加水搅拌和匀的土样重新分层夯入柱形塑料桶中，用塑料薄膜密封上桶口，放在室内阴凉处静置 2 ~ 4 h，然后重复第 3 步即可得到第 2 组含水量增加约 0.05 cm^3/cm^3 的 TDR 和烘干法对比测量值。

G. 反复重复第 5 步和第 6 步，直至加水后土壤含水量增加到约 0.60 cm^3/cm^3 为止，于是，可得到从凋萎湿度到饱和含水量一系列按约 5% 梯度增加的 TDR 和烘干法实测土壤含水量数据。

通过反复测算，在利用经典烘干法测定的值做参照，将两种方法测定结果进行对比分析，可得出两者之间的关系，从而实现对 TDR 仪的标定。

（二）土壤最大吸湿水的测定

研细通过 2 mm 筛孔的风干土样，吸附空气中的水汽分子，这种水分叫做土壤吸湿水。土壤吸湿水含量的多少与空气相对湿度有关，当空气相对湿度接近于饱和时，土壤的吸湿水含量最高，称为“最大吸湿水”。

（1）测定原理。

要测定最大吸湿水，就必须控制试验环境为特定的温度（20 °C）和特定的相对湿度（98%）下所测定的吸湿水含量。本方法用 100 mL 水溶解 11 ~ 15 g 的硫酸钾（K_2SO_4）饱和溶液，相对湿度为 98% ~ 99%，作为最大吸湿水的测定条件。

（2）主要仪器、设备、药品。

① 天平：感量 0.001 g；

② 干燥器：内盛饱和硫酸钾溶液；

③ 低型称量瓶；

④ 电热恒温烘箱。

（3）试样的制备。

饱和硫酸钾溶液：准确称取 110 ~ 150 g 硫酸钾溶于 1 L 水中。

（4）测定步骤。

① 称取通过 2 mm 孔径的土壤筛的风干土试样 5 ~ 20 g（黏土和有机质含量高的土壤 5 ~ 10 g，砂土和有机质含量极低的土壤 15 ~ 20 g）放入已知质量的称量瓶中，平铺于瓶底。

② 将称量瓶置于干燥器有孔磁板上，将瓶盖打开斜靠在瓶上，瓶勿接触器壁。干燥器下部盛有饱和硫酸钾溶液（每 1 g 试样放入 3 mL 饱和硫酸钾溶液）。干燥器盖好后，放置于温度稳定处，保持恒温 20 °C。

③ 在土壤开始吸湿后一星期左右，将称量瓶加盖取出，立即称量（精确至 0.001 g），再放回干燥器中，使其继续吸水，以后每隔 2 ~ 3 d 称量一次，直至前后两次质量差不超过 0.005 g（计算时取其最大数）。

④ 将上述吸湿水达到恒量的试样，置于 105 °C ± 2 °C 的恒温烘干箱中烘干至恒量，计算土壤最大吸湿水。

（5）测定结果的计算。

$$最大吸湿水 = [(m_1 - m_2)/(m_2 - m_0)] \times 100\%$$

式中 m_0——称量瓶质量（g）；

m_1——98% ~ 99% 相对湿度饱和后试样加称量瓶质量（g）；

m_2——烘干后试样加称量瓶质量（g）。

平行测定结果以算术平均值表示，保留小数点后两位。

（6）精密度。

平行测定结果允许相对误差≤5%。

（三）土壤稳定凋萎系数含水量的测定

1. 生物方法

（1）适用范围。

本方法适用于除盐碱土以外的各类土壤。

（2）测定原理。

通过生物方法，在容器中栽培作物，测定其因缺水而开始永久凋萎时的土壤含水量。

（3）主要仪器、设备、药品。

① 天平：感量 0.1 g 和 0.01 g；

② 铝盒；

③ 电热恒温烘箱；

④ 烧杯：直径 4 ~ 5 cm，高 6 ~ 7 cm；

⑤ 木箱：内装湿锯末，使箱内水汽饱和；

⑥ 作物种子：饱满的大麦种 10 粒；

⑦ 玻管：直径 0.5 cm；

⑧ 滤纸或纱布；

⑨ 培养皿；

⑩ 石蜡、蜡纸；

⑪ $NH_4H_2PO_4$、KNO_3 和 NH_4NO_3；

⑫ 蒸馏水。

（4）试样的制备。

① 装土：将通过 2 mm 孔径筛的土样装满烧杯中，装土的同时，在杯中插入直径 0.5 cm 的玻管，以便浇水时排出空气。

② 浇水或浇液：用塞有棉花的漏斗滴入杯中，灌水量为干土质量的 30% ~ 40%，使水土均匀浸湿土样。若土壤肥力较低，可输入营养液。营养液的配制方法：称取 $NH_4H_2PO_4$ 2.8 g、KNO_3 3.5 g 和 NH_4NO_3 5.4 g 溶于 1 L 水中。

③ 浸种：选好作物种子放到垫有纱布或滤纸的培养皿内，用水浸湿并保持湿润。在 15 ~ 20 °C 室温下发芽，3 ~ 4 d 后即可使用。

④ 种植：将烧杯内湿润的土壤表面下 2 cm 处种入 5 ~ 6 粒已发芽的种子（出土后保留 3 株）。盖土后称量记载，每一烧杯口用厚纸遮盖，以免水分蒸发。

⑤ 培育：将烧杯放置于无阳光直射的光线充足处，保持在室温 20 °C 左右。待幼苗生长与杯口齐平时，以蜡纸封住杯口，在每一株上方打一小孔，让幼苗由此孔长出。纸与杯壁结合处以石蜡封住，排气管口可用棉花塞住。

（5）测定步骤。

① 观察与管理：每天早、中、晚记载室温和生长情况，每隔 5 ~ 6 天称量一次。如果杯内水分蒸发过多，可进行第二次灌水。当第二片叶子比第一片叶子长得较长时，证明幼根已分布于杯内整个土体，此时可最后一次灌水，并用棉花塞住玻管，一直到第一次凋萎（叶子下垂）。将烧杯移入保持高湿度的木箱内（箱底放湿锯末和水），经一昼夜后观察，如果植株凋萎现象消失，就把烧杯重新放回原处，待凋萎现象再次出现后，再将烧杯置于木箱内。如此反复试验，直到植株不能复苏，即达到永久凋萎。

② 取样测定：去除石蜡封面、植株及土壤表面 2 cm 厚的土层，混合余土装入铝盒，用烘干法测定含水量，即为凋萎含水量。

（6）测定结果的计算。

凋萎含水量＝永久凋萎时植株水质量/烘干植株质量

（7）精密度。

平行测定结果允许绝对误差≤1%。

平行测定结果以算术平均值表示，保留小数点后一位。

（8）注意事项。

① 选取饱满麦种，确保发芽。

② 室温严格控制在 20 °C 左右，防止因室温过高导致植株凋萎。

③ 在观察过程中需反复试验，提高植株的凋萎系数准确度。

2. 数学计算法

根据土壤最大吸湿水乘以系数 1.5，间接算得土壤凋萎含水量。由于土壤和作物的不同，此系数变动在 1.3 ~ 2.5 之间。

$$土壤稳定凋萎含水量 = 最大吸湿水 \times 1.5\ (1.3 \sim 2.5)$$

（四）持水量的测定

1. 小区灌水法

在有代表性的地段上，围起一定面积的小区，经过充分灌水，在排去多余的重力水后，测定土层中保持的最大悬着水量。灌水小区的面积通常是（2×2）m^2。其地面要平整。四周用坚实土埂围着，在中心部位楔入面积为（1×1）m^2 的铁皮木框（或铁框），框内为测试区，周围为保护区。小区的灌水量是根据欲测土层的深度和该土层现存的储水量确定的。区内灌水入渗后要用塑料布（或帆布）和林秸等覆盖，以防止土表蒸发和雨水落入。开始测定的时间因土壤不同而异。砂性土在灌水后 1 ~ 2 d，壤性土为 2 ~ 3 d，黏性土为 3 ~ 4 d。测定时，在测试区内按土壤发生层次（或每 10 cm 厚土层）分层取土。一般取三个重复（三角形排列）。用称重烘干法，测其含水率，以占干土重百分数表示。以后每天测定一次。在同一土层上，当前后两次测得的含水率的差值不超过 1.5% ~ 2.0% 时，选后一次测定值为田间持水量。在日本以测定大量降雨（100 mm 以上）或灌水浸泡 24 h 后的土壤含水率作为田间持水量。或用张力计测出一定土壤吸水力（多数取土壤吸力的对数值 PF1.8）下的土壤含水率，作为田间持水量。

2. 威尔科克斯法

（1）方法提要。

将浸泡饱和的原状土样置于风干土上，使风干土吸去土样中的重力水，再用烘干法测定土样含水量。

（2）应用范围。

本方法适用于除重砾质土以外各类土壤田间持水量的测定。

（3）主要仪器设备。

① 天平：感量 0.01 g；

② 电热恒温干燥箱；

③ 环刀：容积 100 cm^3；

④ 铝盒；

⑤ 干燥盒。

（4）分析步骤。

① 用环刀在野外采取原状土样带回室内浸于水中（水面较环刀上缘低于 1 ~ 2 mm）饱和一昼夜。

② 在与测定土样相同的土层另采土样，风干后通过 2 mm 孔径筛，装入环刀中，轻轻拍击实，装满并略高于环刀。

③ 将装有原状土样的环刀的有孔底盖移去，连同滤纸一起放在装满风干土的环刀上。为使接触紧密，可用砖块压实（一对环刀用三块砖压）。经过 8 h 吸水过程，取环刀中的原状土 15 ~ 20 g 放入铝盒，立即称量，精确至 0.01 g。经 105 °C ± 2 °C 烘干后再次称量，计算含水量，即得土壤田间持水量。

（5）结果计算。

按土壤自然含水量公式计算烘干基土壤田间持水量。平行测定结果以算术平均值表示，保留小数点后一位。

即 $$水分 = [(m_2 - m_1)/(m_2 - m_0)] \times 100\%$$

式中 m_0——烘干空铝盒质量（g）；

m_1——烘干前铝盒及土样质量（g）；

m_2——烘干后铝盒及土样质量（g）。

（6）精密度。

平行测定结果的允许绝对误差≤1%。

（五）毛管中持水量的测定

在土壤孔隙内能借毛管作用自由移动、易为植物吸收利用的水分，以及部分土壤水分。

（1）实验原理。

土壤中所能保持的毛管上升水的最大数量，其数量一般变动于田间持水量和饱和持水量之间，是对作物有效的水分。其测定方法：在田间测得整个毛管水活动层中水分分布曲线，然后根据这一曲线求出毛管水活动层中任何一层的毛管持水量；也可用环刀采取原状土，将其下端置于水盘中，使土壤毛管孔隙内充满水，然后测其含水量，即为毛管持水量。

（2）方法提要。

土壤颗粒间的微小孔隙中，受毛管力作用所保持的水分称为毛管水。利用环刀采集原状土样，使其下部受到水的浸润，水分通过毛管力的作用沿毛管孔隙上升达到衡量时测定原状土中的含水量。

（3）应用范围。

本方法适用于除重砺质土以外的各类土壤的毛管持水量的测定。

（4）主要仪器设备。

① 天平：感量 0.1 g 和 0.01 g；

② 电热恒温干燥箱；

③ 环刀：容积 100 cm^3；

④ 干燥器；

⑤ 铝盆。

（5）分析步骤。

① 用环刀在田间按土壤发生层次采取原状土，每层各取重复样品，盖上垫有滤纸的有孔底盖，带回室内。

② 将环刀底盖一端朝下放于瓷盘内预先已浸湿达饱和状态的清洁毛巾上，使水分通过土壤毛管孔隙借毛管力的作用在原状土中上升。土样毛管孔隙充水时间，因土壤质地而异，一般砂土需要 4 h，壤土需 8 h，黏土需 12 ~ 24 h。

③ 至毛管充水时间到达后，取出环刀用滤纸吸干环刀外部水分，立即称量精确至 0.1 g。然后将环刀放回盘中，使继续吸水，一定时间后（砂土 2 h、黏土 4 h）再次称量，直到达衡量为止。

④ 从环刀中心取土 15 ~ 20 g，放入铝盒中立即称量，精确至 0.01 g。再将装有样品的铝盒置于 105 °C ± 2 °C 的恒温干燥箱中，烘至衡量。

（6）结果计算。

按照土壤自然含水量公式计算烘干基土壤毛管持水量。平行测定结果以算术平均值表示，保留小数点后一位。

即 $$水分 = [(m_2 - m_1)/(m_2 - m_0)] \times 100\%$$

式中 m_0——烘干空铝盒质量（g）；

m_1——烘干前铝盒及土样质量（g）；

m_2——烘干后铝盒及土样质量（g）。

（7）精密度。

平行测定结果的允许绝对误差≤5%。

（8）注释。

本法测定的结果代表土壤中毛管孔隙几乎全部被水充满时的含水量。当自由水面降低时，该层所能保持的毛管持水量就将减少。因此，为了测定整个毛管水活动层中的水分布曲线，需要从地下水面起，向上逐层测定土壤含水量，直到毛管水活动层上限为止。

（六）饱和水含量的测定

土壤饱和含水量是土壤颗粒间所有孔隙都充满水时的含水量，亦称持水度。

（1）原理。

一般是根据孔隙通过计算来确定。其他室内或田间测定方法的结果，都往往偏小。

（2）方法提要。

利用环刀采集原状土样，放在水中浸泡，直至土壤水分饱和达恒定时，测定其含水量。

（3）应用范围。

本方法适用于除重砾质土以外的各类土壤的饱和含水量的测定。

（4）主要仪器设备。

① 天平：感量 0.1 g 和 0.01 g；

② 环刀：容积 100 cm^3；

③ 电热恒温干燥箱；

④ 铝盆；

⑤ 干燥器。

（5）分析步骤。

① 用环刀在野外采集原状土，同时在相应土层采土 15~20 g，装入铝盒，称量，按烘干法测定含水量。

② 将盛有原状土的环刀盖上垫有粗滤纸的有孔底盖，底朝下放入水中，保持水面与环刀上口齐平，但切勿使水浸淹环刀顶端，以免造成封闭孔隙，影响结果。

③ 水分通过底盖小孔和滤纸沿土壤孔隙上升，浸泡时间一般砂土为 4 h，壤土 6 h，黏土 8~12 h。到达预定时间后将环刀取出，除去滤纸和底盖，用干滤纸吸干环刀外部水分，放到已知质量的器皿中，连同器皿一起称量，精确至 0.1 g。称毕再将环刀盖上底盖放回水中，使之继续吸水饱和（砂土约 2 h，黏土约 4 h），再次除去滤纸和底盖称量，直至达恒量为止。

④ 将装有土样的环刀除去底盖后直接放入 105 °C + 2 °C 的恒温干燥箱中，烘干，称量，求出饱和含水量。也可自环刀中心取土 15~20 g，放入已知质量的铝盒称量，精确至 0.01 g，再放入恒温干燥箱中于 105 °C + 2 °C 烘干，称量，计算含水量。

（6）结果计算。

参照土壤自然含水量的公式，计算烘干基土壤饱和含水量。平行测定结果以算术平均值表示，保留小数点后一位。

（7）精密度。

平行测定结果允许相对误差小于或等于 5。

思 考 题

1. 叙述土壤水分类型及土水势的分类。

2. 在烘干土样时，为什么温度不能超过 110 °C？含有机质多的土样为什么不能采用酒精烧失法？

第三章　土壤机械组成的测定

一、概　述

自然土壤的矿物质都是由大小不同的土粒组成的，各个粒级在土壤中所占的相对比例或质量分数，称为土壤质地（Soil texture），也称为土壤的机械组成。土壤质地不仅是土壤分类的重要诊断指标，也是影响土壤水、肥、气、热状况，物质迁移转化及土壤退化过程研究的重要因素，还是土壤地理研究、与农业生产相关的土壤改良、土建工程和区域水分循环过程等研究的重要内容。

（一）土壤质地的划分

土壤质地的分类和划分标准，与土壤粒级标准类似，世界各国亦很不统一，国际上应用较为广泛，中国亦曾经采用过的有国际制、威廉斯*卡庆斯基制和美国制。国际制和美国制相似，均按砂粒、粉粒和黏粒的质量分数，将土壤划分为砂土、壤土、黏壤土和黏土 4 类 12 级，如表 2.3.1 所示。

表 2.3.1　国际制土壤质地分级标准

质地名称	黏粒（<0.002 mm，%）	粉砂（0.02 ~ 0.002 mm，%）	砂粒（2 ~ 0.02 mm，%）
壤质砂土	0 ~ 15	0 ~ 15	85 ~ 100
砂质壤土	0 ~ 15	0 ~ 45	55 ~ 85
壤　土	0 ~ 15	30 ~ 45	40 ~ 55
粉砂质壤土	0 ~ 15	45 ~ 100	0 ~ 55
砂质黏壤土	15 ~ 25	0 ~ 30	55 ~ 85
黏壤土	15 ~ 25	20 ~ 45	30 ~ 55
粉砂质黏壤土	15 ~ 25	45 ~ 85	0 ~ 40
砂质黏土	25 ~ 45	0 ~ 20	55 ~ 75
壤质黏土	25 ~ 45	0 ~ 45	10 ~ 55
粉砂质黏土	25 ~ 45	45 ~ 75	0 ~ 30
黏　土	45 ~ 65	0 ~ 55	0 ~ 55

土壤颗粒组成中，直径>2 mm 的石砾超过 1% 的土壤，根据石砾含量分别定为砾质土或砾石土。砾质土在描述土壤质地时，在质地名称前冠以某砾质土字样，如砾质砂土、少砾质

砂土等。少砾质土砾石含量 1%～5%；中砾质土砾石含量 5%～10%；多砾质土砾石含量 10%～30%。砾石土：当土壤中砾石含量超过 30% 以上者，按规定，不再记载细粒部分的名称，只注明是某砾石土。其分级标准为：砾石含量 30%～50% 者为轻砾石土；50%～70% 者为中砾石土；70% 以上者为重砾石土。考虑到砾石中所夹细粒部分物质情况各异，在生产上反应亦大不一样，因此，在室内测试时，仍将细粒部分的颗粒组成分别进行了测定，在总的质地命名时仍命名为某砾石土，但在括号内则注明细粒部分的质地名称。如某土壤>2 mm 的砾石含量为 65%，细粒部分的质地为壤质黏土，最后命名时，则定为中砾石土（壤质黏土）等。

威廉斯*卡庆斯基制则采用双级分类制，即按物理性砂粒（>0.01 mm）和物理性黏粒（<0.01 mm）的质量分数划分为砂土、壤土和黏土 3 类 4 级。中国（1987）拟定的土壤质地分类方案是按砂粒、粉粒和黏粒的质量分数划分出砂土、壤土和黏土 3 类 11 级，如表 2.3.2 所示。

表 2.3.2　中国土壤质地的分类标准

<table>
<tr><th rowspan="2">质地组</th><th rowspan="2">质地名称</th><th colspan="3">土壤颗粒粒级组成/%</th></tr>
<tr><th>砂粒（1～0.05 mm）</th><th>粗粉粒（0.05～0.01 mm）</th><th>黏粒（<0.001 mm）</th></tr>
<tr><td rowspan="3">砂土组</td><td>粗砂土</td><td>>70</td><td rowspan="3">—</td><td rowspan="7"><30</td></tr>
<tr><td>细砂土</td><td>60～70</td></tr>
<tr><td>面砂土</td><td>50～60</td></tr>
<tr><td rowspan="5">壤土组</td><td>砂粉土</td><td>>20</td><td rowspan="2">>40</td></tr>
<tr><td>粉土</td><td><20</td></tr>
<tr><td>粉壤土</td><td>>20</td><td rowspan="2"><40</td></tr>
<tr><td>黏壤土</td><td><20</td></tr>
<tr><td>砂壤土</td><td>>50</td><td>—</td><td>>30</td></tr>
<tr><td rowspan="3">黏土组</td><td>粉黏土</td><td colspan="2" rowspan="3">—</td><td>30～35</td></tr>
<tr><td>壤黏土</td><td>35～40</td></tr>
<tr><td>黏土</td><td>>40</td></tr>
</table>

目前随着国际学术交流的增多，中国土壤质地分类也采用了国际上流行的美国制分类标准。土壤质地和土壤剖面中质地层次的排列组合（土壤质地构型），一方面反映了母岩风化、地表堆积（侵蚀）过程以及成土过程的特征；另一方面又是影响土壤性质的重要因素。它与区域地表水分循环、农业生产有密切的关系。砂土由于土壤颗粒是以砂粒占优势，土壤中大孔隙多而毛管孔隙少，因此，砂土的通气性、透水性强，而保水蓄水保肥性能弱。砂土的热容量小，故土壤温度变化剧烈，易受干旱和寒冻威胁。但在春季，砂土升温较快，发苗早，故称为暖性土。由于砂土通气良好，土壤有机质分解快而不易积累，砂土的肥力相对贫瘠。但它又有易耕作、适宜性强、供肥快等优点。对砂土施肥必须“少吃多餐”，多施有机肥，以免造成过多养分流失，增加农业生产成本，并加重农业面源对地表水体的污染。

黏土由于土粒微小，土壤中的非毛管孔隙少、毛管孔隙多，毛管作用力强，土壤透水通气性差；但保水蓄水及保肥性能强，有机质分解缓慢有利于积累，故土壤养分含量丰富；黏土的热容量大、温度变化迟缓，特别是春季升温慢，影响幼苗生长，有“冷性土”之称。同时黏土不易耕作，其地表易形成超渗径流，造成严重的水土流失。壤土由于土壤中砂粒、粉粒和黏粒含量比较适中，既具有一定数量的非毛管孔隙，又有适量的毛管孔隙，兼顾了砂土和黏土的优点。另外，土壤质地构型对农业生产、水土保持也具有重要影响，一般来说上砂下黏的土壤有利于耕作、发苗，又托水保肥，被称为“蒙金地”；相反，上黏下砂，既不便于耕作，又漏水漏肥，因此，还会引起区域严重的生态环境问题。

（二）土壤质地与肥力的关系

1. 砂质土

砂质土蓄水力弱，养分含量少，保肥力较差，土温变化较快，通气性和透水性良好，容易耕作。因此，在利用管理上选择耐旱品种，保证水源，及时灌溉，尽可能用秸秆覆盖土面，以防水分过快蒸发。砂质土本身所含养料比较贫乏，有的砂土主要矿物成分为石英，所含的养料就更少。有些砂土，其矿物成分为硅铝酸盐类及其他一些原生矿物，养料储备情况虽然略好些，但其补给供应的速率受风化作用的制约，往往不能和作物的需求相适应。因此，对砂质土要强调多施有机肥料。土粒吸肥力和土体保肥性都很差，如施入粪尿、硫酸铵等速效性肥料后，碰上大雨就很容易随雨水流失。因此，在施用化肥时应强调少施勤施。由于砂土的通气性好，好气性微生物活动旺盛，施入砂质土中的有机肥料分解迅速，常表现为肥效猛而不稳，前劲大而后劲不足。所以，对砂土施肥，一方面应掌握勤施少施的原则，另一方面要特别注意防止后期脱肥。砂质土壤含水量少，热容量小，昼夜温度变化大，这对某些作物生长不利，但有利于作物体内碳水化合物的积累，能提高薯类及其他块根作物的产量。

2. 黏质土

黏质土保水力和保肥力强，养分含量丰富，土温比较稳定，但通气透水性差，并且耕作比较困难。黏质土由于粒间孔隙很小，孔隙相互沟通后形成曲折的毛细管，水分进入土壤时渗漏很慢，保水力强，蓄水量大，水分蒸发慢，排水比较困难。在利用管理上要注意排水措施，采用深沟、高畦、窄垄等办法。整地时要尽可能干耕操作，精耕细锄。播种插秧宜浅，密植程度可高于砂土，基肥要足，以利于作物早期生长的营养需要。黏质土中黏粒含量越多，所含养料特别是钾、钙、镁等阳离子也越丰富。这不仅是因为黏粒本身成分中含有这些元素，还由于黏粒对这些养料有较强的吸附作用。以离子态为主的养料被吸附于黏粒表面后就不易淋失。黏质土对施肥的反应表现为肥劲稳、肥效长，这些特性和砂质土相反。黏质土不仅含阳离子养料多，而且有机质也容易积累，这是由于黏质土通气不及砂土通畅，微生物好气活动受到抑制，有机质的分解也比较迟缓。黏质土由于黏结力强，在利用上要特别注意增施有机肥，防止土壤粘结成大块，不利于耕作。有些黏质水田土壤，在排干晒烤后，田面就会龟裂，对这种泥土必须多施有机肥料来改造土壤结构。

3. 壤质土

壤质土是介于黏质土和砂质土之间的一种土壤类别，就颗粒组成而言，这种土壤同时含有适量的砂粒、粉粒和黏粒。在性质上兼有砂土和黏质土的优点，对一般农业生产是较理想的土壤，有些地方群众所称的“四砂六泥”或“三砂七泥”的土壤，大致就相当于壤质土。

土壤质地对土壤性质和肥力有重要关系，但质地并不是决定土壤肥力的唯一因素。土壤在质地上的缺点，可以通过改良结构或调整颗粒组成得到改善。

（三）土壤质地的影响作用

土壤质地影响着土壤结构类型。黏粒含量高的土壤易形成水稳性较强的团聚体和裂隙，细砂或极细砂比例大的土壤只能形成不稳定的结构，粗砂土则无法团聚。砂质土通气性好，透水性强，作物根系易于发展，土温上升快，土壤中有机质矿化作用也快，然而保水供水的能力差，土壤容易产生旱象。黏质土通气透水性差，作物根系不易伸展，土温上升缓慢，土壤中有机质矿化作用缓慢，有机质比较易于积累，保肥能力较强。壤质土既有一定数量的大孔隙，也有相当多的毛管孔隙。所以，通气透水性良好，保水保肥性较强，土温比较稳定，它的土粒比面积小，黏性不大，耕性良好，适耕期长，宜于多种作物生长，这样的质地较为理想。可见，土壤质地是评定土壤生产性能的一种很重要的参数。

（四）垂直地带性的土壤机械组成与土壤有机质之间的关系

通过对土壤有机质和土壤机械组成的分析，壤土由于黏粒含量介于黏质土和沙质土之间，含有适量的砂粒和粉粒，黏粒含量在30%以下，在为植物提供水、肥、气、热上兼有砂质土和黏质土二者的优点，是农业生产上较理想的土壤。土壤质地对土壤肥力有明显的影响，质地的层次结构（土壤剖面上不同质地层次的排列、组合）对肥力也有重要作用。如耕层下边有紧密黏土层时，就可阻水阻肥；反之，底层为砂砾质时，土壤就漏水漏肥。在生产实践中，土壤质地结构的排列往往难以改造，通常多采用对耕层土壤质地进行改良的办法。如增施有机肥、增加土壤的团粒结构、改善土壤的原有结构，改变砂粒、粉粒、黏粒三者的比重。因此，在实习样地中，对于黏粒比重过大、有机质含量过低的红壤，可以通过客土掺砂法；对过砂或过黏的土壤采用“泥掺砂，砂掺泥”的办法，以达到改良质地、耕性、提高肥力的目的。土壤有机质与土壤机械组成的相关关系，前人的研究结果表明土壤有机质与土壤砂粒含量呈负相关，与土壤粉粒、黏粒含量呈正相关。

（五）不同质地土壤的利用和改良

1. 土壤质地与作物生长的关系

砂质土宜种植生长期短的作物及根茎类作物，而需肥较多或生长期长的谷类作物，一般在黏质土中生长。一些耐瘠的作物如芝麻、高粱等，实施早熟栽培的作物如蔬菜等，也以砂质土栽培为宜。单季晚稻生长期长，需肥较多，宜种在黏质土壤中；而双季稻则因要求其早发速长，宜在灌排方便的壤质土中生长。大部分作物对土壤质地的适应范围都相当广泛。

2. 土壤质地的改良

对于过砂或过黏的土壤质地的改良主要有以下途径：

（1）客土法。可用“泥入砂，砂掺泥”的办法调整耕作层的泥砂比例，达到改良质地、改善耕性、提高肥力的目的。这种搬运别地土壤，掺和在过砂或过黏的土壤里，使之相互混合，达到改良土壤的办法，称为“客土法”。

（2）引洪漫淤法。自然洪流中所携带的细泥本来就是农田表层土壤，含养分丰富，是改良质地的好材料。通过人为办法，有目的地把洪流有控制地引入农田，使细泥沉积于砂质土壤中，就可以达到增厚土层、改良质地的目的。所谓“一年洪水三年肥”指的就是这种漫淤肥田的效果。

（3）改良土壤结构。消除过黏或过砂土壤所产生的不良物理性质，通过大量使用有机肥，提高土壤中有机质的含量。因为土壤有机质的黏结力比砂粒强、比黏粒弱，增加有机质含量对砂质土来说，可使土粒比较容易粘结成小土团，从而改变它松散无结构的不良状况。对黏质土来说，有机质含量的提高，可使黏结的大土块易于碎裂成大小适中的土团，从而改变了黏质土的结构及物理性状。

二、实验（土壤机械组成的测定）

（一）实验目的与意义

土壤矿物质各粒级的相对含量和比例称为土壤的机械组成。土壤的机械组成决定着土壤质地的粗细，所以它直接影响土壤的理化性状与肥力状况。同时，土壤机械组成又是土壤分类的依据。因比，在研究土壤形成、分类、分布及肥力状况时，必须测定土壤的机械组成。其测定方法，在野外常用手测法，在室内多用吸管法和比重计法。

（二）测定原理

土壤机械分析，就是把土粒按它的粒径大小分成若干级，并定出各级的量，从而得出土壤的机械组成。对粒径大于 0.25 mm 的砂粒，一般采用过筛的方法，将它们逐级分离开来。对粒径小的土粒，则用分散剂将其充分分散，再使分散的土粒在一定容积的悬液中自由沉降，一般粒径愈大下沉愈快。根据司笃克斯（G・Stokes）定律，不同粒径的土粒在重力的作用下其下降速度与球体（土粒）的半径平方（r^2）成正比，与分散介质的黏滞系数成反比的原理。即：

$$V=\frac{2}{9}gr^2\frac{d-d_1}{\eta}$$

式中　V——土粒在介质中的沉降速度（cm/s）;

g——重力加速度（9.8 m/s^2）;

d——土粒比重，平均值为 2.66（g/cm^3）;

d_1——介质比重（g/cm^3）;

η——介质黏滞系数（g/cm∗s）;

r——土粒半径（cm）。

可见，当温度一定时，土粒愈大下降愈快，反之则慢。因此，在一定深度，不同下降的时间内，可以测出某种大小的土粒含量。使用的方法有：

吸管法——直接吸取悬液烘干称重。

比重计法——测其比重，然后换算出各粒级的含量。

比重计法的原理是：比重计所排开的悬液体积等于其重量时，它浮在一定位置上，而在比重计上刻有相应的数字。为了免去复杂的计算，鲍尤考斯设计一种所谓甲种比重计，它可以从浮标尺上直接读出悬液某一深度所含有的土粒浓度（g/L）（以下简称比重计）。

由于温度影响悬液的比重和比重计的体积，同时也影响土粒的比重和水的密度。一般甲种比重计的刻度是以 20 °C 为标准的，低于或高于这一温度，都需要进行读数值校正（校正值见表 2.3.3），所以每测一次比重后，必须测一次温度。如采用常用比重计法，要进行 13 次读数，方能计算出各级颗粒的百分数。这种办法费时多、速度慢。甲种比重计法，即按不同温度下土粒沉降时间，直接测定所需各粒径土粒的含量。此法精确度较吸管法和常用比重计法差些，但对于一般了解土壤质地来说，还是可靠的。特别适用于土壤普查大批量的质地测定工作。

（三）仪器与试剂

（1）仪器。

1 000 mL 的沉降筒、搅拌棒、甲种比重计、土壤筛、带橡皮头玻璃棒、500 mL 三角瓶、温度计、1 000 mL 容量瓶。

（2）试剂。

① 0.5 mol/L 氢氧化钠溶液：称取 20 g 氢氧化钠（化学纯），加蒸馏水溶解后，定容至 1 000 mL，摇匀。

A. 分散剂校正值（g/L）是 1 000 mL 水中只加入分散剂测得的比重计读数。

B. 温度校正值查表 2.3.3。

表 2.3.3 比重计温度校正值

温度/°C	校正值	温度/°C	校正值	温度/°C	校正值
6.0 ~ 8.5	−2.2	18.5	−0.4	26.5	+2.2
9.0 ~ 9.5	−2.1	19.0	−0.3	27.0	+2.5
10.0 ~ 10.5	−2.0	19.5	−0.1	27.5	+2.6
11.0	−1.9	20.0	0	28.0	+2.9
11.5 ~ 12.0	−1.8	20.5	+0.15	28.5	+3.1
12.5	−1.7	21.0	+0.3	29.0	+3.3
13.0	−1.6	21.5	+0.45	29.5	+3.5
13.5	−1.5	22.0	+0.6	30.0	+3.7
14.0 ~ 14.5	−1.4	22.5	+0.75	30.5	+3.8
15.0	−1.2	23.0	+0.9	31.0	+4.0
15.5	−1.1	23.5	+1.1	31.5	+4.2
16.0	−1.0	24.0	+1.3	32.0	+4.6
16.5	−0.9	24.5	+1.5	32.5	+4.9
17.0	−0.8	25.0	+1.7	33.0	+5.2
17.5	−0.7	25.5	+1.9	33.5	+5.5
18.0	−0.5	26.0	+2.1	34.0	+5.8

② 0.25 mol/L 草酸钠溶液：称取 33.5 g 草酸钠（化学纯），加蒸馏水溶解后定容至 1 000 mL，摇匀。

③ 0.5 mol/L 六偏磷酸钠溶液：称取 51 g 六偏磷酸钠（化学纯），加蒸馏水溶解后定容至 1 000 mL，摇匀。

④ 异戊醇（$C_5H_{12}O$）（化学纯）。

（四）测定方法和步骤

1. 比重计法

（1）称土。

称取通过 1 mm 筛孔的风干土样 50 g（精确到 0.01 g），置于 500 mL 三角瓶中，加蒸馏水或软水浸湿土样。

（2）测吸湿水含量。

另称土样 10 g 置于铝盒中，在 105 °C 烘箱中烘干至恒重，计算吸湿水含量。

（3）样品分散——煮沸。

根据土壤 pH 值的不同，可分别选用下列分散剂：

石灰性土壤：用 0.5 mol/L 六偏磷酸钠 60 mL。

中性土壤：用 0.25 mol/L 草酸钠 20 mL。

酸性土壤：用 0.5 mol/L 氢氧化钠 40 mL。

土样：50 g。

加入分散剂后，进行物理分散处理。进行分散的方法有煮沸、振荡、研磨等。这里选用的是煮沸法。将分散剂加入盛有 50 g 土样的 500 mL 三角瓶中，加蒸馏水，使三角瓶内的液体体积约达 250 mL，盖上小漏斗，摇匀后放置 2 h，并经常摇动三角瓶。然后放在电热板上加热煮沸。在未煮沸前应经常摇动，以防止土粒沉积在瓶底结成硬块或烧焦，既防影响分散，又防因瓶底冷热不均发生破裂。煮沸后应保持沸腾 1 h。

（4）筛分砂粒（0.25 ~ 1 mm）制备悬液。

在 1 000 mL 的沉降筒上放置一漏斗，漏斗上放一筛孔直径为 0.25 mm 的铜筛，待煮沸的悬液冷却后，即可过筛，用洗瓶洗出三角瓶中的所有土粒。筛上残留的砂粒，用橡皮头玻璃棒轻轻洗擦，同时用蒸馏水冲洗，使直径小于 0.25 mm 的土粒全部洗入沉降筒，直到筛下漏出清水为止。注意冲洗时控制每次用水量，以防总水量超过限度。最后加水定容，制成 1 000 mL 悬液。

（5）筛上砂粒的处理。

将筛上大于 0.25 mm 砂粒无损地移入铝盒中，烘干后称重，计算其重量百分数。如有必要，可将烘干后的颗粒，用孔径 0.5 mm 的筛子分离，即得 0.5 ~ 1 mm 的粗砂粒和 0.25 ~ 0.5 mm 的中砂粒。再分别计算其重量百分数。

（6）测定悬液比重。

将量筒置于昼夜温度变化较小的平稳实验台上，用温度计（± 0.1 °C）先测定悬液的温度。用搅拌棒搅拌悬液 1 min（上下各约 10 次），如有气泡，可滴加异戊醇消泡。

然后记录开始时间，按表 2.3.3、2.3.4 中所列温度、时间和粒径的关系，根据所测液温和待测液的粒级最大直径值，选定比重计读数时间。测时要提前 30 s，将比重计轻轻放入悬液中，到选定时间立即进行比重计读数。读数经过校正计算后，即代表直径小于所选定的毫米数的颗粒累积含量。

按照上述步骤，分别测出<0.05、<0.01、<0.005、<0.001 mm 等各级土粒的比重计读数。

（7）比重计、温度计的处理。

每次测定读数后，取出比重计放在盛有蒸馏水的量筒中备用。并立即量测液温，测后将温度计放在量筒的中心部位。

（8）记录读数。

每次测定都要记录比重计读数和温度。

2. 吸管法

（1）称样。

称样 20.00 g（两份）测定吸湿水和制备悬液。

（2）悬液的制备。

将样品放入高脚烧杯中，分别加入 10 mL 0.5 mol/L 的氢氧化钠，用皮头玻棒碾磨搅拌 10 min，加入软水至 250 mL，盖上小漏斗，于电热板上煮沸，煮沸后保持 1 h（间断搅拌），使样品充分分散，待样品冷却后，通过 0.25 mm 孔径筛洗入沉降筒中。

（3）样品悬液吸取。

① 定容 1 000 mL。

② 测量温度：查表（2.3.4）深度 10 cm 或 5 cm 所需要的时间。

表 2.3.4　土壤颗粒各级粒级吸取时间表

粒级及深度 / 悬液温度	<0.05 mm	<0.002 mm	
	吸取深度 10 cm	吸取深度 10 cm	吸取深度 5 cm
16 °C	49 s	8 h49 min2 s	4 h24 min31 s
17 °C	48 s	8 h21 min27 s	4 h10 min43 s
18 °C	47 s	8 h08 min53 s	4 h04 min27 s
19 °C	46 s	7 h56 min48 s	3 h58 min24 s
20 °C	45 s	7 h44 min16 s	3 h52 min08 s
21 °C	44 s	7 h34 min04 s	3 h47 min02 s
22 °C	43 s	7 h23 min53 s	3 h41 min57 s
23 °C	42 s	7 h13 min13 s	3 h36 min36 s
24 °C	41 s	7 h03 min02 s	3 h31 min31 s
25 °C	40 s	6 h52 min50 s	3 h26 min25 s
26 °C	39 s	6 h44 min02 s	3 h22 min01 s
27 °C	38 s	6 h35 min42 s	3 h17 min51 s
28 °C	37 s	6 h26 min53 s	3 h13 min27 s
29 °C	36 s	6 h18 min33 s	3 h09 min17 s
30 °C	36 s	6 h09 min45 s	3 h04 min53 s

③ 记录开始时间和各级吸取时间（0.05 mm、0.002 mm 两级）。

④ 搅拌均匀，静止到规定的时间。

在吸取前，将吸管放于规定深度处，按所需时间提前 10 s 开始吸，吸取 25 mL 时间控制在 20 s。将吸取的悬液全部移入已知重量的烧杯中，并洗干净。将盛有悬液的小烧杯放在电热板上蒸干，然后放入烘箱，在 105～110 °C 下烘 6 h 至恒重，取出置于真空干燥器内，冷却 20 min 后称重。

（4）结果计算。

小于某粒级颗粒含量百分数的计算：

$$X=\frac{G_V\times 1\,000}{\text{样品烘干重}\times\text{吸管容积}}\times 100\%$$

式中　G_V——25 mL 悬浮液中含有小于某粒级颗粒的重量。

3. 手测法（适用于野外）

（1）方法原理。

根据各粒级颗粒具有不同的可塑性和黏结性估测土壤质地类型、砂粒粗糙、无黏结性和可塑性；粉粒光滑如粉，黏结性与可塑性微弱；黏粒细腻，表现较强的黏结性和可塑性；不同质地的土壤，各粒级颗粒的含量不同，表现出粗细程度与黏结性和可塑性的差异，本次实验，主要学习湿测法，就是在土壤湿润的情况下进行质地测定。

（2）操作步骤。

置少量（约 2 g）土样于手中，加水湿润，同时充分搓揉，使土壤吸水均匀（即加水于土样刚好不粘手为止）。然后按表 2.3.5 规格确定质地类型。

表 2.3.5　田间土壤质地鉴定规格

质地名称	土壤干燥状态	干土用手研磨时的感觉	湿润土用手指搓捏时的成形性	放大镜或肉眼观察
砂　土	散碎	几乎全是砂粒，极粗糙	不成细条，亦不成球，搓时土粒自散于手中	主要为砂粒
砂壤土	疏松	砂粒占优势，有少许粉粒	能成土球，不能成条（破碎为大小不同的碎段）	砂粒为主，杂有粉粒
轻壤土	稍紧易压碎	粗细不一的粉末，粗的较多，粗糙	略有可塑性，可搓成粗 3 mm 的小土条，但水平拿起易碎断	主要为粉粒
中壤土	紧密、用力方可压碎	粗细不一的粉末，稍感粗糙	有可塑性，可成 3 mm 的小土条，但弯曲成 2～3 cm 小圈时出现裂纹	主要为粉粒
重壤土	更紧密，用手不能压碎	粗细不一的粉末，细的较多，略有粗糙感	可塑性明显，可搓成 1～2 mm 的小土条，能弯曲成直径 2 cm 的小圈而无裂纹，压扁时有裂纹	主要为粉粒，杂有黏粒
黏　土	很紧密，不易敲碎	细而均一的粉末，有滑感	可塑性、黏结性均强，搓成 1～2 mm 的土条，弯成的小圆圈压扁时无裂纹	主要为黏粒

（五）结果计算

① 将风干土样换算成烘干土样重：

$$\text{烘干土样重(g)}=\frac{\text{风干土样重 (g)}}{\text{吸湿水 (\%)}+100}\times 100$$

② 校正比重计读数：

校正值＝分散剂校正值＋温度校正值

校正后读数＝原读数－校正值

$$小于某粒径土粒含量(\%)=\frac{校正后读数}{烘干土样重}\times 100$$

③ 将相邻两粒径的土粒累积百分数值相减，即为两粒径范围内的粒级百分含量。根据各粒级的重量百分数在质地分类表上查出所测土样的质地（见表 2.3.6、2.3.7、2.3.8）。

表 2.3.6 小于某粒径土粒颗粒沉降时间表（常用比重计用法）

温度（°C）	<0.05 mm			<0.01 mm			<0.005 mm			<0.001 mm		
	时	分	秒	时	分	秒	时	分	秒	时	分	秒
35			42		18		1	20		48		
36			42		18		1	15		48		
37			40		17	30	1	15		48		
38			38		17	30	1	15		48		
39			37		17		1	15		48		
40			37		17		1	10		48		

表 2.3.7 我国土壤颗粒成分分级标准

颗粒名称		颗粒粒径/mm
石块	石块	>10
石砾	粗砾	10～3
	细砾	3～1
砂粒	粗砂粒	1～0.25
	细砂粒	0.25～0.05
粉粒	粗粉粒	0.05～0.01
	细粉粒	0.01～0.005
黏粒	粗黏粒	0.005～0.001
	黏粒	<0.001

表 2.3.8 10～1 mm 粒径砾质颗粒含量分类表

砾质 10～1 mm 的含量/%	分级
<1	无砾质
1～10	少砾质
>10	多砾质

思 考 题

1. 计算测出<0.05、<0.01、<0.005、<0.001 mm 各级土粒的含量。
2. 根据各粒级的含量，在质地分类表上查出所测土样的机械组成（或质地）。
3. 为什么要测定土壤的机械组成？

第四章　矿物观察与鉴定

一、概　述

矿物的定义有狭义和广义之分。狭义的矿物即通常人们所说的矿物，即指岩石圈中的化学元素的原子或离子通过各种地质作用形成的，并在一定条件下相对稳定的自然产物。随着科学技术的进步，人们对宇宙的认识范围不断扩大，对矿物的认识也不断加深，因此，矿物还包括地幔矿物、陨石矿物、宇宙矿物和人造矿物等，这是广义的矿物概念。

矿物绝大部分是结晶质的单质或化合物，具有比较固定的化学成分和晶体构造，表现出一定的几何形态和物理化学性质，并以各种形态（固态、液态、气态，多为固态）存在于自然界中。极少数的矿物以非晶质的液态、气态和胶态存在，其几何形态与其成分、结构之间没有明显的依赖关系。

目前已经发现的矿物有 3 000 多种，其中绝大多数是晶质固态的无机物。液态、气态及有机矿物总共只有几十种。常见的有 50 多种，而和土壤形成有关的造岩矿物有 20 ~ 30 多种。

矿物是地壳中的化学元素在各种地质作用下所形成的自然均质体。地质作用指火山爆发、地震、岩石风化等地质现象。

（一）矿物的分类

（1）按形成矿物的地质作用，主要矿物分成三种成因类型。

① 岩浆矿物：即原生矿物，是由地下深处高温高压条件下的岩浆上升冷凝结晶而成的各种矿物。如：橄榄石、辉石、角闪石、长石、石英、云母等。

② 表生矿物：是原生矿物在地表常温常压条件下，经过风化、沉积作用所形成的一类矿物。如：岩盐、石膏、碳酸盐矿物、铁铝的氢氧化物和黏土矿物等。

③ 变质矿物：是早期形成的矿物经过变质作用（一般是在高温高压下）所形成的矿物。如：石榴石、红柱石、蛇纹石等。变质矿物和表生矿物又成为次生矿物。

（2）根据矿物形成原因可分为：

① 原生矿物：由地壳内部岩浆冷却后形成的矿物。

② 次生矿物：由原生矿物进一步风化形成的新的矿物。如：方解石是由碳酸钙溶液沉淀而来的；高岭石是由钾长石风化来的。

（二）矿物的主要特征

1. 物理性质

矿物的物理性质是多方面的。不同的矿物由于成分、构造不同，其物理性质也各不相同。

因此，矿物的物理性质也是鉴定矿物的重要依据。其中，最有鉴定意义的有：颜色、条痕、光泽、解理、断口、硬度等，此外，还有透明度、弹性、比重等。

（1）矿物颜色。

矿物的颜色最容易引起人们的注意，有些矿物就是按其颜色来命名的，如：黄铜矿、赤铁矿等，所以，颜色是鉴定矿物的重要特征之一。矿物的颜色主要是矿物对可见光中不同波长的光波选择吸收的结果，所呈颜色为反射光波或透过光波的混合色。根据颜色的成因，可以分为以下三种：

① 自色：矿物本身所固有的颜色称为自色。自色与矿物的成分和构造有关，主要是由矿物成分中含有色素离子而引起的，常见的色素离子有 Fe、Co、Ni、Mn、Cr、Cu 等。自色形成的另一个原因是矿物晶体构造的均一性受到破坏而引起的。如食盐受到阴极射线的刺激，由无色透明而呈现出粉红、天蓝等各种颜色。自色较稳定，故在矿物鉴定上意义较大。磁铁矿的铁黑色、孔雀石的翠绿色等都是自色。

② 他色：矿物因外来的带色杂质、气泡等有色体的机械混入，而染的颜色叫他色。他色与矿物本身的化学成分及构造无关，易变化而不稳定，如无色透明的水晶可被染成紫色、玫瑰色、黑色等便是一个很好的例子。

③ 假色：由于矿物内部裂缝、解理面及表面的氧化膜引起的光波的干涉而产生的颜色称为假色。如石膏、方解石内部解理所形成的“晕色”，斑铜矿表面氧化膜造成的蓝、紫色等都是假色。

（2）矿物条痕。

条痕就是矿物粉末的颜色，将矿物在未上釉的瓷板上进行刻划，其留下的粉末痕迹就是条痕。条痕色可以消去假色，减弱他色，保存自色，所以条痕比矿物本身呈现的颜色更为固定，因而更具有鉴定意义。如黄铁矿是淡黄色，条痕却是黑色；黄铜矿是铜黄色，条痕却是绿黑色。鉴定条痕，只限于硬度比瓷板小的矿物，因硬度比瓷板大的矿物，刻划后所得之粉末就是瓷板的粉末了。

（3）矿物透明度和光泽。

透明度是指矿物允许可见光透过的程度，通常以矿物碎片边缘能否透见他物为准。根据矿物透过可见光的能力，可将矿物的透明度分为透明、半透明和不透明三种。

光泽是矿物表面反射可见光波的能力，据此，通常将矿物的光泽分为如下三种：

① 金属光泽：矿物表面反射光的能力很强，光耀夺目，如同光亮的金属器皿表面的光泽，如黄铁矿、黄铜矿等。一般具有金属光泽的矿物，条痕为黑色或深色，不透明的矿物常具有金属光泽。

② 半金属光泽：矿物表面反射光的能力较弱，呈弱金属状光亮，如磁铁矿、赤铁矿。

③ 非金属光泽：这种光泽最为常见，较上述光泽为弱，依反光强弱，又分为金刚光泽和玻璃光泽。金刚光泽的光亮很强，如金刚石；玻璃光泽的反光像玻璃一样，如方解石、板状石膏。据统计，具有玻璃光泽的矿物为数最多，约占矿物总数的 70%。透明或半透明的浅色矿物，通常具有非金属光泽。

上面所讲的光泽，都是针对矿物的晶面或解理面来说的，在矿物断口或集合体上，由于表面不平，有细缝和小孔等，使一部分反射光发生散射或互相干扰，造成一些特殊的光泽。具有玻璃光泽的浅色矿物的断口处常呈油脂光泽，如石英的断口；土状粉末矿物呈土状光泽；

具有平行纤维状矿物呈丝绢光泽，如纤维石膏、石棉等；具极完全解理的云母片状矿物呈珍珠光泽，如云母、滑石等。

（4）硬度。

矿物抵抗刻划、压入和研磨的能力称为硬度。硬度的大小，决定于晶体构造的内部质点间距离的大小、电位高低、化学键能等。矿物的硬度比较固定，在鉴定上意义重大。

矿物硬度的大小，通常是与摩氏硬度计中不同硬度的矿物相互刻划进行比较而确定。摩氏硬度包括十种矿物，从硬度最小的滑石到硬度最大的金刚石依次定为十个等级，见表2.4.1。

表 2.4.1 摩氏硬度表

硬度	1	2	3	4	5	6	7	8	9	10
矿物	滑石	石膏	方解石	萤石	磷灰石	正长石	石英	黄玉	刚玉	金刚石

必须指出：摩氏硬度计仅是硬度的一种等级，它只表明硬度的相对大小，不表示其绝对值的高低，绝不能认为金刚石的硬度为滑石的十倍。

在野外工作时，为了迅速而方便地确定矿物的相对硬度，常利用下列工具：指甲（2 ~ 2.5）、铜具（3）、小刀（5 ~ 5.5）、钢锉（6 ~ 7），来测验未知矿物的硬度。

（5）解理和断口。

矿物在外力（如敲打）作用下，沿着一定结晶方向破裂成光滑平面的性能称为解理，裂开后形成的光滑平面称为解理面。如矿物受到外力作用后，不沿一定的方向裂开，而是沿任意方向裂开，且破裂面呈凹凸不平的表面，这种破裂面称为断口。

结晶质的矿物才具有解理，非结晶质的矿物不具有解理，而断口不论结晶质或非结晶质矿物都可发生。解理面在矿物晶体上的分布完全决定于它的内部构造，矿物的解理发生在晶体构造中，垂直于键力最弱的方向。例如，具有层状构造的云母类矿物，其每层内部质点间的结合力（键力）强，而层与层之间的结合力弱，故易沿着层间发生解理，由于解理直接决定于晶体的内部构造，具有固定不变的一定方向，所以是矿物的主要鉴定特征。

按矿物受力时，解理裂开的难易，解理片之厚薄、大小及平整光滑的程度，将解理分为五级：

① 极完全解理：矿物极易裂成薄片状，可用手剥开，解理面完整而光滑，断口极难看见，如云母、绿泥石等。

② 完全解理：用小锤轻击，即会沿解理面裂开成小块，解理面相当光滑，断口少见，如方解石、方铅矿等。

③ 中等解理：解理的完善程度较差，很少出现大的光滑平面，在矿物碎块上，既可以看到解理，也可以看到断口，如角闪石、长石、辉石等。

④ 不完全解理：在外力击碎的矿物上，很难看到解理面，大部分为不平坦的断口，如石榴石、磷灰石、锡石等。

⑤ 极不完全解理：实际上是没有解理，常具贝壳状断口，如石英。由此可见，解理和断口出现的难易程度是互为消长的。

没有解理的矿物，断口自然十分明显。断口可按形状分为：贝壳状（石英）、锯齿状（纤维石膏）、参差状（黄铁矿）、土状（高岭石）及平坦状（蛇纹石）。

还须指出：由于晶格中构造单位间的结合力在各个方向上可以相同，也可以不同，因而在同一矿物上就可以具有不同方向和不同程度的几组解理同时出现。例如，云母具有一组极完全解理；长石、辉石具有两组中等解理；方解石具有三组完全解理；萤石则有四组完全解理等。

（6）矿物比重。

比重是指单矿物在空气中的重量与同体积水在 4 °C 时重量之比。比重大小决定于组成矿物的元素的原子量和构造的紧密程度。矿物的比重差别很大（从 1 到 23），但绝大多数矿物的比重介于 2.5 ~ 4 之间，比重小于 2.5 者为轻矿物，大于 4 的叫重矿物，介于二者之间的叫中等比重矿物。肉眼鉴定矿物时，只是用手来估量，只有当矿物的比重有很大差异时，才能作为鉴定特征。

（7）矿物的其他物理性质。

① 磁性：矿物晶体在磁场中被磁化的性质称为磁性。按磁化率的大小及磁学特点，矿物的磁性可分为逆磁性（磁化率负值）、无磁性（磁化率为零）、顺磁性（磁化率为不大的正值）及铁磁性（磁化率为正值，切数值大）。矿物的磁性主要是由其成分中含有铁、钴、镍、铬、钒、钛等元素所致，含自然铁及铁、锰氧化物的，一般称为铁磁性矿物，特别是磁铁矿分布较广，在岩石磁性和古地磁研究中均有重要地位。

② 发光性：矿物在外加能量的光照射下而发光的性质称为发光性，如萤石可激发荧光，磷灰石可激发磷光。

③ 放射性：是含有铀、钍、镭等放射元素的矿物所特有的性质。由于矿物的放射性元素衰变而放出的 α、β 粒子和 γ 射线称为矿物的放射性。根据矿物中放射性元素及其衰变产物的测定，可以计算矿物或地层的同位素年龄。

④ 感觉性质：人们感觉观察到性质。如燃烧自然硫及黄铁矿的硫臭，锤击毒砂的砷臭，食盐的咸味，钾盐的苦味，明矾的涩味，滑石的滑感，硅藻土的粗糙感等。

此外，尚有脆性、延展性、弹性等，对某些矿物亦有特殊的鉴定意义。

（三）矿物的形态

在自然界中，大多数矿物均呈不规则的粒状集合体产出，发育良好的晶体比较少见，但发育良好的晶体具有重大的鉴定意义。

矿物的形态可以呈单独的晶体（单体）出现，也可以呈有规则的连生体（双晶）出现，更多的是以各种集合体出现。

1. 矿物单体的形态

结晶质矿物在适宜的条件下，常常可以形成规则的几何外形，如食盐是立方体，磁铁矿是八面体，石榴石是菱形十二面体等。

在相同的生长条件下，一定成分的同种矿物，常有生成某一形态的习性，称为结晶习性。根据晶体在三维空间发育的程度不同，可将矿物的结晶习性分为三类：

（1）一向延长型：晶体沿着一个方向延伸呈柱状、针状，如角闪石、电气石。

（2）二向延长型：晶体沿着两个方向延伸呈板状、片状，如板状石膏、云母。

（3）三向延长型：晶体在三维空间发育均等，呈粒状，如石榴石、黄铁矿。

2. 矿物双晶的形态

晶体极少单个出现，通常总是许多个矿物晶体聚集在一起，如果这些晶体无规律地生长在同一基底上，叫晶簇（如石英晶簇）。而同种物质的晶体呈有规则的连生，叫双晶。双晶可以是两个晶体，也可以是两个以上晶体的连生。如正长石的穿插双晶（卡氏双晶）及斜长石的聚片双晶，常常是区别这两类长石的重要依据。

3. 矿物集合体的形态

自然界的矿物大多是以集合体的形态出现，在研究矿物集合体形态时，对于晶质矿物来说，则以其特有的外貌为依据。

（1）显晶集合体。

用放大镜可以分辨出各个矿物颗粒界限的，叫显晶集合体。常见的形态有：

① 纤维状、放射状集合体：由针状、柱状矿物平行排成纤维状（如石膏）或由一点向外呈放射状排列（如阳起石）。

② 片状、鳞片状集合体：由片状晶体集合，如云母。

③ 粒状集合体：由粒状晶体集合，如方解石及黄铁矿。

（2）隐晶或胶态集合体。

这类集合体的个体，肉眼难于分辨，多为地表形成的矿物所具有的形态。常见的形态有：

① 结核体：结晶质或胶质围绕某一中心向外沉积而成的瘤状体。内部常常呈同心层状或放射状，其大小极不一致，如钙质结核等。

② 鲕状和豆状集合体：由许多如同鱼子大小的圆球群所组成的叫鲕状集合体，如果是像豌豆大小的叫豆状集合体，两者都具有同心层状构造。

③ 钟乳状体：指形同葡萄状、肾状、乳房状、石笋状的矿物集合体。大部分由溶液或胶体在洞穴表面因蒸发失水凝聚而成，其内部常呈同心层状。

矿物集合体形态多种多样，其他还有土状、皮壳状、树枝状等。

（四）矿物的类型

矿物的分类方法很多，在土壤学上主要按原生矿物和次生矿物的方法分类。目前常用的分类方法是根据矿物的化学成分类型分类，共分 5 类：

1. 自然元素矿物

这类矿物较少，包括人们熟悉的矿物，如金、自然银、自然汞、自然铜、硫黄、金刚石、石墨等。

金刚石（Diamond），颜色丰富多彩：无色、白色、灰色、黄色、红色、脸色、绿色或黑色，条痕是白色。主要用于钻探研磨方面，还广泛用于微波、激光、三极管、高灵敏度温度计等尖端技术方面。同时，它是一种价值不菲、众所瞩目的宝石。在已知矿物中为最硬的一种，不能被任何其他矿物刻划。透明金刚石琢磨后称钻石。

在我国的山东、辽宁、湖南省沅水流域、贵州、西藏等都有丰富的金刚石资源。

2. 氧化物及氢氧化物类矿物

这类矿物分布相当广泛，共 180 多种。包括重要造岩矿物石英以及铁、铝 锰、铬、钛等的氧化物或氢氧化物。

① 石英：是最常见的矿物之一，占地壳重量的 12.6%，其含量仅次于长石。晶体为六方柱状，或锥状，在晶面上有明显的条纹。此外，还有一些致密的块状集合体或隐晶质矿物集合体。颜色种类多，有白色、灰色、紫色、红色、黄色、黑色等，常见的是无色透明。石英的硬度为 7，用小刀刻不动。断口为贝壳状。石英的晶体具有典型的玻璃光泽，隐晶质的石英矿物具有脂肪光泽。对土壤肥力的作用：纯石英不含养分，在土壤中主要以砂粒存在，可以改善黏重土壤的通透性。无色透明的晶体为水晶，透明，具有玻璃光泽。紫水晶含有锰离子；烟水晶含有机质；蔷薇石英，又叫芙蓉石，含铁、锰。由二氧化硅胶体沉积而成的隐晶质矿物，白色、灰白色者称玉髓；白、灰、红等不同颜色组成的同心层状称玛瑙；不纯净、红绿各色称碧玉；黑、灰各色者称燧石；含有水分、硬度稍低、具脂肪或蜡状光泽为蛋白石。

② 赤铁矿：成分为 Fe_2O_3，常呈鲕状、肾状，颜色为赤红色，条痕为樱红色，半金属光泽。

③ 磁铁矿：成分为 Fe_3O_4，条痕为黑色，有很强的磁性。

④ 褐铁矿：成分为 $FeO(OH)\cdot nH_2O$，常呈肾状、土块状，颜色呈褐色至黑色，但条痕比较固定，为黄褐色，半金属光泽到土状光泽。

⑤ 刚玉（Corundun）：成分为 Al_2O_3，颜色多变，条痕为白色，玻璃光泽或金刚光泽。

⑥ 红宝石（Ruby）：刚玉的红色变种，条痕为白色。

⑦ 蓝宝石（Sapphire）：刚玉的蓝色变种，条痕为白色。

3. 含氧盐类矿物

（1）硅酸盐类矿物。

地壳中主要由此类矿物组成，约 800 多种，占已知矿物的 1/3 左右，为地壳总重量的 3/4，如将 SiO_2 重量计入，可为地壳总重量的 87% 以上。橄榄石$(Mg, Fe)_2[SiO_4]$、普通辉石$(Ca, Na)(Mg, Fe, Al)[(Si, Al)_2O_6]$、普通角闪石 $Ca_2Na(Mg, Fe)_4(Al, Fe)[(Si, Al)_4O_{11}]_2(OH)_2$、云母、正长石 $K[AlSi_3O_8]$、斜长石、高岭石、滑石 $Mg_3[Si_4O_{10}][OH]_2$、石榴子石 $A_3B_2[SiO_4]_3$（其中 A 为二价的 Ca、Mg、Fe、Mn；B 为三价的 Al、Fe、Cr、Ti 等元素）、红柱石 $Al_2[SiO_4]O$ 及蛇纹石和石棉 $Mg_6[Si_4O_{10}](OH)_8$ 属于此类矿物。长石，包括三个基本类型：钾长石 $K[AlSi_3O_8]$，钠长石 $Na[AlSi_3O_8]$，钙长石 $Ca[Al_2Si_2O_8]$，其中钾长石与钠长石常称为碱性长石；钠长石与钙长石常按不同比例混溶在一起，组成类质同象系列，统称为斜长石（包括钠长石、更长石、中长石、拉长石、培长石、钙长石）。

斜长石有许多共同的特征。如单晶体为板状或板条状，常为白色或灰白色，玻璃光泽，硬度 6～6.52，有两组解理，彼此近于正交，相对密度为 2.61～2.75，随钙长石成分增大而变大。

正长石是常见的钾长石的变种，单晶为柱状或板柱状，常为肉红色，有时具较浅的色调，玻璃光泽，硬度为 6，有两组方向相互垂直的解理，相对密度为 2.54～2.57。

普通辉石$(Ca, Mg, Fe, Al)_2[(Si, Al)_2O_6]$单晶体为短柱状，横切面呈近正八边形，集合体为粒状，绿黑色或黑色，玻璃光泽，硬度为 5～6，有平行柱状的两组解理，交角为 56°。相对密度为 3.02～3.45，随着含 Fe 量增高而加大。

（2）碳酸盐类。

此类矿物大约 80～95 种，占地壳重量的 1.7%，常见的有方解石、白云石、孔雀石等。

方解石中 $CaCO_3$ 常发育成单晶，或晶簇、粒状、块状、纤维状及钟乳状等集合体。纯净的方解石无色透明。因杂质渗入而常呈白、灰、黄、浅红（含 Co、Mn）、绿（含 Cu）、蓝（含 Cu）等色，玻璃光泽，硬度为 3，解理好，易沿解理面分裂成为菱面体，相对密度为 2.72，遇冷稀盐酸强烈起泡。

（3）硫酸盐类。

此岩类种类较多，约 260 种，但重量仅为地壳的 0.1%，重晶石 $BaSO_4$、石膏属于此类。

其他含氧盐类磷酸盐、硼酸盐、钨酸盐等，常见矿物有磷灰石、黑钨矿（Fe，Mn）WO_4、白钨矿 $CaWO_4$ 等。

4. 硫化物类矿物

本类矿物是金属元素与硫的化合物，大约有 200 多种，许多铜、铅、锌、钼、锑等金属矿床，就是由这类矿物富集而成的。

① 辰砂：成分为 HgS，又叫朱砂，颜色和条痕为朱红色，硬度 2～2.5，比重为 8.09～8.20，新鲜面具金刚光泽。暴露在空气中比较稳定，为重要的炼汞矿物。

② 黄铁矿：成分为 FeS_2，颜色为浅黄色，条痕为黑色，硬度 6～6.5。

③ 黄铜矿：成分为 $CuFeS_2$，颜色为金黄色，条痕为黑色，硬度 3.5～4。黄铜矿与黄铁矿、金的颜色基本一致，容易相混，但黄铜矿与黄铁矿的条痕为黑色，而金的条痕为金黄色；另外，硬度也不同，金的硬度为 2.5～3。

④ 雄黄（Realgar）：成分为 AsS，加热后会释放出强烈的大蒜味，雌黄溶于硝酸后，硫可溶解出来。

⑤ 雌黄（Orpiment）：成分为 As_2S_3，加热后会释放出强烈的大蒜味。

5. 其他盐类矿物

此类矿物种类较少，约 120 种，仅占地壳重量的 0.1%。大部分形成于地表条件下，构成盐类矿物，含色素离子少，色浅，硬度低，一般小于 3.5，常见矿物有石盐（NaCl）、钾盐（KCl）、萤石（CaF_2）等。

二、实验（矿物的观察与鉴定）

（一）实验目的

（1）学习室内鉴定矿物的方法并进行详细观察和系统描述。

（2）掌握主要矿物的特征，为今后鉴定岩石打下基础。

（3）重点掌握各种矿物与相类似的其他矿物的区别。

（二）实验原理

鉴定矿物的方法很多，如显微镜、化学分析、红外光谱、X 光、电子探针、电子显微镜等分析方法，但最简便和迅速的则是根据矿物的形态特征、物理性质（颜色、条痕、光泽、硬度和解理）和化学性质（盐酸等的反应）等来鉴定。这种方法称为外表特征鉴定法，也叫肉眼鉴定法。它是一切鉴定方法的基础。

（三）实验器材

紫外光灯、条痕板、小刀、摩氏硬度计、放大镜、磁铁、稀盐酸、报告纸等。

（四）实验内容与注意事项

1. 矿物特性的观察

（1）矿物单体形态的观察。

六方双锥（或六方柱）——石英（水晶）；菱面体——方解石；菱形多面体——石榴子石；长柱状或纤维状——普通角闪石；短柱状——普通辉石；板状——板状石膏、长石；片状——云母。

（2）矿物集合体形态的观察。

晶簇状——石英晶簇；粒状——橄榄石；鳞片状——绿泥石；纤维状——石棉、（纤维）石膏；结核状——（鲕状、豆状、肾状）赤铁矿，土状——高岭土、蒙脱土。

（3）晶面条纹的观察。

有些晶体的晶面具条纹状，如：黄铁矿三个方向的晶面条纹彼此垂直，斜长石的晶纹相互平行，有的石英具横向晶纹。

（4）光学性质的观察。

① 矿物的颜色。

白色——方解石、石英；深绿色——橄榄石；铜黄色——黄铁矿；褐色——褐铁矿；铁红色——赤铁矿。

② 矿物的条痕。

观察方解石、角闪石、斜长石、橄榄石的条痕。观察对比黄铁矿、黄铜矿、赤铁矿等矿物的条痕与颜色之间的关系。

③ 矿物的光泽。

拿到标本，对着光线，通过其反射光线的性质来确定它属于哪种光泽。黄铁矿、黄铜矿——金属光泽；赤铁矿——半金属光泽；石英（晶面）——玻璃光泽；叶蜡石、蛇纹石——蜡状光泽；滑石、石英（断面）——油脂光泽；高岭土——土状光泽；石棉、（纤维）石膏——丝绢光泽；白云母、冰洲石（透明方解石）——珍珠光泽。

④ 矿物的透明度。

手拿标本，注意观察矿物碎片边缘的透明程度。白云母、石英（水晶）——透明；蛋白石——半透明；黄铁矿、磁铁矿——不透明。

（5）矿物力学性质的观察。

① 矿物的解理与断口。

解理是矿物受到外力后自然断开的光滑平整的面，要注意在同一方向上对应侧面解理的一致性，又要观察解理面光滑平整的程度。如：云母——一组极完全解理；方解石——三组完全解理；长石——一组完全解理，一组中等解理；石英——极不完全解理（贝壳状断口）；

黄铁矿——参差状断口。矿物的解理与断口是互为消长的。

② 矿物的硬度。

利用指甲（硬度 2.5）、小刀（硬度 5.5）和摩氏硬度计测定和比较石英、方解石、长石、黄铁矿、白云石的硬度。具体测定方法是（以摩氏硬度计为例）：取摩氏硬度计中一种标准矿物，用其棱角刻划被鉴定矿物上的一个新鲜而较完整的平面，擦去粉末，若在面上留有刻痕，则说明被鉴定矿物的硬度小于选用标准矿物的硬度。反之，若未在面上留下刻痕，则说明被鉴定矿物的硬度大于或等于选用标准矿物的硬度。经过多次刻划比较，直到确定被鉴定矿物的硬度介于两个相邻标准矿物硬度之间或接近二者之一时，即已测知被鉴定矿物的硬度。如云母不能被石膏（硬度 2）刻动，而能被方解石（硬度 3）刻动，故其硬度介于 2 ~ 3 之间，用 2.5 表示。

若被鉴定矿物难于找出平整的面，而标准矿物上有较好的平面时，也可以用被鉴定矿物的棱角去刻划标准矿物的平面。

（6）矿物其他特性的观察。

云母——弹性，蒙脱土——遇水膨胀、有崩解性；碳酸盐类的矿物具有“盐酸反应”。

碳酸盐类矿物，如方解石、白云石，与稀盐酸会产生化学反应，逸出二氧化碳，形成气泡。

一般来讲，方解石遇稀盐酸后，起泡剧烈，而白云石则需用小刀刻划成粉末后滴稀盐酸，才可见微弱的起泡现象。

2. 注意事项

（1）取标本时，要将标本、盒和标签一起取出，观察完后连同标签、盒一起放回原处，以免搞错。

（2）细小和精致的标本不要试硬度，其他标本试硬度时，在标本上划一下即可，不要乱刻乱划，以免损坏。

（3）解理发育的标本，不要用力扳剥，以免碎裂。

思考题

1. 室内鉴定矿物有哪些项目？

2. 如何区别下列几组矿物：橄榄石与石榴子石；普通辉石与普通角闪石；正长石和斜长石；滑石和蛇纹石；水晶与冰洲石；方铅矿、闪锌矿与辉锑矿；石英与方解石；黄铁矿与黄铜矿；石膏、滑石与高岭石。

3. 碳酸岩类矿物能与盐酸起化学反应，其反应条件与程度有无区别？

第五章　岩石的观察与鉴定

一、概　述

岩石（Rock）是由矿物或类似矿物（Mineraloids）的物质（如有机质、玻璃、非晶质等）组成的固体集合体。多数岩石是由不同矿物组成，单矿物的岩石相对较少。岩石，一般是指自然界产出的。人工合成的矿物集合体如陶瓷等不叫岩石，称作工业岩石，不在本教材学习的范围。

岩石不仅是地球物质的重要组成部分，也是类地行星的组成部分，目前人类不仅能获得地球一定深度范围的岩石样品，而且也获得了月岩和陨石的样品。

自然界的岩石可以划分为三大类：火成岩、沉积岩和变质岩。

火成岩（Igneous rocks）是由地幔或地壳的岩石经熔融或部分熔融（Partial melting）形成岩浆（Magma）继而冷却固结的产物。岩浆可以是由全部为液相的熔融物质组成，称为熔体（Melt）；也可以含有挥发成分及部分固体物质，如晶体及岩石碎块。岩浆固结（Solidified）的过程是从高温炽热的状态降温并伴有结晶作用的过程，通常称为岩浆固结作用。

沉积岩（Sedimentary rocks）形成于地表的条件，它是由：

① 化学及生物化学溶液及胶体的沉淀。

② 先存的岩石经剥蚀及机械破碎形成岩石碎屑、矿物碎屑或生物碎屑，再经过水、风或冰川的搬运作用，最后发生沉积作用。

③ 上述两种作用的综合产物。它们常常形成层状，总称为沉积作用。沉积岩形成过程中也可以有结晶作用的发生，但不同于火成岩的结晶作用。前者结晶于地表或近地表的温度、压力条件，而且是在水溶液或胶体溶液中结晶的。多数沉积岩经历过胶结、压实和和再结晶作用。

变质岩（Metamorphic rocks）是由火成岩及沉积岩经过变质作用形成的。它们的矿物成分及结构构造都因为温度和压力的改变以及应力的作用而发生变化，但它们并未经过熔融的过程，主要是在固体状态下发生的。变质岩形成的温、压条件介于地表的沉积作用及岩石的熔融作用之间。

三大类岩石的划分是根据自然界岩石的特征及形成作用的差异，然而由于自然界的许多作用具有连续性及过渡性，所以这三大类岩石之间也具有过渡类型的岩石。例如：火山作用喷出的火山灰及火山碎屑经冷却及固结形成的岩石应属于与岩浆喷出作用有关的火成岩，但当上述物质，包括玻璃质碎屑、矿物及岩石碎屑在喷发时从空中降落至地表，甚至经过风力或水力搬运一段距离后沉积在地表，有时具有明显的层状，那么这类岩石就表现出具有火成岩与沉积岩的过渡类型的特征。又如：在大洋中脊附近，在一些部位浅，规模小的超镁铁质

—镁铁质的岩浆层中，由于周围是富水的沉积物，因而岩浆在结晶时遭受了水化作用（Hydration），致使相当部分的橄榄石变为蛇纹石或在水的参与下直接结晶成蛇纹石。一般的蛇纹岩属于变质岩范畴，但这种成因的蛇纹岩则受控于特殊环境下岩浆的固结作用，可以看作是岩浆作用与变质作用的过渡类型。此外，混合岩（Migmatite）是一种由浅色和暗色的两种岩石组成的，暗色的是先存的变质岩，而浅色的是经就地熔融产生的富硅、铝质的火成岩，它们是两种不同作用形成的过渡类型，但通常将其列入变质岩类中。沉积岩经历了成岩作用后，若埋藏深度逐渐变大，受地温梯度的影响，温度也随压力加大而增高，由于条件改变，沉积岩中的矿物会转变为新的矿物类型，部分结构构造也相应发生变化。这种作用则与变质作用中的埋藏变质及低度变质过渡，而所形成的岩石类型也呈现出了过渡的特点。

本书认为：岩石是天然产出的、具有一定结构构造的矿物（或者火山玻璃、胶体、生物遗骸）的集合体，是构成地壳和上地幔的固态部分，是地质作用的产物。特别强调：① 必须是天然产出的、固态的，例如固结的水泥、陶瓷、石油等不是岩石；② 须具有一定的结构和构造，例如土壤不是岩石；③ 是矿物的集合体，说明岩石的组成单位是一种或者多种矿物；④ 少数的类似矿物，如：火山岩中的火山玻璃，沉积岩中的胶体、生物。

（一）火成岩

1. 火成岩的结构及其结构的成因

火成岩的结构是指组成岩石的矿物的结晶程度、颗粒大小、晶体形态、自形程度和矿物之间（包括玻璃）的相互关系。

火成岩是由岩浆结晶形成的，它的结构受控于熔体的结晶过程。岩浆在上升侵位过程中及至侵位之后，由于物理化学条件的变化，尤其是温度的降低或挥发组分的出溶，均会导致结晶作用，最终形成具有一定结构、构造的火成岩。在这一过程中，岩浆可视为一个物理化学体系，它所处的物理化学环境（如温度、压力等），岩浆本身的物理化学性质（岩浆的化学组成、温度、挥发组分含量及类型等），都将会对最终形成岩石的矿物组合及岩石结构产生影响。因此，同一种岩浆在不同的物理化学环境下可固结形成矿物组合及结构特征完全不同的火成岩。

2. 火成岩的构造（Structure）

火成岩的构造是指岩石中不同矿物集合体之间或矿物集合与其他组成部分之间的排列、充填方式等。火成岩构造亦受多方面因素的影响，不仅与岩浆结晶时的物化环境有关，还与岩浆的侵位机制、侵位时的构造应力状态及岩浆冷凝时是否仍在流动等因素有关。

块状构造（Massive structure）是侵入岩中较常见的构造，其特点是岩石在成分和结构上是均匀的，往往反映了静止、稳定的结晶作用。当结晶条件发生周期性变化或因结晶分异发生堆晶作用时，可导致岩石在垂向上出现矿物组合、含量及粒度、形态的交替变化，形成类似于沉积岩的层状构造或带状构造。岩浆的多次脉冲侵入或同化混染围岩物质，可能会导致岩石不同部位的颜色、矿物成分或结构构造的很大差别，而形成斑杂构造（Taxitic structure）。侵入岩中的片状矿物或扁平捕虏体、析离体、柱状矿物的定向排列，可形成面理、线理构造。据成因有两种：其一是岩浆在流动过程中结晶形成的，称为流面、流线构造，其流面与围岩接触面平行，流线则与岩浆的流动方向一致，往往在岩体的边缘较发育，向岩体中心逐渐消失。另一成因是岩浆主动侵位时的挤压应力，导致的定向，亦称为面状组构或线状组构。在中酸性岩中这种定向主要是由暗色矿物的不连续定向排列显示出来的，又称为原生片麻理构造，其与流面和流线的区别是围岩因挤压作用也可形成同产状的面理或线理。少数情况下，岩石中的矿物可围绕某一中心呈同心层状或放射状生长成球状体，称为球状构造。

在地表，冷凝固结的喷出岩具有明显不同于侵入岩的构造特征。由于快速降压导致挥发组分的大量出溶，出溶的气体上升汇集、膨胀，可在熔岩中，尤其是熔岩流的上部形成大量的气孔，称为气孔构造（Fumarolic structure）。但在水底喷出的熔岩，当水深大于 400 m 时，因环境压力较大，不会形成气孔（Fisher，1985），因此，海相火山岩（如深海玄武岩、细碧岩）中的气孔一般不发育且很小。当气孔被岩浆后期的矿物（常见为方解石、沸石、石英、绿泥石）所充填时，称为杏仁构造（Amygdaloidal structure）。大部分喷出熔岩是在流动过程中冷凝固结的，这就会造成岩浆中不同组分的拉长定向，形成流动构造。流动构造在黏度较大的酸性熔岩中最具有特征，表现为不同颜色、不同成分的条纹、条带和球粒、雏晶及拉长的气孔定向排列，又称为流纹构造；在中、基性熔岩中，宏观上主要表现为气孔的拉长和斑晶矿物沿其长边的定向，微观上则表现为基质中的针、柱状长石微晶的定向。

熔岩在均匀而缓慢冷缩的条件下，可形成被冷缩裂隙分割开的规则多边形长柱体，称为柱状节理构造。柱体均垂直于熔岩层面-冷却面，断面形态以六边形者为主。柱状节理还见于熔结凝灰岩、火山通道、次火山岩、超浅成岩中，由于冷却面的产状差异，柱状节理也可以有不同的产状，如火山通道中火成岩的柱状节理，可呈水平放射状排列。海底溢出的熔岩或陆地流入海水中的熔岩，遇水淬冷，可形成形似枕状的熔岩体，称为枕状体，这些枕状体被沉积物、火山物质胶结起来，就形成枕状构造。枕状体具有玻璃质冷凝边，当水体深度不大时，内部有呈同心层状或放射状分布的气孔，中部有空腔。枕状构造常用作为海相火山岩的一个重要标志。

3. 火成岩主要元素的研究意义

（1）火山岩系列及类型的划分。

火山岩系列的划分，是火成岩成因研究的基础。目前将火山岩主要分为碱性系列、拉斑玄武岩系列和钙碱性系列三大系列。火山岩系列划分的图解有很多，使用时要注意它们的适用范围。不同系列的火山岩或火山岩组合，在岩浆的物质来源、演化方式及至产出的构造背景上存在差异。

（2）主要氧化物变异图解。

在一个地区工作时，经常遇到一组密切共生、成分变化范围很宽的火成岩，需查清这些岩石之间的成因联系。例如，它们之间是否存在相互派生关系，或是否都来源于共同的母岩浆？它们是通过什么方式演化的？回答这些问题的一个方法就是做出该区一套火成岩的成分变异图解，通过对这套火山岩的成分投点的相关性和演化趋势来分析并获取答案。成分变异图通常以 SiO_2 或 MgO 作为参量（横坐标），其他氧化物作因变量（纵坐标）来投点，称为 Harker 图解。也可根据研究的需要，选用由多种氧化物或标准矿物计算的参数，如分异指数（DI = 标准矿物 Q + Af + Ab + Ne + Kp + Lc）、碱度率[$AR = (Al_2O_3 + CaO + Na_2O + K_2O)/(Al_2O_3 - CaO - Na_2O - K_2O)$]等作为参量。

（3）标准矿物计算及主要用途。

火成岩中矿物组合及含量是岩石分类及对比的基础。但是当岩石结晶粒度细小，尤其是快速冷凝的火山岩中存在大量的玻璃质时，岩石的实际矿物含量无法测量，因而无法进行矿物及含量的对比。为解决此类问题，不少人提出了通过统一的计算程序，利用化学成分计算火成岩中理想矿物组成及含量的方法，称为标准矿物（Normative minerals）计算方法。目前应用较多的是由 W. Cross，J. P. Iddings，L. V. Pirsson 和 H. S. Washington（1902）四人共同提出的计算法，称为 CIPW 方法，计算结果用标准矿物的重量百分数表示。该方法是以无水岩浆中矿物结晶顺序的实验研究为依据，依次按理想分子式配成标准矿物。CIPW 计算结果用于火成岩的分类命名及成分对比，也用于实验相图投点，以分析岩浆形成过程或结晶的温压条件。

除此之外，主要氧化物还用来估算岩浆中矿物的结晶温度、黏度、密度及氧逸度等与岩浆性质有关的参数。

（二）沉积岩

1. 沉积岩的矿物成分和化学成分

沉积岩的固态物质包括有机质和矿物两大部分。除了煤这种可燃有机岩以外，一般沉积岩中的有机质主要赋存在泥质岩和部分碳酸盐岩中，其他岩石中的含量很少，常在 1% 以下，其中可溶于有机酸的部分是沥青，其余难溶于常用无机或有机溶剂的部分称为干酪根（Kerogen），二者都是沉积有机质经沉积后降解的产物。沉积岩中的矿物比较复杂。由于原始物质中的碎屑物质可来自任何类型的母岩，所以岩浆岩、变质岩中的所有矿物都可在沉积岩中出现。迄今为止，在沉积岩中已经知道的矿物已达 160 种以上，但它们中的绝大多数都比较稀少或分散，只有大约 20 种左右是比较常见的，而且存在于同一岩石中的矿物还多不超过 5 ~ 6 种，有些仅 1 ~ 3 种。矿物成分在整个沉积岩中的多样性和在具体岩石中的简单性从一个侧面反映了沉积岩成因的独特性质。

从矿物的“生成”这个角度出发，沉积岩中的矿物可划分成两大成因类型：它生矿物（Allogenic minerals）和自生矿物（Authigenic minerals）。它生矿物是在所赋存沉积岩的形成作用开始之前就已经生成或已经存在的矿物。按来源，它可分成陆源碎屑矿物和火山碎屑矿物两类（宇宙尘埃矿物数量稀少，可以忽略）。陆源碎屑矿物是母岩以晶体碎屑或岩石碎屑（简称岩屑）形式提供给沉积岩的，可看成是沉积岩对母岩矿物的继承，故也称继承矿物（Inherital minerals），例如来自花岗岩、花岗片麻岩等母岩的碎屑石英、碎屑长石、碎屑云母，等等。火山碎屑矿物是由火山爆发直接提供给沉积岩的，在成分上与来自岩浆岩母岩的矿物相同。自生矿物是在所赋存沉积岩的形成作用中以化学或生物化学方式新生成的矿物，或者简单说是由所赋存沉积岩自己生成的矿物。常见的典型自生矿物有黏土矿物、方解石、白云石、石英、玉髓、海绿石、石膏、铁锰氧化物或其水化物，其次是黄铁矿、菱铁矿、铝的氧化物或氢氧化物、长石等。沉积岩中的有机质也属于自生范畴。有些矿物（如石英、长石，等等）在它生矿物和自生矿物中都可出现。为避免混淆，在实践中应明确它的成因，如碎屑石英、自生石英或碎屑长石、自生长石，等等。按沉积岩形成作用的阶段性，自生矿物可分为风化矿物、沉积矿物和成岩矿物三类，它们分别在化学风化作用、化学或生物沉积作用和成岩作用中生成。另一种更为流行的划分方法是将自生矿物划分成原生矿物和次生矿物两类：如果自生矿物在它赋存的沉积物或沉积岩中占据空间时，该空间还未被别的矿物占据，这种矿物就是原生矿物；如果该空间正被别的矿物占据着，它是通过某种化学过程（如交代）才夺取到这个空间的，这种矿物就是次生矿物。按这样的定义，风化矿物、沉积矿物和在孔洞中沉淀的成岩矿物都是原生矿物，而交代原生矿物形成的矿物才是次生矿物。

沉积岩的化学成分随岩石类型的不同而相差极大（见表 2.5.1），一些石英砂岩或硅质岩可含 90% 以上的 SiO_2，而石灰岩则高度富含 CaO，其他 Al_2O_3、Fe_2O_3 和 MgO 等也明显富集在某些类型的岩石中，这显然是地球物质循环到表生带后因背景条件不同而发生分异的结果。

表 2.5.1　某些沉积岩的化学成分

	石英砂岩	硅质岩	页岩	石灰岩	白云岩	铁质岩
SiO_2	96.65	92.63	56.35	1.15	0.28	4.211
TiO_2	0.17	0.09				0.12
Al_2O_3	1.96	1.41	12.27	0.45	0.11	1.38
FeO_3	0.58	2.67	7.08		0.12	37.72
FeO		0.26	1.91	0.26		7.27
MnO		0.80	0.19			0.18
MgO	0.05	0.33	1.56	0.56	21.30	1.68
CaO	0.08	0.11	0.27	53.80	30.68	22.49
Na_2O	0.05	0.16	0.66	0.07	0.33	0.01
K_2O	0.27	0.42	5.02		0.03	0.00
P_2O_5		0.03	0.31		0.00	1.00
烧失量	0.59			43.61	47.42	20.81

资料来源：① Bradbury,1962 ② Yainamoto,1987 ③ 范德廉,1981 ④ Clarke,1942 ⑤ Ham,1949,⑥ James,1966，空白为数据分析

2. 沉积岩的颜色

颜色是沉积岩的重要宏观特征之一，对沉积岩的成因具有重要的指示性意义。

（1）颜色的成因类型。

因为决定岩石颜色的主要因素是它的物质成分，所以沉积岩的颜色也可按主要致色成分划分成两大成因类型，即继承色和自生色。主要由陆源碎屑矿物显现出来的颜色称为继承色，是某种颜色的碎屑较为富集的反映，只出现在陆源碎屑岩中，如较纯净石英砂岩的灰白色，含大量钾长石的长石砂岩的浅肉红色，含大量隐晶质岩屑的岩屑砂岩的暗灰色，等等。主要由自生矿物（包括有机质）表现出来的颜色称为自生色，可出现在任何沉积岩中。按致色自生成分的成因，自生色可分为原生色和次生色两类。原生色是由原生矿物或有机质显现的颜色，通常分布比较均匀稳定，如海绿石石英砂岩的绿色、碳质页岩的黑色，等等。次生色是由次生矿物显现的颜色，常常呈斑块状、脉状或其他不规则状分布，如海绿石石英砂岩顺裂

隙氧化、部分海绿石变成褐铁矿而呈现的暗褐色，等等。无论是原生色还是次生色，其致色成分的含量并不一定很高，只是致色效果较强罢了。原生色常常是在沉积环境中或在较浅埋藏条件下形成的，对当时的环境条件具有直接的指示性意义。

（2）几种典型自生色的致色成分及其成因意义。

① 透明时常为白色或浅灰白色：当岩石不含有机质，构成矿物（不论其成因）基本上都是无色这种颜色，如纯净的高岭石、蒙脱石黏土岩、钙质石英砂岩、结晶灰岩，等等。

② 红、紫红、褐或黄色：当岩石含高铁氧化物或氢氧化物时可表现出这种颜色，其含量低至百分之几即有很强的致色效果，通常高铁氧化物为主时偏红或紫红，高铁氢氧化物为主时偏黄或褐黄。由于自生矿物中的高铁氧化物或氢氧化物只能通过氧化才能生成，故这种颜色又称氧化色（Oxidized colour），可准确地指示氧化条件（但并非一定是暴露条件）。陆源碎屑岩的氧化色多由高价铁质胶结物造成，泥质岩、灰岩、硅质岩的氧化色常由弥散状高铁微粒造成。由具有氧化色的砂岩、粉砂岩和泥质岩稳定共生形成的一套岩石称为红层或红色岩系，地球上已知最古老的红层产于中元古代，据此推测，地球富氧大气的形成不会晚于这个时间。

③ 绿色：一般由海绿石、绿泥石等矿物造成。这类矿物中的铁离子有 Fe^{2+}和 Fe^{3+}两种价态，可代表弱氧化或弱还原条件。砂岩的绿色常与海绿石颗粒或胶结物等相关岩石造成的。此外，岩石中若含孔雀石也可显绿色，但相对少见。除上述典型颜色以外，岩石还可呈现各种过渡性颜色，如灰黄色、黄绿色，等等，尤其在泥质岩中更是这样。泥质沉积物常含不等量的有机质，在成岩作用中，有机质会因降解而减少，高锰氧化物或氢氧化物（致灰黑成分）常呈泥级质点共存其间，一些有色的微细陆源碎屑也常混入，这是泥质岩常常具有过渡颜色的主要原因，而砂岩、粉砂岩、灰岩等的过渡色则主要取决于所含泥质的多少和这些泥质的颜色。

④ 影响颜色的其他因素还有岩石的粒度和干湿度，但它们一般不会改变颜色的基本色调，只会影响颜色的深浅或亮暗，在其他条件相同时，岩石粒度愈细或愈潮湿，其颜色愈深愈暗。

3. 沉积构造

沉积岩的构造总称为沉积构造（Sedimentary structure），指在沉积作用或成岩作用中在“岩层”内部或表面形成的某种形迹特征，这里的“岩层”是指由区域性或较大范围沉积条件改变而形成的构成沉积地层的基本单位。相邻的上下岩层之间被层面隔开。层面是一个机械薄弱面，易被外力作用剥露出来。无论是岩层内部还是岩层表面的构造都有不同的规模，但通常都是宏观的。

沉积构造的类型极为复杂，描述性、成因性或分类性术语极多，其中，在沉积作用中或在沉积物固结之前形成的构造称为原生沉积构造（Primary sedimentary structure），在沉积物固结之后形成的构造称为次生沉积构造（Secondary sedimentary structure）。在已研究过的沉积构造中，绝大多数都是原生沉积构造。从形成机理看，任何构造都无外乎物理、化学、生物或它们的复合成因，相应的构造也就具有了相应的形迹特点，特别是原生沉积构造常常与沉积环境的动力条件、化学条件或生物条件有密切的成因联系，对沉积环境的解释或岩层顶底面的判别都有重要意义。这里只介绍表 2.5.2 中列出的较常见和较重要的原生构造类型。

表 2.5.2　常见的沉积构造

物理成因	生物成因	化学成因
层理构造	生物扰动构造	晶痕和假晶
冲刷构造	叠层构造	鸟眼构造
泥裂、雨痕、雹痕		结合构造

（三）变质岩

变质岩的结构构造和化学成分、矿物成分一起，是变质岩的最基本的特征，是恢复原岩、再造变质作用历史及岩石分类命名的标志。如果说变质岩的化学成分主要反映原岩特点，变质岩的矿物成分主要反映变质作用条件，那么结构构造则主要是变质作用机制的反映。在研究变质作用机制方面，结构构造的作用是化学成分、矿物成分所代替不了的。由于变质作用机制复杂多样，因而，与岩浆岩、沉积岩相比，变质岩结构构造复杂多样。

由变质结晶产生的变质矿物叫作变晶（Blast），变晶的形状、大小、相互关系反映的结构统称为变晶结构（Blastic texture），这是变质岩中最普遍的结构类型。岩石遭受变形，会产生粒度减小等结构效应，这类结构称为变形结构（Deformation texture），主要见于动力变质岩中。此外，在一些情况下，特别是低级变质岩中，往往可保留原岩结构特点，称为残余结构（Relict texture）或变余结构（Palimpsest texture）。变晶结构、变形结构、变余结构是变质岩结构的三大类型，详细划分后面再叙述。其中，变晶结构和变形结构是在变质作用过程中形成的，可统称为变质结构（Metamorphic texture），而变余结构总是与变质结构相伴生。与变质岩结构有变质结构和变余结构之分一样，变质岩构造也可分变质构造（Metamorphic structure）和变余构造（Palimpsest structure）两大类。变余构造是因变质作用不彻底，而保存的原岩构造，又称为残余构造（Relict structure），多见于低级变质岩中，与变质构造相伴生。变质构造分定向构造（Directional structure）和无定向构造（Nondirectional structure）两类。定向构造的特点是非等轴颗粒近平行排列，出现优选方位，是偏应力作用下岩石变形的结果，多垂直最大压应力方向发育。其形成机制包括机械旋转、粒内滑移、优选成核、优选生长（压溶）等（见图 2.5.1）。

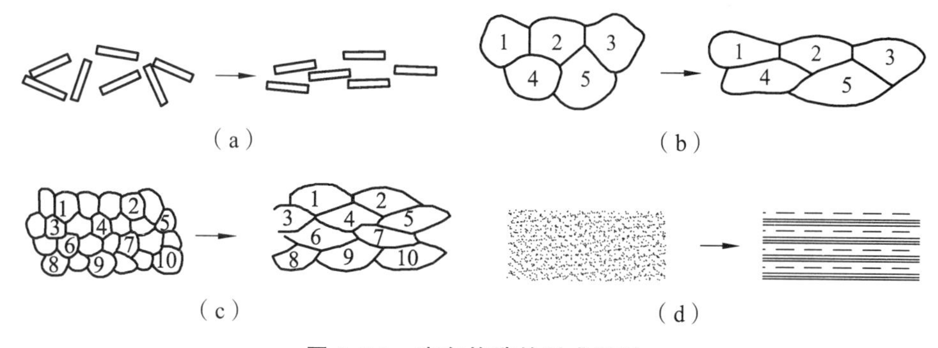

图 2.5.1　定向构造的形成机制

① 随着基质的流动，长柱状晶体机械旋转；② 由粒内滑移引起的塑性变形；③ 优选生长，以消耗其他颗粒使有些选择性生长；④ 优选成核作用，结晶过程在某些限定的方位成核。

由于多数变质作用都有偏应力参与，因此定向构造在变质岩中非常普遍。无定向构造的特点是颗粒无定向、随机分布，说明变质作用是在缺乏偏应力条件下进行。通常出现在接触热变质岩、交代变质岩、埋藏变质岩和洋底变质岩中。在描述岩石结构构造特征时，“microstructure”（显微构造）和“fabric”（组构）也是两个在文献中常见的术语。显微构造是光学显微镜或电子显微镜尺度观察到的颗粒大小、形状和空间关系特征，含义与结构在很大程度上是一致的（Mason，1990）。而术语“组构”的含义有不同看法。Mason（1990）将其定义为“岩石中矿物的空间关系”，而 Raymond（1995）认为组构是“岩石构造和结构特征的总和”。鉴于上述，这两个术语我们将不采用。

二、实验（岩石的观察与鉴定）

（一）目的要求

（1）学习鉴定和描述三大岩石标本的步骤和方法。
（2）熟悉三大岩石的结构、构造并能解释其成因。
（3）掌握所观察的三大岩石基本特征并能进行室内鉴定。

（二）实验原理

依据三大岩石的成分、结构和构造及主要特征，观察和鉴定常见的三大类岩石。

（三）实验用具

条痕板、小刀、放大镜、手磁铁、报告纸等。

（四）实验内容和注意事项

对岩石进行分类和鉴定，除了在野外要充分考虑其产状特征外，在室内对于标本的观察上，最关键的是要抓住它的结构、构造、矿物组成等特征。具体步骤如下：

（1）观察岩石的构造，因为构造从岩石的外表上就可反映它的成因类型：如具气孔、杏仁、流纹构造形态时一般属于火成岩中的喷出岩类；具层理构造以及层面构造时是沉积岩类；具板状、千枚状、片状或片麻状构造时则属于变质岩类。应当指出，火成岩和变质岩构造中，都有“块状构造”。如火成岩中的石英斑岩标本，变质岩中的石英岩标本，表面上很难区分，这时，应结合岩石的结构特征和矿物成分的观察进行分析：石英斑岩具火成岩的似斑状结构，其斑晶与石基矿物间结晶联结，石英斑岩中的石英斑晶具有一定的结晶外形，呈棱柱状或粒状；经过重结晶变质作用形成的石英岩，则往往呈致密状，室内分辨不出石英颗粒，且石质坚硬、性脆。

对岩石结构的深入观察，可对岩石进行进一步的分类。如火成岩中深成侵入岩类多呈全晶质、显晶质、等粒结构；而浅成侵入岩类则常呈斑状结晶结构。沉积岩中根据组成物质颗粒的大小、成分、联结方式可区分出碎屑岩、黏土岩、生物化学岩类（如砾岩、砂岩、页岩、石灰岩等）。

（2）岩石的矿物组成和化学成分分析，对岩石的分类和定名也是不可缺少的，特别是与火成岩的定名关系尤为密切，如斑岩和玢岩，同属火成岩的浅成岩类，其主要区别在于矿物成分。斑岩中的斑晶矿物主要是正长石和石英，玢岩中的斑晶矿物主要是斜长石和暗色矿物（如角闪石、辉石等）。沉积岩中的次生矿物如方解石、白云石、高岭石石膏、褐铁矿等不可能存在于新鲜的火成岩中。而绢云母、绿泥石、滑石、石棉、石榴子石等则为变质岩所特有。因此，根据某些变质矿物成分的分析，就可初步判定岩石的类别。

（3）在岩石的定名方面，如果由多种矿物组分组成，则以含量最多的矿物与岩石的基本名称紧密相连，其他较次要的矿物，按含量多少依次向左排列，如“角闪斜长片麻岩”，说明其矿物成分是以斜长石为主，并有相当数量的角闪石，其他火成岩、沉积岩的多元定名涵义也是如此。

（4）最后应注意的是在室内鉴定岩石标本时，常有许多矿物成分难于辨认，如具隐晶质结构或玻璃质结构的火成岩，泥质或化学结构的沉积岩，以及部分变质岩，由结晶细微或非结晶的物质成分组成，一般只能根据颜色的深浅、坚硬性、比重的大小和“盐酸反应”进行初步判断。火成岩中深色成分为主的，常为基性岩类；浅色成分为主的，常为酸性岩类。沉积岩中较为坚硬的多为硅质胶结或硅质成分的岩石，比重大的多为含铁、锰质量大的岩石，有“盐酸反应”的一定是碳酸盐类岩石等。

思考题

1. 火成岩中的各种结构、构造是怎样形成的？

2. 如何识别下列几组对象：沉积岩的原生色与次生色；碎屑岩中的晶屑、岩屑；沉积岩的层理构造与喷出岩的流纹构造；沉积岩中的铁质、硅质、泥质与钙质胶结。

3. 如何识别片理构造与层理构造、片麻构造与流纹构造？

4. 如何区别下列几组岩石：板岩与泥岩、凝灰岩；片麻岩与花岗岩、岩屑砂岩；石英岩与石英砂岩、石英脉岩；大理岩与石灰岩；片岩与页岩。

第六章 土壤腐殖质的分离及各组分性状的观察

一、概 述

腐殖质（Humic Substances，HS）是由动、植物及微生物残体经生物酶分解、氧化以及微生物合成等过程逐步演化而形成的一类高分子芳香族醌类聚合物，广泛存在于土壤、沉积物和水生环境中。根据溶解性，HS 主要分为：胡敏素（Humins），腐殖酸（Humic Acid，HA），富里酸（Ftdvic Acid，FA）。HS 具有重要的反应活性，可以通过吸附、络合反应与重金属、有机污染物发生相互作用，从而影响污染物的迁移转化与归宿。

（一）腐殖质的呼吸作用

（1）腐殖质呼吸是一种新型的微生物厌氧呼吸代谢模式，由 Lovley 等首先发现，他们的试验表明，HS 可促进苯的厌氧氧化降解，并且在腐殖酸（HA）存在的条件下，铁还原菌（G. metallireducens）可使 14C. 标记的乙酸盐氧化成 $14CO_2$，菌体细胞也随之同步增殖。这一反应，是腐殖质呼吸的第一个证据。进而，研究发现这种腐殖质还原的呼吸过程普遍存在于土壤、水体沉积物、污泥等厌氧环境中。腐殖质呼吸作用的本质是呼吸链上的电子传递过程，具体表述为：厌氧条件下，腐殖质还原菌通过氧化电子供体，偶联腐殖质或腐殖质模型物还原，并从这一电子传递过程中贮存生命活动的能量。迄今已发现在腐殖质呼吸过程中可作为电子供体的物质有：有机酸、糖类、H_2、苯、甲苯、氯乙烯、聚氯乙烯等。

（2）腐殖质呼吸作用的生态学意义：微生物腐殖质呼吸作为新的呼吸代谢模式，是厌氧环境中一种重要的电子转移途径，具有重要的生态学意义。这种重要性在于：

① 腐殖质在厌氧环境中充当有机物矿化的电子受体，直接参与自然界的碳循环过程。据报道，在某些淹水土壤与淡水沉积物中，腐殖质呼吸直接导致了 80% 以上的有机碳矿化，其贡献超过硝酸盐呼吸、硫酸盐呼吸、产甲烷作用等其他厌氧代谢方式的总和。

② 腐殖质可作为电子穿梭体，影响氮、磷、金属元素的生物地球化学循环，以及有机污染物（如含氯有机物、含硝基芳香族化合物、各种偶氮染料等）的还原降解。腐殖质呼吸介导的 Fe（Ⅲ），Mn（Ⅳ）或有机污染物还原机制，具体过程为：腐殖质还原菌在腐殖质呼吸作用中氧化电子供体，将电子传递给 HS，HS 得到电子被还原，还原态的腐殖质（含半醌或氢醌基团）又将电子传递给金属氧化物或可还原有机污染物，同时还原态的腐殖质又转化为氧化态形式，继而又可以接受电子被微生物还原，如此循环往复，即使低浓度的腐殖质也可以发挥重要的作用。

（二）腐殖质的类激素活性

Bottomley 早在 20 世纪初就发现腐殖质对植物的影响类似于生长激素对植物的影响，Cacco 和 Dellagnola 等的研究也认为，腐殖质表现出类植物激素活性。但是，他们认为腐殖质的活性没有植物激素活性那么强，所以不能将腐殖质归类为植物生长激素。然而，腐殖质是复杂的混合物，其表现出的生物活性是否是因为腐殖质含有植物激素的缘故，一直处于争论之中。许多科学家同意腐殖质含有植物激素的假设，以 Nardi 为首的科学家追踪研究了来源于森林土壤、堆肥、蚯蚓粪便的各种腐殖质的植物激素活性。研究表明，只有低分子量腐殖质（LMS）才表现出与 3-吲哚乙酸（IAA）类似的活性。LMS 能使过氧化物酶活性和 IAA 氧化酶活性都有提高，而 IAA 增加 IAA 氧化酶活性却抑制过氧化物酶活性。Nardi 比较了不同来源腐殖质的结构及其生物活性，结果表明，腐殖质表现出赤霉素活性和 IAA 活性。大量文献报道了腐殖质表现出植物激素活性，但腐殖质是否含有生长激素还没有定论。1998 年 Muscolo 用酶免疫法确定了腐殖质内含有 IAA，但是 Muscolo 的定量测定结果表明，IAA 含量仅为 0.5% ~ 3.7%（W/V），这么低的 IAA 含量不足以说明腐殖质是因为含有 IAA 才表现出生物活性。也有学者利用气相色谱 – 质谱联用（GC-MS）直接确定腐殖质内是否含有植物激素（IAA、赤霉素、细胞分裂素、脱落酸），发现腐殖质中植物激素并不存在。因此，腐殖质表现出的类激素活性受到质疑，Yona Chen 认为 Nardi 等人通过测定腐殖质影响过氧化物酶和转化酶活性来衡量腐殖质的类激素活性是不对的，因为矿物质元素 Fe 也能增强过氧化物酶和转化酶活性，尤其是过氧化物酶活性。所以说，正是因为腐殖质加强了矿物质元素 Fe、Zn 的可利用性，才使植物表现出与植物激素相似的所谓的“活性”。Frankenberger 发现腐殖质中的活性物质不是矿物质营养，而是有机物质，是微生物代谢产物。土壤微生物和高等植物的根系可以产生生长激素和赤霉素，但是其稳定性未知。那么，很可能是腐殖质起存储功能，这些具有植物生长调节活性的微生物代谢产物存储在腐殖质中以供给植物生长的需要。

（三）腐殖质与营养元素的综合作用

Yona Chen 课题组认为，腐殖质之所以表现出生物活性是因为腐殖质与营养元素的综合作用。Yona Chen 的研究表明，腐殖质促进植物生长主要是因为腐殖质能与微量元素形成配位化合物，有助于植物对营养元素的吸收（特别是 Fe 和 Zn），是腐殖质与矿物质营养元素的综合作用影响了植物的生理，腐殖质存在时表现出的类激素活性是植物在充足 Fe 和 Zn 条件下显示出的类似生理特性。Manuela M. Valdrighi 等的研究也表明，腐殖酸影响植物和微生物的机理是腐殖酸加强了胞膜对营养物质的通透性。

（四）腐殖质结构与其活性的关系

Nardi 认为 Yona Chen 的结论过于简单化，忽略了腐殖质具有非常复杂的性质，他认为腐殖质物活性与其复杂的结构有关，并开始研究腐殖质类激素活性及其结构、官能团的关系。建立腐殖质结构与其活性的关系也是当今机理研究的热点之一，但是由于腐殖质结构未知，因此其结构与活性之间关系的建立非常困难。到目前为止，腐殖质结构依然未知，通过裂解 GS-MS、NMR（核磁共振）分析，腐殖质含有芳香环、羧基、羟基、甲氧基等基团。Mato（1972）、Macolm（1979）及 Pflug 和 Ziechmann（1981）证实腐殖酸的羧基和羟基官能团与其生物活性有关。Vaughan（1967a，1967b）、Vaughan 等（1974）和 Nardi 等（1991）发现小分子量的腐殖酸有助于加强植物代谢。同时，Ladd 和 Butler（1971）以及 Malcolm 和 Vaughan（1979）等人发现大分子量的腐殖酸也有类似活性。Nardi 等人的研究证明了腐殖酸的生物活性与其所含官能团有关，LMS 相对于大分子量腐殖质（HMS）羧基、酚羟基含量更高，有更强的与金属离子配位的能力，而且其配合物也更容易进入植物细胞影响植物代谢和提高植物对矿物质营养的同化作用，所以生物活性更强。

（五）腐殖质的分布

腐殖质的分布不受土壤生态系统和气候条件的影响。一开始以为仅存在于土壤中，现在发现腐殖质广泛存在于地表含有机碳的物质中，土壤、河流、湖泊和海洋，以及它们的泡沫和沉淀中，都含有腐殖质，分布区域从热带区域到寒冷区域。腐殖质是泥炭、褐煤、风化煤等大型沉积物的主要组成部分，煤和油页岩的存在使人们发现了更多的腐殖质。地球化学家甚至认为腐殖质的最大储藏室是油页岩（Swain，1975）。尽管大多数腐殖质是在环境中通过化学反应形成的天然产物，但也有一些是人为的，例如存在于污染的水道里、排水沟、污水池，或者污水湖里，特别是在所谓的“旧世界”里，比如在欧洲，人为原因形成的腐殖质，像海港和城市堆积物中的腐殖土，已经开始被认可（Cie Slewicz 等，1996）。毫无疑问，此类腐殖质在世界的其他地方也很丰富，有特定的社会文明存在的地方，就有可能在数世纪的时间内积累大量的有机废弃物。

（六）腐殖质的分类

腐殖质一般分成五类，依次是土壤腐殖质、水体腐殖质、湿地中的腐殖质、地质学腐殖质和人造腐殖质。

1. 土壤腐殖质

土壤腐殖质是土壤特异有机质，也是土壤有机质的主要组成部分，约占有机质总量的 50%～65%。腐殖质是一种分子结构复杂、抗分解性强的棕色或暗棕色无定形胶体物，是土壤微生物利用植物残体及其分解产物重新合成的一类有机高分子化合物。

（1）根据土壤腐殖质在不同溶剂中的溶解性，可将其分离为胡敏酸、富里酸、棕腐酸和胡敏素。土壤腐殖质主要是由 C、H、O、N、S、P 等营养元素组成，从化学元素的含量来看，胡敏酸含 C、N、S 较富里酸高，而 O 含量则较富里酸低，在土壤腐殖质中的含氮组分的主要形态有蛋白质-N、肽-N、氨基酸-N、氨基糖-N、NH_3-N 以及嘌呤、嘧啶、杂环结构上的 N。而且，在不同地理环境条件下，土壤腐殖质的含氮组成也有明显差异，在热带土壤中有较多的酸性氨基酸，相反在北极土壤中这类氨基酸含量则较低，热带土壤所含碱性氨基酸较其他土壤少。另外，实验观察表明，自然土壤中氨基酸的组成与细菌产生的氨基酸非常相似，这表明自然土壤氨基酸、肽和蛋白质起源于微生物。另外，土壤腐殖质表面还吸附大量的阳离子。可见，土壤腐殖质是土壤中植物营养元素的重要载体。

（2）土壤腐殖质主要由胡敏酸和富里酸组成，而构成胡敏酸和富里酸的结构单元主要有：碳水化合物、氨基酸、芳香族化合物以及多种官能团，如羟基、醇羟基、酚羟基、醌基、酮基和甲氧基等，且这些结构单元在胡敏酸与富里酸中所占比例有明显的差异。

（3）土壤腐殖质的性质。土壤腐殖质不像通常严格定义的有机化合物那样具有特定的物理及化学性质，关于它的分子结构及分子量迄今仍在研究之中。近年来借助电子显微镜、核磁共振技术、色谱质谱分析方法进行土壤腐殖质的分析，结果表明在稀溶液中，土壤腐殖质分子的基本组成单元为直径 9 ~ 12 nm 的球体，这些球体又相互聚合形成扁平、伸展、多支的细丝状或线状纤维束的聚合体，其直径在 20 ~ 100 nm 之间。但土壤腐殖质中的胡敏酸与富里酸在结构、形态、分子量及其物理化学性质等方面也有明显差异。胡敏酸是溶解于碱、不溶于酸和酒精的一类高分子有机化合物，具有胶体特性。其分子结构具有明显的芳香化，故芳香结构体是胡敏酸的结构基础，这些芳香结构体的核部具有疏水性，外围则有各种官能团，多数官能团则具有亲水性，官能团中的羟基、酚羟基可在水溶液中解离出 H，从而胡敏酸具有弱酸性、吸附性和阳离子交换性能。胡敏酸的一价盐均溶于水，而二价盐和三价盐则不溶于水，因此土壤腐殖质中的胡敏酸对土壤结构体、保水保肥性能的形成起着重要的作用。富里酸是溶解于碱和酸的高分子有机化合物，从化学组成上看富里酸的 C/N，比值比胡敏酸低，表明富里酸分子结构中芳香结构体聚合程度较低，其外围的官能团中羟基、醇羟基明显增多，故富里酸在水溶液中可解离出更多的 H，表现出较强的酸性。富里酸具有相对较弱的吸附性和阳离子交换性能，其一价、二价盐和三价盐均溶于水，因此，对促进土壤矿物风化和矿质养分的释放都有重要作用。胡敏酸和富里酸在土壤中可呈游离态的腐殖酸或腐殖酸盐状态存在，亦可与铁、铝结合成凝胶状态存在，它们多数与次生黏土矿物紧密结合，形成有机-无机复合体，构成良好的土壤结构体，对土壤肥力的形成起着极为重要的作用。此外，土壤腐殖质还具有与重（类）金属元素、有毒有机物结合形成非水溶性络合物的特性，使土壤中这些有毒有害物对生物的危害性降低，从而形成了土壤自净能力的物理化学基础。

（4）土壤腐殖质的形成：土壤中动植物残体在微生物作用下进行分解转化的同时，其部分分解产物又在微生物的作用下重新聚合形成腐殖质，腐殖质的形成过程是非常复杂的生物化学过程。有关土壤腐殖质形成的生物化学过程归结起来有 3 种学说：

① 木质素-蛋白质聚合学说。认为腐殖质是由木质素、蛋白质及其分解中间产物，在微生物的作用下发生聚合而成的。因此，木质素和蛋白质是观察腐殖质的物质基础。木质素由不饱和的酚苯丙醇组成，苯环上有羟基，故在分解过程中可形成脂类化合物、酚类化合物和醌类化合物等，这些化合物再与氨基酸、氨及其蛋白质发生聚合反应，就可形成腐殖质。

② 土壤腐殖质形成过程图式物化学合成学说。认为土壤有机质分解的中间产物，如多元酚和氨基酸等，在微生物分泌的酚氧化酶作用下经过缩合聚合反应形成腐殖质。土壤有机质种类、微生物活动及其水热条件等对腐殖质的形成有重要影响。

③ 化学催化聚合学说。认为土壤有机质分解的中间产物如酚类化合物、氨基酸等在蒙脱石、伊利石和高岭石表面吸附的铁、铝催化作用下能合成腐殖质。

2. 水体腐殖质

这类腐殖质是指河流、湖泊、海洋及其沉积物中的腐殖质。有时候用术语油页岩指水体沉积物中的腐殖质（Swain，1975）。但是，Mayer（1985）认为水体中的沉积物是水体腐殖酸的浓缩形式，腐殖酸在成岩作用下形成沉积物（Hatcher 等，1985）。黄腐酸是水体腐殖质的主要组成成分，而腐殖酸只是其中一小部分。但是，沉积在湖泊和海洋底部的腐殖质中，却含有大量可观的腐殖酸。根据来源，水体腐殖质可分为以下两类：外来的水体腐殖质和本土的水体腐殖质。其中，前者是指从外界带入水体中的腐殖质，后者是指由水体中固有的有机体的细胞成分形成的腐殖质。

3. 湿地或泥炭中的腐殖质

这类腐殖质是从沼泽、泥炭和污泥等在排水性不好的地方形成的物质中得到的，主要由黄腐酸和腐殖酸组成，从泥炭到污泥，腐殖酸含量逐渐增加。早前曾提到腐黑物也可能是它的一种组成成分。目前，还不能确定不同类型泥炭中的腐殖质其性质是否也不同，因为水藓中泥炭的化学性质有别于由热带草本植物或木本植物形成的泥炭。在和土壤生态系统相似的系统中形成的泥炭，其中的腐殖酸表现出来的性质和土壤中腐殖酸的性质关联很大。大多数人认为泥炭腐殖酸具有和棕腐酸类似的性质，虽然有人对此持怀疑态度。随着技术和仪器的进一步发展，在排水性好和排水性不好的系统中形成的腐殖质的区别将被检测出来，腐泥泥炭中腐殖酸的性质和土壤中腐殖酸的性质也是不同的。

4. 地质学上的腐殖质

地质学上的腐殖质是指褐煤、风化煤及其他各种煤中的腐殖质，主要由腐殖酸组成，也有许多人认为这种腐殖质中含大量腐黑物。煤的形成和腐殖质的积累有直接的关系，在煤的成岩过程中，木质素和纤维素继续参与形成腐殖酸，已形成的腐殖质形成凝胶化组分。年轻的褐煤在较高的温度、压力和较长的时间作用下，进一步发生物理化学变化，变成老褐煤、烟煤和无烟煤。在这个过程中，腐殖质不断发生聚合反应，稠环芳香系统的侧链减少，芳构化程度提高，分子排列更加规则。在陈化过程中，大部分黄腐酸通过成岩反应被挤压并聚合形成腐殖酸。环境变化，如过滤可能就是通过减少黄腐酸的含量来进行的。根据沉积物形成的地理时期不同，这类腐殖质还可再细分为地质学腐殖质和古生物学腐殖质。

5. 人为原因形成的腐殖质

这类腐殖质是从农业、工业和生活中的废弃物以及被污染的水路中的物质中得到的。从少量的有效数据来看，这类腐殖质同样大有可能是由黄腐酸和腐殖酸组成的。在被污染的运河、下水道及臭水沟里，水的颜色通常是从黄色到棕色，这可能说明水中含有大量的黄腐酸。虽然在家禽的粪便和下水道的污泥中检测到的腐殖酸和土壤中的腐殖酸相似，但到目前为止，对这类人为原因形成的腐殖质的了解还不是很多。

二、实验（土壤腐殖质组成的测定——重铬酸钾氧化法）

（一）方法一

1. 范　围

本方法适用于土壤腐殖质组成的测定。

2. 实验原理

土壤腐殖质由胡敏酸、富啡酸和存在于残渣中的胡敏素等组成。采用焦磷酸钠-氢氧化钠浸提液提取腐殖质，浸提液具有极强的络合能力，能将土壤中的难溶于水和易溶于水的结合态腐殖质，结合成易溶于水的腐殖酸钠盐，从而较完全地将腐殖质提取到溶液中。取一部分浸出液测定碳量，作为胡敏酸和富啡酸的总量。再取一部分浸出液，经酸化后使胡敏酸沉淀，分离出富啡酸，然后将沉淀溶解于氢氧化钠中，测定碳量作为胡敏酸含量。富啡酸可按差数算出。留在土样残渣中的有机质胡敏素，由腐殖质测定中的全碳量减去胡敏酸和富啡酸的含碳量算出。碳量的测定采用重铬酸钾氧化外加热法。

3. 试　剂

（1）浸提液：0.1 mol/L 焦磷酸钠，0.1 mol/L 氢氧化钠混合液，称取 44.6 g 焦磷酸钠（$Na_4P_2O_7 \cdot 10H_2O$）和 4.0 g 氢氧化钠，用水溶解，再用水稀释至 1 000 mL，溶液 pH 在 13 左右。

（2）氢氧化钠溶液（0.05 mol/L）：称取 2 g 氢氧化钠，用水溶解，再用水稀释至 1 000 mL。

（3）硫酸溶液（0.5 mol/L）：取 28 mL 硫酸（ρ= 1.84 g/mL），缓慢注入水中，再加水稀释至 1 000 mL。

（4）硫酸溶液（0.025 mol/L）：取 20 mL 0.5 mol/L 硫酸溶液，用水稀释至 1 000 mL。

（5）重铬酸钾标准溶液（0.800 0 mol/L）：称取经 150 °C 烘干 2 h 的 39.224 8 g 重铬酸钾（$K_2Cr_2O_7$），精确至 0.000 1 g，加 400 mL 水，加热溶解，冷却后，加水稀释至 1 000 mL。

（6）硫酸亚铁铵标准溶液（0.2 mol/L）：称取 80 g 硫酸亚铁铵[$Fe(NH_4)_2(SO_4)_2 \cdot 6H_2O$]，溶解于水，加 15 mL 硫酸（$\rho$= 1.84 g/mL），再加水稀释至 1 000 mL。

标定：吸取 10.00 mL 重铬酸钾标准溶液置于 250 mL 锥形瓶中，加入 40 mL 水和 10 mL 硫酸，再加 3 ~ 4 滴邻菲啰啉指示剂，用硫酸亚铁铵标准溶液滴定至溶液由橙黄色经蓝绿色至棕红色为终点。同时做空白试验。

硫酸亚铁铵标准溶液浓度按下式计算：

$$C = \frac{C_1 \times V_1}{V_2 - V_0}$$

式中　C——硫酸亚铁铵标准溶液浓度（mol/L）；

C_1——重铬酸钾标准溶液浓度（mol/L）；

V_1——重铬酸钾标准溶液体积（mL）；

V_2——硫酸亚铁铵标准溶液用量（mL）；

V_0——空白试验消耗硫酸亚铁铵标准溶液体积（mL）。

（7）邻菲啰啉指示剂：称取 1.485 g 邻菲啰啉（$C_{12}H_8N_2 \cdot H_2O$）和 0.695 g 硫酸亚铁（$FeSO_4 \cdot 7H_2O$），溶于 100 mL 水中，形成的红棕色络合物贮于棕色瓶中。

（8）石英砂，黄豆大小。

（9）硫酸（ρ= 1.84 g/mL）。

（10）硫酸银，研成粉末。

4. 仪　器

油浴锅（内装固体石蜡或植物油）、水浴、铁丝笼架（形状与油浴锅配套，内设若干小格，每格内可插一支试管）、25 mm × 100 mm 硬质试管、5 mL 注射器、250 °C 温度计、250 mL 锥形瓶、振荡机。

5. 试样制备

取 10 g 未磨过的均匀风干土样，挑去砾石和植物残体，研磨，并通过 0.149 mm 筛孔，装于小广口瓶中备用。称样测定时，同时另称样测吸附水，最后换算成烘干样计算结果。

6. 操作步骤

（1）腐殖质中全碳量的测定：同土壤有机质的测定（重铬酸钾氧化外加热法）。

（2）待测溶液的制备：称取 5.000 0 g 土样（精确至 0.000 1 g）置于 250 mL 锥形瓶中，加入 100.00 mL 浸提液，加塞，振荡 5 min 后，放在沸水浴中加热 1 h，摇匀，用慢速滤纸过滤。如有浑浊，可倒回重新过滤。如过滤太慢，也可用离心机离心澄清，清液收集于锥形瓶中，加塞待测，弃去残渣。

（3）胡敏酸和富啡酸中总碳量的测定：吸取 5.00 ~ 15.00 mL 浸出液（视溶液颜色深浅而定），置于盛有少量石英砂的硬质试管中，逐滴加入 0.5 mol/L 硫酸溶液中和至 pH = 7（用 pH 试纸试验），使溶液出现混浊为止。将硬质试管放在水浴上蒸发至近干，然后用重铬酸钾氧化外加热法测定胡敏酸和富啡酸总碳量。

（4）胡敏酸中碳量的测定。

① 胡敏酸和富啡酸的分离：吸取 20.00 ~ 50.00 mL 浸出液（视溶液颜色深浅而定），置于 250 mL 锥形瓶中，加热近沸，逐滴加入 0.5 mol/L 硫酸溶液中和至 pH = 1 ~ 1.5（用 pH 试纸试验），此时应出现胡敏酸絮状沉淀。将锥形瓶在 80 °C 水浴上保温半小时，使胡敏酸充分分离。冷却后，取慢速滤纸，先用 0.025 mol/L 硫酸溶液湿润滤纸，过滤，用 0.05 mol/L 硫酸溶液洗涤锥形瓶和沉淀，直到滤液无色为止，沉淀即为胡敏酸。弃去滤液。

② 胡敏酸的测定：沉淀用热的 0.05 mol/L 氢氧化钠溶液少量多次地洗涤溶解于 100 mL 容量瓶中，直到滤液无色为止，用水稀释至刻度，摇匀。吸取 10.00 ~ 25.00 mL 溶液（视溶液颜色深浅而定），置于盛有少量石英砂的硬质试管中，逐滴加入 0.5 mol/L 硫酸溶液中和至 pH = 7（用 pH 试纸试验），使溶液出现混浊为止。将硬质试管放在水浴上蒸发至近干，然后用重铬酸钾氧化外加热法测定胡敏酸中碳量。

注：测定土壤腐殖质与土壤腐殖质组成的样品必须采用同一个样品，测定前在放大镜下将肉眼能看清的全部有机残体挑选干净，然后磨细通过 0.149 mm 筛孔。

7. 结果计算

土壤腐殖质全碳量按①式计算，胡敏酸和富啡酸总碳量按②式计算，胡敏酸碳量按③式计算，富啡酸碳量按④式计算，胡敏素碳量按⑤式计算：

$$\text{腐殖质全碳量(g/kg)} = \frac{\dfrac{0.800\,0 \times 5.00}{V_0} \times (V_0 - V_1) \times 0.003 \times 1.1}{m \times K} \times 1\,000 \cdots\cdots ①$$

$$\text{胡敏酸和富啡酸总碳量(g/kg)} = \frac{\dfrac{0.800\,0 \times 5.00}{V_0} \times (V_0 - V_1) \times t \times 0.003 \times 1.1}{m \times K} \times 1\,000 \cdots\cdots ②$$

$$胡敏酸碳量(g/kg)=\frac{\frac{0.8000\times5.00}{V_0}\times(V_0-V_3)\times t\times0.003\times1.1}{m\times K}\times1000 \cdots\cdots ③$$

$$富啡酸碳量(g/kg)=胡敏酸和富啡酸总碳量(g/kg)-胡敏酸碳量(g/kg) \cdots\cdots ④$$

$$胡敏素碳量(g/kg)=腐殖质全碳量(g/kg)-胡敏酸和富啡酸总碳量(g/kg) \cdots\cdots ⑤$$

式中　0.800 0——重铬酸钾标准溶液浓度（mol/L）;

5.00——重铬酸钾标准溶液体积（mL）;

V_0——空白试验消耗硫酸亚铁铵标准溶液体积（mL）;

V_1——测定腐殖质全碳量消耗硫酸亚铁铵标准溶液体积（mL）;

V_2——测定胡敏酸和富啡酸总碳量消耗硫酸亚铁铵标准溶液体积（mL）;

V_3——测定胡敏酸碳量消耗硫酸亚铁铵标准溶液体积（mL）;

0.003——1/4 碳原子的毫摩尔质量（g/mol）;

1.1——氧化校正系数；

t——分取倍数；

m——风干土样质量（g）;

K——风干土样换算成烘干土样的水分换算系数。

8. 允许差

样品进行两份平行测定，取其算术平均值，取一位小数。两份平行测定结果允许差按下表 2.6.1 规定。

表 2.6.1　平行测定结果允许差

腐殖质量（g/kg）	允许差（g/kg）
>100	>5
70 ~ 100	3.5 ~ 5
40 ~ 70	2.0 ~ 3.5
10 ~ 40	0.5 ~ 2.0
<10	<0.5

（二）方法二

1. 实验目的及说明

腐殖质是经微生物的作用，在土壤中新合成的一类高分子的有机化合物。其分子结构复杂，性质稳定而不易分解。腐殖质不是一种单一的化合物，而是由一系列化合物聚合而成的混合物。研究腐殖质的性质，必须先把它从土壤中分离出来，目前一般所用的方法是，先把土壤中未分解的动植物残体用机械的方法分出，然后用不同溶剂来浸提土壤，把土壤腐殖质各组分先后分离出来。在各组分中，以褐腐酸（胡敏酸）最重要。所以，本实验的目的是了解土壤腐殖质的提取及分组过程，并对黄腐酸和褐腐酸的主要性质进行观察和比较，进一步巩固课堂讲授的内容。

2. 实验原理

理想的腐殖质提取剂，是能将腐殖质分离得完全彻底而又不改变其成分、结构以及物理和化学的性质。为寻找理想的浸提剂，已做了许多试验研究，如 1% NaF，稀焦磷酸钠（0.1 mol/L $Na_4P_2O_7$），0.1 mol/L $Na_4P_2O_7$ + 0.1 mol/L NaOH 混合液，Na_2CO_3 水溶液等。但是到目前为止，稀的氢氧化钠水溶液仍是最常用的提取剂，因为它的提出量最大。土壤腐殖质被提取出来后，经酸化和过滤进一步把黄腐酸和褐腐酸分开，然后和成褐腐酸溶液，观察不同电解质对褐腐酸絮凝的作用大小以及各种褐腐酸盐类的溶解度。

3. 仪器及药品

仪器：三角瓶、滤纸、漏斗、刻度试管、小试管、离心机。

试剂：0.1 mol/L NaOH、固体 NaCl、0.5 mol/L H_2SO_4、0.3 mol/L $AlCl_3$、0.5 mol/L $CaCl_2$、1 mol/L NaCl。

4. 方法和步骤

（1）土样制备。

将含较多腐殖质的土壤（如黑土）研细，除去植物根屑等未分解的有机物，过 1 mm 筛备用。

（2）浸提腐殖质。

称取土样 8 g，放在 100 mL 的三角瓶中，加入 40 mL 0.1 mol/L NaOH（稀碱液），瓶口加塞，振荡三角瓶，以加速浸提作用。振荡 5 min 后静止使其澄清，将三角瓶内浸提物过滤，滤液装入干净的三角瓶中备用。

（3）各组分腐殖质的性状观察。

① 观察稀碱液浸提出的腐殖质（即活性腐殖质）液的颜色。

② 用 10 mL 刻度试管取滤液 8 mL 于小试管中，加入 1 mol/L H_2SO_4 约 1.5 mL（使滤液 pH 值约为 3），摇匀后放在离心机（3 000 r/min）上离心，离心 5 min 后，观察沉淀物（褐腐酸）和清液（黄腐酸）的颜色。

③ 吸掉上述试管内清液，保留沉淀物，加入 0.1 mol/L NaOH 3 mL 溶解后，用蒸馏水稀释到 10 mL。用 0.05 mol/L H_2SO_4 调 pH 值约为 8 以后，分装在三支试管内，并在各试管内逐滴加入 0.3 mol/L $AlCl_3$，0.5 mol/L $CaCl_2$，1 mol/L NaCl。每加一滴后观察胶体是否出现凝聚，并记录凝聚时用电解质溶液的滴数。如果 1 mol/L NaCl 超过 20 滴仍未凝聚，可加固体 NaCl 试之。

思 考 题

1. 溶解在 0.1 mol/L NaOH 溶液中的腐殖质是哪几类？0.1 mol/L NaOH 的提取液是什么颜色，是否透明？经酸化沉淀后，溶液是什么颜色，主要是哪类腐殖质？

2. 在酸中沉淀的是哪类腐殖质，不同电解质溶液对腐殖质凝聚的影响如何？

3. 通过本实验，你认为各种腐殖质及其盐类对土壤结构性可能有何影响？

第七章 土壤容重、比重的测定和孔隙度的计算

一、概　述

土壤是开放的复杂的自然体，土壤由固相、液相和气相三相物质组成。固相部分包括矿物质颗粒和有机物质，土壤水和空气分别构成了土壤的液相部分和气相部分。一般来说，土壤的固相相对稳定，而液相和气相部分变化频繁。当土壤孔隙度稳定时，液相和气相部分互为消长。反映土壤三相物质组成特性的土壤基本物理性质有土粒密度、土壤容重和土壤孔隙性，它们是最基本的土壤物理性质，与土壤肥力和植物生长密切相关，也是土壤学的重要研究内容和测定项目，在科学研究与生产实践中常常被用来作为计算其他土壤理化性质的基数。

土壤基质是土壤的固体部分，它是保持和传导物质（水、溶质、空气）和能量（热量）的介质，它的作用主要取决于土壤固体颗粒的性质和土壤孔隙状况。土粒密度指单位体积土粒的质量；土壤容重系指单位容积原状土壤干土的质量；孔隙度是单位容积土壤中孔隙所占的百分率。土粒密度、土壤容重、孔隙度是反映土壤固体颗粒和孔隙状况最基本的参数，土粒密度反映了土壤固体颗粒的性质；土粒密度的大小与土壤中矿物质的组成和有机质的数量有关，利用土粒密度和土壤容重可以计算土壤孔隙度，在测定土壤粒径分布时也须要知道土粒密度值；土壤容重综合反映了土壤固体颗粒和土壤孔隙的状况，一般来讲，土壤容重小，表明土壤比较疏松，孔隙多，反之，土粒密度大，表明土体比较紧实，结构性差，孔隙少；土壤孔隙状况与土壤团聚体直径、土壤质地及土壤中有机质含量有关，它们对土壤中的水、肥、气、热状况和农业生产有显著影响。习惯上，常用基质中三相物质比表达土壤三相之间的关系，并用来定义土壤的一些物理参数，常用质量或容积为基础表示。在图 2.7.1 中，图右侧表示固、液、气三相物质的质量，用 m 表示，图左侧表示各相位置的容积，用 V 表示。m，V 的下标分别用 s、w、a 表示土壤的固相、液相和气相，V_p 表示孔隙容积，m_t 和 V_t 分别表示土壤基质的总质量和总容积。

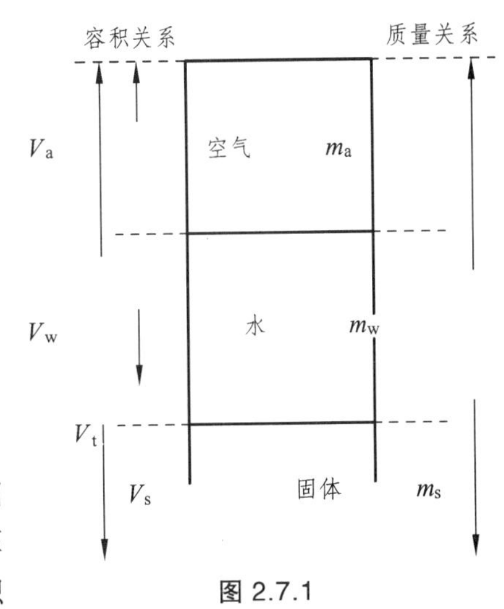

图 2.7.1

（一）土粒密度

土粒密度（Particle Density）是指单位容积土壤固相颗粒的质量（风干），常用 ρ_p 表示，其单位是 g/cm^3。在传统土壤地理学研究中，曾称土壤比重，是指单位体积

土壤固相颗粒的风干质量与同体积 4 °C 水的质量之比，属于无量纲的指标，由于 4 °C 纯水（H_2O）的密度约为 1.0 g/cm^3，故土粒密度与土壤比重在数值上非常接近。土粒密度实际上是土壤矿物质密度与土壤有机质密度的质量加权平均值，故土粒密度主要决定于土壤矿物组成、土壤矿物与有机质的相对含量，一般来说土粒密度的平均值为 2.65 g/cm^3，含铁矿物较多的土壤其土粒密度可大于 3.0 g/cm^3，而含有机质丰富的土壤其土粒密度可小于 2.40 g/cm^3。常见土壤矿物及有机质的密度如表 2.7.1 所示。

表 2.7.1　常见土壤矿物及有机质的密度

土壤矿物	密度/（g/cm^3）	土壤有机质与矿物质	密度/（g/cm^3）
石英	2.50 ~ 2.80	干燥未分解有机物	0.20 ~ 0.50
钙长石	2.75 ~ 2.76	泥炭	0.50 ~ 0.80
石膏	2.30 ~ 2.33	高度分解泥炭	1.00 ~ 1.20
黑云母	2.69 ~ 3.16	腐殖质	1.30 ~ 1.40
辉石	3.20 ~ 3.60	蒙脱石（矿）	2.1
橄榄石	3.27 ~ 3.37	高岭石（矿）	2.60 ~ 2.63
石榴子石	3.40 ~ 4.30	水云母（矿）	2.75 ~ 3.15
正长石	2.50 ~ 2.60	云母（矿）	2.80 ~ 3.20
褐铁矿	3.60 ~ 4.00	磁铁矿（矿）	5.16 ~ 5.18

（二）土壤密度

土壤容重，是指土壤在自然结构状态下，单位体积的干土重量。常用 ρ_b 表示，其单位是 g/cm^3。容重数值本身可以作为土壤肥力指标之一，一般来讲，土壤容重小，表明土壤比较疏松，孔隙多，保水保肥能力强。反之，土壤容重大，表明土体紧实，结构性差，孔隙少，耕性、透水性、通气性不良，保水保肥能力差。容重以土体的紧密程度和有机质含量的多少有很大的变化，一般肥沃的耕作层土壤容重为 1.0 g/cm^3 左右，而未熟化的生土，容重在 1.3 ~ 1.5 g/cm^3，紧密的底土可达 1.8 g/cm^3。

土壤容重是计算土壤的孔隙率、空气含量和换算土壤中相对含水率计算土层中养分的基本数据。土壤物理性质的测定，是灌溉试验中最基本的项目。土壤容重又是土壤的最基本的物理性质之一。在灌溉试验中计算水量就必须用它，否则水量平衡计算就无法进行。在国外，电子计算机模拟较普遍，灌水管理，自动化程度很高，但基本数据还需要人去测定，再输入给机器，因此如何准确地把试区的土壤容重测定出来很重要。从目前灌溉试验站的一些资料、试验报告中看出，土壤容重这一基本资料往往被人们所忽视，有的不经测定，随便在某一范围内找一个数就来进行水量计算，岂不知这样会给计算的结果带来严重的影响。如容重采用 1.3 g/cm^3 和采用 1.4 g/cm^3，计算出来的需水量每 667 m^2 相差 10 m^3，由此扩大到一个灌区，就是个很可观的数字，对灌区的水量调配、建筑物规模的大小都有举足轻重的影响。

(三)土壤孔隙度

由于土壤固相是由大小、形状不同的颗粒、微团聚体以及结构体构成的分散系，它们之间的组合是通过点或面相互间的接触关系，因而就形成了大小不同、外形不规则和数量不等的孔隙，即土壤孔隙，它们通常被土壤溶液和土壤空气所占据。土壤孔隙度（Porosity）是指单位原状容积土壤中孔隙所占容积的百分数，常用ϕ（%）表示。土壤孔隙度ϕ与土粒密度ρ_p、土壤密度ρ_b之间的换算关系式为

$$\phi = [1-(\rho_b/\rho_p)]\times 100$$

土壤孔隙度的大小与土壤质地、结构和有机质含量密切相关，一般土壤的孔隙度为40%～60%，随着土壤质地的变细，孔隙度也会增加；土壤有机质含量高，土壤孔隙度也高，如泥炭土壤的孔隙度可达 70% 以上，而一些砂质土壤心土层或底土层的孔隙度一般只有 25%～30%。在实际研究与农业生产过程中，将土壤孔径<0.10 mm 的孔隙称为毛管孔隙，土壤毛管孔隙才使得土壤具有持水能力；孔径≥0.10 mm 的孔隙称为非毛管孔隙，非毛管孔隙不具有持水能力，但能使土壤具有通气透水性。故土壤孔隙度可分解为土壤毛管孔隙度和土壤非毛管孔隙度。土壤非毛管孔隙度的大小主要取决于团聚体的大小，土壤团聚体愈大，非毛管孔隙度也愈大；毛管孔隙度则随着土壤分散度或结构体被破坏程度的增加而增大，如表 2.7.2 所示。土壤毛管孔隙主要被土壤水分占据，而非毛管孔隙则主要通气，因此，土壤孔隙度及其孔隙组成直接影响土壤的水、热及通气状况，也影响土壤中物质转化的速度与方向。

表 2.7.2 常见土壤的孔隙度变化范围

土壤及其层次	总孔隙度/%	毛管空隙所占比重/%	非毛管空隙所占比重/%
砂土	30～35	25～35	65～75
砂壤土	35～45	45～55	45～55
壤土	40～47	65～85	15～35
黄土性壤土	40～55	50～65	35～50
黏土	45～50	90～97	3～10
均腐土（黑钙土）	55～60	40～45	55～60
泥炭土	80～85	95～98	2～5

土壤孔隙类型：① 按照占据土壤孔隙的水分类型进行分类，可分为通气孔隙、有效孔隙和无效孔隙；② 团聚体孔隙度，包括团聚体总孔隙度、各级团聚体内孔隙度以及团聚体间的孔隙度。

二、实验（土壤容重、比重的测定和孔隙度的计算）

(一) 土粒密度的测定

1. 含 义

严格而言，土粒密度应称为土壤固相密度或土粒平均密度，用符号ρ_s表示，其含义是：

$$\rho_s = \frac{m_s}{V_s}$$

绝大多数矿质土壤的 ρ_s 在 2.6 ~ 2.7 g/cm^3 之间，常规工作中多取平均值 2.65 g/cm^3。这一数值很接近砂质土壤中存在量丰富的石英的密度，各种铝硅酸盐粘粒矿物的密度也与此相近。土壤中氧化铁和各种重矿物含量多时则 ρ_s 增高，有机质含量高时则 ρ_s 降低。

文献中传统常用比重一词表示 ρ_s，其准确含义是指土粒的密度与标准大气压下 4 °C 时水的密度之比，又叫相对密度。一般情况下，水的密度取 1.0 g/cm^3，故比重在数值上与土粒密度 ρ_s 相等，但量纲不同，现“比重”一词已废止。

2. 选择方法——比重瓶法

（1）测定原理。

将已知质量的土样放入水中（或其他液体），排尽空气，求出由土壤置换出的液体的体积。以烘干土质量（105 °C）除以求得的土壤固相体积，即得土粒密度。

（2）仪器和设备。

天平（感量 0.001 g）、比重瓶（容积 50 mL）、电热板、真空干燥器、真空泵、烘箱。

（3）操作步骤。

① 称取通过 2 mm 筛孔的风干土样约 10 g（精确至 0.001 g），倾入 50 mL 的比重瓶内。另称 10.0 g 土样测定吸湿水含量，由此可求出倾入比重瓶内的烘干土样重 m_s。

② 向装有土样的比重瓶中加入蒸馏水，至瓶内容积约一半处，然后徐徐摇动比重瓶，驱逐土壤中的空气，使土样充分湿润，与水均匀混合。

③ 将比重瓶放于砂盘，在电热板上加热，保持沸腾 1 h。煮沸过程中经常要摇动比重瓶，驱逐土壤中的空气，使土样和水充分接触混合。注意，煮沸时温度不可过高，否则易造成土液溅出。

④ 从砂盘上取下比重瓶，稍冷却，再把预先煮沸排除空气的蒸馏水加入比重瓶，至比重瓶水面略低于瓶颈为止。待比重瓶内悬液澄清且温度稳定后，加满已经煮沸排除空气并冷却的蒸馏水。然后塞好瓶塞，使多余的水自瓶塞毛细管中溢出，用滤纸擦干后称重（精确到 0.001 g），同时用温度计测定瓶内的水温 t_1（准确到 0.1 °C），求得 m_{bws1}。

⑤ 将比重瓶中的土液倾出，洗净比重瓶，注满冷却的无气水，测量瓶内水温 t_2。加水至瓶口，塞上毛细管塞，擦干瓶外壁，称取 t_2 时的瓶、水合重（m_{bw2}）。若每个比重瓶事先都经过校正，在测定时可省去此步骤，直接由 t_1 在比重瓶的校正曲线上求得 t_1 时这个比重瓶的瓶、水合重 m_{bw1}，否则要根据 m_{bw2} 计算 m_{bw1}。

⑥ 含可溶性盐及活性胶体较多的土样，须用惰性液体（如煤油、石油）代替蒸馏水，用真空抽气法排除土样中的空气。抽气时间不得少于 0.5 h，并经常摇动比重瓶，直至无气泡逸出为止。停止抽气后仍需在干燥器中静置 15 min 以上。

⑦ 真空抽气也可代替煮沸法排除土壤中的空气，并且可以避免在煮沸过程中由于土液溅出而引起的误差，同时较煮沸法快。

⑧ 风干土样都含有不同数量的水分，需测定土样的风干含水量；用惰性液体测定比重的土样，须用烘干土而不是风干土进行测定，且所用液体须经真空除气。

⑨ 如无比重瓶，也可用 50 mL 容量瓶代替，这时应加水至标线。

（4）结果计算。

① 用蒸馏水测定时可按下式计算：

$$\rho_s = \frac{m_s}{m_s + m_{bw1} - m_{bws1}} \rho_{w1}$$

式中 ρ_s——土粒密度（g/cm^3）；

ρ_{w1}——t_1 °C 时蒸馏水密度（g/cm^3）；

m_s——烘干土样质量（g）；

m_{bw1}——t_1 °C 时比重瓶 + 水质量（g）；

m_{bws1}——t_1 °C 时比重瓶 + 水质量 + 土样质量（g）。

当 $t_1 \neq t_2$，必须将 t_2 时的瓶、水合重（m_{bw2}）校正至 t_1 °C 时的瓶、水合重（m_{bw1}）。

由表 2.7.3 查得 t_1 和 t_2 时水的密度，忽略温度变化所引起的比重瓶的胀缩，t_1 和 t_2 时水的密度差乘以比重瓶容积（V）即得由 t_2 换算到 t_1 时比重瓶中水重的校正数。比重瓶的容积由下式求得：

$$V = \frac{m_{bw2} - m_b}{\rho_{w2}}$$

式中 m_b——比重瓶质量（g）；

ρ_{w2}——t_2 时水的密度（g/cm^3）。

表 2.7.3 不同温度下水的密度（g/cm^3）

温度/°C	密度/（g/cm^3）	温度/°C	密度/（g/cm^3）	温度/°C	密度/（g/cm^3）
0.0 ~ 1.5	0.999 9	20.5	0.998 1	30.5	0.995 5
2.0 ~ 6.5	1.000 0	21.0	0.998 0	31.0	0.995 4
7.0 ~ 8.0	0.999 9	21.5	0.997 9	31.5	0.995 2
8.5 ~ 9.5	0.999 8	22.0	0.997 8	32.0	0.995 1
10.0 ~ 10.5	0.999 7	22.5	0.997 7	32.5	0.994 9
11.0 ~ 11.5	0.999 6	23.0	0.997 6	33.0	0.994 7
12.0 ~ 12.5	0.999 5	23.5	0.997 4	33.5	0.994 6
13.0	0.999 4	24.0	0.997 3	34.0	0.994 4
13.5 ~ 14.0	0.999 3	24.5	0.997 2	34.5	0.994 2
14.5	0.999 2	25.0	0.997 1	35.0	0.994 1
15.0	0.999 1	25.5	0.996 9	35.5	0.993 9
15.5 ~ 16.0	0.999 0	26.0	0.996 8	36.0	0.993 7
16.5	0.998 9	26.5	0.996 7	36.5	0.993 5
17.0	0.998 8	27.0	0.996 5	37.0	0.993 4
17.5	0.998 7	27.5	0.996 4	37.5	0.993 2
18.0	0.998 6	28.0	0.996 3	38.0	0.993 0
18.5	0.998 5	28.5	0.996 1	38.5	0.992 8
19.0	0.998 4	29.0	0.996 0	39.0	0.992 6
19.5	0.998 3	29.5	0.995 8	39.5	0.992 4
20.0	0.998 2	30.0	0.995 7	40.0	0.992 2

② 用惰性液体测定时，按下式计算：

$$\rho_s = \frac{m_s}{m_s + m_{bk} - m_{bk1}} \rho_k$$

式中 ρ_s——土粒密度（g/cm^3）；

ρ_k——t_1 °C 时煤油或其他惰性液体的密度（g/cm^3）；

m_s——烘干土样质量（g）；

m_{bk}——t_1 °C 时比重瓶 + 煤油质量（g）；

m_{bk1}——t_1 °C 时比重瓶 + 煤油质量 + 土样质量（g）。

用煤油及其他惰性液体不知其密度时，可将此液体注满比重瓶称重，并测定液体温度，以液体质量除以比重瓶容积，便可求得此液体在该温度下的密度。

（5）测定允许误差。

样品须进行两次平行测定，取其算术平均值，小数点后取两位。两次平行测定结果允许差为 0.02。

（二）土壤容重的测定

1. 土壤容重的含义

严格来讲，土壤容重应称干容重，又称土壤密度，用符号 ρ_s 表示，土工上也称干幺重。其含义是干基物质的质量与总容积之比：

$$\rho_s = \frac{m_s}{V_t} = \frac{m_s}{V_s + V_w + V_a}$$

总容积 V_t 包括基质和孔隙的容积，大于 V_s，因而 ρ_b 必然小于 ρ_s。若土壤孔隙 V_p 占土壤总容量 V_t 的一半，则 ρ_b 为 ρ_s 的一半，约为 1.30 ~ 1.35 g/cm^3。压实的砂土 ρ_b 可高达 1.60 g/cm^3，不过即使最紧实的土壤 ρ_b 也显著低于 ρ_s，因为土粒不可能将全部孔隙堵实，土壤基质仍保持多孔体的特征。松散的土壤，如有团粒结构的土壤或耕翻耙碎的表土，ρ_b 可低至 1.00 ~ 1.10 g/cm^3。泥炭土和膨胀的黏土，ρ_b 也低。所以 ρ_b 可以作为表示土壤松紧程度的一项尺度。

2. 方法选择

方法一：环刀法（见图 2.7.2）

（1）测定原理。

用一定容积的环刀（一般为 100 cm^3）切割未搅动的自然状态土样，使土样充满其中，烘干后称量计算单位容积的烘干土重量。本法适用一般土壤，对坚硬和易碎的土壤不适用。

（2）仪器。

环刀（容积为 100 cm^3）、天平（感量为 0.1 和 0.01 的粗天平各一架）、烘箱、环刀托、削土刀、钢丝锯、干燥器。

（3）操作步骤。

① 在田间选择挖掘土壤剖面的位置，按使用要求挖掘土壤剖面。一般如只测定耕层土壤容重，则不必挖土壤剖面。

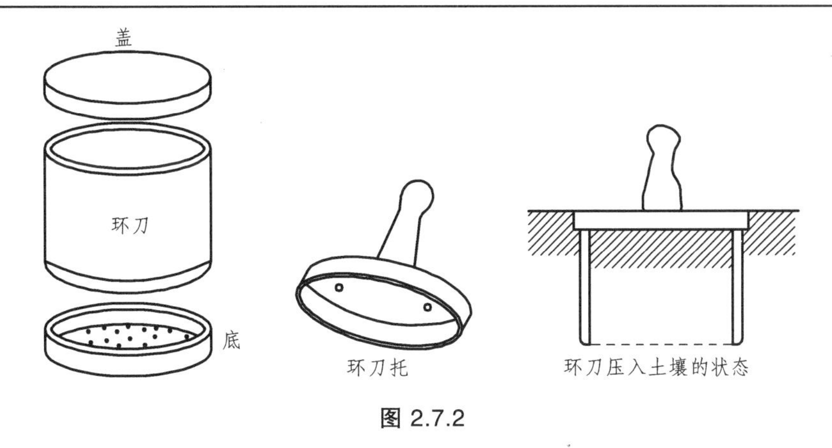

图 2.7.2

② 用修土刀修平土壤剖面，并记录剖面的形态特征，按剖面层次，分层取样，耕层 4 个，下面层次每层重复 3 个。

③ 将环刀托放在已知重量的环刀上，环刀内壁稍擦上凡士林，将环刀刃口向下垂直压入土中，直至环刀筒中充满土样为止。

④ 用修土刀切开环周围的土样，取出已充满土的环刀，细心削平环刀两端多余的土，并擦净环刀外面的土。同时在同层取样处，用铝盒采样，测定土壤含水量。

⑤ 把装有土样的环刀两端立即加盖，以免水分蒸发。随即称重（精确到 0.01 g），并记录。

⑥ 将装有土样的铝盒烘干称重（精确到 0.01 g），测定土壤含水量。或者直接从环刀筒中取出土样测定土壤含水量。

（4）结果计算。

$$\rho_b = \frac{m}{V(1+\theta_m)}$$

式中 ρ_b——土壤容重；

m——环刀内湿样质量；

V——环刀容积（一般为 100 cm^3）；

θ_m——样品含水量（质量含水量），%。

（5）测定误差。

允许平行绝对误差小于 0.03 g，取算术平均值。

方法二：γ 射线法

（1）步骤：将预测地块土壤钻两个距离为 30 ~ 40 cm，直径 4 ~ 5 cm 的平行钻孔。一个钻孔中，按测定土壤深度置入钴源，另一个钻孔安放计数器（测定步骤及仪器安装参阅本书 γ 射线法测定水分一节）。

（2）计算：土壤容重按下列方程式计算，即：

$$d_v = \frac{\text{In}I_0 - k\text{In}I}{\mu \times L}$$

式中 d_v——土壤容重（g/cm^3）；

I_0——空气中 γ 射线强度（脉冲/分）；

I——γ射线穿过土壤后的剩余强度（脉冲/分）；

k——影响系数，某些研究者认为，k 对测定土壤容重（紧实度）影响甚微，可以忽略不计；

μ——土壤吸收γ射线的线系数，一般认为土壤吸收线系数等于水的吸收线系数，水的吸收γ射线的线系数为 0.044；

L——两钻孔之间的距离（cm）。

3. 土壤结构体的容重测定法

（1）排气法。

① 仪器设备。

带磨口开关的漏斗、磨面玻璃板、水槽、量筒。

② 测定步骤。

a. 称取约 50 g 土壤结构体置于带磨面玻璃（或陶瓷）板上，其上面倒置一个带磨口开关的漏斗，关闭开关，随之一手拿倒置漏斗颈部，另一只手压紧漏斗下部盛有土样的磨面玻璃板，并一同置入水中（深约 1 cm）。

b. 在水中，磨面玻璃板向下打开，磨面玻璃板上的土样立即从漏斗下部落入水中，土块落水后，将磨面玻璃板恢复原位。

c. 漏斗中土块的位置被水所充填。随后将漏斗底部抬高至接近水面，其内部压缩空气，水量进入最大值，于水中紧密关闭漏斗底部的磨面玻璃板。

d. 从水中取出漏斗，倒转后，打开漏斗开关，将其水量倒入量筒。测定其水的体积即为相应的土壤结构体的体积。

e. 已知土壤结构体的体积和烘干土重量，即可求得土壤结构体（土块）的容重。

f. 按此法测定土壤结构体的容重时，至少进行 3～5 次重复，最后求出平均值。应该指出，此法所测定的土壤结构体中压缩空气，以及表面吸附的空气还不能全部排出，故影响其测定结果。

（2）煤油法。

① 仪器设备。

套筛——0.25 mm、1 mm、3 mm、5 mm、7 mm、10 mm 孔径的筛子，称量瓶，培养皿，真空干燥器，抽气泵。还需要一定量的煤油。

② 测定步骤。

a. 取 300～500 g 风干土壤，按结构分析方法过 0.25 mm、1 mm、3 mm、5 mm、7 mm、10 mm 系列土筛，每一级土筛中的结构体土样作为备用，并测定风干土样的吸湿水。

b. 用滤纸做成 30 mm × 30 mm、高 2.0 mm 的小滤纸盒。

c. 从每级土筛网上取约 1.0 g 结构体（平均法取样），精确称重后（$W_{风}$）将结构体土样置于滤纸叠成的小盒中。3～5 次重复。

d. 于直径 20 cm 的培养皿中铺两层滤纸，将盛有土壤结构体土样的滤纸小盒平放在培养皿中的滤纸上面，随之往培养皿的滤纸上小心注入煤油（仅盖住滤纸表面），此时煤油借土壤颗粒毛管力的作用，渗入颗粒，静置 5 min（待颗粒孔隙吸满煤油）。

e. 待颗粒孔隙吸满煤油后，将盛有土壤结构体的培养皿置于盛有煤油的真空干燥器中，干燥器连接带有压力表抽气装置。用水银柱 5 ~ 10 mm 压力排气。关闭干燥器开关，并去掉抽气装置，静置 30 min 后，打开开关，令空气进入干燥器，开盖并迅速用小镊子取出盛有土壤结构体的滤纸小盒。

f. 将上述充满煤油的土壤结构体颗粒置于干净的滤纸上，并用滤纸擦去颗粒表面煤油（不破坏土壤颗粒，只去其表面油膜）后放入称量瓶（一定盖好磨口瓶盖）称重 $W_{风+煤}$（精确到 0.001 g）。按此步骤称量每份充满煤油的土壤结构颗粒。

（3）结果计算。

① 土壤孔隙吸入煤油的重量为：

$$W_{煤} = W_{风+煤} - W_{风}$$

② 根据土壤结构体颗粒吸入煤油重量可求得，土壤结构体孔隙容积 $V_{孔}$为：

$$V_{孔} = V_{煤} = W_{煤}/d_{煤}$$

式中　$d_{煤}$——煤油密度。

③ 土壤结构体固相体积 $V_{固}$为：

$$V_{固} = 结构体烘干重/土粒密度$$

④ 土壤吸湿水的体积 $V_{吸}$为：

$$V_{吸} = 风干土重\ W_{风} - 烘干土重\ W_{烘}$$

⑤ 土壤结构体体积（$V_{结}$）由其固相体积（$V_{固}$）、吸湿水的体积（$V_{吸}$）和内部孔隙体积（$V_{孔}$）组成，即：

$$V_{结} = V_{固} + V_{吸} + V_{孔}$$

⑥ 根据结构体（颗粒）体积 $V_{结}$，即可按公式：

$$d_{结} = 结构体烘干重\ W_{烘}/结构体体积\ V_{结}$$

求得结构体容重。

4. 土壤浸水容重测定法

① 仪器设备：天平、烘箱、100 mL 量筒、铝盒、卷尺。

② 测定方法及步骤：

a. 称土样各 10 ~ 15 g 两份，一份测定土壤含水量；

b. 另一份土壤放入 100 mL 量筒中，加 50 mL 水浸泡 2 h；

c. 再加水至 100 mL，用手堵住量筒口，上下转动 1 min，静置，土样随即向量筒底部沉降；

d. 静置 2 h，土浆与上清液之间出现明显的界面，仔细测量下沉土样（土浆）所占体积 V（mL）。

（三）土壤孔隙度的测定法

1. 测定法

测定土壤孔隙度的方法较多，下面只介绍实用的测定土壤孔隙度法，即：① 减压毛管法；

② 石蜡法；③ 磨片显微法。将处理好的土块移至 50 ~ 60 °C 石蜡中，此时，土块中石蜡因降温而凝缩，并形成裂隙，故需将浸好石蜡的土块再放入 50 ~ 60 °C 石蜡中，以使其缝隙充满石蜡。静置 15 ~ 20 min，在空气中冷却。为了去掉土块表层石蜡层，将处理的土块，分别再浸入 150 ~ 170 °C 的石蜡中，待土块外层石蜡熔掉，迅速取出土块。取出的土块下部如有石蜡滴，则应立即用滤纸擦掉。

（1）非腐殖质土壤团聚体孔隙度的测定。

非腐殖质土壤团聚体孔隙度测定的处理步骤与上述步骤基本相同，只是不必经过第①步骤。浸蜡处理后的土块，先在空气中称重 W_2（土壤风干重 + 石蜡重）。然后再将土块于酒精中称重（酒精可以浸润石蜡，但不溶解石蜡。如在水中称重，因石蜡表层容易产生气泡，影响测定结果），其重量为 W_3 [(土壤风干重 + 石蜡重) - 浮力或同体积酒精的重量]。在酒精中称重时，严防土块与玻璃杯壁接触。

（2）小团聚体孔隙度的测定。

① 取 10 ~ 20 个风干土壤小团聚体（过 0.5 ~ 5 mm 筛），称重得 W_1，同时另取土壤（15 g）测定土壤吸湿水，以备换算成烘干土重（W_0）。将称重过的 10 ~ 20 个土块均匀地放在描图纸（或硫酸纸）的纸盘上，纸盘底部用针刺些小孔。

② 将置有土块的纸盘放在铁丝网上，并一起浸 100 °C 石蜡中（瓷盘中），起初纸盘微微浸入石蜡，使石蜡在毛细管作用下，渗入团聚体中，以便排出土壤团聚体内空气，随后，将全部团聚体浸入石蜡中，直至团聚体内的空气排尽，石蜡温度再降至 70 ~ 80 °C，然后，取出纸盘，于空气中冷却。

③ 从纸盘中取出团聚体，放在 50 ~ 60 °C 的石棉板上，板上放一张滤纸，用套有胶管的玻璃棒翻动团聚体，使团聚体外层石蜡滤纸吸附，直至团聚体外层石蜡消除为止。

2. 磨片显微镜法

磨片显微镜法主要是通过显微镜观测土壤团聚体磨片，几种方法不仅可以计算孔隙数量，而且还可以研究土壤团聚体内部孔隙的大小、形状以及了解土壤中的矿物成分。

（1）仪器：磨片机、偏光显微镜、测微器等。

（2）方法及步骤：

① 大团聚体磨片的制作。

a. 取直径 10 ~ 12 mm 的土壤团聚体数粒，每粒土块用纱布包捆，以防散开。将捆好纱布的土块微微浸入固结剂表层（固结剂的制备：将粉碎的松香溶于有机溶剂，如二甲苯、苯、甲苯中，微微搅动几分钟，用小火加热，为防火灾，加热应在防火橱中进行，所得固结剂应是稠状液体），使固结剂在土壤毛管力的作用下，渗入土壤团聚体内，稍后，将全部土块浸入固结剂中，加热，煮至无气泡排出为止。然后将土壤团聚体取出，去掉纱布，再将固结好的团聚体在磨片机磨盘上磨平一侧，磨盘转数应 500 ~ 600 r /min，起初磨盘用 10 ~ 180 号刚玉砂。磨片时，磨盘上应放些水或甘油，磨平一侧之后，需用毛刷刷净。随后，再将团聚体浸入固结剂中，稍后取出冷却，再在细磨盘上继续磨平该平面。

b. 当看到所有团聚体内部均被固结后，再在细小的磨盘（用 500 ~ 600 及 800 ~ 1 200 号砂）上继续磨平。

c. 将土壤团聚体磨平（光滑）的一侧用加拿大树脂贴在载玻片上，严防空气气泡充填其中。粘贴后，团聚体的另一侧继续按前述步骤磨平。团聚体磨片厚度应为 0.02 ~ 0.03 mm。团聚体磨片磨好后，擦净，上面覆盖盖玻片（注意：磨片时，严防手指甲磨损）。

② 小团聚体磨片的制作。

加固结剂于瓷蒸发皿中加热，取直径和高度均为 1 cm 的玻璃管立于蒸发皿中，由管的上部放入土壤小团聚体，使小团聚体颗粒均匀地充满玻璃管中，随后，煮固结剂至无气泡为止。取出玻璃管，冷却。当小团聚体全部固结后，打碎玻璃管壁，此时，小团聚体已成为一小土柱。将固结的柱状团聚体，用大团聚体磨片方法制作步骤进行磨片。

3. 显微镜下观察

（1）方格法：用平方网状目镜测微器测定观测视野方格。用低倍镜（120 倍）观测团聚体孔隙。先计算磨片总面积（团聚体总面积），然后计算大、小孔隙面积占团聚体总面积的百分数。

（2）投影摄影法：用特殊照相机摄影，取得显微镜总视野或某个部分，然后用方格网测量磨片总面积、孔隙大小及其特征。

4. 土壤孔隙度的测定（计算法）

土壤孔隙度也称孔度，指单价单位容积土壤中孔隙容积所占的分数或百分数，可用下式计算：

$$f = \frac{V_t - V_s}{V_t} = \frac{V_p}{V_t}$$

大体上，粗质地土壤孔隙度较低，但粗孔隙较多，细质地土壤正好相反。团聚较好的土壤和松散的土壤（容重较低）孔隙度较高，前者粗细孔的比例适合作物的生长。土粒分散和紧实的土壤，孔隙度较低且细孔隙较多。

土壤孔隙度一般都不直接测定，而是由土粒密度和容重计算求得。由上式，可得

$$f = \frac{V_p}{V_t} = 1 - \frac{\rho_b}{\rho_s}$$

（四）实验要求与注意事项

（1）在测定上述指标的过程中，许多误差是难以避免的，如重量、体积的测量误差。但是有一些误差是可以尽量减小的，如：用环刀取土时，在不破坏土壤自然垒结状态的情况下，应使土壤充满环刀，使得土壤的体积尽量完全接近环刀的体积。

（2）注意事项：

① 在选择实验土壤时，要先判断该土壤是否为田间自然垒结的；取时要用手柄慢慢将整个环刀压入（或敲入）土中，不可压得太实，切勿破坏土壤的自然垒结状态。

② 挖开环刀周围的土壤，小心取出环刀，切勿使环刀内土块脱落。

③ 小心切除环刀上下的余土，使土壤刚好填满整个环圈。

④ 在取完土壤后回实验室的过程中，不可将之揣平。

附表 土壤总孔度查对表

dv \ P_1 \ dv	0.00	0.01	0.02	0.03	0.04	0.05	0.06	0.07	0.08	0.09
0.7	70.85	70.52	70.19	69.86	69.53	69.20	68.87	68.54	68.21	67.88
0.8	67.55	67.22	66.89	66.56	66.23	65.90	65.57	65.24	64.91	64.58
0.9	64.25	63.92	63.59	63.26	62.93	62.60	62.27	61.94	61.61	61.28
1.0	60.95	60.62	50.29	59.96	59.63	59.30	58.97	58.64	58.31	57.88
1.1	57.65	57.32	56.99	56.66	56.33	56.00	55.67	55.34	55.01	54.68
1.2	54.35	54.02	53.69	53.36	53.03	52.70	52.37	52.04	51.71	51.38
1.3	51.05	50.72	50.39	50.06	47.73	49.40	49.07	48.74	48.41	48.08
1.4	47.75	47.42	47.09	46.76	46.43	46.10	45.77	45.44	45.11	44.79
1.5	44.46	44.43	43.80	43.47	42.14	42.81	42.48	42.12	41.82	41.49
1.6	41.16	40.83	40.50	40.17	39.84	39.51	39.18	38.85	38.52	38.19
1.7	37.86	37.53	37.20	36.87	36.54	36.21	35.88	35.55	35.22	34.89

思 考 题

1. 为什么不同质地的土壤，其容重和总孔度不同。
2. 土壤中大、小孔隙比例对土壤的水分、空气状况有何影响?
3. 土壤容重、比重与孔隙度对土壤肥力有何关系?

第八章　土壤有机质的测定

一、概　述

（一）土壤有机质来源

土壤有机质是指土壤中含碳的有机化合物。土壤中有机质的来源十分广泛，主要包括：

（1）植物残体：包括各类植物的凋落物、死亡的植物体及根系。这是自然状态下土壤有机质的主要来源。对森林土壤尤为重要。森林土壤相对农业土壤而言具有大量的凋落物和庞大的树木根系等特点。我国林业土壤每年归还土壤的凋落物干物质量按气候植被带划分，依次为：热带雨林、亚热带常绿阔叶林和落叶阔叶林、暖温带落叶阔叶林、温带针阔混交林、寒温带针叶林。热带雨林凋落物干物质量可达 16 700 kg/（km^2・a），而荒漠植物群落凋落物干物质量仅为 530 kg/（nm^2・a）。

（2）动物、微生物残体：包括土壤动物和非土壤动物的残体，及各种微生物的残体。这部分来源相对较少。但对原始土壤来说，微生物是土壤有机质的最早来源。

（3）动物、植物、微生物的排泄物和分泌物：土壤有机质的这部分来源虽然量很少，但对土壤有机质的转化起着非常重要的作用。

（4）人为施入土壤中的各种有机肥料（绿肥、堆肥、沤肥等），工农业和生活废水、废渣等，还有各种微生物制品，有机农药等。

（二）土壤有机质组成

土壤有机质的组成决定于进入土壤的有机物质的组成，进入土壤的有机物质的组成相当复杂。各种动植物残体的化学成分和含量因动植物种类、器官、年龄等不同而有很大的差异。

1. 土壤有机质因素

（1）有机残体的组成状况。

① 有机残体的物理状态：一般情况下，多汁幼嫩新鲜的绿肥易分解。

② 有机残体的化学成分：一般情况下，阔叶比针叶快，叶片比残根快，豆科比禾本科快。

③ 有机残体的碳氮比：用 C/N 表示微生物吸收 1 份氮，就要吸收 5 份碳用于构成自身细胞，同时要消耗 20 份碳作为生命活动的能量。微生物分解需有机质的 C/N 为 25∶1。

（2）外界条件。

外界条件通过制约微生物的活动，而影响有机质的转化，具体表现在：

① 最适温度：20～30 °C。

② 湿度和通气状况：在田间持水量的 60% 最好。

③ 土壤 pH 值：细菌最适 pH 值为 6.5 ~ 7.5，放线菌为中性到碱性，真菌为酸性到中性条件。

2. 土壤有机质的成分

（1）碳水化合物。

一般情况下，动植物残体主要的有机化合物有碳水化合物、木素、蛋白质、树脂、蜡质等。土壤有机质的主要元素组成是 C、O、H、N，分别占 52% ~ 58%，9% ~ 34%，3.3% ~ 4.8%，3.7% ~ 4.1%，其次是 P 和 S，C/N 比在 10 左右。碳水化合物是土壤有机质中最主要的有机化合物，包括糖类、纤维素、半纤维素、果胶质、甲壳质等。糖类有葡萄糖、半乳糖、六碳糖、木糖、阿拉伯糖、氨基半乳糖等。虽然各主要自然土类间植被、气候条件等差异悬殊，但上述各糖的相对含量都很相近，在剖面分布上，无论其绝对含量或相对含量均随深度而降低。纤维素和半纤维素为植物细胞壁的主要成分，木本植物残体含量较高，两者均不溶于水，也不易化学分解和微生物分解。果胶质在化学组成和构造上和半纤维素相似，常与半纤维素伴存。甲壳质属多糖类，和纤维素相似，但含有氮，在真菌的细胞膜、甲壳类和昆虫类的介壳中大量存在，甲壳质的元素组成为 $(C_8H_{13}O_5N_4)n$。

（2）木素。

木素是木质部的主要组成部分，是一种芳香性的聚合物。木素在林木中的含量约占 30%，木素的化学构造尚未完全清楚，关于木素中是否含氮的问题目前尚未阐明，木素很难被微生物分解。但在土壤中可不断被真菌、放线菌所分解。由 C_{14} 研究指出，有机物质的分解顺序为：葡萄糖>半纤维素>纤维素>木素。

（3）含氮化合物。

动植物残体中主要含氮物质是蛋白质，它是构成原生质和细胞核的主要成分，在各植物器官中的含量变化很大。蛋白质的元素组成除碳、氢、氧外，还含有氮（平均为 10%），某些蛋白质中还含有硫（0.3% ~ 2.4%）或磷（0.8%）。蛋白质是由各种氨基酸构成的。一般含氮化合物易为微生物分解，生物体中常有一少部分比较简单的可溶性氨基酸可为微生物直接吸收，但大部分的含氮化合物需要经过微生物分解后才能被利用。

（4）树脂、蜡质、脂肪、单宁、灰分物质。

树脂、蜡质、脂肪等有机化合物均不溶于水，而溶于醇、醚及苯中，都是复杂的化合物。单宁物质有很多种，主要都是多元酚的衍生物，易溶于水，易氧化，与蛋白质结合形成不溶性的、不易腐烂的稳定化合物。木本植物木材及树皮中富含单宁，而草本植物及低等生物中则含量很少。植物残留体燃烧后所留下的灰为灰分物质，其主要元素为钙、镁、钾、钠、硅、磷、硫、铁、铝、锰等，此外还有少量的碘、锌、硼、氟等元素。这些元素在植物生活中有着巨大的意义。

（三）进入土壤中的有机质类型

进入土壤中的有机质一般以三种类型状态存在：

（1）新鲜的有机物：指那些进入土壤中尚未被微生物分解的动、植物残体。它们仍保留着原有的形态等特征。对森林土壤而言，一般指枯凋落物的 L 层（Litter）。相当于土壤剖面形态记述中的 A 层。

（2）分解的有机物：经微生物的分解，已使进入土壤中的动、植物残体失去了原有的形态等特征。有机质已部分分解，并且相互缠结，呈褐色。包括有机质分解产物和新合成的简单有机化合物。对森林土壤而言，一般指枯凋落物层中的 F 层（Fermetation）。此层一般在土壤剖面形态记述中为 A 层。

（3）腐殖质：指有机质经过微生物分解后并再合成的一种褐色或暗褐色的大分子胶体物质。与土壤矿物质土粒紧密结合，是土壤有机质存在的主要形态类型。对森林土壤而言，一般指枯凋落物层中 H 层（Humus）。在土壤剖面形态记述中，通常与上述的 F 层共同记为 A 层。

（四）土壤有机质的含量

土壤有机质的含量在不同土壤中差异很大，含量高的可达 20% 或 30% 以上（如泥炭土，某些肥沃的森林土壤等），含量低的不足 1% 或 0.5%（如荒漠土和风沙土等）。在土壤学中，一般把耕作层中含有机质 20% 以上的土壤称为有机质土壤，含有机质在 20% 以下的土壤称为矿质土壤。一般情况下，耕作层土壤有机质含量通常在 5%以上。全球土壤有机质的含量大致是有机碳含量的 1.724 倍。

（五）土壤有机质的矿质化过程

土壤有机质的矿质化过程是指土壤有机质在微生物作用下，分解为简单的无机化合物的过程。土壤有机质的矿质化过程分为化学的转化过程、活动物的转化过程和微生物的转化过程。这一过程使土壤有机质转化为二氧化碳、水、氨和矿质养分（磷、硫、钾、钙、镁等简单化合物或离子），同时释放出能量。这一过程为植物和土壤微生物提供了养分和活动能量，并直接或间接地影响着土壤性质，同时也为合成腐殖质提供了物质基础。

1. 土壤有机质的化学转化过程

土壤有机质的化学转化过程的含义是广义的，实际上包括生物学及物理化学的变化。

（1）水的淋溶作用：降水可将土壤有机质中可溶性的物质洗出。这些物质包括简单的糖、有机酸及其盐类、氨基酸、蛋白质及无机盐等。约占 5% ~ 10% 水溶性物质淋溶的程度决定于气候条件（主要是降水量）。淋溶出的物质可促进微生物发育，从而促进其残余有机物的分解。这一过程对森林土壤尤为重要，因森林下常有下渗水流可将地表有机质（枯落物）中可溶性物质带入地下供林木根系吸收。

（2）酶的作用：土壤中酶的来源有三个方面：一是植物根系分泌酶，二是微生物分泌酶，三是土壤动物区系分泌释放酶。土壤中已发现的酶有 50 ~ 60 种。研究较多的有氧化还原酶、转化酶和水解酶等。酶是有机体代谢的动力，因此，可以想象酶在土壤有机质转化过程中所起的巨大作用。

2. 土壤有机质活动物的转化过程

从原生动物到脊椎动物，大多数以植物及植物残体为食。在森林土壤中，生活着大量的各类动物，如温带针阔混交林下每公顷蚯蚓可达 258 万条等，可见活动物对有机质的转化起着极为重要的作用。机械的转化：动物将植物或残体碎解，或将植物残体进行机械的搬进及与土粒混合，均可促进有机物被微生物分解。化学的转化：经过动物吞食的有机物（植物残体）未被动物吸收部分，经过肠道，以排泄物或粪便的形式排到体外，已经经过动物体内分解或半分解。土壤动物中蚯蚓的分解作用最大，因此，在某种程度上，可用土壤中蚯蚓的数量来评价土壤肥力的高低。

3. 土壤有机质的微生物转化过程

土壤有机质的微生物的转化过程是土壤有机质转化的最重要的、最积极的进程。

（1）微生物对不含氮的有机物转化。

不含氮的有机物主要指碳水化合物，主要包括糖类、纤维素、半纤维素、脂肪、木素等，简单糖类容易分解，而多糖类则较难分解；淀粉、半纤维素、纤维素、脂肪等分解缓慢，木素最难分解，但在表性细菌的作用下可缓慢分解。

葡萄糖在好气条件下，在酵母菌和醋酸细菌等微生物作用下，生成简单的有机酸（醋酸、草酸等）、醇类、酮类。这些中间物质在空气流通的土壤环境中继续氧化，最后完全分解成二氧化碳和水，同时放出热量。土壤碳水化合物分解过程是极其复杂的，在不同的环境条件下，受不同类型微生物的作用，产生不同的分解过程。这种分解进程实质上是能量释放过程，这些能量是促进土壤中各种生物化学过程的基本动力，是土壤微生物生命活动所需能量的重要来源。一般来说，在嫌气条件下，各种碳水化合物分解形成还原性产物时释放出的能量，比在好气条件下所释放的能量要少得多，所产生的 CH_4、H_2 等还原物质对植物生长不利。

（2）微生物对含氮的有机物转化。

土壤中含氮有机物可分为两种类型：一是蛋白质类型，如各种类型的蛋白质；二是非蛋白质型，如几丁质、尿素和叶绿素等。土壤中含氮的有机物在土壤微生物作用下，最终分解为无机态氮。

① 水解过程。

蛋白质在微生物所分泌的蛋白质水解酶的作用下，分解成为简单的氨基酸类含氮化合物。

② 氨化过程。

蛋白质水解生成的氨基酸在多种微生物及其分泌酶的作用下，产生氨的过程。氨化过程在好气、嫌气条件下均可进行，只是不同种类微生物的作用不同。

③ 硝化过程。

在通气良好的情况下，氨化作用产生的氨在土壤微生物的作用下，可经过亚硝酸的中间阶段，进一步氧化成硝酸，这个由氨经微生物作用氧化成硝酸的过程叫做硝化作用。将硝酸盐转化成亚硝酸盐的过程称为亚硝化作用。硝化过程是一个氧化过程，由于亚硝酸转化为硝酸的速度一般比氨转化为亚硝酸的速度快得多，因此土壤中亚硝酸盐的含量在通常情况下是比较少的。亚硝化过程只有在通气不良或土壤中含有大量新鲜有机物及大量硝酸盐时发生，从林业生产上看，此过程有害，是降低土壤肥力的过程，因此应尽量避免。

④ 反硝化过程。

硝态氮在土壤通气不良情况下，还原成气态氮（N_2O 或 N_2），这种生化反应称为反硝化作用。其过程可用下式表示：

总反应：$2NO_3^- + 10e^- + 12H^+ \longrightarrow N_2 + 6H_2O$

其中包括以下四个还原反应：

硝酸盐还原为亚硝酸盐：$2NO_3^- + 4H^+ + 4e^- \longrightarrow 2NO_2^- + 2H_2O$

亚硝酸盐还原为一氧化氮：$2NO_2^- + 4H^+ + 2e^- \longrightarrow 2NO + 2H_2O$

一氧化氮还原为一氧化二氮：$2NO + 2H^+ + 2e^- \longrightarrow 2N_2O + H_2O$

一氧化二氮还原为氮气：$N_2O + 2H^+ + 2e^- \longrightarrow N_2 + H_2O$

（3）微生物对含磷有机物的转化。

土壤中有机态的磷经微生物作用，分解为无机态可溶性物质后，才能被植物吸收利用。

土壤中表层有 26%~50% 是以有机磷状态存在，主要有核蛋白、核酸、磷脂、核素等，这些物质在多种腐生性微生物作用下，分解的最终产物为正磷酸及其盐类，可供植物吸收利用。

在嫌气条件下，很多嫌气性土壤微生物能引起磷酸还原作用，产生亚磷酸，并进一步还原成磷化氢。

（4）微生物对含硫有机物的转化。

土壤中含硫的有机化合物如含硫蛋白质、胱氨酸等，经微生物的腐解作用产生硫化氢。硫化氢在通气良好的条件下，在硫细菌的作用下氧化成硫酸，并和土壤中的盐基离子生成硫酸盐，不仅消除硫化氢的毒害作用，而且能成为植物易吸收的硫素养分。

在土壤通气不良条件下，已经形成的硫酸盐也可以还原成硫化氢，即发生反硫化作用，造成硫素散失。当硫化氢积累到一定程度时，对植物根素有毒害作用，应尽量避免。进入土壤的有机质是由不同种类的有机化合物组成，具有一定生物构造的有机整体。其在土壤中的分解和转化过程不同于单一有机化合物，表现为一个整体的动力学特点。植物残体中各类有机化合物的大致含量范围是：可溶性有机化合物（糖分、氨基酸）、纤维素、半纤维素、蛋白质、木素。它们的含量差异对植物残体的分解和转化有很大影响。据估计，进入土壤的有机残体经过一年降解后，2/3 以上的有机质以二氧化碳的形式释放而损失，残留在土壤中的有机质不到 1/3。植物根系在土壤中的年残留量比其他地上部分稍高一些。

（六）土壤有机质的作用

土壤有机质含量与土壤的肥力密切相关，对土壤性状、作物生长和化肥的施用有很大的影响，主要表现在：

1. 为植物提供所需的养分

土壤有机质分解以后可为植物提供所需的氮、磷、硫、微量元素等各种养分。我国主要表土中的氮、磷等元素大部分以有机态存在。在土壤有机质的矿化过程中，这些养分被微生物降解转化而被释放出来，供植物生长发育所需。此外，土壤有机质在分解和合成过程中，会产生多种的有机酸和腐殖酸，对土壤矿质有一定溶解能力，促进矿物风化，增加有些养料的有效性。

2. 改善土壤肥力特性

土壤有机质的黏结性比砂粒强，在砂性土壤中，可提高砂土的团聚性，改善土壤过分松散的状态。另一方面，土壤有机质的黏性小于黏粒的黏性，能降低土壤的黏性，使土壤变得比较松软，这说明土壤有机质可以通过改变土壤的黏性，使土壤的透水性、蓄水性、通气性得到改善。同时，土壤有机质是土壤微生物生命活动所需养分和能量的主要来源，土壤有机质的含量会影响土壤有机质分解和矿化速率。土壤有机质通过刺激微生物活动还能增加土壤酶的活性，从而影响土壤养分的转化。

3. 有机质与重金属离子的作用

土壤腐殖质组分对重金属污染物毒性的影响可以通过静电吸附和络合作用来实现。土壤腐殖质中含有多种功能基，这些功能基对重金属离子有较强的络合能力，土壤有机质与重金属离子的络合作用对土壤和水体中重金属离子的固定和迁移有极其重要的影响。

4. 有机质对农药等有机污染物具有固定作用

土壤有机质对农药等有机污染物有强烈的亲和力，对有机污染物在土壤中的生物活性、残留、生物降解、迁移和蒸发等过程有重要的影响。对农药的固定与腐殖质功能基的数量、类型和空间排列密切相关，也与农药本身的性质有关。一般认为极性有机污染物可以通过离子交换和质子化、氢键、范德华力、配位体交换、阳离子桥和水桥等各种不同机理与土壤有机质结合。对非极性有机污染物可通过分隔机理与之结合。腐殖质分子中既有极性亲水基团，也有非极性亲水基团。

5. 有机质对全球碳平衡的影响

土壤有机质也是全球碳平衡过程中非常重要的碳库。据统计，全球土壤有机质的总碳量在 $14 \times 10^{17} \sim 15 \times 10^{17}$g，大约是陆地生物总碳量（$5.6 \times 10^{17}$g）的 2.5 ~ 3 倍。而每年因土壤有机质生物分解释放到大气的总量为 68×10^{15}g，全球每年因焚烧燃料释放到大气的碳远低得多，仅为 6×10^{15}g，是土壤呼吸作用释放碳的 8% ~ 9%。可见，土壤有机质的损失对地球自然环境具有重大影响。从全球来看，土壤有机碳水平的不断下降，对全球气候变化的影响将不亚于人类活动向大气排放的影响。

综上所述，不难看出，土壤有机质含量多的土壤，其土壤肥力较高，不仅能够为作物生长提供较充足的营养，而且土壤保水保肥能力强，能减少养分的流失，节约化肥用量，提高肥料利用率。有机质含量较少的土壤，情况则相反。因此，应该增施有机肥料，提高土壤有机质的含量，才能充分发挥化肥的增产效益。对低产田来说，增加有机质含量，可以培肥低产土壤。

（七）土壤有机质的管理

土壤有机质的管理必须遵循以下两个原则：

1. 生态平衡原则

在各种环境条件下，土壤有机质矿化和腐殖化处于相对平衡状态，故土壤有机质含量一般是相对稳定的；在特定的气候带，特定植被条件下，土壤有机质积累到一定数量时，将保持较稳定的数值，不可能上升到惊人的水平；有机质含量下降要比提高快。

例如：东北黑土开垦后退化，大量的开垦之后会打破土壤有机质矿化和腐化的平衡，土壤中的有机质就不会处于一个平衡状态，于是东北的有机质含量出现了一个迅速下降的趋势，因此这个需要我们引起重视，努力地使开垦和有机质的含量处于一个平衡状态，避免出现土地贫瘠的状况发生。

2. 经济原则

超量使用有机肥或其他大量的有机物质是不现实的，更是不经济的，必须按照经济原则管理土壤，因此我们必须要做到有机无机并重，相互配合才可以达到既经济又实用的原则，从而使土壤的有机质处于一个丰富的状态。

（八）对土壤有机质的调控

（1）调控土壤有机质的矿化速率。

（2）增施绿肥。

（3）广辟肥源，增施有机肥。

（4）提供施用有机、无机复合肥。

（5）推广施用生物有机肥。

二、实验［土壤有机质的测定(油浴加热–重铬酸钾容量法)］

土壤的有机质含量通常作为土壤肥力水平高低的一个重要指标。它不仅是土壤各种养分特别是氮、磷的重要来源，并对土壤理化性质如结构性、保肥性和缓冲性等有着积极的影响。测定土壤有机质的方法很多，本实验用重铬酸钾容量法。

（一）方法原理

在 170 ~ 180 °C 条件下，用过量的标准重铬酸钾的硫酸溶液氧化土壤有机质（碳），剩余的重铬酸钾以硫酸亚铁溶液滴定，从所消耗的重铬酸钾量计算有机质含量。测定过程的化学反应式如下：

$$2K_2Cr_2O_7 + 3C + 8H_2SO_4 \longrightarrow 2K_2SO_4 + 2Cr_2(SO_4)_3 + 3CO_2 + 8H_2O$$

$$K_2Cr_2O_7 + 6FeSO_4 + 7H_2SO_4 \longrightarrow K_2SO_4 + Cr_2(SO_4)_3 + 3Fe_2(SO_4)_3 + 7H_2O$$

（二）试剂及药品

（1）0.400 0 mol/L（1/6 $K_2Cr_2O_7$）重铬酸钾-硫酸溶液。

（2）0.2 mol/L $FeSO_4$溶液，称取化学纯 $FeSO_4 \cdot 7H_2O$ 56 g 或$(NH_4)_2SO_4 \cdot FeSO_4 \cdot 6H_2O$ 78.4 g，加 3 mol/L 硫酸 30 mL 溶解，加水稀释定容到 1 L，摇匀备用。

（3）邻啡罗林指示剂，称取硫酸亚铁 0.695 g 和邻啡罗林 1.485 g 溶于 100 mL 水中，此时试剂与硫酸亚铁形成棕红色络合物$[Fe(C_{12}H_8N_3)_3]^{2+}$。

（三）操作步骤

（1）准确称取通过 0.25 mm 筛孔的风干土样 0.100 ~ 0.500 g，倒入干燥硬质玻璃试管中，加入 0.400 0 mol/L（1/6 $K_2Cr_2O_7$）重铬酸钾-硫酸溶液 10.00 mL，小心摇匀，管口放一小漏斗，以冷凝蒸出的水汽。试管插入铁丝笼中。

（2）预先将热浴锅（石蜡或磷酸）加热到 185 ~ 190 °C，将插有试管的铁丝笼放入热浴锅中加热，待试管内溶液沸腾时计时，煮沸 5 min，取出试管，稍冷，擦去试管外部油液。消煮过程中，热浴锅内温度应保持在 170 ~ 180 °C。

（3）冷却后，将试管内溶液小心倾入 150 mL 三角瓶中，并用蒸馏水冲洗试管内壁和小漏斗，洗入液的总体积应控制在 50 ~ 60 mL 左右，然后加入邻啡罗林指示剂 3 滴，用 $FeSO_4$ 标准溶液滴定，先由棕黄变绿，再突变到咖啡红色时即为滴定终点（要求滴定终点时溶液中 H_2SO_4 的浓度为 1 ~ 1.5 mol/L）。

（4）测定每批（即上述铁丝笼中）样品时，以纯石英砂灼烧过的土壤代替土样做两个空白试验。

注：若样品测定时消耗的 $FeSO_4$ 量低于空白的 1/3，则应减少土壤称量。

（四）结果计算

$$土壤有机质(\%)=\frac{C\times(V_0-V)\times0.003\times1.724\times1.1}{烘干土重}\times100$$

式中 V_0——滴定空白时所用 $FeSO_4$ 毫升数；

V——滴定土样时所用 $FeSO_4$ 毫升数；

C——$FeSO_4$ 标准溶液浓度；

0.003——碳毫摩尔质量 0.012 被反应中电子得失数 4 除得 0.003；

1.724——有机质含碳量平均为 58%，故测出的碳转化为有机质时的系数为 100/58≈1.724；

1.1——校正系数。

（五）注意事项

（1）含有机质 5% 者，称土样 0.1 g；含有机质 2%～3% 者，称土样 0.3 g；少于 2% 者，称土样 0.5 g 以上。若待测土壤有机质含量大于 15%，氧化不完全，不能得到准确结果。因此，应用固体稀释法进行弥补。方法是：将 0.1 g 土样与 0.9 g 高温灼烧已除去有机质的土壤混合均匀，再进行有机质测定，按取样十分之一计算结果。

（2）测定石灰性土壤样品时，必须慢慢加入浓 H_2SO_4，以防止由于 $CaCO_3$ 分解而引起的激烈发泡。

（3）消煮时间对测定结果影响极大，应严格控制试管内溶液沸腾时间为 5 min。

（4）消煮的溶液颜色，一般应是黄色或黄中稍带绿色。如以绿色为主，说明重铬酸钾用量不足。若滴定时消耗的硫酸亚铁量小于空白用量的三分之一，可能氧化不完全，应减少土样重做。

附：土壤有机质含量参考指标

土壤有机质含量（%）	丰缺程度
≤1.5	极低
1.5～2.5	低
2.5～3.5	中
3.5～5.0	高
>5	极高

思考题

1. 土样消煮时为什么必须严格控制温度和时间？温度高低和消化时间长短对测定结果有哪些影响？

2. 消化后的土壤溶液变绿色，为什么要称样重做？

3. 重铬酸钾容量法测定土壤有机质的原理是什么？

第九章　土壤阳离子交换性能

一、概　述

土壤中阳离子交换作用，早在 19 世纪 50 年代已为土壤科学家所认识。当土壤用一种盐溶液（例如醋酸铵）淋洗时，土壤具有吸附溶液中阳离子的能力，同时释放出等量的其他阳离子，如 Ca^{2+}、Mg^{2+}、K^{+}、Na^{+}等，它们称为交换性阳离子。在交换中还可能有少量的金属微量元素和铁、铝。Fe^{3+}(Fe^{2+})一般不作为交换性阳离子，因为它们的盐类容易水解生成难溶性的氢氧化物或氧化物。

土壤吸附阳离子的能力用吸附的阳离子总量表示，称为阳离子交换量（Cation Exchange Capacity，CEC），其数值以厘摩尔每千克（$cmol \cdot kg^{-1}$）表示，土壤交换性能的分析包括土壤阳离子交换量的测定、交换性阳离子组成分析和盐基饱和度、石灰、石膏需要量的计算。

土壤交换性能是土壤胶体的属性。土壤胶体有无机胶体和有机胶体。土壤有机胶体腐殖质的阳离子交换量为 200 ~ 400 $cmol \cdot kg^{-1}$。无机胶体包括各种类型的黏土矿物，其中 2∶1 型的黏土矿物如蒙脱石的交换量为 60 ~ 100 $cmol \cdot kg^{-1}$，1∶1 型的黏土矿物如高岭石的交换量为 10 ~ 15 $cmol \cdot kg^{-1}$。因此，不同土壤由于黏土矿物和腐殖质的性质和数量不同，阳离子交换量差异很大。例如，东北的黑钙土的交换量为 30 ~ 50 $cmol \cdot kg^{-1}$，而华南的土壤阳离子交换量均小于 10 $cmol \cdot kg^{-1}$，这是因为黑钙土的腐殖质含量高，黏土矿物以 2∶1 型为主，而红壤的腐殖质含量低，黏土矿物又以 1∶1 型为主。

阳离子交换量的测定受多种因素影响。例如交换剂的性质、盐溶液的浓度和 pH 等，必须严格掌握操作技术才能获得可靠结果。作为指示阳离子常用的有 NH_4^+、Na^+、Ba^{2+}，亦有选用 H^+作为指示阳离子。各种离子的置换能力为：$Al^{3+} > Ba^{2+} > Ca^{2+} > Mg^{2+} > NH_4^+ > K^+ > Na^+$。$H^+$在一价阳离子中置换能力最强。在交换过程中，土壤交换复合体的阳离子，溶液中的阳离子和指示阳离子互相作用出现一种极其复杂的竞争过程，往往由于不了解这种作用而使交换不完全。交换剂溶液的 pH 是影响阳离子交换量的重要因素。阳离子交换量是由土壤胶体表面的净负电荷量决定的。无机有机胶体的官能团产生的正负电荷和数量则因溶液的 pH 和盐溶液浓度的改变而变动。在酸性土壤中，一部分负电荷可能为带正电荷的铁铝氧化物所掩蔽，一旦溶液 pH 值升高，铁铝呈氢氧化物沉淀而增强土壤胶体负电荷。尽管在常规方法中，大多数都考虑了交换剂的缓冲性，例如酸性、中性土壤用 pH 值为 7.0，石灰性土壤用 pH 值为 8.2 的缓冲溶液，但是这种酸度与土壤，尤其是酸性土壤原来的酸度可能相差较大而影响结果。

最早测定阳离子交换量的方法是用饱和 NH_4Cl 反复浸提，然后从浸出液中 NH_4^+ 的减少量计算出阳离子交换量。该方法在酸性非盐土中包括了交换性 Al^{3+}，即后来所称的酸性土壤的实际交换量（Q^+，E）。后来改用 1 mol · L^{-1} NH_4Cl 淋洗，然后用水、乙醇除去土壤中过多的 NH_4Cl，再测定土壤中吸附的 NH_4^+（Kelly and Brown，1924）。当时还没有意识到在田间 pH 条件下，用非缓冲性盐测定土壤阳离子交换量更合适，尤其对高度风化的酸性土。但根据其化学计算方法，已经发现土壤可溶性盐的存在影响测定结果。后来人们改用缓冲盐溶液如乙酸铵（pH 值为 7.0）淋洗，并用乙醇除去多余的 NH_4^+，以防止吸附的 NH_4^+ 水解（Kelley，1948；Schollenberger and Simons，1945）。这一方法在国内外应用非常广泛，美国把它作为土壤分类时测定阳离子交换量的标准方法。但是，对于酸性土特别是高度风化的强酸性土壤往往测定值偏高。因为 pH 值为 7.0 的缓冲盐体系提高了土壤的 pH 值，使土壤胶体负电荷增强。同理，对于碱性土壤则测定值偏低（Kelley，1948）。

由于 $CaCO_3$ 的存在，在交换清洗过程中，部分 $CaCO_3$ 的溶解使石灰性土壤交换量测定结果大大偏高。对于含有石膏的土壤也存在同样问题。Mehlich A（1942）最早提出用 0.1 mol · L^{-1} $BaCl_2$—TEA（三乙醇胺）pH = 8.2 缓冲液来测定石灰性土壤的阳离子交换量。在这个缓冲体系中，因 $CaCO_3$ 的溶解受到抑制而不影响测定结果。但是，土壤 SO_4^{2-} 的存在将消耗一部分 Ba^{2+} 使测定结果偏高。Bascomb（1964）改进了这一方法，采用强迫交换的原理用 $MgSO_4$ 有效地代换被土壤吸附的 Ba^{2+}。平衡溶液中离子强度对阳离子交换量的测定有影响，因此在清洗过程中，固定溶液的离子强度非常重要。一般浸提溶液的离子强度应与田间条件下的土壤离子强度大致相同。经过几次改进后，$BaCl_2$-$MgSO_4$ 强迫交换的方法，能控制土壤溶液的离子强度，是酸性土壤阳离子交换量测定的良好方法，也可用于其他各种类型土壤，目前它是国际标准方法。

二、实 验

（一）酸性及中性土壤离子交换量的测定

1. $BaCl_2$–$MgSO_4$（强迫交换）法

（1）方法原理。

用 Ba^{2+} 饱和土壤复合体，经 Ba^{2+} 饱和的土壤用稀 $BaCl_2$ 溶液洗去大部分交换剂之后，离心称重求出残留稀 $BaCl_2$ 溶液量。再用定量的标准 $MgSO_4$ 溶液交换土壤复合体中的 Ba^{2+}。

$$\left[\text{土}\right]\begin{matrix}Ca^{2+}\\Mg^{2+}\\K^{+}\\Na^{+}\end{matrix} + nBaCl_2 \rightleftharpoons \left[\text{土}\right]\begin{matrix}Ba^{2+}\\Ba^{2+}\\Ba^{2+}\end{matrix} + CaCl_2 + MgCl_2 + KCl + NaCl + (n-3)BaCl_2$$

$$[\text{土}]xBa^{2+} + yBaCl_2(\text{残留物}) + zMgSO_4 \rightarrow [\text{土}]xMg^{2+} + yMgCl^{2+}(z-x-y)MgSO_4 + (x+y)BaSO_4\downarrow$$

调节交换后悬浊液的电导率使之与离子强度参比液一致，从加入 Mg^{2+} 总量中减去残留于悬浊液中的 Mg^{2+} 的量，即为该样品阳离子交换量。

（2）主要仪器。

离心机、电导仪、pH 计。

（3）试剂。

① 0.1 mol · L^{-1} $BaCl_2$交换剂：溶解 24.4 g $BaCl_2 \cdot 2H_2O$ 用蒸馏水定容到 1 000 mL。

② 0.002 mol · L^{-1} $BaCl_2$平衡溶液：溶解 0.488 9 g $BaCl_2 \cdot 2H_2O$ 用去离子水定容到 1 000 mL。

③ 0.01 mol · L^{-1}（1/2$MgSO_4$）溶液：溶解 $MgSO_4 \cdot 7H_2O$ 1.232 g 并定容到 1 000 mL。

④ 离子强度参比液 0.003 mol · L^{-1}（1/2$MgSO_4$）：溶解 0.370 0 g $MgSO_4 \cdot 7H_2O$ 于水中定容到 1 000 mL。

⑤ 0.10 mol · L^{-1}（1/2H_2SO_4）溶液：量取 H_2SO_4（化学纯）2.7 mL，加蒸馏水稀释至 1 000 mL。

（4）测定步骤。

称取风干土 2.00 g 于预先称重（m_0）的 30 mL 离心管中，加入 0.1 mol · L^{-1} $BaCl_2$交换剂 20.0 mL，用胶塞塞紧，振荡 2 h。在 10 000 r · min^{-1}下离心，小心弃去上层清液。加入 0.002 mol · L^{-1} $BaCl_2$平衡溶液 20.0 mL，用胶塞塞紧，先剧烈振荡使样品充分分散，然后再振荡 1 h。离心，弃去清液。重复上述步骤两次，使样品充分平衡。在第 3 次离心之前，测定悬浊液的 pH（pH_{BaCl_2}）。弃去第 3 次清液后，加入 0.01 mol · L^{-1}（1/2$MgSO_4$）溶液 10.00 mL 进行强迫交换，充分搅拌后放置 1 h。测定悬浊液的电导率 EC_{susp}和离子强度参比液 0.003 mol · L^{-1}（1/2$MgSO_4$）溶液的电导率 EC_{ref}。若 $EC_{susp} < EC_{ref}$，逐渐加入 0.01 mol · L^{-1}（1/2$MgSO_4$）溶液，直至 $EC_{susp} = EC_{ref}$，并记录加入 0.01 mol · L^{-1}（1/2$MgSO_4$）溶液的总体积（V_2）。

若 $EC_{susp} > EC_{ref}$，测定悬浊液 pH（pH_{susp}），若 $pH_{susp} > pH_{BaCl_2}$超过 0.2 ~ 3 单位，滴加 0.10 mol · L^{-1}（1/2H_2SO_4）溶液直至 pH 达到pH_{BaCl_2}；加入去离子水并充分混和，让放置过夜，直至两者电导率相等为止。如有必要，再次测定并调节 pH_{susp} 和 EC_{susp}，直至达到以上要求，准确称离心管加内容物的质量（m_1）。

（5）结果计算。

土壤阳离子交换量 Q^+(CEC，cmol · kg^{-1}) = [100 (加入 Mg 的总量 − 保留在溶液中 Mg 的量)]/土样质量

$$Q^+ = [(0.1 + c_2V_2 - c_3V_3) \times 100]/m$$

式中　Q^+——阳离子交换量（cmol · kg^{-1}）；

0.1——用于强迫交换时加入 0.01 mol · L^{-1}（1/2$MgSO_4$）溶液 10 mL；

c_2——调节电导率时，所用 0.01 mol · L^{-1}（1/2$MgSO_4$）溶液的浓度；

V_2——调节电导率时，所用的 0.01 mol · L^{-1}（1/2$MgSO_4$）溶液的体积（mL）；

c_3——离子强度参比液的浓度 [0.003 mol · L^{-1}（1/2$MgSO_4$）溶液]；

V_3——悬浊液的总体积 [m_1 − (m_0 + 2.00 g)]；

m——烘干大样品质量（g）。

2. 1 mol · L^{-1}乙酸铵交换法（GB7863-87）

（1）方法原理。

用 1 mol · L^{-1} 乙酸铵溶液（pH = 7.0）反复处理土壤，使土壤成为 NH_4^+饱和土。用

950 mol·L^{-1}乙醇洗去多余的乙酸铵后，用水将土壤洗入开氏瓶中，加固体氧化镁蒸馏。蒸馏出的氨用硼酸溶液吸收，然后用盐酸标准溶液滴定。根据NH_4^+的量计算土壤阳离子交换量。

（2）试剂。

① 1 mol·L^{-1}乙酸铵溶液（pH = 7.0）：称取乙酸铵（CH_3COONH_4，化学纯）77.09 g用水溶解，稀释至近1 L。如pH不在7.0，则用1∶1氨水或稀乙酸调节至pH值为7.0，然后稀释至1 L。

② 950 mol·L^{-1}乙醇溶液（工业用，必须无NH_4^+）。

③ 液体石蜡（化学纯）。

④ 甲基红-溴甲酚绿混合指示剂：称取溴甲酚绿0.099 g和甲基红0.066 g于玛瑙研钵中，加少量950 mol·L^{-1}乙醇，研磨至指示剂完全溶解为止，最后加950 mol·L^{-1}乙醇至100 mL。

⑤ 20 g·L^{-1}硼酸-指示剂溶液：称取硼酸（H_3BO_3，化学纯）20 g，溶于1 L水中。每升硼酸溶液中加入甲基红-溴甲酚绿混合指示剂20 mL，并用稀酸或稀碱调节至紫红色（葡萄酒色），此时该溶液的pH值为4.5。

⑥ 0.05 mol·L^{-1}盐酸标准溶液：每升水中注入浓盐酸4.5 mL，充分混匀，用硼砂标定。标定剂硼砂（$Na_2B_4O_7\cdot 10H_2O$，分析纯）必须保存于相对湿度60%～70%的空气中，以确保硼砂含10个结合水，通常可在干燥器的底部放置氯化钠和蔗糖的饱和溶液（并有二者的固体存在），密闭容器中空气的相对湿度即为60%～70%。称取硼砂2.382 5 g溶于水中，定容至250 mL，得0.05 mol·L^{-1}（$1/2Na_2B_4O_7$）标准溶液。吸取上述溶液25.00 mL于250 mL锥形瓶中，加2滴溴甲酚绿-甲基红指示剂（或0.2%甲基红指示剂），用配好的0.05 mol·L^{-1}盐酸溶液滴定至溶液变酒红色为终点（甲基红的终点为由黄突变为微红色）。同时做空白试验。盐酸标准溶液的浓度按下式计算，取三次标定结果的平均值。

$$c_1 = c_2 \times V_2/(V_1 - V_0)$$

式中　c_1——盐酸标准溶液的浓度（mol·L^{-1}）；

V_1——盐酸标准溶液的体积（mL）；

V_0——空白试验用去盐酸标准溶液的体积（mL）；

c_2——（$1/2Na_2B_4O_7$）标准溶液的浓度（mol·L^{-1}）；

V_2——用去（$1/2Na_2B_4O_7$）标准溶液的体积（mL）。

⑦ pH = 10缓冲溶液：称取氯化铵（化学纯）67.5 g溶于无二氧化碳的水中，加入新开瓶的浓氨水（化学纯，ρ = 0.9 g·mL^{-1}，含氨25%）570 mL，用水稀释至1 L，贮于塑料瓶中，并注意防止吸收空气中的二氧化碳。

⑧ K-B指示剂：称取酸性铬蓝K 0.5 g和萘酚绿B 1.0 g，与105 °C烘过的氯化钠100 g一同研细磨匀，越细越好，贮于棕色瓶中。

⑨ 固体氧化镁：将氧化镁（化学纯）放在镍蒸发皿或坩埚内，在500～600 °C高温电炉中灼烧半小时，冷后贮藏在密闭的玻璃器皿内。

⑩ 纳氏试剂：称取氢氧化钾（KOH，分析纯）134 g溶于460 mL水中。另称碘化钾（KI，分析纯）20 g溶于50 mL水中，大约加入碘化汞（HgI_2，分析纯）3 g，使溶解至饱和状态。然后将两溶液混合即成。

（3）主要仪器。

电动离心机（转速 3 000～4 000 $r\cdot min^{-1}$）、离心管（100 mL）、开氏瓶（150 mL）、蒸馏装置。

（4）测定步骤。

① 称取通过 2 mm 筛孔的风干土样 2.0 g，质地较轻的土壤称 5.0 g，放入 100 mL 离心管中，沿离心管壁加入少量 1 $mol\cdot L^{-1}$ 乙酸铵溶液，用橡皮头玻璃棒搅拌土样，使其成为均匀的泥浆状态。再加 1 $mol\cdot L^{-1}$ 乙酸铵溶液至总体积约 60 mL，并充分搅拌均匀，然后用 1 $mol\cdot L^{-1}$ 乙酸铵溶液洗净橡皮头玻璃棒，溶液收入离心管内。

② 将离心管成对放在粗天平的两盘上，用乙酸铵溶液使之质量平衡。平衡好的离心管对称地放入离心机中（如果没有离心机也可以用淋洗法），离心 3～5 min，转速 3 000～4 000 $r\cdot min^{-1}$，如不测定交换性盐基，离心后的清液即弃去，如需测定交换性盐基时，每次离心后的清液收集在 250 mL 容量瓶中，如此用 1 $mol\cdot L^{-1}$ 乙酸铵溶液处理 3～5 次，直到最后浸出液中无钙离子反应为止（检查钙离子的方法：取最后一次乙酸铵浸出液 5 mL 放在试管中，加 pH = 10 缓冲液 1 mL，加少许 K-B 指示剂。如溶液呈蓝色，表示无钙离子；如呈紫红色，表示有钙离子，还要用乙酸铵继续浸提）。最后用 1 $mol\cdot L^{-1}$ 乙酸铵溶液定容，留着测定交换性盐基。

③ 往载土的离心管中加少量 950 $mol\cdot L^{-1}$ 乙醇，用橡皮头玻璃棒搅拌土样，使其成为泥浆状态，再加 950 $mol\cdot L^{-1}$ 乙醇约 60 mL，用橡皮头玻璃棒充分搅匀，以便洗去土粒表面多余的乙酸铵，切不可有小土团存在（可用少量乙醇冲洗并回收橡皮夹玻棒上黏附的粘粒）。然后将离心管成对放在粗天平的两盘上，用 950 $mol\cdot L^{-1}$ 乙醇溶液使之质量平衡，并对称放入离心机中，离心 3～5 min，转速 3 000～4 000 $r\cdot min^{-1}$，弃去酒精溶液。如此反复用酒精洗 3～4 次，直至最后一次乙醇溶液中无铵离子为止，用纳氏试剂检查铵离子。

④ 洗净多余的铵离子后，用水冲洗离心管的外壁，往离心管内加少量水，并搅拌成糊状，用水把泥浆洗入 150 mL 开氏瓶中，并用橡皮头玻璃棒擦洗离心管的内壁，使全部土样转入开氏瓶内，洗入水的体积应控制在 50～80 mL。蒸馏前往开氏瓶内加入液状石蜡 2 mL 和氧化镁 1 g，立即把开氏瓶装在蒸馏装置上。

⑤ 将盛有 20 $g\cdot L^{-1}$ 硼酸指示剂吸收液 25 mL 的锥形瓶（250 mL），放置在用缓冲管连接的冷凝管的下端。打开螺丝夹（蒸汽发生器内的水要先加热至沸），通入蒸汽，随后摇动开氏瓶内的溶液使其混合均匀。接通开氏瓶下的电炉电源，接通冷凝系统的流水。用螺丝夹调节蒸汽流速度，使其一致，蒸馏约 20 min，馏出液约达 80 mL 以后，检查蒸馏是否完全。检查方法：取下缓冲管，在冷凝管下端取几滴馏出液于白瓷比色板的凹孔中，立即往馏出液内加 1 滴甲基红-溴甲酚绿混合指示剂，呈紫红色，则示氨已蒸完，蓝色需继续蒸馏（如加滴纳氏试剂，无黄色反应，即表示蒸馏完全）。

⑥ 将缓冲管连同锥形瓶内的吸收液一起取下，用水冲洗缓冲管的内外壁（洗入锥形瓶内），然后用盐酸标准溶液滴定。同时做空白试验。

（5）结果计算。

$$Q^{+} = c\times(V-V_0)/m_1\times 100$$

式中　Q^{+}——阳离子交换量（$cmol\cdot kg^{-1}$）；

c——盐酸标准溶液的浓度（mol·L^{-1}）；
V——盐酸标准溶液的用量（mL）；
V_0——空白试验盐酸标准溶液的用量（mL）；
m_1——烘干土样质量（g）。

3. 交换性阳离子加和法

（1）方法原理。

用中性乙酸铵浸提法测得的交换性盐基阳离子总量（Ca^{2+}、Mg^{2+}、K^+、Na^+）与氯化钙交换-中和滴定法测得的交换性酸总量（H^+、Al^{3+}）之和表示酸性土壤的实际阳离子交换量（$Q_{+,E}$）。

（2）分析步骤。

分别见于土壤水溶性盐的分析中阳离子的测定和阴离子测定中钙、镁、钾、钠的测定和交换酸的测定。

（3）结果计算。

$$Q_{+,E}=Q_{+,B}+Q_{+,A}$$

式中 $Q_{+,E}$——土壤实际阳离子交换量（cmol·kg^{-1}）；
$Q_{+,B}$——交换性盐基总量（cmol·kg^{-1}）；
$Q_{+,A}$——交换性酸总量（cmol·kg^{-1}）。

4. 石灰需要量的测定与计算（0.2 mol·L^{-1} $CaCl_2$交换–中和滴定法）

酸性土壤石灰需要量是指把土壤从其初始酸度中和到一个选定的中性或微酸性状态，或使土壤盐基饱和度从其初始饱和度增至所选定的盐基饱和度需要的石灰或其他碱性物质的量。由于石灰的加入提高了土壤溶液的 pH 值而使酸性土壤某些原来浓度已达到毒害程度的元素溶解度降低，消除了它们的毒害作用，但若加量太多，往往可把 Fe、Mn 有效度降得过低而使 Fe、Mn 缺乏。因此，应用一种准确、可行的测定方法，测定土壤石灰需要量，指导施用石灰是在包括咸宁市在内的中国中南部广大红壤分布区具有极大价值的土壤管理措施。

测定土壤石灰需要量的方法很多，具体包括以下几种：田间试验法，利用田间对比试验研究决定石灰施用量，是一种校正实验室测定方法的参比法；土壤-石灰培养法，它是把若干份供试土壤按递增量加石灰，在一定湿度下培养之后测定 pH 值的变化，从而决定中和到规定 pH 值的石灰需要量；酸碱滴定法，常用的有交换酸中和法，其中 $CaCl_2$-$Ca(OH)_2$ 中和滴定法模拟了土壤施入石灰时所引起反应的大致情况，同时在测定时由于 $CaCl_2$ 盐的作用，使滴定终点明显。在国际上还流行一种土壤-缓冲溶液平衡法，简称 SMP 法，它是一种弱酸与其盐组成的缓冲液，能使土壤酸度在比较低而且近于恒定的 pH 下逐渐中和，利用缓冲液的 pH 值变化决定石灰用量。测定石灰需要量的方法都有其局限性，因此利用测定值指导石灰施用时，必须考虑土壤 Q^+和盐基饱和度、土壤质地和有机质的含量、土壤酸存在的主要形式、石灰的种类和施用方法，同时还要考虑可能带来的其他不利影响，例如土壤微量元素养分的平衡供应，等等。

（1）方法原理。

用 0.2 mol·L^{-1} $CaCl_2$ 溶液交换土壤胶体上的 H^+和铝离子而进入溶液，用 0.015 mol·L^{-1}

$Ca(OH)_2$标准溶液滴定，用 pH 酸度计指示终点。根据 $Ca(OH)_2$ 的用量计算石灰施用量。

（2）主要仪器。

pH 酸度计、调速磁力搅拌器。

（3）试剂。

① 0.2 mol·L^{-1} $CaCl_2$溶液。称取 $CaCl_2 \cdot 6H_2O$（化学纯）44 g 溶于水中，稀释至 1 000 mL，用 0.015 mol·L^{-1} $Ca(OH)_2$ 或 0.1 mol·L^{-1} HCl 调节到 pH = 7.0（用 pH 酸度计测量）。

② 0.015 mol·L^{-1} $Ca(OH)_2$标准溶液。称取经 920 °C 灼烧半小时的 CaO（分析纯）4 g 溶于 200 mL 无 CO_2水中，搅拌后放置澄清，倾出上部清液于试剂瓶中，用装有苏打石灰管及虹吸管的橡皮塞塞紧。用苯二甲酸氢钾或 HCl 标准溶液标定浓度。

（4）操作步骤。

称取风干土（通过 1 mm 筛）10.00 g 放在 100 mL 烧杯中，加入 0.2 mol·L^{-1} $CaCl_2$溶液 40 mL，在磁力搅拌器上充分搅拌 1 min，调节至慢速，放 pH 玻璃电极及饱和甘汞电极，在缓速搅拌下用 0.015 mol·L^{-1} $Ca(OH)_2$ 滴定至 pH = 7.0 即为终点，记录 $Ca(OH)_2$用量。

（5）结果计算。

$$\text{石灰施用量 CaO }[\text{kg}\cdot(\text{hm}^2)^{-1}] = \frac{c \times V}{m} \times 0.028 \times 2\ 250\ 000 \times \frac{1}{2}$$

式中　c、V——滴定时消耗 $Ca(OH)_2$标准溶液的浓度（mol·L^{-1}）和体积（mL）；

m——风干土样重（g）；

0.028——1/2CaO 的摩尔质量（kg·mol^{-1}）；

2 250 000——每 hm^2 耕层土壤的质量[kg·(hm^2)$^{-1}$]。

1/2——实验室测定值与田间实际情况的差异系数。

（二）石灰性土壤交换量的测定

石灰性土壤含游离碳酸钙、碳酸镁，是盐基饱和（主要是钙饱和）的土壤。一般只作交换量的测定。从土壤分类与土壤肥力方面考虑，也需进行交换性阳离子组成的测定。

测定石灰性土壤交换量的最大困难是交换剂对碳酸钙、碳酸镁的溶解。由于 Ca^{2+}、Mg^{2+}始终在溶液中参与交换平衡，阻碍它们被交换完全，因此，交换剂的选择是测定石灰性土壤交换量的首要问题。

石灰性土壤在大气 CO_2 分压下的平衡 pH 值接近于 8.2。在 pH = 8.2 时，许多交换剂对石灰质的溶解度很低。所以用于石灰性土壤的交换剂往往采用 pH = 8.2 的缓冲液。有些应用碳酸铵溶液，但因它对 $MgCO_3$ 的溶解度较高，不适合于含白云石类的土壤。下表列出几种交换剂对碳酸钙、碳酸镁的溶解度，作为选用时的参考。

以 NaOAc 为交换剂是目前国内广泛用于石灰性土壤和碱性土壤交换量测定的一个常规方法。它对 $CaCO_3$ 的溶解度较小，但对 $MgCO_3$ 的溶解度较高，测定的交换性镁往往有一定的正误差（<1 cmol·kg^{-1}），在含蛭石黏土矿物的土壤，其内层离子能为 Na^+取代，而保持在内层的 Na^+又能被置换，因此，NaOAc 不像 NH_4OAc 那样会降低阳离子交换量的问题。

几种交换剂对石灰质的溶解度（见表 2.9.1）：

表 2.9.1

交换剂	方解石（$CaCO_3$）	白云石（$CaCO_3 \cdot gCO_3$）	菱镁矿（$MgCO_3$）
1 $mol \cdot L^{-1}$ pH = 7 的 NaCl	0.053 4	—	0.414
1 $mol \cdot L^{-1}$ pH = 7 的 NH_4Cl	0.577 5	—	—
1 $mol \cdot L^{-1}$ pH = 7 的 NH_4OAc	0.855	0.432	0.060 4
1 $mol \cdot L^{-1}$ pH = 8.2 的 NaOAc	0.053 1	0.035 4	0.063
1 $mol \cdot L^{-1}$ pH = 8.2 的 $BaCl_2$-TEA	0.06	—	—

pH 为 8.2 的 $BaCl_2$-TEA 作为石灰性土壤的交换剂，它的最大优点在于 Ba^{2+}在石灰质表面形成 $BaCO_3$沉定，包裹石灰矿粒，避免进一步溶解，从而有利于降低溶液中 Ca^{2+}浓度，使交换作用完全。1 $mol \cdot L^{-1}$ NH_4OAc pH = 7 对石灰质溶解太强，一般不适用，但可先以 1 $mol \cdot L^{-1}$ NH_4Cl 分解石灰，然后再用 NH_4OAc 进行交换。同位素示踪法具有明显的优点，因为土壤为指示离子饱和之后，既不需要除尽多余的盐溶液，也不需要作更多的其他处理，土壤用 $CaCl_2$溶液处理饱和的 Ca^{2+}，然后用 1.85×10^4 Bq^{45}Ca(0.5μCi) 溶液平衡土壤，达到平衡时，

$$土壤\ Ca/溶液\ Ca = 土壤\ ^{45}Ca/溶液\ ^{45}Ca$$

$$土壤\ Ca = (土壤)^{45}Ca/溶液\ ^{45}Ca \times 溶液\ Ca(交换量)$$

根据上述公式，只要测定离心液中钙的浓度（EDTA，乙二胺四乙酸，滴定）和离心液的放射性强度，即可计算阳离子交换量，(土壤)^{45}Ca 是从原始溶液放射性总强度减去离心液的放射性强度。

测定方法主要采用乙酸钠火焰-光度法，具体原理及步骤如下：

1. 方法原理

$$(土壤)Ca + nNaOAc = (土壤)Na + Ca(OAc)_2 + (n-2)NaOAc$$

$$(土壤)Na + NH_4OAc = (土壤)NH_4 + NaOAc$$

用 pH = 8.2 的 1 $mol \cdot L^{-1}$ NaOAc 处理土壤，使其为 Na^+饱和。洗除多余的 NaOAc 后，以 NH_4^+将交换性 Na^+交换出来，测定 Na^+以计算交换量。

在操作程序中，用醇洗去多余的 NaOAc 时，交换性钠倾向于水解进入溶液而损失，因此洗涤过头将产生负误差；减少淋洗次数，则因残留交换剂而提高交换量。只有当两个误差互相抵消，才能得到良好的结果。试验证明，醇洗三次，一般可使误差达到最低值。

2. 主要仪器

离心机、火焰光度计。

3. 试　剂

（1）1 $mol \cdot L^{-1}$乙酸钠（pH = 8.2）溶液：称取 $CH_3COONa \cdot 3H_2O$ 136 g 用蒸馏水溶解并稀释至 1 L，此溶液 pH 为 8.2。否则以 NaOH 或 HOAc 调节至 pH = 8.2。

（2）异丙醇（990 mol · L^{-1}）或乙醇（950 mol · L^{-1}）。

（3）1 mol · L^{-1} NH_4OAc (pH = 7)：取冰乙酸（99.5%）57 mL，加蒸馏水至 500 mL，加浓氨水（NH_4OH）69 mL，再加蒸馏水至约 980 mL，用 NH_4OH 或 HOAc 调节溶液至 pH = 7.0，然后用蒸馏水稀释到 1 L。

（4）钠（Na）标准溶液：称取氯化钠（分析纯，105 °C 烘 4 h）2.542 3 g，以 pH = 7.0，0.1 mol · L^{-1} NH_4OAc 为溶剂，定容于 1 L，即为 1 000 μg · mL^{-1} 钠标准溶液，然后逐级用醋酸铵溶液稀释成 3、5、10、20、30、50 μg · mL^{-1} 标准溶液，贮于塑料瓶中保存。

4. 操作步骤

称取过 1 mm 筛孔的风干土样 4.00 ~ 6.00 g（黏土 4 g，砂土 6 g），置于 50 mL 离心管中，加 pH = 8.2 1 mol · L^{-1} NaOAc 33 mL，使各管质量一致，塞住管口，振荡 5 min 后离心弃去清液。重复用 NaOAc 提取 4 次。然后以同样方法，用异丙醇或乙醇洗涤样品 3 次，最后一次尽量除尽洗涤液。将上述土样加 1 mol · L^{-1} NH_4OAc 33 mL，振荡 5 min（必要时用玻棒搅动），离心，将清液小心倾入 100 mL 容量瓶中；按同样方法用 1 mol · L^{-1} NH_4OAc 交换洗涤两次，收集的清液最后用 1 mol · L^{-1} NH_4OAc 溶液稀释至刻度。用火焰光度计测定溶液中 Na^+浓度计算土壤交换量。

5. 结果计算

$$\text{土壤交换量}\ (\text{cmol} \cdot \text{kg}^{-1}) = [\rho \times V / (m \times 23)] \times 10^{-3} \times 100$$

式中　ρ——标准曲线上查得的待测液中钠离子的质量浓度（μg · mL^{-1}）；

V——测定时定容的体积（mL）；

23——钠的摩尔质量（g · mol^{-1}）；

10^{-3}——把微克换算成毫克；

m——烘干质量（g）。

（三）盐碱土阳离子交换量的测定

盐碱土是一个统称，包括盐土、碱土与盐碱土。盐土主要测定盐分与交换量，为土壤分类和农业利用提供基础。碱土则按钠饱和度为土壤的类型划分与改良提供依据，因此测定交换性钠和交换量是必要的。有的盐土含有大量镁盐，成为主要的危害因素，需要测定交换性镁。总之，应根据具体情况选择适当的测定项目。

盐碱土都是盐基饱和的土壤，多数既含石灰质又含易溶盐。因此，不仅需要避免和减小石灰质的溶解，还应除去易溶盐类。

除去盐分，不能用极性溶剂，保证盐分以分子状态溶解，以免参与离子交换作用。一般用大于 500 mol · L^{-1} 乙醇洗除易溶盐。

易溶盐除去后，石膏成分是又一个较为麻烦的问题。因此在选择交换剂时，应该兼顾避免石膏的溶解。表 2.9.2 是石膏和石灰在几种交换剂中的溶解度。

表 2.9.2 石膏和石灰的溶解度 $g \cdot L^{-1}$

	纯水	pH = 8.2 1 $mol \cdot L^{-1}$ NaOAc	pH = 8.2 0.4 $mol \cdot L^{-1}$ NaOAc-0.1 $mol \cdot L^{-1}$ NaCl （600 $mol \cdot L^{-1}$ 乙醇溶液）
石膏（$CaSO_4$）	0.209	2.108	0.394
石灰（$CaCO_3$）	0.105	0.075	0.200

根据石膏溶解度情况看出，pH = 8.2 0.4 $mol \cdot L^{-1}$ NaOAc-0.1 $mol \cdot L^{-1}$ NaCl 的乙醇溶液特别适用于石膏盐土，而 pH = 8.2 1 $mol \cdot L^{-1}$ NaOAc 则更适用于普通石灰性土。由于盐碱土 pH 一般较高，除测定交换性 Na^+、Mg^{2+}之外，不适于使用 NH_4^+ 作指示阳离子测定交换量，以免挥发损失带来误差。

测定碱化土交换性钠的方法很多，例如石膏-EDTA 法、石灰法、$Ca(HCO_3)_2$ 法等。这些方法都因为碱化土壤含有大量可溶性盐（特别是 Na_2CO_3）和在一些土壤中含有石膏等的干扰，很难取得满意的测定结果。尽管不同的研究者围绕着如何解决这些干扰因素和限制条件，而提出了种种的解决办法，但是迄今为止，碱化土壤交换性钠的测定还没有一个较为满意的方法。改进了的 NH_4OAc-NH_4OH 法和 $CaCO_3$-CO_2 法制备的溶液用火焰光度法测定交换性钠，克服了非交换性钙的干扰，有快速可靠的优点。但是，如何把交换性钠与非交换性钠完全分开仍是一个不易解决的问题。为了解决这个问题，各测定方法都是采用一定浓度的乙醇溶液等有机溶剂洗去样品中可溶性盐，减少可溶性钠的干扰。

盐碱土交换量的测定主要采用乙酸钠法，具体原理及步骤如下：

1. 方法原理

同乙酸钠-火焰光度法。

2. 主要仪器

同乙酸钠-火焰光度法。

3. 试 剂

500 $mol \cdot L^{-1}$ 乙醇：取 950 $mol \cdot L^{-1}$ 乙醇（工业用品亦可，但不可含 Na^+）526 mL，加蒸馏水稀释至 1 000 mL（其余同乙酸钠-火焰光度法）。

4. 操作步骤

称取通过 1 mm 筛孔风干土样 5.00 g，加 50 °C 左右的 500 $mol \cdot L^{-1}$ 乙醇数毫升，用倾泻法洗涤样品，反复洗涤后将土样移入离心管中，加热乙醇搅拌离心，检查反复洗至离心后的清液中仅有微量 SO_4^{2-} 为止，说明 Na_2SO_4 已洗净，仅剩 $CaSO_4$ 对测定无妨，以下操作同乙酸钠-火焰光度法。

5. 结果计算

同乙酸钠-火焰光度法。

思考题

1. 土壤交换性能的分析包括哪些项目？如何根据土壤性质选择分析项目？

2. 选择交换剂的原则依据是什么？常用交换剂的种类有哪些？

4. 石灰性土壤交换量的测定存在哪些问题？怎样解决？

5. 土壤交换量的测定主要有几种方法？分别适用于哪类土壤？测定可分哪几步？各步骤可能产生哪些误差？如何避免和克服这些误差？

第十章 土壤水溶性盐分的测定

盐碱土是一种统称，包括盐土、碱土和盐碱土。我国盐碱土的分布范围很广，面积很大，类型繁多。改良这些土壤，使其变成高产农田，是解决“中国人能否养活中国人”的关键。

土壤水溶性盐是盐碱土的一个重要属性，是限制作物生长的障碍因素。土壤水溶性盐总量及其组成的测定是我们改良这些土壤的基础。

本章主要介绍土壤水溶性盐的提取方法，水溶性盐总量和盐基离子组成的测定方法。学习的关键是如何减少测定误差，使测定的各项数据能互相关联、吻合。

一、概　述

土壤水溶性盐是盐碱土的一个重要属性，是限制作物生长的障碍因素。我国盐碱土的分布范围很广，面积很大，类型繁多。在干旱、半干旱地区盐渍化土壤，以水溶性的氯化物和硫酸盐为主。滨海地区由于受海水浸渍，生成滨海盐土，所含盐分以氯化物为主。在我国南方（福建、广东、广西等省区）沿海还分布着一种反酸盐土。

盐土中含有大量水溶性盐类，影响作物生长，同一浓度的不同盐分危害作物的程度也不一样，盐分中以碳酸钠的危害作用最大，增加土壤碱度和恶化土壤物理性质，使作物受害。其次是氯化物，氯化物中又以 $MgCl_2$ 的毒害作用较大，另外，氯离子和钠离子的作用也不一样。

土壤（及地下水）中水溶性盐的分析，是研究盐渍土盐分动态的重要方法之一，对了解盐分、对种子发芽和作物生长的影响以及拟订改良措施都是十分必要的。土壤中水溶性盐分析一般包括 pH 值、全盐量、阴离子（Cl^-、SO_4^{2-}、CO_3^{2-}、HCO_3^-、NO_3^-等）和阳离子（Na^+、K^+、Ca^{2+}、Mg^{2+}）的测定，并常以离子组成作为盐碱土分类和利用改良的依据。

盐碱土是一种统称，包括盐土、碱土和盐碱土。美国农业部盐碱土研究室以饱和土浆电导率和土壤的 pH 与交换性钠为依据对盐碱土进行分类，我国滨海盐土则以盐分总含量为指标进行分类（见表 2.10.1、2.10.2）。

表 2.10.1　盐碱土几项分析指标

	饱和泥浆浸出液电导率（$dS \cdot m^{-1}$）	pH	交换性钠占交换量百分数	水溶性钠占阳离子总量百分数
盐土	>4	<8.5	<15	<50
盐碱土	>4	<8.5	<15	<50
碱土	<4	>8.5	>15	>50

表 2.10.2　我国滨海盐土的分级标准

盐分总含量（$g \cdot kg^{-1}$）	盐土类型	盐分总含量（$g \cdot kg^{-1}$）	盐土类型
1.0 ~ 2.0	轻度盐化土	2.0 ~ 4.0	中度盐化土
4.0 ~ 6.0	强度盐化土	>6.0	盐　土

在分析土壤盐分的同时，需要对地下水进行鉴定。当地下水矿化度达到 $2\ g \cdot L^{-1}$ 时，土壤则比较容易盐渍化。所以地下水矿化度大小可以作为土壤盐渍化程度和改良难易的依据（见表 2.10.3）。

表 2.10.3　地下水矿化度的分级标准

类　别	矿化度（$g \cdot L^{-1}$）	水　质
淡　水	<1	优质水
弱矿化水	1 ~ 2	可用于灌溉*
半咸水	2 ~ 3	一般不宜用于灌溉
咸　水	>3	不宜用于灌溉

* 用于灌溉的水，其电导率为 $0.1 \sim 0.75\ dS \cdot m^{-1}$

测定土壤全盐量可以用不同类型的电感探测器在田间直接进行，如 4 联电极探针、素陶多孔土壤盐分测定器以及其他电磁装置，但要测定土壤盐分的化学组成，则需要用土壤水浸出液进行。

二、实　验

（一）水溶性盐的浸提

土壤水溶性盐的测定主要分为两步：① 水溶性盐的浸提；② 测定浸出液中盐分的浓度。制备盐渍土水浸出液的水土比例有多种，例如 1∶1，2∶1，5∶1，10∶1 和饱和土浆浸出液等。一般来讲，水土比例愈大，分析操作愈容易，但对作物生长的相关性差。因此，为了研究盐分对植物生长的影响，最好在田间湿度情况下获得土壤溶液；如果研究土壤中盐分的运动规律或某种改良措施对盐分变化的影响，则可用较大的水土比（5∶1）浸提水溶盐。

浸出液中各种盐分的绝对含量和相对含量受水土比例的影响很大。有些成分随水分的增加而增加，有些则相反。一般来讲，全盐量是随水分的增加而增加。含石膏的土壤用 5∶1 的水土比例浸提出来的 Ca^{2+} 和 SO_4^{2-} 数量是用 1∶1 的水土比的 5 倍，这是因为随着水的增加，石膏的溶解量也增加；又如含碳酸钙的盐碱土，水的增加，Na^+ 和 HCO_3^- 的量也增加。Na^+ 的增加是因为 $CaCO_3$ 溶解，钙离子把胶体上 Na^+ 置换下来的结果。5∶1 的水土比浸出液中 Na^+ 量比 1∶1 浸出液中的大 2 倍。氯根和硝酸根变化不大。对碱化土壤来说，用高的水土比例浸提对 Na^+ 的测定影响较大，故 1∶1 浸出液更适用于碱土化学性质分析方面的研究。

水土比例、振荡时间和浸提方式对盐分的溶出量都有一定的影响。试验证明，如 $Ca(HCO_3)_2$ 和 $CaSO_4$ 这样的中等溶性和难溶性盐，随着水土比例的增大和浸泡时间的延长，溶出量逐渐增大，致使水溶性盐的分析结果产生误差。为了使各地分析资料便于相互交流比较，必须采用统一的水土比例、振荡时间和提取方法，并在资料交流时应加以说明。

我国采用 5∶1 浸提法较为普遍，在此重点介绍 1∶1，5∶1 浸提法和饱和土浆浸提法，以便在不同情况下选择使用。

1. 主要仪器

（1）布氏漏斗（见图 2.10.1），或其他类似抽滤装置。

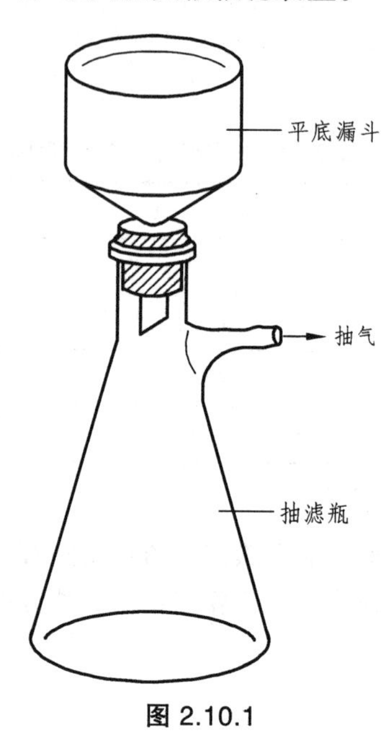

图 2.10.1

（2）平底漏斗、抽气装置、抽滤瓶等。

2. 试　剂

1 g·L^{-1}六偏磷酸钠溶液：称取$(Na_3PO_3)_6$ 0.1 g 溶于 100 mL 水中。

3. 操作步骤

（1）1∶1 水土比浸出液的制备：称取通过 1 mm 筛孔相当于 100.0 g 烘干土的风干土，例如风干土含水量为 3%，则称取 103 g 风干土放入 500 mL 的三角瓶中，加刚沸过的冷蒸馏水 97 mL，则水土比为 1∶1。盖好瓶塞，在振荡机上振荡 15 min。

过滤，用直径 11 cm 的瓷漏斗过滤，用密实的滤纸，倾倒土液时应摇浑泥浆，在抽气情况下缓缓倾入漏斗中心，当滤纸全部湿润并与漏斗底部完全密接时再继续倒入土液，这样可避免滤液浑浊。如果滤液浑浊应倒回重新过滤或弃去浊液。如果过滤需时间长，用玻璃盖上以防水分蒸发。

将清亮液收集在 250 mL 细口瓶中，每 250 mL 加 1 g·L^{-1}六偏磷酸钠 1 滴，储存在 4 °C 备用。

（2）5∶1 水土比浸出液的制备：称取通过 1 mm 筛孔相当于 50.0 g 烘干土重的风干土，放入 500 mL 三角瓶中，加水 250 mL（如果土壤含水量大于 3% 时，加水量应加以校正）。

盖好瓶塞，在振荡机上振荡 3 min，或用手摇荡 3 min。然后将布氏漏斗与抽气系统相连，铺上与漏斗直径大小一致的紧密滤纸，缓缓抽气，使滤纸与漏斗紧贴，先倒少量土液于漏斗中心，使滤纸湿润并完全贴实在漏斗底上，再将悬浊土浆缓缓倒入，直至抽滤完毕。如果滤液开始浑浊，应倒回重新过滤或弃去浊液，将清亮滤液收集备用。

如果遇到碱性土壤、分散性很强或质地黏重的土壤，难以得到清亮滤液时，最好用素陶瓷中孔（巴斯德）吸滤管减压过滤（见图 2.10.2），或用改进的抽滤装置过滤。如用巴氏滤管过滤，应加大土液数量，过滤时可用几个吸滤瓶连接在一起（见图 2.10.3、图 2.10.4）。

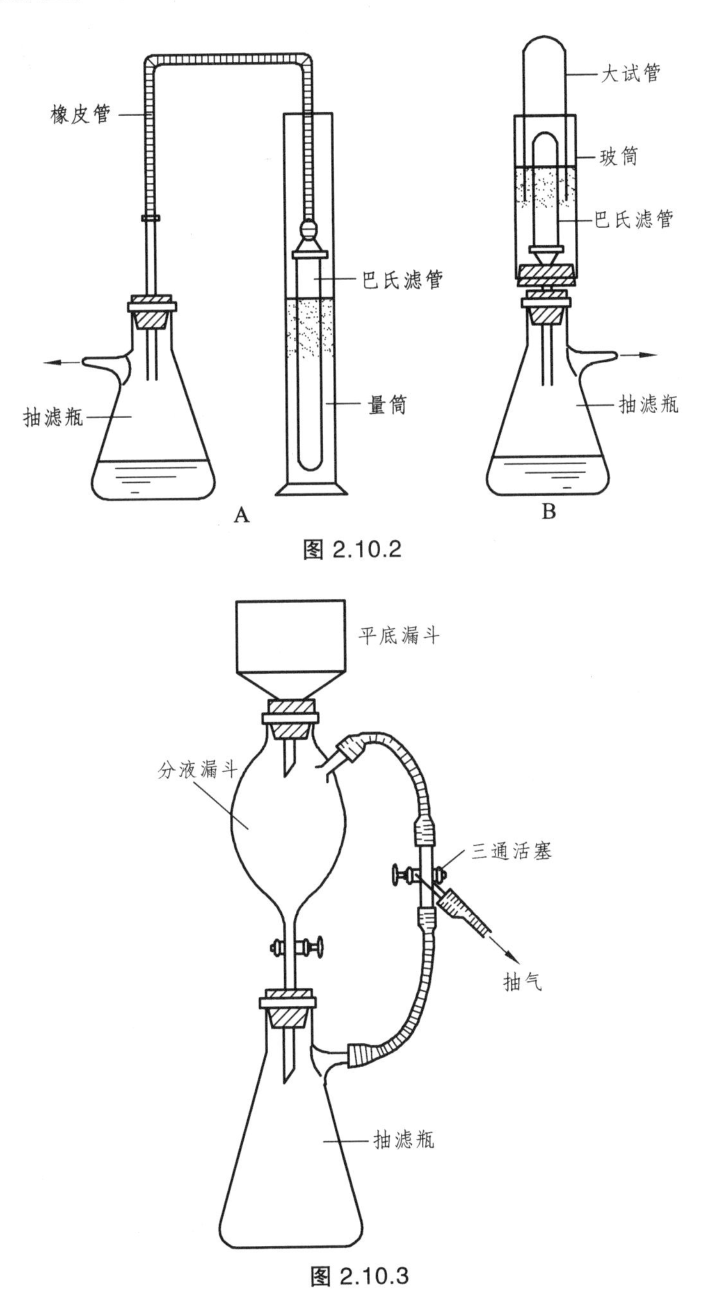

图 2.10.2

图 2.10.3

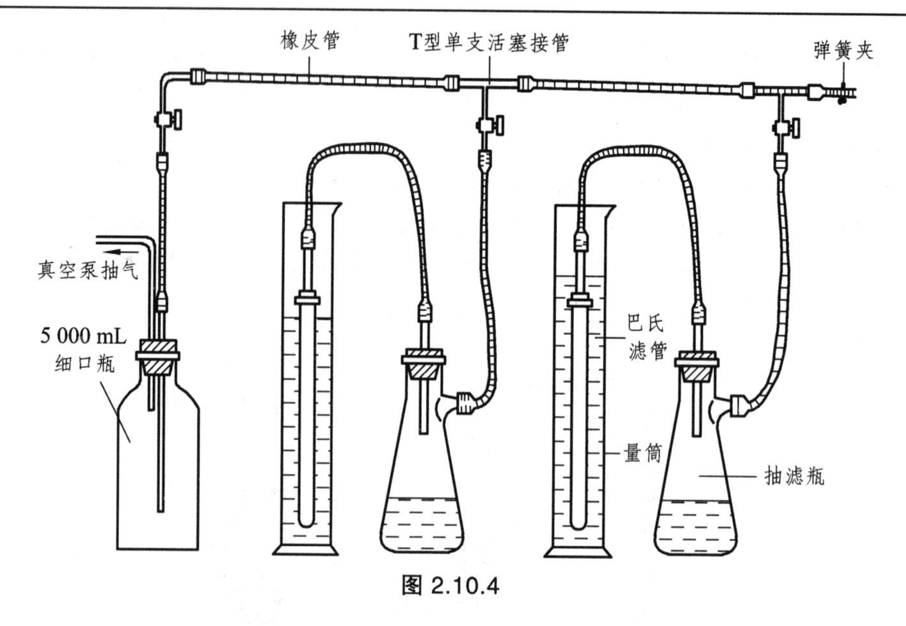

图 2.10.4

（3）饱和土浆浸出液的制备：本提取方法长期不能得到广泛应用的主要原因是由于手工加水混合难于确定一个正确的饱和点，重现性差，特别是对于质地细的和含钠高的土壤，要确定一个正确的饱和点是困难的。现介绍一种比较容易掌握的加水混合法，操作步骤如下：称取风干土样（1 mm）20.0 ~ 25.0 g，用毛管吸水饱和法制成饱和土浆，放在 105 ~ 110 °C 烘箱中烘干、称重。计算出饱和土浆含水量。

制备饱和土浆浸出液所需要的土样重与土壤质地有关，一般制备 25 ~ 30 mL 饱和土浆浸出液需要土样重：壤质砂土 400 ~ 600 g，砂壤土 250 ~ 400 g，壤土 150 ~ 250 g，粉砂壤土和黏土 100 ~ 150 g；黏土 50 ~ 100 g。根据此标准，称取一定量的风干土样，放入一个带盖的塑料杯中，加入计算好的所需水量，充分混合成糊状，加盖防止蒸发。放在低温处过夜（约 14 ~ 16 h），次日再充分搅和。将此饱和土浆在 4 000 $r \cdot min^{-1}$ 速度下离心提取土壤溶液，或移入预先铺有滤纸的砂芯漏斗或平瓷漏斗中（用密实滤纸，先加少量泥浆湿润滤纸，抽气使滤纸紧贴在漏斗上，继续倒入泥浆），减压抽滤，滤液收集在一个干净的瓶中，加塞塞紧，供分析用。浸出液的 pH、CO_3^{2-}、HCO_3^- 和电导率应当立即测定。其余的浸出液，每 25 mL 溶液加 1 $g \cdot L^{-1}$ 六偏磷酸钠溶液 1 滴，以防在静置时 $CaCO_3$ 从溶液中沉淀。塞紧瓶口，留待分析用。

（二）水溶性盐总量的测定

1. 电导法

（1）方法原理。

土壤水溶性盐是强电解质，其水溶液具有导电作用。以测定电解质溶液的电导为基础的分析方法，称为电导分析法。在一定浓度范围内，溶液的含盐量与电导率呈正相关。因此，土壤浸出液的电导率的数值能反映土壤含盐量的高低，但不能反映混合盐的组成。如果土壤溶液中几种盐类彼此间的比值比较固定时，则用电导率值测定总盐分浓度的高低是相当准确的。土壤浸出液的电导率可用电导仪测定，并可直接用电导率的数值来表示土壤含盐量的高低。

将连接电源的两个电极插入土壤浸出液（电解质溶液）中，构成一个电导池。正负两种离子在电场作用下发生移动，并在电极上发生电化学反应而传递电子，因此电解质溶液具有导电作用。

根据欧姆定律，当温度一定时，电阻与电极间的距离（L）成正比，与电极的截面积（A）成反比。

$$R = \rho L/A$$

式中：R 为电阻（欧姆），ρ为电阻率。当 $L = 1$ cm，$A = 1$ cm^2，则 $R = \rho$，此时测得的电阻称为电阻率（ρ）。

溶液的电导是电阻的倒数，溶液的电导率（EC）则是电阻率的倒数。

$$\mathrm{EC} = 1/\rho$$

电导率的单位常用西门子·米$^{-1}$（S·m^{-1}）。土壤溶液的电导率一般小于 1 个 S·m^{-1}，因此常用 dS·m^{-1}（分西门子·米$^{-1}$）表示。

两电极片间的距离和电极片的截面积难以精确测量，一般可用标准 KCl 溶液（其电导率在一定温度下是已知的）求出电极常数。

$$\mathrm{EC_{KCl}}/\mathrm{S_{KCl}} = \mathrm{K}$$

K 为电极常数，$\mathrm{EC_{KCl}}$为标准 KCl 溶液（0.02 mol·L^{-1}）的电导率（dS·m^{-1}），18 °C 时 $\mathrm{EC_{KCl}}$ = 2.397 dS·m^{-1}，25 °C 时为 2.765 dS·m^{-1}。$\mathrm{S_{KCl}}$为同一电极在相同条件下实际测得的电导度值。那么，待测液测得的电导度乘以电极常数就是待测液的电导率。

$$\mathrm{EC} = \mathrm{KS}$$

大多数电导仪有电极常数调节装置，可以直接读出待测液的电导率，无需再考虑用电极常数进行计算结果。

（2）仪器。

① 电导仪：目前在生产科研应用较普遍的是 DDSJ-308 型等电导仪。此外，还有适于野外工作需要的袖珍电导仪。

② 电导电极：一般多用上海雷磁仪器厂生产的 DJS-1C 型等电导电极。这种电极使用前后应浸在蒸馏水内，以防止铂黑的惰化。如果发镀铂黑的电极失灵，可浸在 1∶9 的硝酸或盐酸中 2 min，然后用蒸馏水冲洗再行测量。如情况无改善，则应重镀铂黑，将镀铂黑的电极浸入王水中，电解数分钟，每分钟改变电流方向一次，铂黑即行溶解，铂片恢复光亮。用重铬酸钾浓硫酸的温热溶液浸洗，使其彻底洁净，再用蒸馏水冲洗。将电极插入 100 mL 溶有氯化铂 3 g 和醋酸铅 0.02 g 配成的水溶液中，接在 1.5 V 的干电池上电解 10 min，5 min 改变电流方向一次，就可得到均匀的铂黑层，用水冲洗电极，不用时浸在蒸馏水中。

（3）试剂。

① 0.01 mol·L^{-1}的氯化钾溶液：称取干燥分析纯 KCl 0.745 6 g 溶于刚煮沸过的冷蒸馏水中，于 25 °C 稀释至 1 L，贮于塑料瓶中备用。这一参比标准溶液在 25 °C 时的电导率是 1.412 dS·m^{-1}。

② 0.02 $mol \cdot L^{-1}$的氯化钾溶液：称取 KCl 1.491 1 g，同上法配成 1 L，则 25 °C 时的电导率为 2.765 $ds \cdot m^{-1}$。

（4）操作步骤。

吸取土壤浸出液或水样 30 ~ 40 mL，放在 50 mL 的小烧杯中（如果土壤只用电导仪测定总盐量，可称取 4 g 风干土放在 25 × 200 mm 的大试管中，加水 20 mL，盖紧皮塞，振荡 3 min，静置澄清后，不必过滤，直接测定）。测量液体温度。如果测一批样品时，应每隔 10 min 测一次液温，在 10 min 内所测样品可用前后两次液温的平均温度或者在 25 °C 恒温水浴中测定。将电极用待测液淋洗 1 ~ 2 次（如待测液少或不易取出时可用水冲洗，用滤纸吸干），再将电极插入待测液中，使铂片全部浸没在液面下，并尽量插在液体的中心部位。按电导仪说明书调节电导仪，测定待测液的电导度（S），记下读数。每个样品应重读 2 ~ 3 次，以防偶尔出现的误差。

一个样品测定后及时用蒸馏水冲洗电极，如果电极上附着有水滴，可用滤纸吸干，以备测下一样品继续使用。

（5）结果计算。

① 土壤浸出液的电导率 EC25 = 电导度(St) × 温度校正系数(ft) × 电极常数(K)。

一般电导仪的电极常数值已在仪器上补偿，故只要乘以温度校正系数即可，不需要再乘电极常数。温度校正系数（ft）可查附表 5。粗略校正时，可按每增高 1 °C，电导度约增加 2% 计算。

当液温在 17 ~ 35 °C 之间时，液温与标准液温 25 °C 每差 1 °C，则电导率约增减 2%，所以 EC25 也可按下式直接算出。

$$ECt = St \times K$$

$$\begin{aligned} EC25 &= ECt - [(t - 25\ ^\circ C) \times 2\% \times ECt] \\ &= ECt[1 - (t - 25\ ^\circ C) \times 2\%] \\ &= KSt[1 - (t - 25\ ^\circ C) \times 2\%] \end{aligned}$$

② 标准曲线法（或回归法）计算土壤全盐量：从土壤含盐量（%）与电导率的相关直线或回归方程查算土壤全盐量（%，或 $g \cdot kg^{-1}$）。

标准曲线的绘制：溶液的电导度不仅与溶液中盐分的浓度有关，而且也受盐分的组成分的影响。因此，要使电导度的数值能符合土壤溶液中盐分的浓度，那就必须预先用所测地区盐分不同浓度的代表性土样若干个（如 20 个或更多一些）用残渣烘干法测得土壤水溶性盐总量（%）。再以电导法测其土壤溶液的电导度，换算成电导率（EC25），在方格坐标纸上，以纵坐标为电导率，横坐标为土壤水溶性盐总量（%），划出各个散点，将有关点作出曲线，或者计算出回归方程。

有了这条直线或方程可以把同一地区的土壤溶液盐分用同一型号的电导仪测得其电导度，改算成电导率，查出土壤水溶性盐总量（%）。

③ 直接用土壤浸出液的电导率来表示土壤水溶性盐总量。

目前国内多采用 5∶1 水土比例的浸出液作电导测定，不少单位正在进行浸出液的电导率与土壤盐渍化程度及作物生长关系的指标的研究和拟定（见表 2.10.4）。

美国用水饱和的土浆浸出液的电导率来估计土壤全盐量，其结果较接近田间情况，并已有明确的应用指标，供参考。

表 2.10.4　土壤饱和浸出液的电导率与盐分%和作物生长关系

饱和浸出液 EC25（$dS \cdot m^{-1}$）	盐分（g · kg）	盐渍化程度	植 物 反 应
0 ~ 2	<1.0	非盐渍化土壤	对作物不产生盐害
2 ~ 4	1.0 ~ 3.0	盐渍化土	对盐分极敏感的作物产量可能受到影响
4 ~ 8	3.0 ~ 5.0	中度盐土	对盐分敏感作物产量受到影响，但对耐盐作物（苜蓿、棉花、甜菜、高粱、谷子）无多大影响
8 ~ 16	5.0 ~ 10.0	重盐土	只有耐盐作物有收成，但影响种子发芽，而且出现缺苗，严重影响产量
>16	>10.0	极重盐土	只有极少数耐盐植物能生长，如耐盐的牧草，灌木，树木等

2. 用阳离子和阴离子的总量计算土壤或水中的总盐量

$$土壤水溶性盐总量(g \cdot kg^{-1}) = 八个离子质量分数(g \cdot kg^{-1})之和$$

（三）阳离子的测定

土壤水溶性盐中的阳离子一般包括 Ca^{2+}、Mg^{2+}、K^{+}、Na^{+}。目前 Ca^{2+} 和 Mg^{2+} 的测定中普遍应用的是 EDTA 滴定法。它可不经分离而同时测定钙、镁含量，符合准确和快速分析的要求。近年来广泛应用原子吸收光谱法也是测定钙和镁的好方法。K^{+}、Na^{+} 目前普遍使用的方法是火焰光度法。

1. 钙和镁的测定——EDTA 滴定法

（1）方法原理。

EDTA 能与许多金属离子 Mn、Cu、Zn、Ni、Co、Ba、Sr、Ca、Mg、Fe、Al 等起配合反应，形成微离解的无色稳定性配合物。

但在土壤水溶液中除 Ca^{2+} 和 Mg^{2+} 外，能与 EDTA 配合的其他金属离子的数量极少，可不考虑。因而可用 EDTA 在 pH = 10 时直接测定 Ca^{2+} 和 Mg^{2+} 的数量。

干扰离子加掩蔽剂消除，待测液中 Mn、Fe、Al 等金属含量多时，可加三乙醇胺掩蔽。1：5 的三乙醇胺溶液 2 mL 能掩蔽 5 ~ 10 mg Fe、10 mg Al、4 mg Mn。

当待测液中含有大量 CO_3^{2-} 或 HCO_3^{-} 时，应预先酸化，加热除去 CO_2，否则用 NaOH 溶液调节待测溶液 pH 到 12 以上时会有 $CaCO_3$ 沉淀形成，用 EDTA 滴定时，由于 $CaCO_3$ 逐渐离解而使滴定终点拖长。

当单独测定 Ca 时，如果待测液含 Mg^{2+} 超过 Ca^{2+} 的 5 倍，用 EDTA 滴 Ca^{2+} 时应先稍加过量的 EDTA，使 Ca^{2+} 先和 EDTA 配合，防止碱化时形成的 $Mg(OH)_2$ 沉淀对 Ca^{2+} 吸附。最后再用 $CaCl_2$ 标准溶液回滴过量 EDTA。

单独测定 Ca 时，使用的指示剂有紫尿酸铵、钙指示剂（NN）或酸性铬蓝 K 等。测定 Ca、Mg 含量时使用的指示剂有铬黑 T、酸性铬蓝 K 等。

（2）主要仪器。

磁搅拌器、10 mL 半微量滴定管。

（3）试剂。

① 4 mol L^{-1}的氢氧化钠溶液：溶解氢氧化钠 40 g 于水中，稀释至 250 mL，贮塑料瓶中备用。

② 铬黑 T 指示剂：溶解铬黑 T 0.2 g 于 50 mL 甲醇中，贮于棕色瓶中备用，此液每月配制一次。或者溶解铬黑 T 0.2 g 于 50 mL 二乙醇胺中，贮于棕色瓶，这样配制的溶液比较稳定，可用数月。或者称铬黑 T 0.5 g 与干燥分析纯 NaCl 100 g 共同研细，贮于棕色瓶中，用毕即刻盖好，可长期使用。

③ 酸性铬蓝 K 与萘酚绿 B 混合指示剂（K-B 指示剂）：称取酸性铬蓝 K 0.5 g 和萘酚绿 B 1 g 与干燥分析纯 NaCl 100 g 共同研磨成细粉，贮于棕色瓶中或塑料瓶中，用毕即刻盖好。可长期使用。或者称取酸性铬蓝 K 0.1 g，萘酚绿 B 0.2 g，溶于 50 mL 水中备用，此液每月配制一份。

④ 浓 HCl（化学纯，ρ = 1.19 g/mL）。

⑤ 1∶1 HCl（化学纯）：取 1 份盐酸加 1 份水。

⑥ pH = 10 缓冲溶液：称取氯化铵（化学纯）67.5 g 溶于无二氧化碳的水中，加入新开瓶的浓氨水（化学纯，密度 0.9 g · mL^{-1}，含氨 25%）570 mL，用水稀释至 1 L，贮于塑料瓶中，并注意防止吸收空气中的二氧化碳。

⑦ 0.01 mol · L^{-1} Ca 标准溶液：准确称取在 105 °C 下烘 4 ~ 6 h 的分析纯 $CaCO_3$ 0.500 4 g，溶于 25 mL 0.5 mol · L^{-1} HCl 中，煮沸除去 CO_2，用无 CO_2 蒸馏水洗入 500 mL 量瓶，并稀释至刻度。

⑧ 0.01 mol · L^{-1} EDTA 标准溶液：取 EDTA 二钠盐 3.720 g 溶于无二氧化碳的蒸馏水中，微热溶解，冷却定容至 1 000 mL。用标准 Ca^{2+}溶液标定，贮于塑料瓶中备用。

（4）操作步骤。

① 钙的测定：吸取土壤浸出液或水样 10 ~ 20 mL（含 Ca 0.02 ~ 0.2 mol）放在 150 mL 烧杯中，加 1∶1 HCl 2 滴，加热 1 min，除去 CO_2，冷却，将烧杯放在磁搅拌器上，杯下垫一张白纸，以便观察颜色变化。

给此液中加 4 mol · L^{-1}的 NaOH 3 滴以中和 HCl，然后每 5 mL 待测液再加 1 滴 NaOH 和适量 K-B 指示剂，搅动以便 $Mg(OH)_2$沉淀。

用 EDTA 标准溶液滴定，其终点由紫红色至蓝绿色。当接近终点时，应放慢滴定速度，约 5 ~ 10 s 加 1 滴。如果无磁搅拌器时应充分搅动，谨防滴定过量，否则将会得不到准确终点，记下 EDTA 用量（V_1）。

② Ca、Mg 含量的测定：吸取土壤浸出液或水样 10 ~ 20 mL（每份含 Ca 和 Mg 0.01 ~ 0.1 mol）放在 150 mL 的烧杯中，加 1∶1 HCl 2 滴摇动，加热至沸 1 min，除去 CO_2，冷却。加 3.5 mL pH = 10 缓冲液，加 1 ~ 2 滴铬黑 T 指示剂，用 EDTA 标准溶液滴定，终点颜色由深红色到天蓝色，如加 K-B 指示剂，则终点颜色由紫红变成蓝绿色，消耗 EDTA 量（V_2）。

（5）结果计算。

$$\text{土壤水溶性钙（1/2Ca）含量}(\text{cmol} \cdot \text{kg}^{-1}) = c(\text{EDTA}) \times V_1 \times 2 \times ts/m \times 100$$

土壤水溶性钙（Ca）含量$(g \cdot kg^{-1}) = c(EDTA) \times V_1 \times ts \times 0.040/m \times 1\,000$

土壤水溶性镁（1/2Mg）含量$(cmol \cdot kg^{-1}) = c(EDTA) \times (V_2 - V_1) \times 2 \times ts/m \times 100$

土壤水溶性镁（Mg）含量$(g \cdot kg^{-1}) = c(EDTA) \times (V_2 - V_1) \times ts \times 0.024\,4/m \times 1\,000$

式中　V_1——滴定 Ca^{2+}时所用的 EDTA 体积（mL）;

V_2——滴定 Ca^{2+}、Mg^{2+}含量时所用的 EDTA 体积（mL）;

$c(EDTA)$——EDTA 标准溶液的浓度（$mol \cdot L^{-1}$）;

ts——分取倍数;

m——烘干土壤样品的质量（g）。

2. 钾和钠的测定——火焰光度法

（1）方法原理。

K、Na 元素通过火焰燃烧容易激发而放出不同能量的谱线，用火焰光度计测示出来，以确定土壤溶液中的 K、Na 含量。为抵消 K、Na 二者的相互干扰，可以把 K、Na 配成混合标准溶液，而待测液中 Ca 对于 K 干扰不大，但对 Na 影响较大。当 Ca 达 400 $mg \cdot kg^{-1}$对 K 测定无影响，而 Ca 在 20 $mg \cdot kg^{-1}$时对 Na 就有干扰，可用 $Al_2(SO_4)_3$抑制 Ca 的激发减少干扰，其他 Fe^{3+}200 $mg \cdot kg^{-1}$，Mg^{2+}500 $mg \cdot kg^{-1}$时对 K、Na 测定皆无干扰，在一般情况下（特别是水浸出液）上述元素均未达到此限。

（2）仪器。

火焰光度计。

（3）试剂。

① 约 $c = 0.1$ $moL \cdot L^{-1}$ 1/6 $Al_2(SO_4)_3$溶液：称取 $Al_2(SO_4)_3$ 34 g 或 $Al_2(SO_4)_3 \cdot 18H_2O$ 66 g 溶于水中，稀释至 1 L。

② K 标准溶液：称取在 105 °C 烘干 4 ~ 6 h 的分析纯 KCl 1.906 9 g 溶于水中，定容成 1 000 mL，则含 Na 为 1 000 $\mu g \cdot mL^{-1}$，吸取此液 100 mL，定容成 1 000 mL，则得 100 $\mu g \cdot mL^{-1}$ K 标准液。

③ Na 标准溶液：称取在 105 °C 烘干 4 ~ 6 h 的分析纯 NaCl 2.542 g 溶于水中，定容 1 000 mL，则含 Na 为 1 000 $\mu g \cdot mL^{-1}$。吸取此液 250 mL 定容成 1 000 mL，则得 250 $\mu g \cdot mL^{-1}$ Na 标准液。

将 K、Na 两标准溶液按照需要可配成不同浓度和比例的混合标准溶液（如将 K 100 $\mu g \cdot mL^{-1}$和 Na 250 $\mu g \cdot mL^{-1}$标准溶液等量混合则得 K 50 $\mu g \cdot mL^{-1}$和 Na 125 $\mu g \cdot mL^{-1}$的混合标准溶液，贮在塑料瓶中备用）。

（4）操作步骤。

吸取土壤浸出液 10 ~ 20 mL，放入 50 mL 量瓶中，加 $Al_2(SO_4)_3$溶液 1 mL，定容。然后，在火焰光度计上测试（每测一个样品都要用水或被测液充分吸洗喷雾系统），记录检流计读数，在标准曲线上查出它们的浓度；也可利用带有回归功能的计算器算出待测液的浓度。

标准曲线的制作：吸取 K、Na 混合标准溶液 0，2，4，6，8，10，12，16，20 mL，分别移入 9 个 50 mL 的量瓶中，加 $Al_2(SO4)_3$ 1 mL，定容，则分别含 K 为 0，2，4，6，8，10，12，16，20 $\mu g \cdot mL^{-1}$和含 Na 为 0，5，10，15，20，25，30，40，50 $\mu g \cdot mL^{-1}$。

用上述系列标准溶液，在火焰光度计上用各自的滤光片分别测出 K 和 Na 在检流计上的读数。以检流计读数作为纵坐标，以浓度作为横坐标，在直角坐标纸上绘出 K、Na 的标准曲线；或输入带有回归功能的计算器，求出回归方程。

（5）结果计算。

$$土壤水溶性\ K^+, Na^+含量(g \cdot kg^{-1}) = \rho(K^+, Na^+) \times 50 \times ts \times 10^{-3}/m$$

式中 $\rho(K^+, Na^+)$——钙或镁的质量浓度（$\mu g \cdot mL^{-1}$）；

ts——分取倍数；

50——待测液体积（mL）；

m——烘干样品质量（g）。

（四）阴离子的测定

在盐土分类中，常用阴离子的种类和含量进行划分，所以在盐土的化学分析中，须进行阴离子的测定。在阴离子分析中除 SO_4^{2-} 外，多采用半微量滴定法。SO_4^{2-} 测定的标准方法是 $BaSO_4$ 重量法，但常用的是比浊法，或半微量 EDTA 间接配合滴定法或差减法。

1. CO_3^{2-} 和 HCO_3^- 的测定——双指示剂－中和滴定法

在盐土中常有大量 HCO_3^-，而在盐碱土或碱土中不仅有 HCO_3^-，也有 CO_3^{2-}。在盐碱土或碱土中 OH^- 很少发现，但在地下水或受污染的河水中会有 OH^- 存在。

在盐土或盐碱土中由于淋洗作用而使 Ca^{2+} 或 Mg^{2+} 在土壤下层形成 $CaCO_3$ 和 $MgCO_3$ 或者 $CaSO_4 \cdot 2H_2O$ 和 $MgSO_4 \cdot H_2O$ 沉淀，致使土壤上层 Ca^{2+}、Mg^{2+} 减少，$Na^+/(Ca^{2+} + Mg^{2+})$ 比值增大，土壤胶体对 Na^+ 的吸附增多，这样就会导致碱土的形成，同时土壤中就会出现 CO_3^{2-}。这是因为土壤胶体吸附的钠水解形成 NaOH，而 NaOH 又吸收土壤空气中的 CO_2 形成 Na_2CO_3 之故。因而 CO_3^{2-} 和 HCO_3^- 是盐碱土和碱土中的重要成分。

$$土壤\text{-}Na^+ + H_2O \rightleftharpoons 土壤\text{-}H^+ + NaOH$$

$$2NaOH + CO_2 \rightleftharpoons Na_2CO_3 + H_2O$$

$$Na_2CO_3 + CO_2 + H_2O \rightleftharpoons 2NaHCO_3$$

（1）方法原理。

土壤水浸出液的碱度主要决定于碱金属和碱土金属的碳酸盐及重碳酸盐。溶液中同时存在碳酸根和重碳酸根时，可以应用双指示剂进行滴定。

$$Na_2CO_3 + HCl = NaHCO_3 + NaCl\ （pH = 8.3\ 为酚酞终点）$$

$$NaHCO_3 + HCl = NaCl + CO_2 + H_2O\ （pH = 4.1\ 为溴酚蓝终点）$$

由标准酸的两步用量可分别求得土壤中 CO_3^{2-} 和 HCO_3^- 的含量。滴定时标准酸如果采用 H_2SO_4，则滴定后的溶液可以继续测定 Cl^- 的含量。对于质地黏重、碱度较高或有机质含量高的土壤，会使溶液带有黄棕色，终点很难确定，可采用电位滴定法（即采用电位计指示滴定终点）。

（2）试剂。

① 5 g · L^{-1}酚酞指示剂：称取酚酞指示剂 0.5 g，溶于 100 mL 600 mol · L^{-1}的乙醇中。

② 1 g · L^{-1}溴酚蓝（BromophenoL Blue）指示剂：称取溴酚蓝 0.1 g 在少量 950 mol · L^{-1}乙醇中研磨溶解，然后用乙醇稀释至 100 mL。

③ 0.01 mol · L^{-1} $1/2H_2SO_4$标准溶液：量取浓 H_2SO_4（比重 1.84）2.8 mL 加水至 1 L，将此溶液再稀释 10 倍，再用标准硼砂标定其准确浓度。

（3）操作步骤。

吸取两份 10～20 mL 土水比为 1：5 的土壤浸出液，放入 100 mL 的烧杯中。

把烧杯放在磁搅拌器上开始搅拌，或用其他方式搅拌，加酚酞指示剂 1～2 滴（每 10 mL 加指示剂 1 滴），如果有紫红色出现，即表示有碳酸盐存在，用 H_2SO_4标准溶液滴定至浅红色，刚一消失即为终点，记录所用 H_2SO_4溶液的毫升数（V_1）。

溶液中再加溴酚蓝指示剂 1～2 滴（每 5 mL 加指示剂 1 滴）。在搅拌中继续用标准 H_2SO_4溶液滴定至终点，由蓝紫色刚褪去，记录加溴酚蓝指示剂后滴定所用 H_2SO_4标准溶液的 mL 数（V_2）。

（4）结果计算。

$$\text{土壤中水溶性 } CO_3^{2-} \text{ 含量}(cmol \cdot kg^{-1}) = 2V_1 \times c \times ts/m \times 100$$

$$\text{土壤中水溶性 } CO_3^{2-} \text{ 含量}(g \cdot kg^{-1}) = 1/2\,CO_3^{2-}(cmol, kg^{-1}) \times 0.030\,0$$

$$\text{土壤中水溶性 } HCO_3^{-} \text{ 含量}(cmol \cdot kg^{-1}) = (V_2 - 2V_1) \times c \times ts/m \times 100$$

$$\text{土壤中水溶性 } HCO_3^{-} \text{ 含量}(g \cdot kg^{-1}) = HCO_3^{-}(cmol, kg^{-1}) \times 0.061\,0$$

式中　V_1——酚酞指示剂达终点时消耗的 H_2SO_4毫升数，此时碳酸盐只是半中和，故为 $2 \times V_1$；

V_2——溴酚蓝为指示剂达终点时消耗的 H_2SO_4体积（mL）；

c——$1/2H_2SO_4$标准溶液的浓度（mol · L^{-1}）；

ts——分取倍数；

m——烘干土样质量（g）；

0.030 0 和 0.061 0——分别为 1/2 CO_3^{2-}和 HCO_3^-的摩尔质量（kg · moL^{-1}）。

2. Cl^-的测定——$AgNO_3$滴定法

土壤中普遍都含有 Cl^-，它的来源有许多方面，但在盐碱土中它的来源主要是含氯矿物的风化、地下水的供给、海水浸漫等方面。由于 Cl^-在盐土中含量很高，有时高达水溶性总盐量的 80% 以上，所以常被用来表示盐土的盐化程度，作为盐土分类和改良的主要参考指标。因而盐土分析中 Cl^-是必须测定的项目之一，甚至有些情况下只测定 Cl^-就可判断盐化程度。

以二苯卡贝肼为指示剂的硝酸汞滴定法和以 K_2CrO_4为指示剂的硝酸银滴定法（莫尔法），都是测定 Cl^-的好方法。前者滴定终点明显，灵敏度较高，但需调节溶液酸度，手续较繁。后者应用较广，方法简便快速，滴定在中性或微酸性介质中进行，尤其适用于盐渍化土壤中 Cl^-测定，待测液如有颜色可用电位滴定法。氯离子选择电极法也被广泛使用。

（1）方法原理。

用 $AgNO_3$标准溶液滴定 Cl^-是以 K_2CrO_4为指示剂，其反应如下：

$$Cl^- + Ag^+ \longrightarrow AgCl\downarrow（白色）$$

$$CrO_4^{2-} + 2Ag^+ \longrightarrow Ag_2CrO_4\downarrow（棕红色）$$

AgCl 和 Ag_2CrO_4 虽然都是沉淀，但在室温下，AgCl 的溶解度（1.5×10^{-3} g·L^{-1}）比 Ag_2CrO_4 的溶解度（2.5×10^{-2} g·L^{-1}）小，所以当溶液中加入 $AgNO_3$ 时，Cl^-首先与 Ag^+作用形成白色 AgCl 沉淀，当溶液中 Cl^-全被 Ag^+沉淀后，则 Ag^+就与 K_2CrO_4 指示剂作用，形成棕红色的 Ag_2CrO_4 沉淀，此时即达终点。

用 $AgNO_3$ 滴定 Cl^-时应在中性溶液中进行，因为在酸性环境中会发生如下反应：

$$CrO_4^{2-} + H^+ \longrightarrow HCrO_4^-$$

因而降低了 K_2CrO_4 指示剂的灵敏性，如果在碱性环境中则：

$$Ag^+ + OH^- \longrightarrow AgOH\downarrow$$

而 AgOH 饱和溶液中的 Ag^+浓度比 Ag_2CrO_4 饱和液中的要小，故 AgOH 将先于 Ag_2CrO_4 沉淀出来，因此，虽达 Cl^-的滴定终点而无棕红色沉淀出现，这样就会影响 Cl^-的测定。所以用测定 CO_3^{2-} 和 HCO_3^- 以后的溶液进行 Cl^-的测定比较合适。在黄色光下滴定，终点更易辨别。

如果从苏打盐土中提出的浸出液颜色发暗不易辨别终点颜色变化时，可用电位滴定法代替。

（2）试剂。

① 50 g·L^{-1} 铬酸钾指示剂：溶解 K_2CrO_4 5 g 于大约 75 mL 水中，滴加饱和的 $AgNO_3$ 溶液，直到出现棕红色 Ag_2CrO_4 沉淀为止，在避光环境下放置 24 h，倾清或过滤除去 Ag_2CrO_4 沉淀，半清液稀释至 100 mL，贮在棕色瓶中备用。

② 0.025 mol·L^{-1} 硝酸银标准溶液：将 105 °C 烘干的 $AgNO_3$ 4.246 8 g 溶解于水中，稀释至 1 L。必要时用 0.01 mol·L^{-1} KCl 溶液标定其准确浓度。

（3）操作步骤。

用滴定碳酸盐和重碳酸盐以后的溶液继续滴定 Cl^-。如果不用这个溶液，可另取两份新的土壤浸出液，用饱和 $NaHCO_3$ 溶液或 0.05 mol·L^{-1} H_2SO_4 溶液调至酚酞指示剂红色褪去。

每 5 mL 溶液加 K_2CrO_4 指示剂 1 滴，在磁搅拌器上，用 $AgNO_3$ 标准溶液滴定。无磁搅拌器时，滴加 $AgNO_3$ 时应随时搅拌或摇动，直到刚好出现棕红色沉淀不再消失为止。

（4）结果计算。

$$土壤中\ Cl^-含量(cmol\cdot kg^{-1}) = c\times V\times ts/m\times 100$$

$$土壤中\ Cl^-的含量(g\cdot kg^{-1}) = Cl^-(cmol\cdot kg^{-1})\times 0.035\ 45$$

式中 V——消耗 $AgNO_3$ 标准液体积（mL）；

c——$AgNO_3$ 摩尔浓度（mol·L^{-1}）；

0.035 45——Cl^-的摩尔质量（kg·mol^{-1}）。

（五）SO_4^{2-} 的测定

在干旱地区的盐土中易溶性盐往往以硫酸盐为主。硫酸根分析是水溶性盐分析中比较麻烦的一个项目，经典方法是硫酸钡沉淀称重法，但由于手续繁琐而妨碍了它的广泛使用。近几十年来，滴定方法的发展，特别是 EDTA 滴定方法的出现有取代重量法之势。硫酸钡比浊测定 SO_4^{2-} 虽然快速、方便，但易受沉淀条件的影响，结果准确性差。硫酸-联苯胺比浊法虽然精度差，但作为野外快速测定硫酸根还是比较方便的。用铬酸钡测定 SO_4^{2-}，可以用硫代硫酸钠滴定法，也可以用 CrO_4^{2-} 比色法，前者比较麻烦，后者较快速，但精确度较差，四羟基醌（二钠盐）可以快速测定 SO_4^{2-}。四羟基醌（二钠盐）是一种 Ba^{2+} 的指示剂，在一定条件下，四羟基醌与溶液中的 Ba^{2+} 形成红色络合物。所以，可用 $BaCl_2$ 滴定来测定 SO_4^{2-}。

测定方法主要采用 EDTA 间接络合滴定法，具体原理及步骤如下：

（1）方法原理。

用过量氯化钡将溶液中的硫酸根完全沉淀。为了防止 $BaCO_3$ 沉淀的产生，在加入 $BaCl_2$ 溶液之前，待测液必须酸化，同时加热至沸以赶出 CO_2，趁热加入 $BaCl_2$ 溶液以促进 $BaSO_4$ 沉淀形成较大颗粒。

过量 Ba^{2+} 连同待测液中原有的 Ca^{2+} 和 Mg^{2+}，在 pH = 10 时，以铬黑 T 指示剂，用 EDTA 标准液滴定。为了使终点明显，应添加一定量的镁。从加入钡镁所消耗 EDTA 的量（用空白标定求得）和同体积待测液中原有 Ca^{2+}、Mg^{2+} 所消耗的 EDTA 的量之和减去待测液中原有 Ca^{2+}、Mg^{2+} 以及与 SO_4^{2-} 作用后剩余钡及镁所消耗的 EDTA 量，即为消耗于沉淀 SO_4^{2-} 的 Ba^{2+} 量，从而可求出 SO_4^{2-} 量。如果待测溶液中 SO_4^{2-} 浓度过大，则应减少用量。

（2）试剂。

① 钡镁混合液：称 $BaCl_2 \cdot 2H_2O$（化学纯）2.44 g 和 $MgCl_2 \cdot 6H_2O$（化学纯）2.04 g 溶于水中，稀释至 1 L，此溶液中 Ba^{2+} 和 Mg^{2+} 的浓度各为 0.01 mol·L^{-1}，每毫升约可沉淀 SO_4^{2-} 1 mg。

② HCl（1∶4）溶液：1 份浓盐酸（HCl，$\rho \approx 1.19$ g·mL^{-1}，化学纯）与 4 份水混合。

③ 0.01 mol·L^{-1} EDTA 二钠盐标准溶液：取 EDTA 二钠盐 3.720 g 溶于无 CO_2 的蒸馏水中，微热溶解，冷却定容至 1 000 mL。用标准 Ca^{2+} 溶液标定，方法同滴定 Ca^{2+}。此液贮于塑料瓶中备用。

④ pH = 10 的缓冲溶液：称取氯化铵（NH_4Cl，分析纯）33.75 g 溶于 150 mL 水中，加氨水 285 mL，用水稀释至 500 mL。

⑤ 铬黑 T 指示剂和 K-B 指示剂（同 EDTA 滴定法）。

（3）操作步骤。

① 吸取 25.00 mL 土水比为 1∶5 的土壤浸出液于 150 mL 三角瓶中，加 HCl（1∶4）5 滴，加热至沸，趁热用移液管缓缓地准确加入过量 25%～100% 的钡镁混合液（约 5～10 mL）继续微沸 5 min，然后放置 2 h 以上。

加 pH = 10 缓冲液 5 mL，加铬黑 T 指示剂 1～2 滴，或 K-B 指示剂 1 小勺（约 0.1 g），摇匀。用 EDTA 标准溶液滴定由酒红色变为纯蓝色。如果终点前颜色太浅，可补加一些指示剂，记录 EDTA 标准溶液的体积（V_1）。

② 空白标定：取 25 mL 水，加入 HCl（1∶4）5 滴，钡镁混合液 5 mL 或 10 mL（用量与上述待测液相同），pH = 10 缓冲液 5 mL 和铬黑 T 指示剂 1～2 滴或 K-B 指示剂一小勺（约 0.1 g），摇匀后用 EDTA 标准溶液滴定由酒红色变为纯蓝色，记录 EDTA 溶液的体积（V_2）。

③ 土壤浸出液中钙镁含量的测定（如土壤中 Ca^{2+}、Mg^{2+}已知，可免去此步骤）：吸取上述①土壤浸出液相同体积，记录 EDTA 溶液的用量（V_3）。

（4）结果计算。

$$土壤中水溶性\ 1/2\,SO_4^{2-}\ 的含量(cmol \cdot kg^{-1}) = cEDTA \times (V_2 + V_3 - V_1) \times ts \times 2/m \times 100$$

$$土壤水溶性\ SO_4^{2-}\ 含量(g \cdot kg^{-1}) = 1/2\,SO_4^{2-}\,(cmol \cdot kg^{-1}) \times 0.048\,0$$

式中 V_1——待测液中原有 Ca^{2+}、Mg^{2+}以及 SO_4^{2-} 作用后剩余钡镁剂所消耗的总 EDTA 溶液的体积（mL）；

V_2——钡镁剂（空白标定）所消耗的 EDTA 溶液的体积（mL）；

V_3——同体积待测液中原有 Ca^{2+}、Mg^{2+}所消耗的 EDTA 溶液的体积（mL）；

c——EDTA 标准溶液的摩尔浓度（$cmol \cdot L^{-1}$）；

0.048 0——$1/2\,SO_4^{2-}$ 的摩尔质量（$kg \cdot mol^{-1}$）。

思考题

1. 土壤水溶性盐分主要指哪些？它们与作物生长主要有什么关系？

2. 测定土壤水溶性盐的土壤样品不能用烘干土而只能用风干土，但是计算各种成分时又要以烘干土表示，为什么？

3. 用水饱和土浆法，或者用土水比为 1∶1 或 1∶5 的提取法，提取土壤盐分各有什么优缺点？

4. 沙土和黏土含有同样的盐量，哪种土壤对作物危害大？为什么？

5. 用 EDTA 法间接测定 SO_4^{2-} 时，为什么一定要给土壤溶液中加入 Mg 盐？

6. 用 EDTA 单独测定 Ca^{2+} 时，为什么要加 NaOH？

第十一章　土壤全铜、锌的测定

一、概　述

土壤中的铜主要来自原生矿物，存在于矿物的晶格内。我国土壤中全铜的含量一般为 4 ~ 150 mg · kg^{-1}，平均约 22 mg · kg^{-1}，接近世界土壤中含铜量的平均水平（20 mg · kg^{-1}）。全 Cu 含量与土壤母质类型、腐殖质的量、成土过程和培肥条件有关。一般基性岩发育的土壤含铜量多于酸性岩，沉积岩中以砂岩含铜最少。

我国土壤中全锌含量大致在 3 ~ 709 mg · kg^{-1}，平均含量约在 100 mg · kg^{-1}，比世界土壤的平均含锌量约 50 mg · kg^{-1} 高出一倍。土壤含锌量与成土母质中的矿物种类及其风化程度有关。一般岩浆岩和安山岩、火山灰等风化物含锌量最低。在沉积岩和沉积物中，页岩和粘板岩的风化物含锌量最高，其次是湖积物及冲积黏土，而以砂土的含锌量最低。

土壤中的铜和锌一般以下列几种形态存在：① 以游离态或复合态离子形式存在于土壤溶液中的水溶态；② 以非专性（交换态）或专性吸附在土壤黏粒的阳离子；③ 主要与碳酸盐和铝、铁、锰水化氧化物结合的闭蓄态阳离子；④ 存在于生物残体和活的有机体中有机态；⑤ 存在于原生和次生矿物晶格结构中的矿物态。它们在各种形态中的相对分配比例则取决于矿物种类结构、母质、土壤有机质含量等。土壤中的活性铜和锌主要指水溶态和非专性吸附的交换态离子。一般土壤溶液中的铜、锌含量很低，例如在 20 种石灰性土壤中水溶性铜为 0.004 ~ 0.039 mg · kg^{-1}，在一些酸性土壤上水溶性锌约在 0.032 ~ 0.172 mg · kg^{-1}（Hodgson 等，1965，1966）。

土壤中铜、锌具有很多的相同特性，因此土壤全量铜、锌的测定常常放在一起讨论。它们的样品分解方法大体可以分为两类：一类为碱熔法（碳酸钠法、偏硼酸锂法等），碱熔法分解样品完全，因添加了大量的可溶性盐，在原子吸收分光光度计的燃烧器上有时会有盐结晶生成及火焰的分子吸收，致使结果偏高，可能引起污染的危险性也较大。另一类为酸溶法（氢氟酸与盐酸、硫酸、硝酸、高氯酸等酸的一种、两种或几种酸配合组成的消化方法）。在酸溶法分解样品之前，石灰性土壤须用硝酸除去碳酸盐，泥炭或腐殖质土须用过氧化氢除去有机质。有较多的实验表明：用含有氢氟酸的酸溶法分解样品，测定的结果与碱熔法相近。但分解液中残留的氢氟酸可能会腐蚀 ASS 或 ICP 光谱仪。

溶液中铜、锌的定量常用比色法、极谱法、AAS 法和 ICP-AES 法。比色法测定铜、锌的显色剂常用的有双硫腙（Dithizone，缩写为 Dz）和二乙基二硫代氨基甲酸钠（DDTC），它们分别称作铜试剂（Cupral）和锌试剂（Zincon）。但是由于这些显色剂的专一性差，能与多种金属离子配合，对测定产生干扰，需要经过多次分离后才能测定铜、锌，操作繁琐冗长，不能满足大批量分析工作的要求。极谱法测定铜、锌也有许多离子的干扰，如测定铜时受铁的干扰等，同时经典极谱法使用大量的汞，易污染环境，故一般也不采用。ICP-AES 法虽然是较理想的测定铜、锌的方法，但受仪器普及程度的限制。原子吸收光谱仪的使用较普及，故溶液中铜、锌的定量目前一般都采用快速准确的 AAS 法。

二、土壤有效铜、锌的测定

鉴于植物利用土壤中的锌是随着土壤 pH 的减低而有增加的趋势，以及土壤中的可溶性锌与 pH 之间有一定的负相关的特点，最初，稀酸（如 0.1 mol·L^{-1} HCl）溶性锌或铜被广泛地用作土壤有效锌、铜的浸提。现在美国的一些地区也有用 Mehlich-I（稀盐酸-硫酸双酸法）提取剂评价土壤的有效锌（Cox，1968；Reed and Martnns，1996）。应用稀酸提取剂时，必须考虑土壤的 pH，一般它们只适用于酸性土壤，而不适用于石灰性土壤。

同时提取测定多种微量元素甚至包括大量元素的提取剂的选择的研究发现：用螯合剂提取土壤养分可以相对较好地评价多种土壤养分的供应状况。早期的有双硫腙提取土壤锌法；pH = 9 的 0.05 mol·L^{-1} EDTA（乙二胺四乙酸）及 pH = 7 的 0.07 mol·L^{-1} EDTA-1 mol·L^{-1} NH_4OAc 法等同时提取土壤 Zn、Mn 和 Cu 的方法。Lindsay and Norvell（1969）提出：用溶液 pH = 7.3 的 DTPA（二乙基三胺五乙酸）-TEA（三乙醇胺）方法（简称为 DTPA-TEA 方法），同时提取石灰性土壤有效锌和铁。随后他们对该方法作了深入研究，指出了该法的理论基础和实用价值（Lindsay and Norvell，1978）。目前该方法已经在国内外被广泛地用于中性、石灰性土壤有效锌、铁、铜和锰等的提取。此外，国外近年来常用的方法还有 pH = 7.6 的 0.005 mol·L^{-1} DTPA-1.0 mol·L^{-1} 碳酸氢铵（简称 DTPA-AB 法），用于同时提取测定近中性-石灰性土壤的有效铜、铁、锰、锌和有效磷、钾、硝态氮等养分的含量（Soltanpour 等，1982；Soltanpour，1991），该方法的理论基础与 DTPA-TEA 方法相近似，因此要注意区分这两种方法。Mehlich（1984）提出的 Mehlich-III 提取剂（含有 EDTA），也被认为可以评价包括铜、锌在内的多种大量、微量元素，用 EDTA 代替 DTPA，主要是因为 DTPA 会干扰提取液中磷的比色测定（Reed and Martens，1996）。

土壤有效锌、铜缺素临界值的范围与提取方法及供试作物有关，见表 2.11.1。

表 2.11.1　几种不同浸提剂的铜、锌缺素临界值（mg·kg^{-1}）

浸提剂	DTPA-TEA	Mehlich-Ⅰ或Ⅲ	DTPA-AB 或 0.1 mol·L^{-1} HCl
锌（Zn）	0.5 ~ 1.0	0.8 ~ 1.0	1.0 ~ 1.5
铜（Cu）	0.2	0.5*	0.3 ~ 0.5**

*为 Mehlich-Ⅲ法；**为 DTPA-AB 法。

需要指出的是，尽管提取剂种类和试剂浓度相同，但各种资料中所介绍的方法提取的温度、时间、液土比不尽一致，这也会导致测定结果的差异。另外，样品的磨细程度，土壤样品的干燥过程也会影响土壤铜、锌的有效含量（Leggett and Argyle，1983）。迄今为止，还没有合适地致使作物中毒的土壤有效铜、锌含量范围（Sims and Johnson，1991）。

（一）中性和石灰性土壤有效 Zn、Cu 的测定——DTPA-TEA 浸提-AAS 法

1. 方法原理

DTPA 提取剂包括 0.005 mol · L^{-1} DTPA（二乙基三胺五乙酸）、0.01 mol · L^{-1} $CaCl_2$ 和 0.1 mol · L^{-1} TEA（三乙醇胺）所组成，溶液 pH 值为 7.30。DTPA 是金属螯合剂，它可以与很多金属离子（Zn、Fe、Mn、Cu）螯合，形成的螯合物具有很高的稳定性，从而减小了溶液中金属离子的活度，使土壤固相表面结合的金属离子解吸而补充到溶液中，因此在溶液中积累的螯合金属离子的量是土壤溶液中金属离子的活度（强度因素）和这些离子由土壤固相解吸补充到溶液中去的量（容量因素）的总和，这两种因素对测定土壤养分的植物有效性是十分重要的。DTPA 能与溶液中的 Ca^{2+} 螯合，从而控制了溶液中 Ca^{2+} 的浓度，当提取剂加入到土壤中，使土壤液保持在 pH = 7.3 左右时，大约有四分之三的 TEA 被质子化（$TEAH^+$），可将土壤中的代换态金属离子置换下来；在石灰性土壤中，则增加了溶液中 Ca^{2+} 浓度，平均达 0.01 mol · L^{-1} 左右，进一步抑制了 $CaCO_3$ 的溶解，同时 TEA 可以提高溶液的缓冲液能力。

$CaCl_2$ 的作用是提供大量的 Ca^{2+}，抑制 $CaCO_3$ 的溶解，避免一些对植物无效的包蔽态的微量元素释放出来。提取剂缓冲到 pH = 7.3，Zn、Fe 等的 DTPA 螯合物最稳定。由于这种螯合反应达到平衡时间很长，需要一星期甚至一个月，实验操作过程规定为 2 h，实际是一个不平衡体系，提取量随时间的改变而改变，所以实验的操作条件必须标准化，如提取的时间、振荡强度、水土比例和提取温度等。DTPA 提取剂能成功地区分土壤是否缺 Zn 和缺 Fe，也被认为是土壤有效 Cu 和 Mn 浸提测定的有希望的方法。

提取液中的 Zn、Cu 等元素可直接用原子吸收分光光度法测定。

2. 主要仪器

往复振荡机、100 mL 和 30 mL 塑料广口瓶、原子吸收分光光度计。

3. 试　剂

（1）DTPA 提取剂（其成分为：0.005 mol · L^{-1} DTPA-0.01 mol · L^{-1} $CaCl_2$-0.1 mol · L^{-1} TEA，pH = 7.3）：称取 DTPA（二乙基三胺五乙酸，$C_{14}H_{23}N_3O_{10}$，分析纯）1.967 g 置于 1 L 容量瓶中，加 TEA（三乙醇胺 $C_6H_{15}O_3$ N）14.992 g，用去离子水溶解，并稀释至 950 mL。再加 $CaCl_2 \cdot 2H_2O$ 1.47 g，使其溶解。在 pH 计上用 6 mol · L^{-1} HCl 调节至 pH = 7.30（每升提取液约需要加 6 mol · L^{-1} HCl 8.5 mL），最后用去离子水定容，储存于塑料瓶中。

（2）Zn 的标准溶液：100 μg · mL^{-1} 和 10 μg · mL^{-1} Zn，溶解纯金属锌 0.100 0 g 于 1 : 1 HCl 50 mL 溶液中，去离子水稀释定容至 1 L，得 100 μg · mL^{-1}。量取 100 μg · mL^{-1} 的 Zn 溶液 100 mL 于容量瓶中，用去离子水稀释定容至 1 L，得 10 μg · mL^{-1} Zn。

（3）Cu 的标准溶液：100 μg · mL^{-1} 和 10 μg · mL^{-1} Cu，溶解纯铜 0.100 0 g 于 1 : 1 HNO_3 50 mL 溶液中，去离子水稀释定容至 1 L，得 100 μg · mL^{-1}。量取 100 μg · mL^{-1} 的 Cu 溶液 100 mL 于容量瓶中，用去离子水稀释定容至 1 L，得 10 μg · mL^{-1} Cu。

4. 操作步骤

称取通过 1 mm 筛的风干土 25.00 g 放入 100 mL 塑料广口瓶中，加 DTPA 提取剂 50.0 mL，

25 °C 振荡 2 h，过滤。滤液、空白溶液和标准溶液中的 Zn、Cu 用原子吸收分光光度计测定。测定时仪器的操作条件见下表（表 2.11.2）。

表 2.11.2 原子吸收光谱法测定铜、锌的操作参数*

参数名称	铜（Cu）	锌（Zn）
最适的浓度范围（$\mu g \cdot mL^{-1}$）	0.2 ~ 10	0.05 ~ 2
灵敏度（$\mu g \cdot mL^{-1}1\%$）	0.1	0.02
检测限（$\mu g \cdot mL^{-1}$）	0.001	0.001
波长（nm）	324.7	213.8
空气-乙炔火焰条件	氧化型	氧化型

* 其他条件参照仪器说明。

Cu、Zn 标准系列样品的制作方法：将 100 $mg \cdot mL^{-1}$ Zn 标准液用 DTPA 稀释 10 倍，即为 10 $mg \cdot mL^{-1}$ Zn 标准溶液。准确量取 10 $mg \cdot mL^{-1}$ Zn 标准液 0、2、4、6、8、10 mL 置于 100 mL 容量瓶中，用 DTPA 定容，即得 0、0.2、0.4、0.6、0.8、1.0 $mg \cdot mL^{-1}$ 的 Zn 标准系列。Cu 也同此方法。

最后分别绘制 Cu、Zn 标准曲线。

5. 结果计算

$$土壤有效铜（或锌）含量（mg \cdot kg^{-1}）= \rho \cdot V / m$$

式中 ρ——标准曲线查得待测液中铜或锌的质量浓度（$\mu g \cdot mL^{-1}$）；

V——DTPA 浸提剂的体积（mL）；

m——称取土壤样品的质量（g）。

（二）中性和酸性土壤有效 Zn、Cu 的测定（0.1 $mol \cdot L^{-1}$ HCl 浸提-AAS 法）

1. 方法原理

0.1 $mol \cdot L^{-1}$ HCl 浸提土壤有效 Zn、Cu，不但包括了土壤水溶态和代换态的 Zn、Cu，还能释放酸溶性化合物中的 Zn、Cu，后者对植物的有效性则较低。本法适用于中性和酸性土壤。浸提液中的 Zn、Cu 可直接用原子吸收分光光度法测定。

2. 主要仪器

往复振荡机、100 mL 和 30 mL 塑料广口瓶、原子吸收分光光度计。

3. 试 剂

（1）0.1 $mol \cdot L^{-1}$ 盐酸（HCl，优级纯）溶液。

（2）Zn 的标准溶液：100 $\mu g \cdot mL^{-1}$ 和 10 $\mu g \cdot mL^{-1}$ Zn，溶解纯金属锌 0.100 0 g 于 1∶1 HCl 50 mL 溶液中，去离子水稀释定容至 1 L，得 100 $\mu g \cdot mL^{-1}$。量取 100 $\mu g \cdot mL^{-1}$ 的 Zn 溶液 100 mL 于容量瓶中，用去离子水稀释定容至 1 L，得 10 $\mu g \cdot mL^{-1}$ Zn。

（3）Cu 的标准溶液：100 $\mu g \cdot mL^{-1}$ 和 10 $\mu g \cdot mL^{-1}$ Cu，溶解纯铜 0.100 0 g 于 1∶1 HNO_3

50 mL 溶液中，去离子水稀释定容至 1 L，得 100 μg · mL^{-1}。量取 100 μg · mL^{-1}的 Cu 溶液 100 mL 于容量瓶中，用去离子水稀释定容至 1 L，得 10 μg · mL^{-1} Cu。

4. 操作步骤

称取通过 1 mm 筛的风干土 10.00 g 放入 100 mL 塑料广口瓶中，加 0.1 mol · L^{-1} HCl 50.0 mL，25 °C 振荡 1.5 h，过滤。滤液、空白溶液和标准溶液中的 Zn、Cu 用原子吸收分光光度计测定。测定时仪器的操作条件见下表（表 2.11.3）。

表 2.11.3　原子吸收光谱法测定铜、锌的操作参数*

参数名称	铜（Cu）	锌（Zn）
最适的浓度范围（μg · mL^{-1}）	0.2 ~ 10	0.05 ~ 2
灵敏度（μg · mL^{-1} 1%）	0.1	0.02
检测限（μg · mL^{-1}）	0.001	0.001
波长（nm）	324.7	213.8
空气-乙炔火焰条件	氧化型	氧化型

*其他条件参照仪器说明。

Cu、Zn 标准系列样品的制作：将 100 mg · mL^{-1} Zn 标准液用 0.1 mol · L^{-1} HCl 提取液稀释 10 倍，即为 10 mg · mL^{-1} Zn 标准溶液。准确量取 10 mg · mL^{-1} Zn 标准液 0、2、4、6、8、10 mL 置于 100 mL 容量瓶中，用 0.1 mol · L^{-1} HCl 提取液定容，即得 0、0.2、0.4、0.6、0.8、1.0 mg · mL^{-1}的 Zn 标准系列。Cu 也同此方法。

5. 结果计算

$$土壤有效铜（或锌）含量（mg \cdot kg^{-1}）= \rho V / m$$

式中　ρ——标准曲线查得待测液中铜或锌的质量浓度（μg · mL^{-1}）；
V——0.1 mol · L^{-1} HCl 提取液的体积（mL）；
m——称取土壤样品的质量（g）。

思考题

1. DTPA-TEA 浸提-AAS 法的原理是什么？
2. 0.1 mol · L^{-1} HCl 浸提-AAS 法的原理是什么？可以用其他物质替换 HCl 吗？为什么？

第十二章 土壤中全氮的测定

一、概 述

土壤中氮素绝大部分呈有机的结合形态，无机形态的氮一般占全氮的 1%～5%。土壤有机质和氮素的消长，主要决定于生物积累和分解作用的相对强弱、气候、植被、耕作制度诸因素，特别是水热条件，对土壤有机质和氮素含量具有显著的影响。从自然植被下主要土类表层有机质和氮素含量来看，以东北的黑土为最高（N，2.56～6.95 g・kg^{-1}）。由黑土向西，经黑钙土、栗钙土、灰钙土，有机质和氮素的含量依次降低。灰钙土的氮素含量只有 0.4～1.05 g・kg^{-1}。我国由北向南，各土类之间表土 0～20 cm 中氮素含量大致有下列的变化趋势：由暗棕壤（N，1.68～3.64 g・kg^{-1}）经棕壤、褐土到黄棕壤（N，0.6～1.48 g・kg^{-1}），含量明显降低，再向南到红壤、砖红壤（N，0.90～3.05 g・kg^{-1}），含量又有升高。耕种促进有机质分解，减少有机质积累。因此，耕种土壤有机质和氮素含量比未耕种的土壤低得多，但变化趋势大体上与自然土壤的情况一致。东北黑土地区耕种土壤的氮素含量最高（N，1.5～3.48 g・kg^{-1}），其次是华南、西南和青藏地区，而以黄、淮、海地区和黄土高原地区为最低（N，0.30～0.99 g・kg^{-1}）。对大多数耕种土壤来说，土壤培肥的一个重要方面是提高土壤有机质和氮素含量。总的来讲，我国耕种土壤的有机质和氮素含量不高，全氮量（N）一般为 1.0～2.0 g・kg^{-1}。特别是西北黄土高原和华北平原的土壤，必须采取有效措施，逐渐提高土壤有机质和氮素的含量。

土壤中有机态氮可以分为半分解的有机质、微生物躯体和腐殖质，而主要是腐殖质。有机形态的氮大部分必须经过土壤微生物的转化作用，变成无机形态的氮，才能为植物吸收利用。有机态氮的矿化作用随季节而变化，一般来讲，由于土壤质地的不同，一年中大约有 1%～3% N 释放出来供植物吸收利用。

无机态氮主要是铵态氮和硝态氮，有时有少量亚硝态氮的存在。土壤中硝态氮和铵态氮的含量变化大，一般春播前肥力较低的土壤含硝态氮 5～10 mg・kg^{-1}，肥力较高的土壤硝态氮含量有时可超过 20 mg・kg^{-1}，铵态氮在旱地土壤中的变化比硝态氮小，一般为 10～15 mg・kg^{-1}。至于水田中铵态氮变化则较大，在搁田过程中它的变化更大。

还有一部分氮（主要是铵离子）固定在矿物晶格内，称为固定态氮。这种固定态氮一般不能为水或盐溶液提取，也比较难被植物吸收利用，但是在某些土壤中，主要是含蛭石多的土壤，固定态氮可占一定的比例（占全氮的 3%～8%），底土所占比例更高（占全氮的 9%～44%）。这些氮需要用 HF-H_2SO_4 溶液破坏矿物晶格，才能使其释放。

土壤氮素供应情况，有时用有机质和全氮含量来估计，有时测定速效形态的氮包括硝态氮、铵态氮和水解性氮。土壤中氮的供应与易矿化部分有机氮有很大关系，各种含氮有机物的分解难易随其分子结构和环境条件的不同差异很大。一般来讲，土壤中与无机胶体结合不紧的这部分有机质比较容易矿化，它包括半分解有机质和生物躯体，而腐殖质则多与黏粒矿物结合紧密，不易矿化。

在我们咸宁市广泛分布着红壤，气候温暖湿润，植被生长旺盛，在原有森林生态系统的巨大生物量内储存着大量的营养元素，并且通过每年的凋落过程，归还土壤，经微生物分解释放后，又被植物所吸收利用，但随着森林植被被砍伐、清除和人为耕种作用，土壤有机质分解作用加强，又由于作物携出、淋洗、侵蚀作用等导致土壤中氮素的大量损失。因此，测定土壤中全氮的含量是合理施肥的根据和环境保护的基础。

二、实　验

测定土壤全氮量的方法主要可分为干烧法和湿烧法两类。

干烧法是杜马斯（Dumas）于 1831 年创立的，又称为杜氏法。其基本过程是把样品放在燃烧管中，以 600 °C 以上的高温与氧化铜一起燃烧，燃烧时通以净化的 CO_2 气，燃烧过程中产生的氧化亚氮（主要是 N_2O）气体通过灼热的铜还原为氮气（N_2），产生的 CO 则通过氧化铜转化为 CO_2，使 N_2 和 CO_2 的混合气体通过浓的氢氧化钾溶液，以除去 CO_2，然后在氮素计中测定氮气体积。

杜氏法不仅费时，而且操作复杂，需要专门的仪器，但是一般认为与湿烧法比较，干烧法测定的氮较为完全。

湿烧法就是常用的开氏法。这个方法是丹麦人开道尔（J. Kjeldahl）于 1883 年用于研究蛋白质变化的，后来被用来测定各种形态的有机氮，由于设备比较简单易得，结果可靠，为一般实验室所采用。这个方法的主要原理是用浓硫酸消煮，借催化剂和增温剂等加速有机质的分解，并使有机氮转化为氨进入溶液，最后用标准酸滴定蒸馏出的氨。

此方法后来进行了许多改进，一是用更有效的加速剂缩短消化时间；二是改进了氨的蒸馏和测定方法，以提高测定效率。

在开氏法中，通常都用加速剂来加速消煮过程。加速剂的成分按其效用的不同，可分为增温剂、催化剂和氧化剂等三类。

常用的增温剂主要是硫酸钾或硫酸钠。在消煮过程中温度起着重要作用。消煮时的温度要求控制在 360 ~ 410 °C 之间，低于 360 °C，消化不容易完全，特别是杂环氮化合物不易分解，使结果偏低；高于 410 °C 则容易引起氨的损失。温度的高低受加入硫酸钾的量所控制，如果加入的硫酸钾较少（每毫升硫酸加 K_2SO_4 0.3 g），则需要较长时间才能消化完全。如果加入的硫酸钾较多，则消化时间可以大大缩短，但是当盐的质量浓度超过 $0.8\ g \cdot mL^{-1}$ 时，则消化完毕后，内容物冷却结块，给操作带来一些困难。因此，消煮过程中盐的浓度应控制在 $0.35 \sim 0.45\ g \cdot mL^{-1}$，在消煮过程中如果硫酸消耗过多，则将影响盐的浓度，一般在开氏瓶口插入一小漏斗，以减少硫酸的损失。

开氏法中应用的催化剂种类很多，事实上多年来人们致力于开氏法的改进，多数集中在催化剂的研究上。目前应用的催化剂主要有 Hg、HgO、$CuSO_4$、$FeSO_4$、Se、TiO_2 等，其中以 $CuSO_4$ 和 Se 混合使用最普遍。

汞和硒的催化能力都很强，但在测定过程中，汞会带来一些操作上的困难，因为 HgO 能与铵结合生成汞-铵复合物，这些包含在复合物中的铵，加碱蒸馏不出来，因此在蒸馏之前，必须加硫代硫酸钠将汞沉淀出来：

$$HgO + (NH_4)_2SO_4 = [Hg(NH_3)_2]SO_4 + H_2O$$

$$[Hg(NH_3)_2]SO_4 + Na_2S_2O_3 + H_2O = HgS + Na_2SO_4 + (NH_4)_2SO_4$$

产生的黑色沉淀（HgS）会使蒸馏器不易保持清洁，且汞有毒性，污染环境，因此在开氏法中人们不喜欢用汞作催化剂。

硒的催化作用最强，但必须注意，用硒粉作催化剂时，开氏瓶中溶液刚刚清澈并不表示所有的氮均已转化为铵。由于硒也有毒性，国际标准（ISO 11261：1995）改用氧化钛（TiO_2）代替硒，其加速剂的组成和比例为 K_2SO_4：$CuSO_4·5H_2O$：TiO_2 = 100：3：3。

近年来氧化剂的使用特别是高氯酸又引起人们的重视。因为 $HClO_4$-H_2SO_4 的消煮液可以同时测定氮、磷等多种元素，有利于自动化装置的使用，但是由于氧化剂的作用过于激烈，容易造成氮的损失，使测定结果很不稳定，所以它不是测定全氮的可靠方法。

目前在土壤全氮量测定中，一般认为标准的开氏法为：称 1.0 ~ 10.0 g 土样（常量法），加混合加速剂 K_2SO_4 10 g、$CuSO_4$ 1.0 g、Se 0.1 g，再加浓硫酸 30 mL，消煮 5 h。为了缩短消煮时间和节省试剂，自 60 年代至今广泛采用半微量开氏法（0.2 ~ 1.0 g 土样）。

开氏法测定的土壤全氮并不完全包括 NO_3^-—N 和 NO_2^-—N，由于它们含量一般都比较低，对土壤全氮量的测定影响也小，因此，通常可忽略。但是，如果土壤中含有显著数量的 NO_3^-—N 和 NO_2^-—N，则须用改进的开氏法。

消煮液中的氮以铵的形态存在，可以用蒸馏滴定法、扩散法或比色法等测定。最常用的是蒸馏滴定法，即加碱蒸馏，使氨释放出来，用硼酸溶液吸收，而后用标准酸滴定之。蒸馏用半微量蒸馏器，对于半微量蒸馏器，近年来也有不少研究和改进，现在除了用电炉加热和蒸汽加热各种单套半微量蒸馏器外，还有多套半微量蒸馏器联合装置，即一个蒸汽发生器可同时带四套定氮装置，既省电，又提高了功效，颇受科研工作者的欢迎。

扩散法是用扩散皿（即 Conway 皿）进行的，皿分为内外两室，如下图 2.12.1 所示，外室盛有消化液，内室盛硼酸溶液，加碱液于外室后，立即密封，使氨扩散到内室被硼酸溶液吸收，最后用标准酸滴定之。有人认为扩散法的准确度和精密度大致和蒸馏法相似，但扩散法设备简单，试剂用量少，操作简单，时间短，适于大批样品的分析。

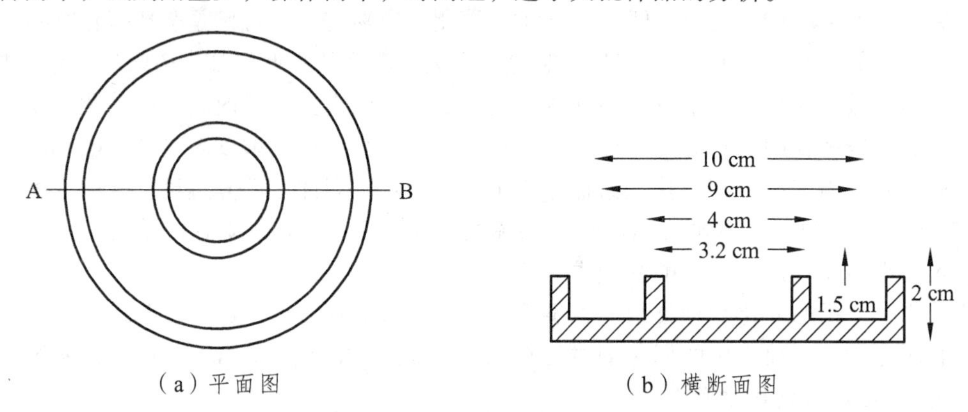

图 2.12.1　微量扩散皿

比色法适用于自动装置，但自动比色分析应有一个比较灵敏的显色反应。且在显色反应中不应有沉淀、过滤等步骤。氨的比色分析，以靛酚蓝比色法最灵敏，干扰也较少。连续流动分析（CFA）中铵的分析采用靛酚蓝比色法。

土壤氮的测定是重要的常规测试项目之一，因此许多国家都致力于研制氮素测定的自动、半自动分析仪。目前国内外已有不少型号的定氮仪。

利用干烧法原理研制的自动定氮仪，有的可进行许多样品的连续燃烧，使各样品的氮全部还原成氮气，彻底清除废气后，使氮气进入精确的注射管，自动测定其容积（μL）（例如Cole-man 29-29A 氮素自动分析仪以及西德的 N-A 型快速定氮仪；有的则不清除 CO_2，而同时将 N_2 和 CO_2 送入热导池探测器，利用 N_2 和 CO_2 的导热系数不同，而同时测定 N_2 和 CO_2，例如日本的柳本碳氮仪）。

利用湿烧法的自动定氮仪，实际上是开氏法的组装，所用试剂药品也同开氏法，它可同时进行许多个样品消煮，它的蒸馏、滴定及其结果的计算等步骤均系自动快速进行。分析结果能同时数字显示并打印出来。例如，近年来进口的丹麦福斯-特卡托 1035/1038 型和德国 GERHARDT 的 VAP5/6 型自动定氮仪，能同时在密闭吸收系统里迅速消煮几十个样品，既快速又避免了环境污染。它的蒸馏、滴定虽然也是逐个进行，但每个样品从蒸馏开始到结果自动显示并打印出来只需 2 分钟，而且样品送入可连续进行，大大提高了开氏法的分析速度。我国北京、上海、武汉等已有多个仪器厂家生产自动和半自动定氮仪并在常规实验室中广泛应用，如北京真空仪表厂生产的 DDY 1-5 系列和北京思贝得机电技术研究所生产 KDY-9810/30 系列的自动、半自动定氮仪等。

自动定氮仪的应用，可使实验室的分析工作向快速、准确、简便和自动化方向发展，适合现代分析工作的要求。

土壤全氮测定采取半微量开氏法，主要原理及步骤如下：

1. 方法原理

样品在加速剂的参与下，用浓硫酸消煮时，各种含氮有机化合物，经过复杂的高温分解反应，转化为氨与硫酸结合成硫酸铵。碱化后蒸馏出来的氨用硼酸吸收，以标准酸溶液滴定，求出土壤全氮含量（不包括全部硝态氮）。

包括硝态和亚硝态氮的全氮测定，在样品消煮前，需先用高锰酸钾将样品中的亚硝态氮氧化为硝态氮后，再用还原铁粉使全部硝态氮还原，转化成铵态氮。

在高温下硫酸是一种强氧化剂，能氧化有机化合物中的碳，生成 CO_2，从而分解有机质。

$$2H_2SO_4 + C \longrightarrow H_2O + 2SO_2\uparrow + CO_2\uparrow \text{（高温）}$$

样品中的含氮有机化合物，如蛋白质在浓 H_2SO_4 的作用下，水解成为氨基酸，氨基酸又在 H_2SO_4 的脱氨作用下，还原成氨，氨与硫酸结合成为硫酸铵留在溶液中。

Se 的催化过程如下：

$$2H_2SO_4 + Se \longrightarrow H_2SeO_3 \text{（亚硒酸）} + 2SO_2\uparrow + H_2O$$

$$2SeO_3 \longrightarrow SeO_2 + H_2O$$

$$SeO_2 + C \longrightarrow Se + CO_2$$

由于 Se 的催化效能高，一般常量法 Se 粉用量不超过 0.1 ~ 0.2 g，如用量过多则将引起氮的损失。

$$(NH_4)_2SO_4 + H_2SeO_3 \longrightarrow (NH_4)_2SeO_3 + H_2SO_4$$

$$3(NH_4)_2SeO_3 \longrightarrow 2NH_3 + 3Se + 9H_2O + 2N_2\uparrow$$

以 Se 作催化剂的消煮液，也不能用于氮磷联合测定。硒是一种有毒元素，在消化过程中，放出 H_2Se，H_2Se 的毒性较 H_2S 更大，易引起人中毒，所以实验室要有良好的通风设备，方可使用这种催化剂。

$CuSO_4$ 的催化作用如下：

$$4CuSO_4 + 3C + 2H_2SO_4 \longrightarrow 2Cu_2SO_4 + 4SO_2\uparrow + 3CO_2\uparrow + 2H_2O$$

$$Cu_2SO_4(\text{褐红色}) + 2H_2SO_4 \longrightarrow 2CuSO_4(\text{蓝绿色}) + 2H_2O + SO_2\uparrow$$

当土壤中有机质分解完毕，碳质被氧化后，消煮液则呈现清澈的蓝绿色即“清亮”，因此硫酸铜不仅起催化作用，也起指示作用。同时应该注意开氏法刚刚清亮并不表示所有的氮均已转化为铵，有机杂环态氮还未完全转化为铵态氮，因此消煮液清亮后仍需消煮一段时间，这个过程叫“后煮”。

消化液中硫酸铵加碱蒸馏，使氨逸出，以硼酸吸收之，然后用标准酸液滴定之。

蒸馏过程的反应：

$$(NH_4)_2SO_4 + 2NaOH \longrightarrow Na_2SO_4 + 2NH_3 + 2H_2O$$

$$NH_3 + H_2O \longrightarrow NH_4OH$$

$$NH_4OH + H_3BO_3 \longrightarrow NH_4 \cdot H_2BO_3 + H_2O$$

滴定过程的反应：

$$2NH_4 \cdot H_2BO_3 + H_2SO_4 \longrightarrow (NH_4)_2SO_4 + 2H_3BO_3$$

2. 主要仪器

消煮炉、半微量定氮蒸馏装置（见图 2.12.2）、半微量滴定管（5 mL）。

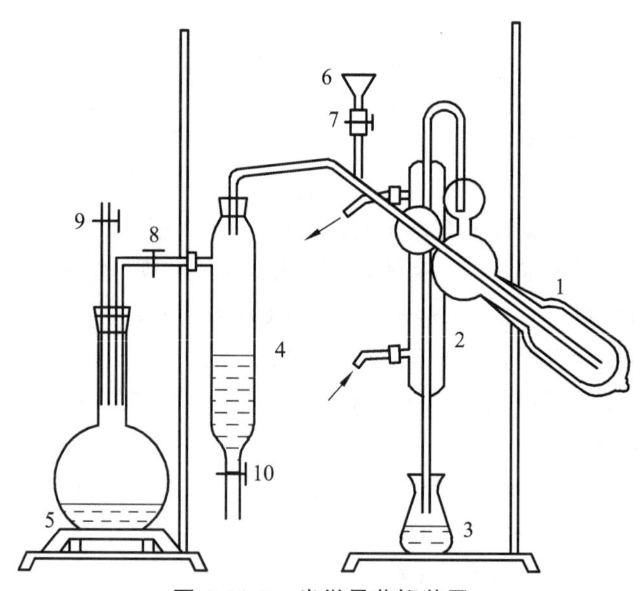

图 2.12.2 半微量蒸馏装置

1—蒸馏瓶；2—冷凝器；3—承受瓶；4—分水筒；5—蒸汽发生器；6—加碱小漏斗；7、8、9—螺旋夹子；10—开关

3. 试　剂

（1）硫酸：$\rho = 1.84\ g \cdot mL^{-1}$，化学纯。

（2）$10\ mol \cdot L^{-1}$ NaOH 溶液：称取工业用固体 NaOH 420 g，于硬质玻璃烧杯中，加蒸馏水 400 mL 溶解，不断搅拌，以防止烧杯底角固结，冷却后倒入塑料试剂瓶，加塞，防止吸收空气中的 CO_2，放置几天待 Na_2CO_3 沉降后，将清液虹吸入盛有约 160 mL 无 CO_2 的水中，并以去 CO_2 的蒸馏水定容 1 L 加盖橡皮塞。

（3）甲基红-溴甲酚绿混合指示剂：0.5 g 溴甲酚绿和 0.1 g 甲基红溶于 100 mL 乙醇中。

（4）$4.20\ g \cdot L^{-1}$ H_3BO_3-指示剂溶液：20 g H_3BO_3（化学纯）溶于 1 L 水中，每升 H_3BO_3 溶液中加入甲基红-溴甲酚绿混合指示剂 5 mL 并用稀酸或稀碱调节至微紫红色，此时该溶液的 pH 为 4.8。指示剂用前与硼酸混合，此试剂宜鲜配，不宜久放。

（5）混合加速剂：$K_2SO_4 : CuSO_4 : Se = 100 : 10 : 1$，即 100 g K_2SO_4（化学纯）、10 g $CuSO_4 \cdot 5H_2O$（化学纯）和 1 g Se 粉混合研磨，通过 80 号筛充分混匀（注意戴口罩），贮于具塞瓶中。消煮时每毫升 H_2SO_4 加 0.37 g 混合加速剂。

（6）$0.02\ mol \cdot L^{-1}$（$1/2H_2SO_4$）标准溶液：量取 H_2SO_4（化学纯）、无氮、$\rho = 1.84\ g \cdot mL^{-1}$ 2.83 mL，加水稀释至 5 000 mL，然后用标准碱或硼砂标定之。

（7）$0.01\ mol \cdot L^{-1}$（$1/2H_2SO_4$）标准液：将 $0.02\ mol \cdot L^{-1}$（$1/2H_2SO_4$）标准液用水准确稀释一倍。

（8）高锰酸钾溶液：25 g 高锰酸钾（分析纯）溶于 500 mL 无离子水，贮于棕色瓶中。

（9）1∶1 硫酸（化学纯、无氮、$\rho = 1.84\ g \cdot mL^{-1}$）：与等体积水混合。

（10）还原铁粉：磨细通过孔径 0.15 mm（100 号）筛。

（11）辛醇。

4. 测定步骤

（1）称取风干土样（通过 0.149 mm 筛）1.0 g，含氮约 1 mg，同时测定土样水分含量。

（2）土样消煮。

① 不包括硝态氮和亚硝态氮的消煮：将土样送入干燥的开氏瓶（或消煮管）底部，加少量无离子水（约 0.5 ~ 1 mL）湿润土样后，加入加速剂 2 g 和浓硫酸 5 mL，摇匀，将开氏瓶倾斜置于 300 W 变温电炉上，用小火加热，待瓶内反应缓和时（约 10 ~ 15 min），加强火力使消煮的土液保持微沸，加热的部位不超过瓶中的液面，以防瓶壁温度过高而使铵盐受热分解，导致氮素损失。消煮的温度以硫酸蒸气在瓶颈上部 1/3 处冷凝回流为宜。待消煮液和土粒全部变为灰白稍带绿色后，再继续消煮 1 h。消煮完毕，冷却，待蒸馏。在消煮土样的同时，做两份空白测定，除不加土样外，其他操作皆与测定土样相同。

② 包括硝态和亚硝态氮的消煮：将土样送入干燥的开氏瓶（或消煮管）底部，加高锰酸钾溶液 1 mL，摇动开氏瓶，缓缓加入 1∶1 硫酸 2 mL，不断转动开氏瓶，然后放置 5 min，再加入 1 滴辛醇。通过长颈漏斗将 0.5 g（± 0.01 g）还原铁粉送入开氏瓶底部，瓶口盖上小漏斗，转动开氏瓶，使铁粉与酸接触，待剧烈反应停止时（约 5 min），将开氏瓶置于电炉上缓缓加热 45 min（瓶内土液应保持微沸，以不引起大量水分丢失为宜）。停火，待开氏瓶冷却后，通过长颈漏斗加加速剂 2 g 和浓硫酸 5 mL，摇匀。按上述①的步骤，消煮至土液全部变为黄绿色，再继续消煮 1 h。消煮完毕，冷却，待蒸馏。在消煮土样的同时，做两份空白测定。

（3）氨的蒸馏。

① 蒸馏前先检查蒸馏装置是否漏气，并通过水的馏出液将管道洗净。

② 待消煮液冷却后，用少量无离子水将消煮液定量地全部转入蒸馏器内，并用水洗涤开氏瓶 4～5 次（总用水量不超过 30～35 mL），若用半自动式自动定氮仪，不需要转移，可直接将消煮管放入定氮仪中蒸馏。

于 150 mL 锥形瓶中，加入 20 g · L^{-1} 硼酸-指示剂混合液 5 mL，放在冷凝管末端，管口置于硼酸液面以上 3～4 cm 处。然后向蒸馏室内缓缓加入 10 mol · L^{-1} NaOH 溶液 20 mL，通入蒸汽蒸馏，待馏出液体积约 50 mL 时，即蒸馏完毕。用少量已调节至 pH = 4.5 的水洗涤冷凝管的末端。

③ 用 0.01 mol · L^{-1}（$1/2H_2SO_4$）或 0.01 mol · L^{-1} HCl 标准溶液滴定馏出液由蓝绿色至刚变为紫红色，记录所用酸标准溶液的体积（mL）。空白测定所用酸标准溶液的体积，一般不得超过 0.4 mL。

5. 结果计算

$$\text{土壤全氮 (N) 量}(g \cdot kg^{-1}) = (V - V_0) \times c(1/2H_2SO_4) \times 14.0 \times 10^{-3}/m \times 10^3$$

式中 V——滴定试液时所用酸标准溶液的体积（mL）；

V_0——滴定空白时所用酸标准的体积（mL）；

c——0.01 mol · L^{-1}（$1/2H_2SO_4$ 或 HCl）标准溶液浓度；

14.0——氮原子的摩尔质量（g · mol^{-1}）；

10^{-3}——将 mL 换算为 L；

m——烘干土样的质量（g）。

两次平行测定结果允许绝对相差：土壤含氮量大于 1.0 g · kg^{-1} 时，不得超过 0.005%；含氮 1.0～0.6 g · kg^{-1} 时，不得超过 0.004%；含氮 < 0.6 g · kg^{-1} 时，不得超过 0.003%。

思考题

1. 土壤中的氮有哪些形态？其相互关系如何？测定时应注意什么问题？

2. 在土样消化时，为什么在液体澄清后，还需要继续消煮一段时间？

3. 为什么说消煮过程包括氧化和还原两个过程？加速剂的主要作用是什么？为什么？硫酸钾在消煮过程中的作用是什么？

4. 蒸馏时如遇到硼酸倒吸回流，应该如何处理？

5. 在蒸馏出 NH_3 的接受瓶中，应该装多少硼酸液？如何计算？设土壤样品 10 g，含氮量为 0.2%，计算一下 5 mL 2% 的硼酸是否足够？

第十三章　土壤中磷的测定

一、概　述

磷是植物生长必需的三大营养元素之一，是植物中多种重要化合物的组成成分，广泛参与植物的多种代谢活动，对于植物的生长具有重要意义。土壤全磷含量（以 P 表示），一般在 0.02%～0.15% 的范围内（鲁如坤，2000；史瑞和，1996），高的可达 0.25%，低的只有 0.05%，我国土壤全磷含量从南到北有逐渐增加的趋势。南方酸性土壤全磷含量一般低于 0.10%，最低的只有 0.04%，而北方石灰性土壤磷的含量则较高。土壤中磷素大部分是以缓效态存在，但如果土壤全磷含量低于 0.04%，则有可能导致土壤供磷不足。

土壤全磷含量的高低，受土壤母质、成土作用、耕作施肥、土壤质地、有机质含量等的影响较大。一般而言，基性火成岩的风化母质含磷多于酸性火成岩的风化母质，黏土含磷量高于砂性土，有机质丰富的土壤含磷也较高。磷在土壤剖面中的分布是耕作层含磷量一般高于底土层。

土壤中磷可以分为两大类，即无机磷和有机磷。土壤中的有机磷组成、结构比较复杂，且大都以高分子形态存在，主要包括磷酸肌醇、磷脂、核酸及少量的磷蛋白和磷酸糖及微生物态磷等，一般占土壤全磷的 10%～15%，也有极少数耕地土壤有机磷占土壤全磷的 50%（Sharpley，1985）。土壤中的无机磷一般包括三种形态：水溶态、吸附态和矿物态，且其形态受 pH 影响较大。水溶态包括解离或络合的磷酸盐和部分聚合态磷酸盐；吸附态是指吸附在黏土矿物、有机物表面的以物理能级、化学键能级或介于这两者能级间的磷；矿物态磷包括含磷的原生矿物、次生矿物及其他含磷化合物，还包括更难溶解的非晶态的铁、铝、钙等胶膜包裹的闭蓄态磷。由于土壤无机磷分组方法不一，对无机磷形态的表示也各不相同；不同形态无机磷对植物的生物有效性也相差很大。

测定土壤全磷首先应将土壤全部磷转化为可溶态磷，主要有三种转化途径：一是用碱熔融，如 Na_2CO_3 熔融法、NaOH 熔融法（国标法）；二是用强酸消煮，如 H_2SO_4-$HClO_4$ 消煮法、HF-$HClO_4$ 消煮法、HNO_3-H_2O_2-HF 消煮法、王水（浓 HCl：浓 HNO_3 = 3：1）-HF 消煮法等；三是高温灼烧后用酸浸提（灼烧法测出结果偏低），近年来，用聚四氟乙烯器皿及微波炉和高压釜等消煮方法的广泛应用，使操作更为简便，可使用同一待测液通过仪器分析测定多种元素，避免了碱熔法中钠盐造成的干扰。最常用的是碳酸钠熔融和硫酸-高氯酸消煮法（中国土壤学会农业化学专业委员会，1983）。碳酸钠熔融法基本上可以将土壤中全部磷转化为可溶性，常常作为标准法应用，但此法费时，不适于大量标本的测定，而且要用昂贵的铂金坩埚，只在必要时采用。硫酸-高氯酸消煮法既具有一定的精度，少量高氯酸的存在对磷的测定也不产生干扰，但需要有专门的通风橱，对红壤和砖红壤中的磷分解不完全（提取率约为 95%），但其分解率已经达到了全磷分析的要求。

溶液中磷的测定有多种方法，有重量法，如磷酸铵镁法 [溶液中的磷先生成磷酸铵镁 $NH_4MgPO_4 \cdot 10H_2O$，再灼烧成 $Mg_2P_2O_7$（焦磷酸镁）] 和磷钼酸喹啉沉淀法等；滴定法（将沉淀用过量标准碱溶解，再用标准酸滴定剩余的碱）和比色法，如磷钼蓝比色法、钒钼黄比色法、气相色谱法、导数极谱法、X-荧光光谱法等。由于重量法和滴定法繁琐、费时、精度不高，且要求溶液中磷的含量较高，因此，这两种方法都不常用。所以，溶液中磷的测定最常用的主要有两种方法：钼蓝比色法（含量低时选用此法较好）和钒钼黄比色法（含量高时选用此法较好）。多年来，人们对钼蓝比色法进行了大量的研究工作，特别是在还原剂的选用上有了很大改革。常用的还原剂有氯化亚锡、亚硫酸氢钠、1, 2, 4-氨基萘酚磺酸、硫酸联胺、抗坏血酸等，目前应用较普遍的是钼锑抗混合试剂。常用的三种钼蓝法的工作范围和各种试剂在比色液中的最终浓度列于表（见表 2.13.1）。

表 2.13.1　三种钼蓝法的工作范围和试剂浓度

项　目	$SnCl_2$-H_2SO_4 体系	$SnCl_2$-HCl 体系	钼锑抗体系
工作范围（$mg \cdot L^{-1}$ P）	0.02 ~ 1.0	0.05 ~ 2	0.01 ~ 0.6
显色时间（min）	5 ~ 15	5 ~ 15	30 ~ 60
稳定时间	15 min	20 min	8 h
最后显色酸度（N）	0.39 ~ 0.40	0.6 ~ 0.7	0.35 ~ 0.55
显色适宜温度（°C）	20 ~ 25	20 ~ 25	20-60
钼酸铵（%）	0.1	0.3	0.1
还原剂（%）	0.007	0.012	抗坏血酸，酒石酸氧锑钾 0.002 4 ~ 0.005

二、土壤全磷的测定

（一）土壤样品的分解和溶液中磷的测定

土壤全磷测定要求把无机磷全部溶解，同时把有机磷氧化成无机磷，因此全磷的测定，第一步是样品的分解，第二步是溶液中磷的测定。

1. 土壤样品的分解

样品分解有 Na_2CO_3 熔融法、$HClO_4$-H_2SO_4 消煮法、HF-$HClO_4$ 消煮法等。目前 $HClO_4$-H_2SO_4 消煮法应用最普遍，因为操作手续方便，又不需要铂金坩埚，但 $HClO_4$-H_2SO_4 消煮法不及 Na_2CO_3 熔融法样品分解完全，但其分解率已达到全磷分析的要求。Na_2CO_3 熔融法虽然操作手续较繁，但样品分解完全，仍是全磷测定分解的标准方法。目前我国已将 NaOH 碱熔钼锑抗比色法列为国家标准法。样品可在银或镍坩埚中用 NaOH 熔融，是分解土壤全磷（或全钾）比较完全和简便的方法。

2. 溶液中磷的测定

溶液中磷的测定，一般都用磷钼蓝比色法。多年来，人们对钼蓝比色法进行了大量的研究工作，特别是在还原剂的选用上有了很大改革。最早常用的还原剂有氯化亚锡、亚硫酸氢钠等，以后采用有机还原剂如 1, 2, 4-氨基萘酚磺酸、硫酸联氨、抗坏血酸等，目前应用较普遍的是钼锑抗混合试剂。

还原剂中的氯化亚锡的灵敏度最高，显色快，但颜色不稳定。土壤速效磷的速测方法仍多用氯化亚锡作还原剂，抗坏血酸是近年被广泛应用的一种还原剂，它的主要优点是生成的颜色稳定，干扰离子的影响较小，适用范围较广，但显色慢，需要加温。如果溶液中有一定的三价锑存在时，则大大加快了抗坏血酸的还原反应，在室温下也能显色。

溶液中磷的测定：加钼酸铵于含磷的溶液中，在一定酸度条件下，溶液中的正磷酸与钼酸络合形成磷钼杂多酸。

$$H_3PO_4 + 12H_2MoO_4 = H_3[PMo_{12}O_{40}] + 12H_2O$$

杂多酸是由两种或两种以上简单分子的酸组成的复杂的多元酸，是一类特殊的配合物。在分析化学中，主要是在酸性溶液中，利用 H_3PO_4 或 H_4SiO_4 等作为原酸，提供整个配合阳离子的中心体，再加钼酸根配位使生成相应的 12-钼杂多酸，然后再进行光度法、容量法或重量法测定。

磷钼酸的铵盐不溶于水，因此在过量铵离子存在下，同时磷的浓度较高时，即生成黄色沉淀磷钼酸铵$(NH_4)_3[PMo_{12}O_{40}]$，这是质量法和容量法的基础。当少量磷存在时，加钼酸铵则不产生沉淀，仅使溶液略现黄色$[PMo_{12}O_{40}]^{3-}$，其吸光度很低，加入 NH_4VO_3 使生成磷钒钼杂多酸。磷钒钼杂多酸是由正磷酸、钒酸和钼酸三种酸组合而成的杂多酸，称为三元杂多酸 $H_3(PMo_{12}O_{40})\cdot nH_2O$，根据这个化学式，可以认为磷钒钼酸是用一个钒酸根取代 12-钼磷酸分子中的一个钼酸的结果。三元杂多酸比磷钼酸具有更强的吸光作用，亦即有较高的吸光度，这是钒钼黄法测定的依据，但是在磷较少的情况下，一般都用更灵敏的钼蓝法，即在适宜试剂浓度下，加入适当的还原剂，使磷钼酸中的一部分 Mo^{6+}离子被还原为 Mo^{5+}，生成一种叫做“钼蓝”的物质，这是钼蓝比色法的基础。蓝色产生的速度、强度、稳定性等与还原剂的种类、试剂的适宜浓度特别是酸度以及干扰离子等有关。

还原剂的种类：对于杂多酸还原的产物——钼蓝及其机理，虽然有很多人作过研究，但意见并不一致。目前一般认为：杂多酸的蓝色还原产物是由 Mo^{6+}和 Mo^{5+}原子构成，仍维持 12-钼磷酸的原有结构不变，且 Mo^{5+}不再进一步被还原。一般认为磷钼杂多蓝的组成可能为 $H_3PO_4\cdot 10MoO_3\cdot Mo_2O_5$ 或 $H_3PO_4\cdot 8MoO_3\cdot 2Mo_2O_5$，说明杂多酸阳离子中有两个或四个 Mo^{6+}被还原到 Mo^{5+}（有的书上把磷钼杂多蓝的组成写成 $H_3PO_4\cdot 10MoO_3\cdot 2MoO_2$，这样钼原子似乎已被还到四价，这是不大可能的）。

与钒相似，锑也能与磷钼酸反应生成磷锑钼三元杂多酸，其组成为 P : Sb : Mo = 1 : 2 : 12，此磷锑钼三元杂多酸在室温下能迅速被抗坏血酸还原为蓝色的络合物，而且还原剂与钼试剂配成单一溶液，一次加入，简化了操作手续，有利于测定方法的自动化。

H_3PO_4、H_3AsO_4 和 H_4SiO_4 都能与钼酸结合生成杂多酸，在磷的测定中，硅的干扰可以控制酸度抑制之。磷钼杂多酸在较高酸度下形成（$0.4 \sim 0.8\ mol\cdot L^{-1}$，$H^+$），而硅钼酸则在较低酸度下生成；砷的干扰则比较难克服，所幸，土壤中砷的含量很低，而且砷钼酸还原速度较慢，灵敏度较磷低，在一般情况下，不致影响磷的测定结果。但是在使用农药砒霜时，要注意砷的干扰影响，在这种情况下，在未加钼试剂之前将砷还原成亚砷酸而克服之。

在磷的比色测定中，三价铁也是一种干扰离子，它将影响溶液的氧化还原势，抑制蓝色的生成。在用 $SnCl_2$ 作还原剂时，溶液中的 Fe^{3+} 不能超过 20 mg · kg^{-1}，因此过去全磷分析中，样品分解强调用 Na_2CO_3 熔融，或 $HClO_4$ 消化。因为 Na_2CO_3 熔融或 $HClO_4$ 消化，进入溶液的 Fe^{3+} 较少。但是用抗坏血酸作还原剂，Fe^{3+} 含量即使超过 400 mg · kg^{-1}，仍不致产生干扰影响，因为抗坏血酸能与 Fe^{3+} 络合，保持溶液的氧化还原势。因此磷的钼蓝比色法中，抗坏血酸作为还原剂已广泛被采用。钼蓝显色是在适宜的试剂浓度下进行的，不同方法所要求的适宜试剂浓度不同。所谓试剂的适宜浓度是指酸度，钼酸铵浓度以及还原剂用量要适宜，使一定浓度的磷产生最深最稳定的蓝色。磷钼杂多酸是在一定酸度条件下生成的，过酸与不足均会影响结果。因此，在磷的钼蓝比色测定中，酸度的控制最为重要。不同方法有不同的酸度范围。现将常用的三种钼蓝法的工作范围和各种试剂在比色液中的最终浓度列于下表（见表 2.13.2）。

表 2.13.2 三种钼蓝法的工作范围和试剂浓度

项 目	$SnCl_2$-H_2SO_4 体系	$SnCl_2$-HCl 体系	钼锑抗体系
工作范围（mg · kg^{-1}，P）	0.02 ~ 1.0	0.05 ~ 2	0.01 ~ 0.6
显色时间（min）	5 ~ 15	5 ~ 15	30 ~ 60
稳定性	15 min	20 min	8 h*
最后显色酸度（mol · L^{-1}，H^+）	0.39 ~ 0.40	0.6 ~ 0.7	0.35 ~ 0.55
显色适宜温度（°C）	20 ~ 25	20 ~ 25	20 ~ 60
钼酸铵（g · L^{-1}）	1.0	3.0	1.0
还原剂（g · L^{-1}）	0.07	0.12	抗坏血酸 0.8 ~ 1.5 酒石酸氧锑钾 0.024 ~ 0.05

* 见《土壤农业化学常规分析方法》，科学出版社，1983 年，P96。

上述三种方法以 $SnCl_2$-H_2SO_4 体系最灵敏，钼锑抗-硫酸体系的灵敏度接近 $SnCl_2$-H_2SO_4 体系，而显色稳定，受干扰离子的影响亦较小，更重要的是还原剂与钼试剂配成单一溶液，一次加入，简化了操作手续，有利于测定方法的自动化，因此目前钼锑抗-H_2SO_4 体系被广泛采用。

（二）土壤全磷测定方法之一——$HClO_4$-H_2SO_4 法

1. 方法原理

用高氯酸分解样品，因为它既是一种强酸，又是一种强氧化剂，能氧化有机质，分解矿物质，而且高氯酸的脱水作用很强，有助于胶状硅的脱水，并能与 Fe^{3+} 络合，在磷的比色测定中抑制了硅和铁的干扰。硫酸的存在提高消化液的温度，同时防止消化过程中溶液蒸干，以利消化作用的顺利进行。本法用于一般土壤样品分解率达 97% ~ 98%，但对红壤性土壤样品分解率只有 95% 左右。溶液中磷的测定采用钼锑抗比色法。

2. 主要仪器

721 型分光光度计、LNK-872 型红外消化炉。

3. 试　剂

（1）浓硫酸（H_2SO_4，$\rho \approx 1.84\ g \cdot cm^{-3}$，分析纯）。

（2）70%～72% 高氯酸（$HClO_4$，$\rho \approx 1.60\ g \cdot cm^{-3}$，分析纯）。

（3）2, 6-二硝基酚或 2, 4-二硝基酚指示剂溶液：溶解二硝基酚 0.25 g 于 100 mL 水中，此指示剂的变色点约为 pH = 3，酸性时无色，碱性时呈黄色。

（4）4 $mol \cdot L^{-1}$ 氢氧化钠溶液：溶解 NaOH 16 g 于 100 mL 水中。

（5）2 $mol \cdot L^{-1}$（1/2H_2SO_4）溶液：吸取浓硫酸 6 mL，缓缓加入 80 mL 水中，边加边搅动，冷却后加水至 100 mL。

（6）钼锑抗试剂：① 5 $g \cdot L^{-1}$ 酒石酸氧锑钾溶液：取酒石酸氧锑钾 [$K(SbO)C_4H_4O_6$] 0.5 g，溶解于 100 mL 水中。② 钼酸铵-硫酸溶液：称取钼酸铵 [$(NH_4)_6Mo_7O_{24} \cdot 4H_2O$] 10 g，溶于 450 mL 水中，缓慢地加入 153 mL 浓 H_2SO_4，边加边搅。再将上述①溶液加入到②溶液中，最后加水至 1 L。充分摇匀，贮于棕色瓶中，此为钼锑混合液。

临用前（当天），称取左旋抗坏血酸（$C_6H_8O_5$，化学纯）1.5 g，溶于 100 mL 钼锑混合液中，混匀，此即为钼锑抗试剂。有效期 24 h，如藏于冰箱中则有效期较长。此试剂中 H_2SO_4 为 5.5 $mol \cdot L^{-1}$（H^+），钼酸铵为 10 $g \cdot L^{-1}$，酒后酸氧锑钾为 0.5 $g \cdot L^{-1}$，抗坏血酸为 15 $g \cdot L^{-1}$。

（7）磷标准溶液：准确称取在 105 °C 烘箱中烘干的 KH_2PO_4（分析纯）0.219 5 g，溶解在 400 mL 水中，加浓 H_2SO_4 5 mL（加 H_2SO_4 防长霉菌，可使溶液长期保存），转入 1 L 容量瓶中，加水至刻度。此溶液为 50 $\mu g \cdot mL^{-1}$ P 标准溶液。吸取上述磷标准溶液 25 mL，稀释至 250 mL，即为 5 $\mu g \cdot mL^{-1}$ P 标准溶液（此溶液不宜久存）。

4. 操作步骤

（1）待测液的制备：准确称取通过 100 目筛子的风干土样 0.500 0～1.000 0 g，置于 50 mL 开氏瓶（或 100 mL 消化管）中，以少量水湿润后，加浓 H_2SO_4 8 mL，摇匀后，再加 70%～72% $HClO_4$ 10 滴，摇匀，瓶口上加一个小漏斗，置于电炉上加热消煮（至溶液开始转白后继续消煮）20 min。全部消煮时间约为 40～60 min。在样品分解的同时做一个空白试验，即所用试剂同上，但不加土样，同样消煮得空白消煮液。

将冷却后的消煮液倒入 100 mL 容量瓶中（容量瓶中事先盛水 30～40 mL），用水冲洗开氏瓶（用水应根据少量多次的原则），轻轻摇动容量瓶，待完全冷却后，加水定容。静置过夜，次日小心地吸取上层澄清液进行磷的测定；或者用干的定量滤纸过滤，将滤液接收在 100 mL 干燥的三角瓶中待测定。

（2）测定：吸取澄清液或滤液 5 mL [（对含 P，0.56 $g \cdot kg^{-1}$ 以下的样品可吸取 10 mL），以含磷（P）在 20～30 μg 为最好] 注入 50 mL 容量瓶中，用水冲稀至 30 mL，加二硝基酚指示剂 2 滴，滴加 4 $mol \cdot L^{-1}$ NaOH 溶液直至溶液变为黄色，再加 2 $mol \cdot L^{-1}$（1/2H_2SO_4）1 滴，使溶液的黄色刚刚褪去（这里不用 NH_4OH 调节酸度，因消煮液酸浓度较大，需要较多碱去中和，而 NH_4OH 浓度如超过 10 $g \cdot L^{-1}$ 就会使钼蓝色迅速消退）。然后加钼锑抗试剂 5 mL，再加水定容 50 mL，摇匀。30 min 后，用 880 nm 或 700 nm 波长进行比色，以空白液的透光率为 100（或吸光度为 0），读出测定液的透光度或吸收值。

（3）标准曲线：准确吸取 5 $\mu g \cdot mL^{-1}$，P 标准溶液 0、1、2、4、6、8、10 mL，分别放

入 50 mL 容量瓶中，加水至约 30 mL，再加空白试验定容后的消煮液 5 mL，调节溶液 pH 为 3，然后加钼锑抗试剂 5 mL，最后用水定容至 50 mL。30 min 后进行比色。各瓶比色液磷的浓度分别为 0、0.1、0.2、0.4、0.6、0.8、1.0 μg · mL^{-1} P。

5. 结果计算

从标准曲线上查得待测液的磷含量后，可按下式进行计算：

$$\text{土壤全磷 (P) 量}(g \cdot kg^{-1}) = \rho \times V/m \times V_2/V_1 \times 10^{-3}$$

式中　ρ——待测液中磷的质量浓度（μg · mL^{-1}）；

V——样品制备溶液的 mL 数；

m——烘干土质量（g）；

V_1——吸取滤液 mL 数；

V_2——显色的溶液体积（mL）；

10^{-3}——将μg 数换算成 1 kg 土壤中含磷的克数的乘数。

（三）土壤全磷测定方法之二——NaOH 熔融法

土壤硅酸盐的溶解度取决于硅和金属元素的比例以及金属元素的碱度。硅和金属元素的比例愈小，金属元素的碱性愈强，则硅酸盐的溶解度愈大，用 NaOH 熔化土样，即增加样品中碱金属的比例，保证熔解物能为酸所分解，直至能溶解于水中。溶液中磷的测定用钼锑抗法。

下面引用国家标准法 GB8937—88《土壤全磷测定法》氢氧化钠熔融——钼锑抗比色法。

1. 适用范围

本标准适用于测定各类土壤全磷含量。

2. 方法原理

土壤样品与氢氧化钠熔融，使土壤中含磷矿物及有机磷化合物全部转化为可溶性的正磷酸盐，用水和稀硫酸溶解熔块，在规定条件下样品溶液与钼锑抗显色剂反应，生成磷钼蓝，用分光光度法定量测定。

3. 仪器、设备

（1）土壤样品粉碎机。

（2）土壤筛：孔径 1 mm 和 0.149 mm。

（3）分析天平：感量为 0.000 1 g。

（4）镍（或银）坩埚：容量≥30 mL。

（5）高温电炉：温度可调（0 ~ 100 °C）。

（6）分光光度计：要求包括 700 nm 波长。

（7）容量瓶：50、100、1 000 mL。

（8）移液管：5、10、15、20 mL。

（9）漏斗：直径 7 cm。

（10）烧杯：150、100 mL。

（11）玛瑙研钵。

4. 试　剂

所有试剂，除注明者外，皆为分析纯，水均指蒸馏水或去离子水。

（1）氢氧化钠（GB 629）。

（2）无水乙醇（GB 678）。

（3）100 g·L^{-1}碳酸钠溶液：10 g 无水碳酸钠（GB 639）溶于水后，稀释至 100 mL，摇匀。

（4）50 mol·L^{-1}硫酸溶液：吸取 5 mL 浓硫酸（GB 625，95.0%~98.0%，比重 1.84）缓缓加入 90 mL 水中，冷却后加水至 100 mL。

（5）3 mol/L H_2SO_4溶液：量取 160 mL 浓硫酸缓缓加入到盛有 800 mL 左右水的大烧杯中，不断搅拌，冷却后，再加水至 1 000 mL。

（6）二硝基酚指示剂：称取 0.2 g 2, 6-二硝基酚溶于 100 mL 水中。

（7）5 g·L^{-1}酒石酸锑钾溶液：称取化学纯酒石酸锑钾 0.5 g 溶于 100 mL 水中。

（8）硫酸钼锑贮备液：量取 126 mL 浓硫酸，缓缓加入到 400 mL 水中，不断搅拌，冷却。另称取经磨细的钼酸铵（GB 657）10 g 溶于温度约 60 °C 300 mL 水中，冷却。然后将硫酸溶液缓缓倒入钼酸铵溶液中，再加入 5 g·L^{-1} 酒石酸锑钾溶液 100 mL，冷却后，加水稀释至 1 000 mL，摇匀，贮于棕色试剂瓶中，此贮备液含 10 g·L^{-1} 钼酸铵，2.25 mol·L^{-1} H_2SO_4。

（9）钼锑抗显色剂：称取 1.5 g 抗坏血酸（左旋，旋光度 +21°~22°）溶于 100 mL 钼锑贮备液中。此溶液有效期不长，宜用时现配。

（10）磷标准贮备液：准确称取经 105 °C 下烘干 2 h 的磷酸二氢钾（GB 1274，优级纯）0.439 0 g，用水溶解后，加入 5 mL 浓硫酸，然后加水定容至 1 000 mL，该溶液含磷 100 mg·L^{-1}，放入冰箱可供长期使用。

（11）5 mg·L^{-1}磷（P）标准溶液：准确吸取 5 mL 磷贮备液，放入 100 mL 容量瓶中，加水定容。该溶液用时现配。

（12）无磷定量滤纸。

5. 土壤样品制备

取通过 1 mm 孔径筛的风干土样在牛皮纸上铺成薄层，划分成许多小方格。用小勺在每个方格中提出等量土样（总量不少于 20 g）于玛瑙研钵中进一步研磨使其全部通过 0.149 mm 孔径筛。混匀后装入磨口瓶中备用。

6. 操作步骤

（1）熔样准确称取风干样品 0.25 g，精确到 0.000 1 g，小心放入镍（或银）坩埚底部，切勿粘在壁上，加入无水乙醇 3~4 滴，润湿样品，在样品上平铺 2 g 氢氧化钠，将坩埚（处理大批样品时，暂放入大干燥器中以防吸潮）放入高温电炉，升温，当温度升至 400 °C 左右时，切断电源，暂停 15 min。然后继续升温至 720 °C，并保持 15 min，取出冷却，加入约 80 °C 的水 10 mL 并用水多次洗坩埚，洗涤液也一并移入该容量瓶，冷却，定容，用无磷定量滤纸过滤或离心澄清，同时做空白试验。

（2）绘制校准曲线：分别准确吸取 5 mg · L^{-1} 磷标准溶液 0、2、4、6、8、10 mL 于 50 mL 容量瓶中，同时加入与显色测定所用的样品溶液等体积的空白溶液二硝基酚指示剂 2 ~ 3 滴，并用 100 g · L^{-1} 碳酸钠溶液或 50 mol · L^{-1} 硫酸溶液调节溶液至刚呈微黄色，准确加入钼锑抗显色剂 5 mL，摇匀，加水定容，即得含磷（P）量分别为 0.0、0.2、0.4、0.8、1.0 mg · L^{-1} 的标准溶液系列。摇匀，于 15 °C 以上温度中放置 30 min 后，在波长 700 nm 处，测定其吸光度，在方格坐标纸上以吸光度为纵坐标，磷浓度（mg · L^{-1}）为横坐标，绘制校准曲线。

（3）样品溶液中磷的定量。

① 准确吸取待测样品溶液 2 ~ 10 mL（含磷 0.04 ~ 1.0 μg）于 50 mL 容量瓶中，用水稀释至总体积约 3/5 处，加入二硝基酚指示剂 2 ~ 3 滴，并用 100 g · L^{-1} 碳酸钠溶液或 50 mol · L^{-1} 硫酸溶液调节溶液至刚呈微黄色，准确加入 5 mL 钼锑抗显色剂，摇匀，加水定容，在室温 15 °C 以上条件下，放置 30 min。

② 比色显色的样品溶液在分光光度计上，用 700 nm、1 cm 光径比色皿，以空白试验为参比液调节仪器零点，进行比色测定，读取吸光度，从校准曲线上查得相应的含磷量。

7. 结果计算

$$土壤全磷（P）量 (g \cdot kg^{-1}) = \rho \times V_1/m \times V_2/V_3 \times 10^{-3} \times 100/(100 - H)$$

式中 ρ——从校准曲线上查得待测样品溶液中磷的质量浓度（mg · L^{-1}）；

m——称样质量（g）；

V_1——样品熔后的定容的体积（mL）；

V_2——显色时溶液定容的体积（mL）；

V_3——从熔样定容后分取的体积（mL）；

10^{-3}——将 mg · L^{-1} 浓度单位换算为 kg 质量的换算因素；

$100/(100 - H)$——将风干土变换为烘干土的转换因数；

H——风干土中水分含量百分数。

用两平行测定的结果的算术平均值表示，小数点后保留三位。

允许差：平行测定结果的绝对相差，不得超过 0.05 g · kg^{-1}。

（四）土壤全磷测定方法三——Na_2CO_3 熔融法

Na_2CO_3 熔融法可以将土壤中全部的磷转化为可溶性的磷，是测定土壤全磷的标准方法，通过该方法的学习，可以对土壤全磷的其他测定方法进行校准。

1. 基本原理

土壤中硅酸盐矿物含酸性成分较多，直接用酸溶解较困难，但经碳酸钠熔融后，增加碱的比例，使土壤中不溶态磷转化为可溶态磷，稀硫酸或稀盐酸溶解熔块，用钼锑抗比色法测定溶液中磷的浓度。本法具有高度重现性，重复测定变异系数不超过 4%。

2. 主要仪器

铂坩埚（30 mL）、铂头坩埚钳、高温电炉、分光光度计或光电比色计。

3. 试 剂

（1）碳酸钠（Na_2CO_3，分析纯）磨细，通过 60 目筛。

（2）硫酸溶液[$c(H_2SO_4)$] = 6 mol · L^{-1}：取浓硫酸（ρ = 1.84 g · cm^{-1}，分析纯）167 mL缓缓倒入约 800 mL 水中，不断搅拌，冷却后稀释至 1 L。

（3）二硝基酚指示剂：0.2 g 2, 6 二硝基酚或 2, 4 二硝基酚[$C_6H_3OH(NO_2)_2$]溶解于 100 mL水中。此指示剂的变色点约为 pH = 3，酸性时无色，碱性时呈黄色。

（4）钼锑抗试剂：称取酒石酸氧锑钾 [$K(SbO)C_4H_4O_6$] 0.5 g 溶解于 100 mL 水中，制成 0.5% 的溶液。

另称取钼酸铵 [$(NH_4)_6Mo_7O_{24} \cdot 4H_2O$] 10 g 溶于 450 mL 水中，徐徐加入 153 mL 浓硫酸，边加边搅拌。再将 0.5% 酒石酸氧锑钾溶液 100 mL 加入到钼酸铵溶液中，最后加水至 1 L。充分摇匀，储于棕色瓶中，此为钼锑抗混合贮存液。

临用前（当天），称取 1.5 g 左旋抗坏血酸（即维生素 C，分析纯），溶于 100 mL 钼锑抗混合贮存液中，混匀，此即钼锑抗试剂。有效期 24 h。此试剂中 H_2SO_4 为 5.5%，钼酸铵为1%，酒石酸氧锑钾为 0.05%，抗坏血酸为 1.5%。

（5）磷标准贮存溶液：准确称取在 105 °C 烘箱中烘干（2 h）的 KH_2SO_4（优级纯）0.439 0 g，溶于 200 mL 蒸馏水中，加入浓硫酸 5 mL，装入 1 L 容量瓶中，加水定容。此为磷标准贮存溶液（100 mg/L），可以长期保存。

（6）取磷标准贮存溶液准确稀释 20 倍，即为磷标准溶液（5 mg · L^{-1}），此溶液不宜久存。

4. 操作步骤

（1）称取通过 100 目的烘干土样 0.25 g 置于铂坩埚中，另外称取研细的无水 Na_2CO_3 2 g，将其中的 1.8 g 小心地用平头玻璃棒与样品充分搅拌混匀，其余的 Na_2CO_3 铺于混合物表面，并轻轻敲动坩埚，铺平。将坩埚放入高温电炉中，升温至 900 ~ 920 °C 熔融，20 min 后取出，趁热时揭盖观察熔块状态，若表面凸凹形，颜色均一，无气泡时则熔融已完全。熔融完成后，用铂包尖的钳子钳住坩埚，轻缓地旋动其内容物，使其冷却后沿坩埚壁形成一薄层，最后把仍然是热的坩埚放入水中，淹没到高度的一半，固化的熔块于是破裂为小片，这样就很容易从坩埚壁脱落。然后将熔块移入到 100 mL 容量瓶中，盖上表面皿，小心地加入约 6 mol · L^{-1} H_2SO_4 10 mL 溶解熔块，并用热水洗净坩埚。将烧杯中的内容物洗入 100 mL 容量瓶中，用热水及橡皮玻璃棒洗净烧杯，洗涤液均倒入上述容量瓶中，冷却后定容，用干燥漏斗和无磷滤纸过滤于三角瓶中（或静置过夜）。

吸取滤液或上层澄清液 5 ~ 10 mL（含磷量在 5 ~ 25 μg 之间）于 50 mL 容量瓶中，加水稀释至约 30 mL，加二硝基酚指示剂 2 滴，滴加 4 mol · L^{-1} NaOH 溶液直至溶液转变为黄色，再加 2 mol · L^{-1} H_2SO_4 1 滴，使溶液的黄色刚刚退去。然后加钼锑抗试剂 5 mL，再加水定容至 50 mL，摇匀。30 min 后，用 880 nm 或 700 nm 波长进行比色，以空白液的透光率为 100（或光密度为 0），读出测定液的透光度或吸收值。

（2）标准曲线的绘制：吸取 5 mg/L P 标准溶液 0、1、2、3、4、5、6 mL，分别放入 50 mL容量瓶中，加水至约 30 mL，再加空白实验定容后的消煮液 5 mL，调节溶液 pH 为 3，然后加钼锑抗试剂 5 mL，最后用水定容至 50 mL。30 min 后进行比色。各瓶比色液磷的浓度分别为 0、0.1、0.2、0.3、0.4、0.5、0.6 mg · L^{-1}。用钼锑抗比色法测定磷含量。在 EXCEL 表或坐标纸上，以吸收值为纵坐标，溶液中磷的浓度（mg · L^{-1}）为横坐标，绘制标准曲线，求出吸收值与磷浓度的方程。

5. 结果计算

$$P(\%) = 待测液磷含量(mg \cdot L^{-1}\ P) \times \frac{V}{W} \times \frac{V_2}{V_1} \times 10^{-6} \times 100$$

$$P_2O_5(\%) = P(\%) \times 2.29$$

式中 V——样品制备溶液的毫升数；

W——烘干土样重（g）；

V_1——吸取滤液毫升数；

V_2——显色的溶液体积；

$10^{-6} \times 100$——将数值换算成百分比的乘数；

2.29——将 P 换算成 P_2O_5 的乘数。

6. 注意事项

（1）一般土样与 Na_2CO_3 的比例是 4∶1，红壤土样与 Na_2CO_3 的比例是 6∶1，因红壤含有较多的铁、铝，溶解时需要较多的 Na_2CO_3。

（2）所用坩埚必须表面平整，样品与 Na_2CO_3 要充分拌匀，否则熔块不易脱出。

（3）若有白色原状 Na_2CO_3 或表面高低突起者，则表示熔融尚不完全，应继续熔融 5 ~ 10 min。

（4）这里不用 NH_4OH 调节酸度，因消煮液酸度较大，需用较多的碱去中和，而 NH_4OH 浓度如果超过 1%，就会使钼蓝色迅速消退。

（5）本法钼蓝显色液比色时用 880 nm 波长比 700 nm 更灵敏，而 721 型分光光度计只能选 700 nm 波长。

思 考 题

1. 简述土壤全磷消煮的三种方法之间的区别与联系。
2. 简述 H_2SO_4-$HClO_4$ 消煮-钼锑抗比色法测定土壤全磷的原理。
3. 在 H_2SO_4-$HClO_4$ 消煮-钼锑抗比色法测定土壤全磷的含量中怎么克服硅的干扰？
4. 用 Na_2CO_3 熔融法测定土壤全磷含量的原理是什么？
5. 简述三种钼蓝比色法的优缺点。
6. 不能用氨水调节消煮液酸度的原因是什么？
7. 为什么说碱熔法提取的土壤全磷比酸溶法更完全？

第十四章　土壤速效磷的测定

一、概　述

了解土壤中速效磷的供应状况，对于施肥有着直接的指导意义。土壤中速效磷的测定方法很多，有生物方法、化学速测方法、同位素方法、阴离子交换树脂方法等。

在测定土壤有效磷之前，先了解一些名词的涵义是重要的。文献中常常用土壤中有效磷含量、土壤中磷的有效性、“磷位”、磷素供应的强度因素、容量因素、速率等。弄清楚这些名词，对土壤有效磷的提取是有帮助的。

土壤中有效磷含量是指能为当季作物吸收的磷量，因此有效磷的测定生物方法是最直接的，即在温室中进行盆钵试验，测定在一定生长时间内作物从土壤吸收的磷量。

土壤中磷的有效性是指土壤中存在的磷能为植物吸收利用的程度，有的比较容易，有的则较难。这里就涉及强度、容量、速率等因素。

$$\text{土壤固相磷} \rightleftharpoons \text{溶液中磷} \longrightarrow \text{植物从溶液吸收磷}$$

植物吸收磷，首先决定于溶液中磷的浓度（强度因素），溶液中磷的浓度高，则植物吸收的磷就多。当植物从溶液中吸收磷时，溶液中磷的浓度降低，则固相磷不断补给以维持溶液中磷的浓度不降低，这就是土壤的磷供应容量。

固相磷进入溶液的难易，或土壤吸持磷的能力，即所谓“磷位”（$1/2pCa + pH_2PO_4$），它与土壤水分状况用 pF 表示相似，即用能量概念来表示土壤的供磷强度。土壤吸持磷的能力愈强，则磷对植物的有效性愈低。

土壤有效磷的测定，生物方法被认为是最可靠的。目前用同位素 ^{32}P 稀释法测得的“A”值被认为是标准方法。阴离子树脂方法有类似植物吸收磷的作用，即树脂不断从溶液中吸附磷，是单方向的，有助于固相磷进入溶液，测出的结果也接近“A”值。但是用得最普遍的是化学速测方法。化学速测方法即用提取剂提取土壤中的有效磷。

二、实　验

（一）土壤有效磷的化学浸提方法

（1）用水作提取剂：植物吸收的磷主要是 $H_2PO_4^-$ 的形态，因此测定土壤中水溶性磷应是测定土壤有效磷的一个可靠方法。但是用水提取不易获得澄清的滤液，水溶液缓冲能力弱，溶液 pH 容易改变，影响测定结果，而且很多含有效磷低的土壤，测定也有困难，因为水的提取能力较弱。因此本法未能广泛被采用。砂性土壤用这个方法是比较适合的，因为砂性土壤固定磷的能力不大，存在于砂性土壤中的磷以水溶性磷为主。

（2）饱和以 CO_2 的水为提取剂：它的理论根据是植物根分泌 CO_2，根部周围溶液的 pH 约为 5。实践证明：石灰性土壤中磷的溶解度随着水溶液中 CO_2 浓度的增加而增加。虽然操作手续较繁，仍是石灰性土壤有效磷测定的一个很好的方法。

（3）有机酸溶液为提取剂：用有机酸作土壤有效磷的提取剂，其理论根据与饱和以 CO_2 的水一样，植物根分泌有机酸，其溶解能力相当于饱和以 CO_2 的水。常用的有机酸有柠檬酸、乳酸、醋酸等。这些有机酸提取剂西欧国家用得比较多，例如英国用 1% 柠檬酸作提取剂，西德用乳酸铵钙缓冲液。

（4）无机酸为提取剂：无机酸的选用主要是从分析方法的方便来考虑的，当然它需与作物吸收磷有相关性。一般均用缓冲溶液如 HOAc-NaOAc 溶液，pH = 4.8；0.001 $mol \cdot L^{-1}$ H_2SO_4-$(NH_4)_2SO_4$，pH = 3；0.025 $mol \cdot L^{-1}$ HCl-0.03 $mol \cdot L^{-1}$ NH_4F 等，也有用 0.2 $mol \cdot L^{-1}$ HCl，0.05 $mol \cdot L^{-1}$ HCl-0.025 $mol \cdot L^{-1}$（$1/2H_2SO_4$）双酸法。这些提取剂中 HOAc-NaOAc 法曾被称为通用方法，它不仅能提取有效磷，而且也能提取 NO_3^-、NH_4^+、K^+、Ca^{2+}、Mg^{2+} 等。HCl-H_2SO_4 双酸法也有此优点。这些方法主要用于酸性土壤，不适用于石灰性土壤。

（5）碱溶液为提取剂：目前 0.5 $mol \cdot L^{-1}$ $NaHCO_3$ 溶液是用得最广的碱提取剂，它的理论根据是，在 pH = 8.5 的 $NaHCO_3$ 溶液中 Ca^{2+}、Al^{3+}、Fe^{3+} 等离子的活度很低，有利于磷的提取，而溶液中 OH^-、HCO_3^-、CO_3^{2-} 等阴离子均能置换 $H_2PO_4^-$。这个方法主要用于石灰性土壤，但也可用于中性和酸性土壤。影响有效磷提取的因素：① 提取剂的种类。各种阴离子从固相上置换磷酸根的能力顺序如下：F^- > 柠檬酸 > HCO_3^- > CH_3COO^- > SO_4^{2-} > Cl^-，由于 F^- 溶解磷的能力较强，同时又能与铁、铝等阳离子络合，因此 0.025 $mol \cdot L^{-1}$ HCl-0.03 $mol \cdot L^{-1}$ NH_4F 法被广泛用于酸性土壤有效磷的测定，但对水稻土不太适宜。② 水土比例。提取过程中磷的再固定是一个重要因素，增大水土比例，不仅能增加磷的溶解，而且能减少磷的再固定，因此水土比例不同，测出的结果相差很大。③ 振荡时间。固相磷的溶解作用和交换作用都与作用时间有关，因此振荡时间必须确定，才能获得比较好的结果。④ 温度的影响。提取和显色过程受温度的影响很大，一般要在室温（20 ~ 25 °C）下进行。

总之，提取液的浓度越高，水土比例愈大，振荡时间愈长，浸提出来的养分愈多。但这里必须指出，化学速测方法提取的磷只是有效磷的一部分，并不要求提取出全部有效磷，只要求提取出来的有效磷能与作物吸收的磷有密切相关。因此，并不是水土比例愈大愈好，相反，提取有效磷时不希望太大的水土比例。有人认为，在土壤有效磷的提取过程中，克服非有效磷的溶解是方法成败的关键。因此，水土比例不能太大，振荡时间也不要太长，表 2.14.1 列出三种常用的化学提取方法。所以有效磷含量只是一个相对指标，只有用一方法在相同条件下测得的结果才有相对比较的意义，不能根据测定结果直接来计算施肥量。因此，在报告有效磷结果时，必须同时注明所用的测定方法。

表 2.14.1 土壤有效磷测定常用的三种方法

适用于	浸提剂	pH	土水比例	震荡时间/min
酸性土壤	0.05 $mol \cdot L^{-1}$ HCl-0.025 $mol \cdot L^{-1}$ H_2SO_4	—	5∶20	5
酸性土壤	0.03 $mol \cdot L^{-1}$ NH_4F-0.025 $mol \cdot L^{-1}$ HCl	1.6	1∶7	1
石灰性土壤	0.5 $mol \cdot L^{-1}$ $NaHCO_3$	8.5	5∶100	30

（二）测定实验

1. 中性和石灰性土壤速效磷的测定（Olsen 法）——0.5 mol·L^{-1} $NaHCO_3$

（1）实验目的。

掌握和了解中性和石灰性土壤速效磷浸提条件、提取原理及测定方法。

（2）试验原理。

在石灰性土壤中，由于碳酸根的同离子效应，碳酸盐的碱溶液降低了碳酸钙的溶解度，提取液中的 HCO_3^- 可与土壤中的 Ca^{2+} 形成 $CaCO_3$ 沉淀，降低 Ca^{2+} 的活度而使活性较大的磷酸钙盐被浸提出来。而在酸性土壤中，因加入 $NaHCO_3$ 而使溶液 pH 提高，使 Fe-P、Al-P 因水解而被部分提取。在浸提液中由于 Ca、Fe、Al 的浓度较低，不会产生磷的再沉淀。此外，碳酸氢钠溶液中存在着 OH^-、HCO_3^-、CO_3^{2-} 等阴离子，有利于吸附态磷的置换，因此 $NaHCO_3$ 不仅适用石灰性土壤，也适应于中性和酸性土壤中速效磷的提取。待测液中的磷用钼锑抗试剂显色，进行比色测定。

（3）主要仪器。

往复震荡机、分光光度计或比色计。

（4）试剂。

① 0.5 mol·L^{-1} $NaHCO_3$ 浸提液：溶解 42.0 g $NaHCO_3$ 于 800 mL 水中，以 4 mol·L^{-1} NaOH 溶液调节浸提液的 pH 至 8.5（用 pH 计测定），最后稀释至 1 L，保存于塑料瓶中。但保存不宜过久。

② 无磷活性炭：活性炭常常含有磷，应做空白试验，检验有无磷存在。如含磷较多，须先用 2 mol·L^{-1} HCl 浸泡过夜，用蒸馏水冲洗多次后，再用 0.5 mol·L^{-1} $NaHCO_3$ 浸泡过夜，在平瓷漏斗上抽气过滤，每次用少量蒸馏水淋洗多次，并检查到无磷为止。如含磷较少，则直接用 $NaHCO_3$ 处理即可。

③ 钼锑抗试剂：称取酒石酸氧锑钾 $[K(SbO)C_4H_4O_6]$ 0.5 g 溶解于 100 mL 水中，制成 0.5% 的溶液。

另称取钼酸铵 $[(NH_4)_6Mo_7O_{24}\cdot 4H_2O]$ 10 g 溶于 450 mL 水中，徐徐加入 153 mL 浓硫酸，边加边搅拌。再将 0.5% 酒石酸氧锑钾溶液 100 mL 加入到钼酸铵溶液中，最后加水至 1 L。充分摇匀，储于棕色瓶中，此为钼锑抗混合贮存液。

临用前（当天），称取 1.5 g 左旋抗坏血酸（即维生素 C，分析纯），溶于 100 mL 钼锑抗混合贮存液中，混匀，此即为钼锑抗试剂。有效期 24 h。此试剂中 H_2SO_4 为 5.5%，钼酸铵为 1%，酒石酸氧锑钾为 0.05%，抗坏血酸为 1.5%。

④ 磷标准溶液：准确称取在 105 °C 烘箱中烘干（2 h）的 KH_2SO_4（优级纯）0.439 0 g，溶于 200 mL 蒸馏水中，加入浓硫酸 5 mL，装入 1 L 容量瓶中，加水定容。此为磷标准贮存溶液（100 mg·L^{-1}），可以长期保存。

（5）操作步骤。

称取通过 20 目筛子的风干土样 2.5 g 于 150 mL 三角瓶中，加入 0.5 mol·L^{-1} $NaHCO_3$ 溶液 50 mL，再加一勺无磷活性炭，塞紧瓶塞，在震荡机上振荡 30 min，立即用无磷滤纸过滤，滤液承接于 100 mL 三角瓶中。同时做试剂空白试验。

吸取滤液 10 ~ 20 mL（含 P 量在 5 ~ 25 μg）于 50 mL 容量瓶中，加二硝基酚指示剂 2 滴，用稀硫酸和稀 NaOH 溶液调节 pH 至溶液刚呈微黄色，待 CO_2 充分放出后，加入钼锑抗试剂 5 mL，摇匀，用蒸馏水定容。放置 30 min 后，用 880 nm 或 700 nm 波长进行比色。以空白液的吸收值为 0，读出待测液的吸收值（A）。

标准曲线绘制：分别吸取 5 mg · L^{-1} 磷标准溶液 0、1.0、2.0、3.0、4.0、5.0 mL 于 150 mL 三角瓶中，再加入 0.5 mol · L^{-1} $NaHCO_3$ 10 mL，准确加水使各瓶总体积达到 45 mL 摇匀；最后加入钼锑抗试剂 5 mL，摇匀显色。同一待测液一样进行比色，绘制成标准曲线。最后溶液中磷的浓度分别为 0、0.1、0.2、0.3、0.4、0.5 mg · L^{-1}。

（6）结果计算。

$$\text{土壤速效磷}(\text{mg}\cdot\text{L}^{-1})=\frac{\text{显色液磷的浓度}\times\text{显色液体积}\times\text{分取倍数}}{\text{风干重量}}$$

表 2.14.2　土壤有效磷的分级（可供华北地区参考）

Olsen-P（mg · kg^{-1}）	等级
<5	低
5 ~ 10	中
>10	高

（7）注意事项。

① 活性炭对 PO_4^{3-} 有明显的吸附作用，当溶液中同时存在大量的 HCO_3^- 时，活性炭对 PO_4^{3-} 不表现出吸附现象，这是因为 HCO_3^- 离子饱和了活性炭颗粒表面，抑制了活性炭对 PO_4^{3-} 的吸附作用。

② 浸提温度对测定结果影响很大，因此必须严格控制浸提时的温度条件，一般要在室温下（20 ~ 25 °C）进行，具体分析时，前后各批样品应在这个范围内选择一个固定的温度，以便对各批结果进行相互比较。

③ 小心慢加，边加边摇，防止产生的 CO_2 使溶液溅出瓶口。

④ 显色液酸的浓度为 0.45%，钼酸铵的浓度为 0.1%，仍在合适的显色酸的浓度范围。

2. 酸性土壤速效磷的测定（Bray1 法）——0.025 mol · L^{-1} HCl–0.03 mol · L^{-1} NH_4F 法

（1）实验目的。

不同的土壤类型应采用不同的提取方法，酸性土壤速效磷采用双酸法提取，与作物的需求更符合。

（2）实验原理。

HCl-NH_4F 法主要是提取酸溶性磷和吸附态磷，包括大部分磷酸钙和一部分磷酸铝和磷酸铁，因为在酸性溶液，氟离子能与三价铝离子和铁离子形成络合物，促使磷酸铝和磷酸铁的溶解：

$$3NH_4F + 3HF + AlPO_4 \longrightarrow H_3PO_4 + (NH_4)_3AlF_6$$

$$3NH_4F + 3HF + FePO_4 \longrightarrow H_3PO_4 + (NH_4)_3FeF_6$$

溶液中磷与钼酸铵作用生成磷钼杂多酸，用钼锑抗试剂法进行比色。加硼酸主要是为了和氟离子形成络合物，避免氟对磷测定的干扰。

（3）试剂。

① 浸提剂 [$c(HCl) = 0.025\ mol \cdot L^{-1}$，$c(NH_4F) = 0.03\ mol \cdot L^{-1}$]：1.11 g NH_4F（分析纯）溶于 800 mL 水中，加盐酸 [$c(HCl) = 1.0\ mol \cdot L^{-1}$] 25 mL，然后稀释至 1 L，贮于塑料瓶中。

② 硼酸溶液 [$c(H_2BO_3) = 0.8\ mol \cdot L^{-1}$]：49.0 g H_3BO_3（分析纯）溶于 900 mL 热水中，冷却后稀释至 1 L。

③ 钼锑抗试剂：称取酒石酸氧锑钾 [$K(SbO)C_4H_4O_6$] 0.5 g 溶解于 100 mL 水中，制成 0.5% 的溶液。

另称取钼酸铵 [$(NH_4)_6Mo_7O_{24} \cdot 4H_2O$] 10 g 溶于 450 mL 水中，徐徐加入 153 mL 浓硫酸，边加边搅拌。再将 0.5% 酒石酸氧锑钾溶液 100 mL 加入到钼酸铵溶液中，最后加水至 1 L。充分摇匀，储于棕色瓶中，此为钼锑抗混合贮存液。

临用前（当天），称取 1.5 g 左旋抗坏血酸（即维生素 C，分析纯），溶于 100 mL 钼锑抗混合贮存液中，混匀，此即钼锑抗试剂。有效期 24 h。此试剂中 H_2SO_4 为 5.5%，钼酸铵为 1%，酒石酸氧锑钾为 0.05%，抗坏血酸为 1.5%。

④ 磷标准贮存溶液：准确称取在 105 °C 烘箱中烘干（2 h）的 KH_2SO_4（优级纯）0.439 0 g，溶于 200 mL 蒸馏水中，加入浓硫酸 5 mL，装入 1 L 容量瓶中，加水定容。此为磷标准贮存溶液（100 $mg \cdot L^{-1}$），可以长期保存。

⑤ 取磷标准贮存溶液准确稀释 20 倍，即为磷标准溶液（5 $mg \cdot L^{-1}$），此溶液不宜久存。

（4）操作步骤。

称取通过 20 目筛的风干土壤样品 5.0 g，置于 150 mL 塑料瓶中，加入盐酸-氟化铵浸提剂 50 mL，在 20 ~ 25 °C 下振荡 30 min（振荡机速率为 150 ~ 180 次/min），取出后立即用干燥的漏斗和无磷滤纸过滤于塑料瓶中。

吸取滤液 10 ~ 20 mL（含磷量在 5 ~ 25 μg）于 50 mL 容量瓶中，加入 10 mL 硼酸溶液，再加入二硝基酚指示剂 2 滴，用稀 HCl 和 NaOH 溶液调节 pH 至待测液呈微黄色，用钼锑抗比色法测定磷，同时做试剂空白试验。

标准曲线绘制：分别吸取 10 $mg \cdot L^{-1}$ P 标准溶液 2.5、5.0、10.0、15.0、20.0 和 25.0 mL，放入 50 mL 容量瓶中，加水至刻度，配成 0.5、1.0、2.0、3.0、4.0、5.0 $mg \cdot L^{-1}$ P 的系列标准溶液。

分别吸取系列标准溶液各 2 mL，加水 6 mL 和钼试剂 2 mL，再加 1 滴氯化亚锡甘油溶液进行显色，绘制标准曲线（见表 2.14.3）。

表 2.14.3 磷的系列标准（NH_4F–HCl 法）

标准磷溶液（$mg \cdot L^{-1}$ P）	吸取标准溶液（mL）	加水*（mL）	钼酸铵试剂（mL）	最后磷溶液中磷浓度（$mg \cdot L^{-1}$ P）
0	2	6	2	0
0.5	2	6	2	0.1
1.0	2	6	2	0.2
2.0	2	6	2	0.4
3.0	2	6	2	0.6
4.0	2	6	2	0.8
5.0	2	6	2	1.0

* 包括 2 mL 提取剂

（5）结果计算。

$$土壤速效磷（mg \cdot L^{-1}）= \frac{显色液磷的浓度 \times 显色液体积 \times 分取倍数}{风干土重}$$

根据 Jackson 的建议，Bray1 法的结果可作如下分级（见表 2.14.4）：

表 2.14.4

土壤速效磷（$mg \cdot kg^{-1}$）	等级
<3	很低
3～7	低
7～20	中等
>20	高

3. 酸性土壤速效磷的测定方法二——双酸法：0.05 mol · L^{-1} HCl–0.025 mol · L^{-1} H_2SO_4

（1）试验目的。

酸性土壤的浸提剂要用酸性的浸提剂来提取。

（2）试验原理。

本法特别适用于固定磷较强的酸性土壤，土壤有机质含量较低，pH 小于 6.5，阳离子交换量小于 10 cmol/1 000 g。本法不仅适用于酸性土壤速效磷的测定，也能用于测定其他有效养分。

（3）试剂。

① 提取剂（0.05 mol · L^{-1} HCl-0.025 mol · L^{-1} H_2SO_4）：用吸管吸取 4 mL 浓 HCl 和 0.7 mL 浓 H_2SO_4，放入 1 L 容量瓶中，加水至刻度。

② 抗坏血酸溶液：溶解 176.0 g 抗坏血酸于水中，最后加水至 2 L。贮于棕色瓶中，最好保存在冰箱中。

硫酸-钼酸铵溶液：溶解 100 g 钼酸铵$(NH_4)_6Mo_7O_{24} \cdot 4H_2O$ 于 500 mL 水中。再溶解 425 g 酒石酸氧锑钾$[K(SbO)C_4H_4O_6 \cdot \frac{1}{2}H_2O]$于钼酸铵溶液中，然后徐徐加入 1 400 mL 浓硫酸，充分混匀，冷却后加水至 2 L，贮于塑料瓶中，放在暗处。

工作溶液：工作溶液需要每天制备，即吸取 10 mL 抗坏血酸溶液和 20 mL 硫酸-钼酸铵溶液，用提取剂稀释至 1 L。工作溶液配好后放置 2 h 后再使用。

磷标准溶液（100 mg · L^{-1} P）：溶解 0.385 g 磷酸二氢铵（$NH_4H_2PO_4$）于 1 L 提取剂中，此溶液为 100 mg · L^{-1} P 溶液。将此标准溶液用提取剂稀释，分别制成 1、2、5、10、15 和 20 mg · L^{-1} P 的标准系列溶液。

（4）操作步骤。

① 浸提：称取风干土样 5 g，放入 50 mL 三角瓶中，加入 25 mL 提取剂，在振荡机上振荡 5 min，过滤。

② 比色：吸取滤液 1 mL，加入工作溶液 24 mL，摇匀，放置半小时后用红色滤光片，在光电比色计上进行比色（用浸提剂空白调零）。读得吸收值 A，从标准曲线上查得待测液中含磷的浓度。标准曲线绘制分别吸取 1、2、5、10、15 和 20 mg · L^{-1} P 的标准溶液 1 mL，

分别加入 24 mL 工作溶液，摇匀，放置 30 min 后进行比色，绘制标准曲线，最后溶液中磷的浓度分别为 0.04、0.08、0.2、0.4、0.6、0.8 $mg \cdot L^{-1}$ P。

（5）结果计算。

$$土壤速效磷(mg \cdot L^{-1}\ P) = 溶液(mg \cdot L^{-1}\ P) \times \frac{25}{5} \times \frac{25}{1} = 溶液(mg \cdot L^{-1}\ P) \times 125$$

表 2.14.5

速效磷分级	磷含量（$mg \cdot L^{-1}$）
极低	<5.5
低	5.6 ~ 16
中等	17 ~ 34
高	35 ~ 56
极高	>56

（6）注意事项。

① 风干土样贮存数月不会影响速效磷的提取，但时间放过长了就有影响。

② 含磷的提取液应在 24 h 内进行磷的测定，不要放置过长。测定时的波长在条件许可情况下，最好选用 882 nm。

③ 钼锑抗法显色 20 min 达到最高，而且稳定在 24 h 内不变。

4. MehichⅢ法测定土壤有效磷

（1）试验目的。

MehlichⅢ浸提剂能同时提取多种有效态元素，操作简单、快速。

（2）试验原理。

MehlichⅢ（简称 M3）是一种适用于多类土壤，能浸提不同有效态元素的通用浸提剂，它能够一次浸提多种有效态元素，可以采用钼锑抗比色法或 ICP 法测定土壤溶液中磷的含量。

（3）试剂。

① M3 浸提剂的组成：0.2 $mol \cdot L^{-1}$ HOAc、0.25 $mol \cdot L^{-1}$ NH_4NO_3、0.015 $mol \cdot L^{-1}$ NH_4F、0.013 $mol \cdot L^{-1}$ HNO_3、0.001 $mol \cdot L^{-1}$ EDTA。pH 值为 2.5 ± 0.1。

② M3 浸提剂的配制：先配 NH_4F-EDTA 贮备液，27.78 g NH_4F 溶于约 120 mL 水中，加入 14.61 g EDTA，用水定容至 200 mL 水中，贮于塑料瓶中保存。再配 M3 试剂，20.0 g NH_4NO_3 溶于约 500 mL 水中，加 4.0 mL NH_4F-EDTA 贮备液，再加 11.5 mL 冰醋酸（17.4 $mol \cdot L^{-1}$）和 0.82 mL 浓硝酸（15.8 $mol \cdot L^{-1}$），用水定容至 1 L，pH 值为 2.5 ± 0.1，贮于塑料瓶中备用。

③ 钼锑抗试剂（比色法选用，同上）。

④ 磷标准溶液：准确称取在 105 °C 烘箱中烘干（2 h）的 KH_2SO_4（优级纯）0.439 0 g，溶于 200 mL 蒸馏水中，加入浓硫酸 5 mL，装入 1 L 容量瓶中，加水定容。此为磷标准贮存溶液（100 $mg \cdot L^{-1}$），可以长期保存。

⑤ 取磷标准贮存溶液准确稀释 20 倍，即为磷标准溶液（5 $mg \cdot L^{-1}$），此溶液不宜久存。

（4）测定步骤。

① 浸提：称取 5.00 g 过 1 mm 筛的风干土样放在 100 mL 塑料瓶中，加入 50 mL M3 浸提剂（土：水 = 1：10），在恒温条件下（25 ± 2 °C）振荡 5 min，过滤，滤液承接于聚苯乙烯瓶中，用钼锑抗比色法测定磷含量。

② 比色：取 2 ~ 10 mL 浸出液（含 P 量在 5 ~ 25 μg，不足 10 mL 以 MehlichⅢ浸提剂补至 10 mL）于 50 mL 容量瓶中，加水至约 30 mL，加入 5.00 mL 钼锑抗显色剂，定容。显色 30 min，用 880 nm 或 700 nm 波长进行比色。以空白液的吸收值为 0，读出待测液的吸收值（A）。同时做空白试验。

③ 绘制标准曲线：吸取 5 $mg \cdot L^{-1}$ P 标准溶液 0、1、2、4、6、8、10 mL，分别放入 50 mL 容量瓶中，加入 10 mL MehlichⅢ浸提剂，然后加水至约 30 mL，接着加钼锑抗试剂 5 mL，最后用水定容至 50 mL。30 min 后进行比色。各瓶比色液磷的浓度分别为 0、0.1、0.2、0.4、0.6、0.8、1.0 $mg \cdot L^{-1}$ P。

（5）结果计算。

$$\text{土壤速效磷}（mg \cdot L^{-1}）= \frac{\text{显色液磷的浓度} \times \text{显色液体积} \times \text{分取倍数}}{\text{风干土重}}$$

思 考 题

1. 影响土壤有效磷提取的因素有哪些？
2. Olsen 法测定土壤有效磷的原理是什么？
3. $NaHCO_3$ 提取土壤有效磷后为什么要加活性炭？
4. 酸性土壤为什么不能用 $NaHCO_3$ 法来浸提？

第十五章　植物全氮全磷的测定

一、概　述

氮是植物营养的三大要素（N、P、K）之一，植物对氮的需要量在植物三大营养元素中是最大的，也是最容易缺乏的。植物体内的氮素主要以有机氮素如蛋白质和氨基酸等的形态存在于植物组织中，植株含氮量一般在 0.3% ~ 5% 干物重之间，同时因植物种类、器官、生育期和施肥管理水平不同而含氮量发生较大的变化，因此，在对不同植物进行取样测定以及确定营养诊断指标时，要注明采样植物的生育期和组织部位。

植物全氮的测定包括样品分解和待测液中氮的定量。植物样品分解的方法主要有：H_2SO_4-混合加速剂（K_2SO_4-$CuSO_4$-Se 粉）、H_2SO_4-$HClO_4$ 氧化法、H_2SO_4-H_2O_2 氧化法消煮分解样品中有机物和有机含氮化合物，使其转化为铵盐。

溶液中氮的定量方法有蒸馏法、扩散法和比色法。其中以 H_2SO_4 混合加速剂-蒸馏法是公认的定氮的标准方法，但 Se 的存在对比色法测定的氮、磷有影响，此消煮液不能供钾的测定；H_2SO_4-$HClO_4$ 法中的高氯酸是强氧化剂，易引起氮的损失；H_2SO_4-H_2O_2 法则无上述缺点，可以一次消煮同时测定氮、磷、钾，在植物分析中被广泛采用。

上述消煮和定氮的方法只能测定植物样品中的有机氮和铵态氮，不包括硝态氮。如果某些植物样品（如幼嫩的茎叶等）含有相当量的硝态氮，则必须把原来的开氏法加以修改，开氏法消煮前，先用含有水杨酸的浓硫酸处理，使硝态氮与水杨酸，在室温下，生成硝基水杨酸；再用 $Na_2S_2O_3$ 或 Zn 粉使硝基水杨酸还原为氨基水杨酸；然后进行开氏消煮法（此处必须用 H_2SO_4-混合加速剂法消煮，不能选用 H_2SO_4-H_2O_2 法消煮，因溶液中存在大量还原剂（NO_2、S_2O_3）。此法消煮得到的待测液，不能用比色法测定氮和磷），因其将全部有机氮（包括氨基水杨酸）转化为铵盐。

也可以用铬粒在酸性条件下还原硝态氮后，然后用开氏法继续消煮测定。

二、实　验

（一）植物全氮的测定

1. H_2SO_4-混合加速剂-蒸馏法

（1）试验原理。

植物中的含氮有机化合物，经浓硫酸-混合加速剂消煮分解，使其中所含的氮转化为氨，与硫酸结合生成硫酸铵，然后加碱蒸馏，使氨吸收在硼酸溶液中，用标准酸溶液滴定之。其主要化学反应式如下：

高温下硫酸是一种强氧化剂，能氧化有机化合物中的碳，生成 CO_2，从而分解有机质。

$$2H_2SO_4 + C \xrightarrow{\text{高温}} H_2SO_4 + SO_2 + CO_2$$

样品中的含氮有机化合物，如蛋白质在浓硫酸的作用下，水解成为氨基酸，氨基酸又在 H_2SO_4 的作用下，还原成氨，氨与硫酸结合成为硫酸铵留在溶液中，主要反应如下：

$$\text{蛋白质} \xrightarrow[H^+]{\text{水解}} \text{各种氨基酸}$$

$$NH_2CH_2COOH + 3H_2SO_4 \longrightarrow NH_3 + 2CO_2 + 3SO_2 + 4H_2O$$

$$2NH_3 + H_2SO_4 \longrightarrow (NH_4)_2SO_4$$

Se 的催化过程如下：

$$2H_2SO_2 + Se \longrightarrow H_2SeO_3 + 2SO_2 + H_2O$$

$$H_2SeO_3 \longrightarrow SeO_2 + H_2O$$

$$SeO_2 + C \longrightarrow Se + CO_2$$

由于硒的催化效能高，一般常量法 Se 粉用量不超过 0.1 ~ 0.2 g，如用量过多则将引起氮的损失。

$$(NH_4)_2SO_4 + H_2SeO_3 \longrightarrow (NH_4)_2SeO_3 + H_2SO_4$$

$$3(NH_4)_2SeO_3 \longrightarrow 2NH_3 + 3Se + 9H_2O + 2N_2\uparrow$$

以 Se 作催化剂的消煮液，也不能用于氮磷联合测定。硒是一种有毒元素，在消化过程中，放出 H_2Se，H_2Se 的毒性比 H_2S 更大，易引起中毒，所以实验室要有良好的通风设备，方可使用这种催化剂。

$CuSO_4$ 的催化作用如下：

$$4CuSO_4 + 3C + 2H_2SO_4 \longrightarrow 2Cu_2SO_4 + 4SO_2 + 3CO_2 + 2H_2O$$

$$Cu_2SO_4 + 2H_2SO_4 \longrightarrow 2CuSO_4 + 2H_2O + SO_2\uparrow$$

当植物中有机质分解完全时，碳质被氧化时，消煮液则呈现清澈的蓝绿色，因此硫酸铜不仅起催化作用，也起指示作用。同时应注意开氏法刚刚清澈并不表示所有的氮均转化为氨，因此，消煮液澄清后仍需消煮一段时间。

消化液中硫酸铵加碱蒸馏，使氨逸出，用硼酸吸收，最后用标准酸滴定。

蒸馏过程的反应：

$$(NH_4)_2SO_4 + 2NaOH \longrightarrow Na_2SO_4 + 2NH_3 + 2H_2O$$

$$NH_3 + H_2O \longrightarrow NH_4OH$$

$$NH_4OH + H_3BO_3 \longrightarrow NH_4 \cdot H_2BO_3 + H_2O$$

滴定过程的反应：

$$NH_4 \cdot H_2BO_3 + H_2SO_4 \longrightarrow (NH_4)_2SO_4 + 2H_3BO_3$$

本法测得的 N 不包括 NO_3^--N，但一般植物中 NO_3^--N 含量不超过全氮量的 1%，可以忽略不计，如含较高的 NO_3^--N 时，则需改用 H_2SO_4-水杨酸消煮法。

（2）主要仪器。

开氏瓶（50 mL）、电炉（800 W）、半微量定氮蒸馏器、半微量滴定管。

（3）试剂。

① H_2SO_4（三级、无氮、比重 1.84）。

② 10 mol·L^{-1} NaOH 溶液：称取工业用固体 NaOH 420 g，于硬质玻璃烧杯中，加入 400 mL 蒸馏水溶解，不断搅拌，以防止烧杯底角固结，冷却后倒入塑料，加塞，防止吸收空气中的 CO_2。放置几天，待 Na_2CO_3 沉降后，将清液虹吸入盛有 160 mL 无 CO_2 的水中，并以去 CO_2 的蒸馏水定容 1 L，加盖橡皮塞。

③ 甲基红-溴甲酚绿混合指示剂：0.5 g 溴甲酚绿和 0.1 g 甲基红溶于 100 mL 乙醇中。

④ 2% H_3BO_3 混合指示剂溶液：20 g H_3BO_3（三级）溶于 1 L 水中，每升 H_3BO_3 溶液中加入甲基红-溴甲酚绿混合指示剂 5 mL，并用稀酸或稀碱调节至微紫色，此时溶液的 pH 值为 4.8。指示剂用以前与硼酸混合，此试剂宜现配，不宜久放。

⑤ 混合催化剂：K_2SO_4 : $CuSO_4$: Se = 100 : 10 : 1，即 100 g K_2SO_4（三级）、10 g $CuSO_4·5H_2O$（三级）和 1 g Se 粉混合研磨，通过 80 号筛充分混匀，贮于具筛瓶中，消煮时 1 mL H_2SO_4 加 0.37 g 混合催化剂。

⑥ 0.02 mol·L^{-1} H_2SO_4 标准溶液：量取 H_2SO_4（三级、无氮、比重 1.84）2.83 mL，加水稀释至 5 000 mL，然后用标准碱或硼砂标定之。

⑦ 0.01 mol·L^{-1} H_2SO_4 标准液：将 0.02 mol·L^{-1} H_2SO_4 标准液用水准确稀释一倍。

（4）操作步骤。

称取烘干磨碎的植物样品（0.25 mm 孔径筛筛出的 0.3 ~ 0.5 g 样品）0.3 ~ 0.5 g（含 N 约 1 mg）于 50 mL 干燥开氏瓶中（注意勿沾在瓶颈上），加混合加速剂 1.8 g，滴加几滴蒸馏水湿润样品，再加浓硫酸 5 mL，小心摇匀后，盖上小漏斗，放在电炉上，开始用小火加热，当消煮液呈棕色时，可加高温度，消煮至溶液呈清亮带蓝绿色时，再加热约 10 min，取下冷却，将消煮液全部洗入 50 mL 容量瓶中，冷却后定容，摇匀，供氮的测定。同时进行空白试验，以校正试剂误差。

蒸馏：吸取 5.00 ~ 10.00 mL（含 NH_4-N 约 1 mg）待测液于半微量定氮蒸馏器，关紧瓶塞，加水密封，另备 150 mL 的三角瓶内加 2% 的含混合指示剂的 H_3BO_3 溶液 5 mL，然后将三角瓶置于冷凝管下端，使冷凝管口离 H_3BO_3 液面上约 4 cm，此后从小漏斗处加入 10 mol·L^{-1} NaOH 溶液 4 mL，蒸馏约 15 min 左右，蒸馏液体积约达 50 mL，即停止蒸馏。

滴定：将 0.01%（或 0.02%）H_2SO_4 标准溶液装入微量滴定管中，滴定硼酸溶液中吸收的氮，滴定过程中颜色变化由蓝绿色至蓝紫色突变为紫红色即为滴定终点。

（5）结果计算。

$$全\ N = \frac{(V - V_0) \times N \times 0.014}{W} \times 分取倍数 \times 100\%$$

式中　N——H_2SO_4 标准溶液的当量浓度；

V——植物样品测定的消耗 H_2SO_4 标准溶液体积（mL）；

V_0——空白测定消耗的 H_2SO_4 标准溶液体积（mL）;

0.014——N 的毫克当量（g）;

分取倍数——消煮液的总体积/吸取试液的体积;

W——烘干植物样品重（g）;

两次平行测定结果允许绝对相差 0.005%。

（6）注意事项。

① 对于微量氮的滴定还可以用另一种更灵敏的混合指示剂，即将 0.099 g 溴甲酚绿和 0.066 g 甲基红溶于 100 mL 乙醇中，配制成 2% H_3BO_3-混合指示剂溶液：称取 20 g 硼酸（二级）溶于约 950 mL 水中，加热搅动直至 H_3BO_3 溶解，冷却后，加入混合指示剂 20 mL 混匀，并用稀酸或稀碱调节至紫红色（pH 约为 5），加水稀释至 1 L 混匀备用，宜现配。

② 样品称量不宜小于 0.1 g，如果样品中含氮量高，可将消煮好的溶液定容，取一部分用蒸馏法定氮。

③ 在消煮过程中须经常转动开氏瓶，使喷溅在瓶壁上的样品及早回流到酸液中，特别是在消煮开始之后不久，会有大量气泡上逸，更应注意的是，务使气泡逸出瓶外；也可以采用滴加浓 H_2SO_4 后静置过夜的方法来减少气泡的上逸。

④ 本法测定的 N 不含 NO_3^--N，如需包括 NO_3^--N 的全量 N 测定，需采用 H_2SO_4-水杨酸消煮法。

⑤ 根据溶液中 N 的含量，也可采用吸取一部分消煮液，样品中含氮应在 1 ~ 2 mg 左右。

⑥ 可用 pH 试纸检测冷凝管滴出液，试纸无颜色显示，表示蒸馏完全，蒸馏液在 50 mL 左右。

2. H_2SO_4–H_2O_2 消煮–奈氏试剂比色法

（1）试验原理。

植物中的氮、磷大多数是以有机态存在，钾是以离子态存在，样品在浓硫酸溶液中，经脱水碳化、氧化等一系列作用；同时由于氧化剂 H_2O_2 在热浓硫酸溶液中，分解出新生态氧：$H_2O_2 \longrightarrow H_2O + [O]$，具有强烈的氧化作用，分解 H_2SO_4 所没有破坏的有机物和碳，变成 CO_2、H_2O，使有机氮、磷转化为铵盐和磷酸盐，可在同一消煮液中分别测定氮、磷、钾。而且该消煮液对于蒸馏、扩散和比色等定氮方法均适用。

待测液中的氮在 pH = 11 的碱性条件下与奈氏试剂作用生成橘黄色络合物，其反应式如下：

$$2KI + HgI_2 \xrightarrow{KOH} K_2HgI_4\text{（奈氏试剂）}$$

$$2K_2HgI_4 + 3KOH + NH_3 \longrightarrow Hg_2O\,(NH_4I) + 7KI + 2H_2O$$

其橘黄色深浅与氨态氮含量呈正比，可以用比色法测定。

奈氏试剂比色法测定氮，溶液中的 pH = 4 时不显色，从 pH 值在 4 ~ 11 之间随 pH 的升高而颜色加深，pH = 11 时显色完全。符合比耳定律的工作范围为 0.2 ~ 3 $mg \cdot L^{-1}$ NH_4-N；凡是在测定溶液中引起浑浊的物质有 Ca^{2+}、Mg^{2+}、Fe^{3+}、S^{2-} 以及酮、醇等，在植物分析中主要是 Ca^{2+}、Mg^{2+} 离子的干扰，加酒石酸钠络合掩蔽之。

（2）主要仪器。

分光光度计、开氏瓶（50 mL）、电炉（800 W）。

（3）试剂。

① 浓 H_2SO_4（三级、化学纯）。

② 30%H_2O_2（二级、分析纯）。

③ 10%（W/V）酒石酸钠溶液：溶解 100 g 酒石酸钠（二级、分析纯）于水中，最后稀释至 1 L。

④ 10%（W/V）KOH 溶液：溶解 10 g KOH（二级）于水中，稀释至 100 mL。

⑤ 奈氏试剂：溶解 45 g HgI_2 和 35.0 g KI 于少量水中，将此溶液洗入 1 L 容量瓶中，然后加入 112 g KOH，加水至 800 mL，摇匀，冷却后，稀释至 1 L。放置数日后，将上层澄清液虹吸入棕色瓶中备用。

⑥ 100 $mg \cdot L^{-1}$ N（NH_4-N）贮备标准溶液：称取 0.381 7 g 烘干的 NH_4Cl 溶于水中，定容至 1 L，此为 100 $mg \cdot L^{-1}$ N（NH_4-N）贮备标准液。吸取上述溶液 50 mL，稀释至 500 mL，即为 10 $mg \cdot L^{-1}$ N（NH_4-N）工作溶液。

（4）操作步骤。

称取烘干植物样品（0.25 mm 孔径筛筛出的 0.3 ~ 0.5 g 样品）0.3 ~ 0.5 g，置于 50 mL 的开氏瓶（或消化管）中，先用少量水湿润样品，然后加浓硫酸 8 mL，轻轻摇匀（最好放置过夜），瓶口放一弯颈小漏斗，在电炉上先小火消煮，待硫酸分解冒白烟后逐渐增高温度，当溶液全部呈棕黑色时取下，加 10 滴 H_2O_2，并要不断摇动瓶子，再加热至微沸。2 ~ 5 min 后取下，稍冷后重复加 H_2O_2 5 ~ 10 滴，再消煮，如此重复 2 ~ 3 次，每次添加的 H_2O_2 应逐渐减少（共约 2 mL 左右），消煮到溶液呈无色或清亮后，再加热 5 ~ 10 min，以除尽剩余的 H_2O_2，取下冷却，用少量水冲洗弯颈漏斗，洗液流入开氏瓶。将消煮液定量地移入 100 mL 容量瓶中，用水定容。用定量滤纸过滤到三角瓶中，或放置澄清后吸取上清液供氮磷钾的测定。消煮时进行空白试验，以校正试剂误差。

吸取 H_2SO_4-H_2O_2 消煮液及空白试验液 1 ~ 5 mL，置于 50 mL 容量瓶中，加 2 mL 10% 酒石酸钠溶液，充分摇匀，再加 10% KOH 溶液中和之（另取相当量消煮液做空白试验，用酚酞作指示剂，试验中和时需 KOH 溶液毫升数），加水稀释至约 40 mL，摇匀，加 2.5 mL 奈氏试剂，加水至刻度，充分摇匀。30 min 后，用 410 nm 波长进行比色。

标注曲线绘制：分别吸取 10 $mg \cdot L^{-1}$ N（NH_4-N）标准溶液 0、2.50、5.00、7.50、10.00、12.50 mL 置于 50 mL 容量瓶中，同上述步骤进行显色后，此系列标准溶液为 0、0.5、1.0、1.5、2.0、2.5 $mg \cdot L^{-1}$ N（NH_4-N），用 410 nm 波长进行比色，以空白消煮液显色后，调节仪器零点。

（5）结果计算。

$$N(\%) = \frac{\text{显色液N}\ (mg \cdot L^{-1}) \times \text{显色液体积} \times \text{分取倍数}}{W \times 10^6} \times 100$$

式中　显色液 N（$mg \cdot L^{-1}$）——从标准曲线查得样品液中 NH_4-N 的 $mg \cdot L^{-1}$ 数；

显色液体积——50 mL；

分取倍数——消煮液定容体积/吸取消煮液体积；

W——烘干样品重（g）；

10^6——将 $mg \cdot L^{-1}$ 换算成克。

（6）注意事项。

① 加 H_2O_2 时，要直接滴入瓶底溶液中，如果滴在瓶壁颈上，H_2O_2 会很快分解，将失去对植物样品的氧化效果。

② 溶液中残存的 H_2O_2 必须加热分解除去，否则会影响 N、P 比色测定。

③ 如果样品含氮量很高，可将消煮液先稀释后，再吸取稀释液进行比色测定。

④ 奈氏比色法测定氮，常受钙、镁、铁等离子的干扰，又因在碱性溶液中显色，显色后又非真溶液，故每加一种试剂，必须充分摇匀，勿使局部浓度太高而产生浑浊。当 NH_3 的浓度太高，也会产生浑浊，此时，必须减少待测液用量，或经稀释后，用稀释液显色。

3. H_2SO_4-H_2O_2 消煮–靛酚蓝比色法

（1）试验原理。

植物中的氮、磷大多数是以有机态存在，钾是以离子态存在，样品在浓硫酸溶液中，经脱水碳化、氧化等一系列作用；同时由于氧化剂 H_2O_2 在热浓硫酸溶液中，分解出的新生态氧：$H_2O_2 \longrightarrow H_2O + [O]$，具有强烈的氧化作用，能够分解 H_2SO_4 所没有破坏的有机物和碳，变成 CO_2、H_2O，使有机氮、磷转化为铵盐和磷酸盐，可在同一消煮液中分别测定氮、磷、钾。而且该消煮液对于蒸馏、扩散和比色等定氮方法均适用。

消煮液中的氨在碱性条件下（pH = 10.5 ~ 11.7）与次氯酸盐和苯酚作用，生成水溶性染料靛酚蓝，在 0.05 ~ 0.5 $mg \cdot L^{-1}$ 氮范围内，蓝色深浅与铵态氮的含量成正比，因此可用比色法测定。生成靛酚蓝的反应过程较为复杂。

（2）仪器。

开氏瓶、消煮炉、分光光度计。

（3）试剂。

① EDTA-甲基化溶液：将 16 g 乙二胺四乙酸二钠（简称 EDTA 二钠盐，$C_{10}H_{14}O_8N_2Na_2 \cdot 2H_2O$，分析纯）溶于 500 mL 水中，加入 10 mL 2.5 gL^{-1} 甲基红的乙醇溶液 $[\varphi(C_2H_5OH) = 60\%]$。

② 酚溶液：将 10 g 苯酚和 100 mg 硝普钠 $[Na_2Fe(CN)_5 \cdot NO \cdot 2H_2O]$ 溶于 1 L 水中。此试剂不稳定，须贮于棕色瓶中，放置在 4 °C 冰箱中，用时温热至室温（注：硝普钠有剧毒）。

③ 次氯酸钠碱性溶液：称取 10 g NaOH（分析纯）、7.06 g 磷酸氢二钠（$Na_2HPO_4 \cdot 7H_2O$，分析纯）、31.8 g 磷酸钠（$Na_3PO_4 \cdot 12H_2O$，分析纯）和 10 mL 次氯酸钠溶液 $[\rho(NaClO) = 52.5\ g \cdot L^{-1}$，即含有有效氯 5% 的漂白剂溶液] 溶于 1 L 水中。此试剂应与酚溶液同样保存。

④ 氮（NH_4^+-N）标准溶液 $[\rho(N) = 5\ mg \cdot L^{-1}]$：准确称取 105 °C 烘干的 $(NH_4)_2SO_4$（分析纯）0.471 7 g 溶于水中，定容 1 L，此为 100 $mg \cdot L^{-1}$ NH_4^+-N 贮备标准溶液。测定当天吸取贮备液 5 mL，用水稀释至 100 mL，即为 5 $mg \cdot L^{-1}$ NH_4^+-N 标准溶液。

（4）操作步骤。

① H_2SO_4-H_2O_2 消煮：称取烘干植物样品（0.25 $mg \cdot kg^{-1}$）0.3 ~ 0.5 g，置于 50 mL 的开氏瓶（或消化管）中，先用少量水湿润瓶颈上的样品，然后加浓硫酸 8 mL，轻轻摇匀（最好放置过夜），瓶口放一弯颈小漏斗，在电炉上先小火消煮，待硫酸分解冒白烟逐渐增高温度，当溶液全部呈棕黑色时取下，加 10 滴 H_2O_2，并要不断摇动瓶子，再加热至微沸。2 ~ 5 min 后取下，稍冷后重复加 H_2O_2 5 ~ 10 滴，再消煮，如此重复 2 ~ 3 次，每次添加的 H_2O_2 应逐渐

减少（共约 2 mL 左右），消煮到溶液呈无色或清亮后，再加热 5 ~ 10 min，以除尽剩余的 H_2O_2，取下冷却，用少量水冲洗弯颈漏斗，洗液流入开氏瓶。将消煮液定量地移入 100 mL 容量瓶中，用水定容。用定量滤纸过滤到三角瓶中，或放置澄清后吸取上清液供氮磷钾的测定。消煮时进行空白试验，以校正试剂误差。

② 靛酚蓝比色：将上述待测液用蒸馏水准确稀释 10 倍，吸取稀释后的溶液 1.00 mL（含 NH_4^+-N 2.5 ~ 25 μg）于 50 mL 容量瓶中，加入 1 mL EDTA-甲基红溶液，用氢氧化钠溶液 [c(NaOH) = 0.3 mol · L^{-1}]调节至 pH = 6 左右（即甲基红由红色变为黄色），再依次加入 5 mL 酚溶液和 5 mL 次氯酸钠溶液摇匀，用水定容，待 1 h 后，用 1 cm 光径比色杯在 625 nm 波长处比色，用空白试验溶液（除无试样液外，加入同量试剂，同样消煮、稀释和显色）调节仪器吸收值的零点。

③ 工作曲线绘制：吸取（NH_4^+-N）标准溶液 0 mL、0.5 mL、1 mL、2 mL、3 mL、4 mL、5 mL 分别置于 50 mL 容量瓶中，各加 1 mL 稀释 10 倍的空白消煮液，同上②，调节溶液 pH 及显色，测定吸收值后绘制工作曲线。各瓶标准溶液的浓度相应为 0 mg · L^{-1}、0.05 mg · L^{-1}、0.1 mg · L^{-1}、0.2 mg · L^{-1}、0.3 mg · L^{-1}、0.4 mg · L^{-1}、0.5 mg · L^{-1} NH_4^+-N。

（5）结果计算。

$$w(\mathrm{N})=\frac{\rho\times V\times ts}{m\times 10^{6}}\times 100$$

式中　w(N)——植物中全氮的含量（%）；

ρ——测得显色液中氮的质量浓度（mg · L^{-1}）；

ts——分取倍数；

m——烘干样品质量（g）。

（6）注意事项。

① 可以用 EDTA 二钠盐等螯合剂掩蔽试液中金属离子的干扰。此法的优点是显色液稳定，再现性高，适于大批样品及连续流动自动分析，灵敏度比纳氏试剂高；其缺点是显色时间较长，显色试剂不稳定（需冷藏或当天配制），显色液的 pH 较严格，稀释倍数大时，误差也较大。

② 加 H_2O_2 时，要直接滴入瓶底溶液中，如果滴在瓶壁颈上，H_2O_2 会很快分解，将失去氧化效果。

③ 溶液中残存的 H_2O_2 必须加热分解除去，否则会影响 N、P 比色测定。

（二）植物全磷的测定

磷是植物营养的三要素之一。植物全磷的含量一般为 0.05% ~ 0.5% 干物重。植株全磷含量与作物磷素营养呈正相关，一般认为植株磷小于 0.15% ~ 0.2% 为缺乏，0.2% ~ 0.5% 为正常，但因作物种类、生育阶段、测定部位不同而有差异。植物体内磷主要以有机磷如核酸、磷脂、植素等的形态存在于植物组织中，因此，植物全磷的测定需将有机磷经干灰法或湿灰法分解转变成无机正磷酸盐，然后将无机正磷酸盐用比色法进行测定。

在干灰法中，灰化所选用的温度和时间有所不同，一般建议灰化温度不超过 500 °C，时间为 2 ~ 8 h，在灰化之前把样品在电热板上碳化至不冒烟，转置马弗炉内灰化，缓慢升温至

500 °C，冷却后取出（当灰分呈白色或灰白色时，认为灰化完全，不含碳粒），用酸溶解，比色。近年来，在改进的干灰法中，添加一些“助灰化剂”，如在灰化时，通 O_2，添加 $KHSO_4$ 等，帮助灰化；干灰法添加试剂量少，污染的可能性比湿灰法少，且简便易行。

湿灰法应用不同比例的 HNO_3、H_2SO_4 与 $HClO_4$ 的方法较为普遍，湿灰化法的消煮温度不会高于混合酸的沸点，灰分元素不会形成难溶的复杂硅酸盐，而且当用 H_2SO_4 或 $HClO_4$ 消煮时，可使 SiO_2 充分脱水且使其吸附作用降至最低限度，不致使灰分元素测定产生显著的负误差。但是由于试剂用量大，会带来污染的危险，试剂空白值大。当然加有 HNO_3 的湿灰化法，则不能在消煮液中同时测定氮。

对于植物全磷的测定用 H_2SO_4-H_2O_2 法可同时测定氮磷钾较为方便。总之，方法的选择应根据测定元素种类、具体条件来决定。溶液中磷的测定，最常用的钼蓝比色法和钒钼黄比色法，应根据样品中磷的含量来决定，当含量高时，选用钒钼黄法为佳，反之，则可用钼蓝法。

1. H_2SO_4–H_2O_2 消煮–钒钼黄比色法

（1）实验目的。

植物全磷的测定是植物营养研究中的常规分析项目，因此了解植物生育期间磷营养的需求规律、吸收和分布状况，对诊断植物磷素营养水平和制定磷素丰缺指标及施用磷肥的效应具有重要的意义。

（2）方法原理。

植物中的磷大多数是以有机态存在，样品在浓硫酸溶液中，经脱水碳化、氧化等一系列作用使植物中的磷转化为磷酸盐；同时由于氧化剂 H_2O_2 在热浓硫酸溶液中分解出的新生态氧：$H_2O_2 \longrightarrow H_2O + [O]$，具有强烈的氧化作用，能够分解 H_2SO_4 没有破坏的有机物和碳，变成 CO_2、H_2O，使植物中的有机磷转化为磷酸盐。待测液中的正磷酸与偏钒酸和钼酸在酸性条件下能生成黄色的三元杂多酸（钒钼磷酸），其组成不能十分肯定，有人认为是 $P_2O_5 \cdot V_2O_5 \cdot 22MoO_3 \cdot nH_2O$。溶液的黄色深度与磷含量成正比，可用比色法测定磷含量。

钒钼黄比色法显色快，黄色稳定，显色酸度范围很宽（$0.04 \sim 6\ mol \cdot L^{-1}$），最适合的酸度范围是 $0.5 \sim 1.0\ mol \cdot L^{-1}$，各种酸介质都可适用，且干扰离子少，特别是对 Fe^{3+} 和 Si 的允许存量远高于钼蓝法；操作简便快速，准确度和重复性较高，相对误差为 1% ~ 3%，适测范围广（$1 \sim 20\ mg \cdot kg^{-1}$）。比色时选用的波长与溶液中磷的浓度有关，磷的浓度较高时选用较长的波长，较低时选用较低的波长。一般比色时选用的波长如下：

比色时选用的波长（nm）	400	440	470	490
磷的浓度范围（$mg \cdot L^{-1}$）	0.25 ~ 5.5	2.0 ~ 15	4.0 ~ 17	7.0 ~ 20

（3）试剂。

① 钒钼酸铵溶液：25 g 钼酸铵 [$(NH_4)_6Mo_7O_{24} \cdot 4H_2O$，分析纯] 溶于 400 mL 水中；1.25 g 偏钒酸铵（NH_4VO_3，分析纯）溶于 300 mL 沸水中，冷却后加入 250 mL 浓硝酸（HNO_3，$\rho = 1.42\ g \cdot mL^{-1}$，分析纯），冷却至室温。将钼酸铵溶液缓慢地注入钒酸铵溶液中，不断搅拌，用水稀释至 1 L，贮于棕色瓶中，此溶液酸的浓度为 $c(HNO_3) = 4\ mol \cdot L^{-1}$。

② 氢氧化钠溶液[$c(NaOH) = 6\ mol \cdot L^{-1}$]：24 g 氢氧化钠（分析纯）溶于水中，稀释至 100 mL。

③ 2, 6-二硝基酚指示剂：0.25 g 2, 6-二硝基酚溶于 100 mL 水中（饱和）。2, 6-二硝基酚

的变色范围是 pH 值为 2.4（无色）~ 4.0（黄色），变色点是 pH = 3.1。

④ 50 mg · L^{-1} 磷标准溶液：准确称取在 105 °C 烘箱中烘干（2 h）的 KH_2SO_4（优级纯）0.219 5 g，溶于 200 mL 蒸馏水中，加入浓硫酸 5 mL，装入 1 L 容量瓶中，加水定容。此为磷标准贮存溶液（500 mg/L），可以长期保存。

（4）操作步骤。

① H_2SO_4-H_2O_2 消煮：称取烘干植物样品（0.25 mm 孔径筛筛出的 0.3 ~ 0.5 g 样品）0.3 ~ 0.5 g，置于 50 mL 的开氏瓶（或消化管）中，先用少量水湿润样品，然后加浓硫酸 8 mL，轻轻摇匀（最好放置过夜），瓶口放一弯颈小漏斗，在电炉上先小火消煮，待硫酸分解冒白烟后逐渐增高温度，当溶液全部呈棕黑色时取下，加 10 滴 H_2O_2，并要不断摇动瓶子，再加热至微沸。2 ~ 5 min 后取下，稍冷后重复加 H_2O_2 5 ~ 10 滴，再消煮，如此重复 2 ~ 3 次，每次添加的 H_2O_2 应逐渐减少（共约 2 mL 左右），消煮到溶液呈无色或清亮后，再加热 5 ~ 10 min，以除尽剩余的 H_2O_2，取下冷却，用少量水冲洗弯颈漏斗，洗液流入开氏瓶。将消煮液定量地移入 100 mL 容量瓶中，用水定容。用定量滤纸过滤到三角瓶中，或放置澄清后吸取上清液供氮磷钾的测定。消煮时进行空白试验，以校正试剂误差。

② 钒钼黄比色法：吸取上述待测液 10.00 mL（含磷在 0.05 ~ 1.0 mg）于 50 mL 容量瓶中，加 2 滴二硝基酚指示剂，用 NaOH 溶液（6 mol · L^{-1}）中和至刚呈微黄色，准确加入 10.00 mL 钒钼酸铵溶液，用水定容。同时做试剂空白试验。15 min 后在分光光度计上用波长 450 nm 和 1 cm 光径的比色杯进行比色测定，以空白溶液调节吸收值的零点。

③ 标准曲线的绘制：分别吸取 50 mg · L^{-1} P 标准溶液 0、1.0、2.5、5.0、7.5、10.0、15.0 mL 于 50 mL 容量瓶中，加 2 滴二硝基酚指示剂，用 NaOH 溶液（6 mol · L^{-1}）中和至刚呈微黄色，准确加入 10.00 mL 钒钼酸铵溶液，用水定容。在分光光度计上显色，即得 0、1.0、2.5、5.0、7.5、10.0、15.0 mg · L^{-1} 的磷标准溶液。测定吸收值后绘制标准曲线。

（5）结果计算。

$$w(\mathrm{P}) = \frac{\rho \times V \times ts}{m \times 10^6} \times 100$$

式中　$w(\mathrm{P})$——植物中全磷的含量（%）；

ρ——测得显色液中磷的质量浓度（mg · L^{-1}）；

ts——分取倍数；

m——烘干样品质量（g）。

（6）注意事项。

① 加 H_2O_2 时，要直接滴入瓶底溶液中，如果滴在瓶壁颈上，H_2O_2 会很快分解，将失去氧化效果。

② 溶液中残存的 H_2O_2 必须加热分解除去，否则会影响 N、P 比色测定。

2. H_2SO_4–H_2O_2 消煮–钼锑抗比色法

（1）方法原理。

植物样品经 H_2SO_4-H_2O_2 消煮，有机物经脱水碳化、氧化分解变成 CO_2 和 H_2O，使有机磷转化为正磷酸盐，正磷酸盐和钼酸铵反应生成磷钼杂多酸络合物，其组成可能为

$H_3PO_4 \cdot 10MoO_3 \cdot Mo_2O_5$或$H_3PO_4 \cdot 8MoO_3 \cdot 2Mo_2O_5$，在锑试剂存在下，用抗坏血酸将其还原成蓝色的络合物进行比色。

（2）仪器及设备。

开氏瓶（或消化管）、可调电炉（800 W）或远红外消煮炉、分光光度计。

（3）试剂。

① 浓硫酸（H_2SO_4，分析纯，比重为1.84）。

② 30%双氧水（H_2O_2，分析纯）。

③ 二硝基酚指示剂：0.2 g 2, 6-二硝基酚或2, 4-二硝基酚[$C_6H_3OH(NO_2)_2$]溶解于100 mL水中。此指示剂的变色点约为pH = 3，酸性时无色，碱性时呈黄色。

④ 钼锑抗试剂：称取酒石酸氧锑钾[$K(SbO)C_4H_4O_6$] 0.5 g 溶解于100 mL水中，制成0.5%的溶液。

另称取钼酸铵[$(NH_4)_6Mo_7O_{24} \cdot 4H_2O$] 10 g溶于450 mL水中，徐徐加入153 mL浓硫酸，边加边搅拌。再将0.5%酒石酸氧锑钾溶液100 mL加入到钼酸铵溶液中，最后加水至1 L。充分摇匀，储于棕色瓶中，此为钼锑抗混合贮存液。

临用前（当天），称取1.5 g左旋抗坏血酸（即维生素C，分析纯），溶于100 mL钼锑抗混合贮存液中，混匀，此即钼锑抗试剂。有效期24 h。此试剂中H_2SO_4为5.5%，钼酸铵为1%，酒石酸氧锑钾为0.05%，抗坏血酸为1.5%。

⑤ 磷标准贮存溶液：准确称取在105 °C烘箱中烘干（2 h）的KH_2SO_4（优级纯）0.439 0 g，溶于200 mL蒸馏水中，加入浓硫酸5 mL，装入1 L容量瓶中，加水定容。此为磷标准贮存溶液（100 mg/L），可以长期保存。

⑥ 取磷标准贮存溶液准确稀释20倍，即为磷标准溶液（5 mg · L^{-1}），此溶液不宜久存。

（4）操作步骤。

① H_2SO_4-H_2O_2消煮：称取烘干植物样品（0.25 mm孔径筛筛出的0.3 ~ 0.5 g样品）0.3 ~ 0.5 g，置于50 mL的开氏瓶（或消化管）中，先用少量水湿润样品，然后加浓硫酸8 mL，轻轻摇匀（最好放置过夜），瓶口放一弯颈小漏斗，在电炉上先小火消煮，待硫酸分解冒白烟后逐渐增高温度，当溶液全部呈棕黑色时取下，加10滴H_2O_2，并要不断摇动瓶子，再加热至微沸。2 ~ 5 min后取下，稍冷后重复加H_2O_2 5 ~ 10滴，再消煮，如此重复2 ~ 3次，每次添加的H_2O_2应逐渐减少（共约2 mL左右），消煮到溶液呈无色或清亮后，再加热5 ~ 10 min，以除尽剩余的H_2O_2，取下冷却，用少量水冲洗弯颈漏斗，洗液流入开氏瓶。将消煮液定量地移入100 mL容量瓶中，用水定容。用定量滤纸过滤到三角瓶中，或放置澄清后吸取上清液供氮磷钾的测定。消煮时进行空白试验，以校正试剂误差。

② 钼锑抗比色：吸取消煮待测液2.00 ~ 5.00 mL（含磷量5 ~ 25 μg）于50 mL容量瓶中，用水冲洗至30 mL，加二硝基酚指示剂2滴，滴加4 mol · L^{-1} NaOH溶液直至溶液转变为黄色，再加2 mol · L^{-1} H_2SO_4 1滴，使溶液的黄色刚刚退去。然后加钼锑抗试剂5 mL，再加水定容至50 mL，摇匀。30 min后，用880 nm或700 nm波长进行比色，以空白液的透光率为100（或光密度为0），读出测定液的透光度或吸收值。

③ 标准曲线：吸取5 mg · L^{-1} P标准溶液0、1、2、4、6、8、10 mL，分别放入50 mL容量瓶中，加水至约30 mL，再加空白实验定容后的消煮液5 mL，调节溶液pH值为3，然后加钼锑抗试剂5 mL，最后用水定容至50 mL。30 min后进行比色。各瓶比色液的浓度分别

为 0、0.1、0.2、0.4、0.6、0.8、1.0 mg · L^{-1} P。

（5）结果计算。

$$w(\mathrm{P})=\frac{\rho\times V\times ts}{m\times 10^6}\times 100$$

式中　$w(\mathrm{P})$——植物中全磷的含量（%）；

ρ——测得显色液中磷的质量浓度（mg · L^{-1}）；

ts——分取倍数；

m——烘干样品质量（g）。

（6）注意事项。

① 加 H_2O_2 时，要直接滴入瓶底溶液中，如果滴在瓶壁颈上，H_2O_2 会很快分解，将失去氧化效果。

② 溶液中残存的 H_2O_2 必须加热分解除去，否则会影响 N、P 比色测定。

③ 钼蓝显色液比色时用 880 nm 波长比 700 nm 更灵敏，一般分光光度计为 721 型只能选 700 nm 波长。

思 考 题

1. H_2SO_4-混合加速剂法分解植物全氮的原理是什么？它与 H_2SO_4-H_2O_2 氧化法有什么不同？

2. 对于硝态氮含量较高的植物样品需要采用什么方法来分解植物样品？

3. 钒钼黄比色法测定植物样品全磷含量的原理是什么？

4. 用比色法测定植物全磷的含量时，钒钼黄比色法与钼锑抗比色法有什么异同？

5. 用比色法测定植物全氮的含量时，靛酚蓝比色法与奈氏试剂比色法有什么区别？

第十六章 土壤中重金属镉、铅、铜、锌的含量测定

一、概 述

土壤是人类赖以生存的主要自然资源之一，也是人类生态环境的重要组成部分。随着工业、城市污染的加剧和农用化学物质种类、数量的增加，土壤重金属污染日益严重，目前，全世界平均每年排放 Hg 约 1.5 万吨，Cu 约 340 万吨，Pb 约 500 万吨，Mn 约 1 500 万吨，Ni 约 100 万吨。据我国农业部进行的全国污灌区调查，在约 140 万 hm^2 的污水灌区中，遭受重金属污染的土地面积占污水灌区面积的 64.8%，其中轻度污染的占 46.7%，中度污染的占 9.7%，严重污染的占 8.4%。土壤重金属污染具有污染物在土壤中移动性差、滞留时间长、不能被微生物降解的特点，并可经水、植物等介质最终影响人类健康，因此，治理和恢复的难度大。本文在讨论土壤重金属污染物来源和分布的基础上，评述土壤重金属污染修复技术研究进展，旨在为重金属污染土壤的有效修复提供科学的依据。近年来，人们清楚地认识到重金属的环境行为和生态效应与重金属在土壤中存在的有效态密不可分。重金属在土壤中各种形态存在的数量比例，直接影响重金属在土壤中的迁移、转化以及对植物的毒性土壤中重金属的形态主要受重金属元素本身性质和含量、土壤组成成分（有机质、黏土矿物、锰铁铝氧化物、碳酸盐和微生物等）和土壤环境条件（PH、EH、温度和湿度等）的影响。

土壤重金属来源与分布：① 随着大气沉降进入土壤的重金属；② 随污水进入土壤的重金属；③ 随固体废弃物进入土壤的重金属；④ 随农用物资进入土壤的重金属。

土壤测定方法常用原子吸收分光光度法、分光光度法、原子荧光法、气相色谱法、电化学分析法及化学分析法，还有电感耦合等离子体发射光谱法（icP-AEs）、X-射线荧光光谱分析法、中子活化分析法、液相色谱分析法及气相色谱-质谱（GC. MS）联用法等。

二、实 验

（一）基础知识

地壳中镉的丰度为 5 μg/g，我国部分地区镉的背景值为 0.15 ~ 0.20 μg/g。土壤中镉污染主要来自矿山、冶炼、污灌及污泥的施用。镉还可伴随磷矿渣和过磷酸钙的使用而进入土壤。在风力作用下，工业废气中镉扩散并沉降至土壤中。交通繁忙的路边土壤常发现有镉污染。

土壤中镉一般可分为可给态、代换态和难溶态。可给态镉主要以离子态或络合态存在，易被植物所吸收；被黏土或腐殖质交换吸附的为代换态镉；难溶态镉包括以沉淀或难溶性螯合物存在的镉，不易被植物吸收。

土壤中的镉可被胶体吸附。被吸附的镉一般在 0 ~ 15 cm 的土壤表层累积，15 cm 以下含量显著减少。大多数土壤对镉的吸附率在 80% ~ 90%。土壤对镉的吸附同 pH 值呈正相关。被吸附的镉可被水所溶出而迁移，pH 越低，镉的溶出率越大。如 pH = 4 时，镉的溶出率超过 50%；pH = 7.5 时，镉很难溶出。

土壤中镉的迁移与土壤的种类、性质、pH 值等因素有关，还直接受氧化还原条件的影响。水稻田是氧化还原电位很低的特殊土壤，当水田灌满水时，由于水的遮蔽效应形成了还原性环境，有机物厌氧分解产生硫化氢；当施用硫酸铵肥料时，硫还原细菌的作用使硫酸根还原产生大量的硫化氢。在淹水条件下，镉主要以 CdS 形式存在，抑制了 Cd^{2+} 的迁移，难以被植物所吸收。当排水时造成氧化淋溶环境，S^{2-} 氧化或 SO_4^{2-} 引起 pH 降低，镉溶解在土壤中，易被植物吸收。土壤中 PO_4^{3-} 等离子均能影响镉的迁移转化，如 Cd^{2+} 和 PO_4^{3-} 形成难溶的 $Cd_3(PO_4)_2$，不易被植物所吸收。因此，土壤的镉污染，可施用石灰和磷肥，调节土壤 pH 至 5.0 以上，以抑制镉害。

植物对镉的吸收与累积取决于土壤中镉的含量和形态、镉在土壤中的活性及植物的种类。许多植物均能从土壤中摄取镉，并在体内累积到一定数量。植物吸收镉的量不仅与土壤的含镉量有关，还受其化学形态的影响。例如，水稻对三种无机镉化合物吸收累积的顺序为：$CdCl_2>CdSO_4>CdS$。不同种类的植物对镉的吸收存在着明显的差异；同种植物的不同品种之间，对镉的吸收累积也会有较大的差异。谷类作物如小麦、玉米、水稻、燕麦和粟子都可通过根系吸收镉，其吸收量依次是：玉米>小麦>水稻>大豆。同一作物，镉在体内各部位的分布也是不均匀的，其含量一般为：根>茎>叶>籽实。植物在不同的生长阶段对镉的吸收量也不一样，其中以生长期吸收量最大。由此可见，影响植物吸收镉的因素很多。镉可通过土壤-植物系统等途径，经由食物链进入人体，危害人类健康。因此，环境的镉污染是人们极为关注的问题。

镉属于生物非必需元素，对植物毒性很强。当其进入植物体后，能在体内引起一系列不利于植物生长的反应，如抑制光合作用、呼吸作用等，它还能导致骨痛病等人体疾病。1988 年 FAO/WHO 专家委员会提出：不同重金属的环境化学行为和生物效应各异，同种金属的环境化学和生物效应与其存在形态有关。例如，土壤胶体对 Pb^{2+}、Pb^{4+}、Hg^{2+} 及 Cd^{2+} 等离子的吸附作用较强，对 AsO_2^- 和 $Cr_2O_7^{2-}$ 等负离子的吸附作用较弱。对土壤水稻体系中污染重金属行为的研究表明：被试的四种金属元素对水稻生长的影响为 Cu>Zn>Cd>Pb；元素由土壤向植物的迁移明显受共存元素的影响，在试验条件下，元素吸收系数的大小顺序为：Cd>Zn>Cu>Pb，与土壤对这些元素的吸持强度正好相反；“有效态”金属更能反映出元素间的相互作用及其对植物生长的影响。

自然界岩石中的铅一般会在长期的风化、侵蚀等自然力的作用下缓慢释放到土壤中，或因火山爆发、地震、泥石流等自然灾害而进入土壤。但是，这些因自然力作用而造成的污染在铅污染中只能占到很小的一部分。环境中铅污染的绝大部分主要是由于矿产开发，金属冶炼，未处理“三废”的任意堆积、排放，农用地的污灌以及含铅污泥的使用而引起的。特别是随着汽车工业的发展，四乙基铅作为防爆剂添加于石油中，使铅污染的速度前所未有地增加。土壤中铅污染的主要来源及形态如表 2.16.1 所示。

表 2.16.1 土壤中铅污染的主要来源及形态

<table>
<tr><th>重金属</th><th>天然矿物</th><th>人为污染源</th><th>污染物形态</th></tr>
<tr><td rowspan="5">Pb</td><td>白铅矿 $PbCO_3$</td><td rowspan="5">铅冶炼及电解过程中的残渣及铅渣、铅蓄电池生产中产生的废铅渣及铅酸污泥，报废的铅蓄电池铅铸造业及制品业的废铅渣及水处理污泥铅化合物制造业和使用过程中产生的废物</td><td>$Pb(CH_3COO)_2$</td></tr>
<tr><td>方铅矿 PbS</td><td>$PbBr_2$，$Pb(OH)_2$</td></tr>
<tr><td>角铅矿 $Pb_2CO_3Cl_2$</td><td>PbI_2，$Pb_2(PO_4)_2$</td></tr>
<tr><td>硫酸铅矿 $PbSO_4$</td><td>$PbSO_4$，$PbCl_4$，PbF_2
PbS，Pb_2ClO_4</td></tr>
<tr><td>红铅矿 $PbCrO_4$</td><td>$Pb(CH_3)_4$</td></tr>
</table>

铅在地壳中的平均丰度为 1 215 μg/g。土壤中铅含量一般在 2 ~ 200 μg/g，平均变化幅度为 13 ~ 42 μg/g。全国土壤背景值基本统计量的结果表明，我国土壤铅含量最高可达到 1 143 μg/g，最低为 0.168 μg/g，平均可达到 26 μg/g；而受固体废弃物污染的土壤，其铅含量可高达 26 000 mg/kg。

许多化学品在环境中滞留一段时间后可能降解为无害的最终化合物，但是铅无法再降解，即使排入环境很长时间仍然保持其可用性。由于铅在环境中的长期持久性，又对许多生命组织有较强的潜在性毒性，土壤中的铅通过土壤-植物系统转移至植物体而影响植物的正常生长，富集于植物体内的铅通过食物链转移至动物及人体内，铅在人体里积蓄后很难被发现，且不容易自动排除。由于铅是一种有毒的金属，急性铅中毒目前研究得较为透彻，其症状为：胃痛、头疼、颤抖、神经性烦躁，在最严重的情况下，可能人事不省，直至死亡。在很低的浓度下，铅的慢性长期健康效应表现为：影响脑和神经系统。

环境中的铅是对人体健康特别是儿童健康威胁最大的有害元素之一。铅及其化合物是一种不可降解的蓄积性毒物，性质稳定，可通过废水、废气、废渣大量流入环境，产生污染，危害人体健康。由于铅的污染途径多样及铅在生物体内的蓄积性，铅中毒给人民群众的身心健康造成很大的危害。世界卫生组织儿童卫生合作中心 2004 年对我国 15 个城市 1.7 万名 0 ~ 6 岁儿童铅中毒情况进行调查表明，儿童铅中毒率为 10.45%。湖北省检测近 2 000 例，发现 8.8% 的人超标，其中，12 岁以下儿童血铅超标的占 8.4%，12 ~ 18 岁血铅超标占 12%。

关于儿童铅中毒的诊断标准，早在 1960 年，美国疾病预防控制中心（CDC）规定，儿童铅中毒的标准为血铅≤600 μg/L，血铅超过这个水平即有明显症状。至 20 世纪 70 年代，专家们认识到低于此水平的血铅虽缺乏明显躯体症状，但也能产生脑损害。近年来国内外研究已证实，即使血铅≤100 μg/L，也能危害儿童神经系统发育成熟和智商（IQ）下降。由于铅在体内无任何生理功能，因此理想的血铅水平应为零。

卫生部公布《儿童高铅血症和铅中毒分级和处理原则》，规定儿童高铅血症和铅中毒要依据儿童静脉血铅水平进行诊断。高铅血症：连续两次静脉血铅水平为 100 ~ 199 mg/L；铅中毒：连续两次静脉血铅水平等于或高于 200 mg/L；并依据血铅水平分为轻、中、重度铅中毒。轻度铅中毒：血铅水平为 200 ~ 249 mg/L；中度铅中毒：血铅水平为 250 ~ 449 mg/L；重度铅中毒：血铅水平等于或高于 450 mg/L。

地壳中铜的平均值为 70 μg/g。土壤中铜的含量为 2 ~ 200 μg/g。我国土壤含铜量为 3 ~

300 μg/g，大部分土壤含铜量在 15 ~ 60 μg/g，平均为 20 μg/g。土壤铜污染的主要来源是铜矿山和冶炼厂排出的废水。此外，工业粉尘、城市污水以及含铜农药，都能造成土壤的铜污染。如我国华南某铜矿附近受污染土壤的铜含量为 1 730 ~ 2 630 μg/g，为对照土壤的 91 ~ 138 倍。日本被铜污染的土地面积约为 456 450 亩，占重金属污染总面积的 80% 左右，其中渡良濑川流域土壤平均含铜达 1 000 μg/g，最高达 2 020 μg/g，可溶性铜 250 μg/g。土壤中铜的存在形态可分为：① 可溶性铜，约占土壤总铜量的 1%，主要是可溶性铜盐，如 $Cu(NO_3)_2 \cdot 3H_2O$、$CuCl_2 \cdot 2H_2O$、$CuSO_4 \cdot 5H_2O$ 等。② 代换性铜，被土壤有机、无机胶体所吸附，可被其他阳离子代换出来。③ 非代换性铜，指被有机质紧密吸附的铜和原生矿物、次生矿物中的铜，不能被中性盐所代换。④ 难溶性铜：大多是不溶于水而溶于酸的盐类，如 CuO、Cu_2O、$Cu(OH)_2$、$Cu(OH)^+$、$CuCO_3$、Cu_2S、$Cu_3(PO_4)_2 \cdot 3H_2O$ 等。土壤中腐殖质能与铜形成螯合物。土壤有机质及黏土矿物对铜离子有很强的吸附作用，吸附强弱与其含量及组成有关。黏土矿物及腐殖质吸附铜离子的强度为：腐殖质>蒙脱石>伊利石>高岭石。我国几种主要土壤对铜的吸附强度为：黑土>褐土>红壤。土壤 pH 对铜的迁移及生物效应有较大的影响。游离铜与土壤 pH 呈负相关；在酸性土壤中，铜易发生迁移，其生物效应也就较强。

铜是生物必需元素，广泛地分布在一切植物中。在缺铜的土壤中施用铜肥，能显著提高作物产量。例如，硫酸铜是常用的铜肥，可以用作基肥、种肥、追肥，还可用来处理种子。但过量铜会对植物生长发育产生危害。如当土壤含铜量达 200 μg/g 时，小麦枯死；当含铜达 250 μg/g 时，水稻也将枯死。又如，用含铜 0.06 μg/mL 的溶液灌溉农田，水稻减产 15.7%；浓度增至 0.6 μg/mL 时，减产 45.1%；若铜浓度增至 3.2 μg/mL 时，水稻无收获。研究表明，铜对植物的毒性还受其他元素的影响。在水培液中只要有 1 μg/mL 的硫酸铜，即可使大麦停止生长；然而加入其他营养盐类，即使铜浓度达 4 μg/mL，也不至于使大麦停止生长。

生长在铜污染土壤中的植物，其体内会发生铜的累积。植物中铜的累积与土壤中的总铜量无明显的相关性，而与有效态铜的含量密切相关。有效态铜包括可溶性铜和土壤胶体吸附的代换性铜，土壤中有效态铜量受土壤 pH、有机质含量等的直接影响。不同植物对铜的吸收累积是有差异的，铜在同种植物不同部位的分布也是不一样的。

Cu 各形态中，以残渣态为主，平均含量达到了 12.154 $mg \cdot kg^{-1}$，占 55.80%；弱有机结合态和铁锰氧化态的平均含量分别为 4.555 $mg \cdot kg^{-1}$ 和 3.403 $mg \cdot kg^{-1}$，占 21.15% 和 15.75%；而其余各态的含量均很低，其含量均低于 5%。Cu 的形态分布为：残渣态>弱有机结合交换态>铁锰氧化态>碳酸盐结合态>强有机结合态>水溶态>离子交换态。

土壤锌的总含量在 10 ~ 300 μg/g，平均值 50 μg/g，我国土壤含锌量为 3 ~ 70 μg/g，平均值 100 μg/g。用含锌废水污灌时，锌以 Zn^{2+}，也可以络离子 $Zn(OH)^+$、$ZnCl^+$、$Zn(NO_3)^+$ 等形态进入土壤，并被土壤胶体吸附累积；有时则形成氢氧化物、碳酸盐、磷酸盐和硫化物沉淀，或与土壤中的有机质结合。锌主要被富集在土壤表层。

根据 L. M. Shuman 的研究，土壤中各部分的含锌为：黏土>氧化铁>有机质>粉砂>砂。土壤中大部分锌是以结合状态存在，或为有机复合物及各种矿物，一般不易被植物吸收。植物只能吸收可溶性或代换态锌。锌的迁移能力及有效性主要取决于土壤的酸碱性，其次是土壤吸附和固定锌的能力。总体而言，土壤中有效态锌浓度比其他重金属的有效浓度高，有效态锌平均占总锌量的 5% ~ 20%。

土壤中锌的迁移主要取决于 pH。当土壤为酸性时，被黏土矿物吸附的锌易解吸，不溶性氢氧化锌可和酸作用，转化为 Zn^{2+}。因此，酸性土壤中锌容易发生迁移。当土壤中锌以 Zn^{2+} 为主存在时，容易淋失迁移或被植物吸收。故缺锌现象常常发生在酸性土壤中。由于稻田淹水，处于还原状态，硫酸盐还原菌将 SO_4^{2-} 转化为 H_2S，土壤中 Zn^{2+} 与 S^{2-} 形成溶度极小的 ZnS，土壤中锌发生累积。锌与有机质相互作用，可以形成可溶性的或不溶性的络合物。可见，土壤中有机质对锌的迁移会产生较大的影响。

锌是植物生长发育不可缺少的元素。常把硫酸锌用作为微量元素肥料，但过量的锌会伤害植物的根系，从而影响作物的产量和质量。土壤酸度的增加会加重锌对植物的危害。例如，在中性土壤里加入 100 μg/mL 的锌溶液，洋葱生长正常；当加入 500 μg/mL 锌时，洋葱茎叶变黄。但在酸性土壤中，加入 100 μg/mL 的锌溶液，洋葱生长发育受阻；加入 500 μg/mL 锌时，洋葱几乎不生长。

植物对锌的忍耐浓度大于其他元素。各种植物对高浓度锌毒害的敏感性也不同。一般说来，锌在土壤中的富集，必然导致在植物体中的累积，植物体内累积的锌与土壤含锌量密切相关。如水稻糙米中锌的含量与土壤的含锌量呈线性相关。土壤中其他元素可影响植物对锌的吸收。如施用过多的磷肥，可使锌形成不溶性磷酸锌而固定，植物吸收的锌就减少，甚至引起锌缺乏症。温度和阳光对植物吸收锌也有影响。不同植物对锌的吸收累积差异很大，一般植物体内自然含锌量为 10～160 μg/g，但有些植物对锌的吸收能力很强，植物体内累积的锌可达 0.2～10 mg/g。锌在植物体各部位的分布也是不均匀的。如在水稻、小麦中锌含量分布为：根>茎>果实。

锌是人体必需的元素，人体缺锌会引起许多疾病。但摄入过量的锌对人体亦有不利的影响和危害。据资料介绍，当饮用水中锌浓度为 30.8 mg · L^{-1} 时，曾发生恶心和昏迷的病例。另据报道，饮用水中锌浓度达 10～20 mg · L^{-1} 时，有致癌作用。一般植物含锌量为 10～100 mg · kg^{-1}。当植物含锌量大于 50 mg · kg^{-1} 时，就会发生锌中毒。

（二）实验目的

镉、铅、铜、锌是各种环境介质最常见的重金属元素，其中，铜、锌是作物生长发育过程中不可缺少的微量元素，但若摄取量过高则成为有害元素。植物所需要的这些微量元素主要来源于土壤，其含量、分布及供应能力是评价微量元素丰缺的重要方法，可为作物科学施用微量元素提供依据。镉、铅是典型有毒有害的重金属元素，是现代土壤环境中十分常见的重要污染物，因此，被用作土壤质量评价的重金属依据。镉、铅、铜、锌等元素在日常土壤质量监测和研究中常常需要测定。通过对土壤中镉、铅、铜、锌元素的测定，了解掌握土壤重金属含量分析的样品处理方法及原子吸收光焰法的原理及应用，培养学生综合性动手能力，加强理论与实践的有机结合。

（三）基本原理

将待测的金属盐溶液雾化后喷入火焰，于高温（2 300 °C）条件下形成基态原子的原子蒸气，该原子蒸气能够吸收同种原子发射出的特征光谱线。我们就是利用能发出待测元素特征谱线的空心阴极灯（由待测金属元素制成）作为辐射光源，通过试样蒸气时，被蒸气中待测元素的基态原子所吸收，由辐射光强度减弱的多少来测定试样中该元素的含量。

（四）试剂及仪器

主要的试剂有：HCl、HNO_3、HF、$HClO_4$。

主要的仪器及器皿有：原子吸收分光光度计、电热板、聚四氟乙烯坩埚。

（五）操作步骤

准确称取 1 g（准确到 0.1 mg）风干土样于聚四氟乙烯坩埚中，用几滴水润湿后，加入 20 mL HCl（ρ = 1.19 g/mL），于电热板上低温（85 °C）加热，蒸发至约剩 10 mL 时加入 32 mL HNO_3(ρ = 1.42 g/mL)，继续中温（150 °C）加热蒸发至近黏稠状，加入 10 mL HF（ρ = 1.15 g/mL）并继续加热（150 °C），为了达到良好的除硅效果，应经常摇动坩埚。最后加入 10 mL $HClO_4$（ρ = 1.67 g/mL），并以高温加热（220 °C）至白烟冒尽。对于含有机质较多的土样应在加入 $HClO_4$ 之后加盖消解，土壤分解物应呈白色或淡黄色（含铁较高的土壤），倾斜坩埚时呈不流动的黏稠状。用稀 HNO_3 溶液冲洗内壁及坩埚盖，温热溶解残渣，冷却后，定容至 25 mL 待测。

按照原子吸收光谱分析方法，分别配制 Cu、Zn、Fe、Mn 标准储备液（1 000 μg 或 100 μg/g），然后再由各储备液稀释成标准工作液（见表 2.16.2）。

表 2.16.2　　μg/mL

Cd	0	0.4	0.8	1.2	1.4	1.8	2.0
Cu	0	0.5	1.0	2.0	3.0	4.0	5.0
Pb	0	0.5	1.0	2.0	3.0	4.0	5.0
Zn	0	0.1	0.2	0.4	0.6	0.8	1.0

然后，在原子吸收分光光度计中分别测出溶液中 Cd、Cu、Pb、Zn 的含量。

（六）结果计算

土壤中目标元素含量（微克/克）= 待测溶液中元素的含量(μg/mL) × 25 mL/g

若待测溶液经过稀释后测试，则应乘以稀释倍数。

（七）注意事项

（1）温度控制特别重要，最好有温度显示的电热板。如无温度显示，一般电热板分低-中-高三阶段。初始加热温度过高，反应进程过急，是导致绝大多数初学者分析结果不合格的主要原因之一。

（2）赶酸（即加热使酸液蒸发掉）必须赶尽，使反应产物最终呈黏稠状，同时又要确保不能烧干。这是采用原子吸收分析方法测定土壤类样品中重金属含量最关键的步骤之一。注意，如赶酸未尽，后果有二：① 严重干扰目标元素的吸收而导致结果不可靠；② 对仪器的燃烧室或石墨管造成损伤，缩短仪器寿命。

如赶酸过渡而烧干，则无法重新全部溶出目标元素而导致分析结果不可靠。因此要做到以下两点：① 酸剂必须是经实测证明含杂质（尤其是与目标元素相关的重金属元素）达标的优级纯酸，否则也得不到合格的分析结果；② 消解过程中应不持续地振荡（抖动）反应液，确保样品反应充分进行。

思考题

1. 说明影响土壤中重金属元素含量测定的准确性的主要因素有哪些？
2. 简要说说采样的基本步骤和所要注意的问题。

第十七章　土壤中重金属元素存在形态含量测定

一、概　述

土壤中的重金属元素实际上是以不同的存在形式（简称形态）出现的，它们有的以简单阳离子的形式，有的以络离子的形式，有的以被吸附的形式，有的则以矿物晶体的形式存在，这些形态各自与土壤颗粒的结合的牢固程度不同，其化学活性也不同，进而它们的生物可利用性不同，对环境的危害性也不同。通过分析土壤中的重金属元素的形态分布，人们便可以对土壤中的重金属元素的潜在危害性进行评估，因此，长期以来，环境工作者十分关注土壤中重金属元素的形态问题。

关于土壤中重金属有效态的定义，由中国环境监测总站起草，国家环保总局颁布的标准 HJ/T 166 -2004，把土壤用几种化学溶液诸如二乙三胺五乙酸（DTPA）、水浸液、HCl 或其他电解质溶液的可萃取态统统看作为有效态。标准制订者的初衷是希望用某种化学提取方法把土壤中可以移动的那部分重金属污染物加以测定，用这样的数值与初级农产品中重金属含量建立关联性，从而可预测土壤中重金属经过土壤-农作物系统发生转移的定量关系。但是，国内外大量科学实验研究证实，由于生物多样性、土壤多样性，影响土壤-作物发生重金属转移因素的多样性，到目前为止，尚无法达到这一目标。而且，单用化学分析方法无法测定土壤中重金属有效态。因此，国际上并无土壤中重金属“有效态”一说。目前，内外研究者对“土壤中重金属有效态”也存在着较大争议和分歧，并倾向于分析土壤中重金属的存在形态，以反映其地球化学活动性的差异及潜在的生物可利用性。

因此，本实验除了介绍“有效态”的分析方法之一——稀盐酸法之外，同时介绍当前国内流行的七步法和国际上普遍采用的欧盟三步法。其中，国内流行的七步法是在 Tessier 五步法的基础上，加上水溶态并将原来的有机结合态细分为腐殖酸结合态和强有机结合态而成。Tessier 五步法是 Tessier 等学者（1979 年）在前人研究的基础上用不同溶蚀能力的化学试剂，对海洋沉积物进行连续溶蚀和分离操作，将其分成若干个“操作上”定义的地球化学相，建立了 Tessier 流程，后经多位学者十余年的实验改进而逐渐形成较为公认的改进型 Tessier 流程。在改进型 Tessier 流程的基础上，1999 年由我国国家地质测试中心组织全国十六个省市分析测试中心联合开发研制了七步法流程，并制作了相应的标准物质。

欧盟三步法即 BCR 法是 20 世纪 90 年代由专门机构组织十六个实验联合研制形成的成熟的元素形态分析方法，该方法不但提供了标准的操作流程，而且研制了相应的标准物质。BCR（European Community Bureau of Reference）为共同体参考物机构的简称，是现在欧盟标准测量和测试机构（Standards，Measurements and Testing Program，SM&T）的前身。欧盟三步法即 BCR 法实际上是在 Tessier 五步法的基础上考虑到土壤环境中影响重金属元素活动性的主要地球化学因素而建立的，首先由 Ure 等（1993）提出了一套分析流程，后经 Quevauviller 等（1998）修改，成为 BCR 标准流程，并产生了相应的标准物质（CRM 601）。又经 Rauret（1999）等对该流程做了进一步的改进，形成了改进的 BCR 流程，成为欧洲新标准，并产生了相应的标准物质（CRM 701）。

本实验介绍的是改进型 Tessier 流程和最终定型的 BCR 标准方法。需要注意的是，为了检查分析结果的准确性，分析流程最后均分析了残渣态，因此欧盟 BCR 三步法事实上变成了四种形态的分析方法。

二、实　验

（一）实验目的

（1）深刻理解土壤中重金属元素的存在形态的内涵及其环境化学意义。
（2）掌握土壤中重金属元素的存在形态的测定原理和方法。

（二）基本原理

土壤中的重金属元素以不同的形态存在，它们各自与土壤颗粒的结合的牢固程度不同，通过不同的作用剂便可以分别将它们提取出来，从而揭示土壤中重金属元素的形态分布，进而对土壤中的重金属元素的潜在危害性进行评估。

（三）试剂及仪器

1. 试剂配制

（1）有效态分析法。

① 0.1 mol HCl 提取液，吸取 8.3 mL 的分析纯浓盐酸稀释至 1.0 L，用标准碱液标定，以酚酞作为指示剂，用稀盐酸或去离子水调整为 0.1 mol/L 盐酸。

② 按照原子吸收光谱分析方法分别配制目标元素的标准储备液（1 000 μg/g 或 100 μg/g），然后再由各储备液稀释成标准工作液。单位：μg/mL。

（2）七步法。

氯化镁 $MgCl_2 \cdot 6H_2O$（1.0 mol/L）：pH = 7.0 ± 0.2（用稀 HCl 和稀 NaOH 调），称取 508 g $MgCl_2 \cdot 6H_2O$ 用蒸馏水定容于 2 500 mL 塑料桶中，用 10% 的 NaOH（约 20 滴）调 pH = 7.0 ± 0.2。

醋酸钠（$CH_3COONa \cdot 3H_2O$）= 1.0 mol/L：pH = 5.0 ± 0.2（用 CH_3COOH 和稀 NaOH 调），称取 340 g $CH_3COONa \cdot 3H_2O$ 用蒸馏水定容于 2 500 mL 塑料桶中，用 99% 的 CH_3COOH（约 60 mL）调 pH = 5.0 ± 0.2。

焦磷酸钠 $Na_4P_2O_7 \cdot 10H_2O$（0.1 mol/L）：pH = 10.0 ± 0.2（用稀 HNO_3 和稀 NaOH 调 pH），称取 111.5 g $Na_4P_2O_7 \cdot 10\ H_2O$ 用蒸馏水定容于 2 500 mL 塑料桶中，用 1 + 1 的 HNO_3（约 0.4 mL）调 pH = 10.0 ± 0.2。

盐酸羟胺-盐酸混合液 $HONH_3C1$（0.25 mol/L）+ HCl（0.25 mol/L）：称取 43.4 g $HONH_3C1$，取（1 + 1）HCl 104 mL 用蒸馏水定容于 2 500 mL 塑料桶中。

过氧化氢 H_2O_2（30%）：pH = 2.0 ± 0.2，用稀 HNO_3 和稀 NaOH 调，（1 + 1）HNO_3 约 5 mL/500 mL。

醋酸胺-硝酸混合液 CH_3COONH_4（3.2 mol/L）+ HNO_3（3.2 mol/L）：称取 616.6 g CH_3COONH_4，取 500 mL HNO_3 用蒸馏水定容于 2 500 mL 塑料桶中。

（3）欧盟三步法。

醋酸溶液（0.11 mol/L）：在通风橱中向 1 L 有刻度的聚丙烯瓶或者聚乙烯瓶中加入大约 0.5 L 的蒸馏水，然后加入（25 + 0.2）mL 冰醋酸，用蒸馏水稀释到 1 L 刻度。取配好的溶液 250 mL（醋酸，0.43 mol/L），用蒸馏水稀释到 1 L，得到 0.11 mol/L 的醋酸溶液。

盐酸羟胺溶液（$NH_2OH \cdot HCl$，0.5 mol/L）：将 34.75 g 的盐酸羟胺溶解在 400 mL 的蒸馏水中，转移溶液到 1 L 的容量瓶中，用移液管加入 25 mL 2 mol/L 的 HNO_3（用一定浓度的溶液配制得到），然后用蒸馏水稀释到 1 L。在提取的当天配制这种溶液。

过氧化氢溶液（H_2O_2，300 $mg \cdot g^{-1}$，即 8.8 mol/L）：使用由生产商提供的过氧化氢，酸度在 pH = 2 ~ 3 条件下稳定。

醋酸铵溶液（NH_4Ac 1.0 mol/L）：将 77.08 g 醋酸铵溶解于 800 mL 蒸馏水中，用一定浓度的 HNO_3 调整 pH 到 2.0 + 0.1，然后用蒸馏水稀释到 1 L。

其他试剂：盐酸（HCl，1.18 g/mL）；硝酸（HNO_3，1.41 g/mL）；高氯酸（$HClO_4$，1.66 g/mL）；氢氟酸（HF，1.15 g/mL）；稀王水（HCl：HNO_3：H_2O = 3：1：2）。

2. 仪　器

（1）有效态分析法。

250 mL 带盖聚乙烯离心杯、水浴恒温振荡器、离心机的离心力大于 4 500 g。

（2）七步法。

调速多用振荡器、离心机最大离心力 5 000 g（220 V，50 Hz）、电热恒温水浴锅、等离子发射光谱仪高盐雾化器、250 mL 带盖聚乙烯烧杯、50 mL 带盖聚乙烯离心管。

（3）欧盟三步法。

250 mL 带盖聚乙烯离心杯、水浴恒温振荡器、离心机的离心力大于 4 500 g、可调式电热恒温水浴锅。可选实验室检测仪器：电感耦合等离子体发射光谱仪（ICP-AES）、电感耦合等离子体质谱仪（ICP-MS）、原子荧光光度计（配特制砷、锑、硒和汞高强度空心阴极灯）、火焰原子吸收光谱仪、石墨炉原子吸收光谱仪、测汞仪。

（四）操作步骤

1. 有效态分析法

① 野外取样：按“s”型取样法取回耕层 0 ~ 20 cm 代表样一个，于通风处自然晾干后，过 2 mm 尼龙筛备用。

② 室内测定：称取样品 5 g，放入 100 mL 聚乙烯瓶中，加入 25 mL 0.1 mol/L 盐酸提取液，在往复振荡器上提取 1 h，振荡器的速度为每分钟至少 180 次，然后将振荡溶液过滤，分别用于测定 Cu、Zn、Fe、Mn 四种元素，若该上清滤液中的某种微量元素浓度超出标准曲

线时，则可加以稀释。最后将待测液在原子吸收光谱仪上的吸收值与标准工作曲线的吸收值相比较，查出其溶液中的元素含量。

2. 七步法

（1）水溶态。

称取标准样品 2.500 g 于 250 mL 聚乙烯塑料烧杯中，准确加入 25 mL 蒸馏水（煮沸、冷却，用稀 HCl 和稀 NaOH 调 pH = 7）摇匀，盖上盖子。于温度（25 ± 2）°C 下振速为 200 次/min 的振荡器上振荡 2 h。取下，除去盖子，在离心力 4 000 g 离心 20 min。将清液用 0.45 μm 滤膜抽滤后放入 25 mL 比色管中，待测。向残渣中加入约 100 mL 蒸馏水洗沉淀后（搅棒搅匀、下同）于离心力 4 000 g 离心 10 min，弃去水相，留下残渣。

（2）离子交换态。

向上一步的残渣中加 25 mL 氯化镁溶液，摇匀，盖上盖子。于（25 ± 2）°C 下振速为 200 次/min 的振荡器上振荡 2 h。取下，除去盖子，在离心力 4 000 g 离心 20 min。将清液用 2 μm 滤膜滤入 25 mL 比色管中，分取 5 mL 清液，依方法要求酸化、稀释定容，摇匀后进行多元素测定；分取 10 mL 清液于 25 mL 比色管中，加 5 mL 浓 HCl，用水稀释至刻度，摇匀，用于 AFS 测定 As、Sb、Hg、Se。向残渣中加入约 100 mL 蒸馏水洗沉淀后，于离心力 4 000 g 离心 10 min，弃去水相，留下残渣。

（3）碳酸盐结合态。

向上一步的残渣中加入 25 mL 醋酸钠溶液，摇匀，盖上盖子。于（25 ± 2）°C 下振速为 200 次/min 的振荡器上振荡 5 h。取下，除去盖子，在离心力 4 000 g 离心 20 min。将清液用 2 μm 滤膜滤入 25 mL 比色管中，分取 5 mL 清液，依方法要求酸化、稀释定容，摇匀后进行多元素测定；分取 10 mL 清液于 25 mL 比色管中，加 5 mL 浓 HCl，水稀释至刻度，摇匀，用于 AFS 测定 As、Sb、Hg、Se。向残渣中加入约 100 mL 蒸馏水洗沉淀后，于离心力 4 000 g 离心 10 min，弃去水相，留下残渣。

（4）腐殖酸结合态。

向上一步的残渣中加入 50 mL 焦磷酸钠溶液，摇匀，盖上盖子。于（25 ± 2）°C 下振速为 200 次/min 的振荡器上振荡 3 h。取下，除去盖子，在离心力 4 000 g 离心 20 min。将清液用 2 μm 滤膜滤入 50 mL 比色管中。向残渣中加入约 100 mL 蒸馏水洗沉淀后，于离心力 4 000 g 离心 10 min，弃去水相，留下残渣。

分取 10 mL 清液于 50 mL 烧杯中，加 10 mL 浓 HNO_3、1.5 mL 浓 $HClO_4$，盖上表面皿，于电热板上加热至 $HClO_4$ 白烟冒尽。取下，加入 1 mL 1 + 1（V + V）HCl 或 HNO_3（依测定方法），水洗表面皿，加热溶解盐类，取下，冷却，定容，摇匀。留测多元素项目。

分取 25 mL 清液于预先盛有 10 mL 优级纯浓 HNO_3 的 50 mL 烧杯中，加 2 mL 浓 $HClO_4$，盖上表面皿，于电热板上加热蒸至冒 $HClO_4$ 烟，如溶液呈棕色，再补加 5 mL 浓 HNO_3，加热至冒 $HClO_4$ 白烟，至溶液呈无色或浅黄色，取下，趁热加入 5 mL 浓 HCl，水洗表面皿，低温加热溶解盐类，取下，冷却，定容于 25 mL 比色管，摇匀，留测 AFS 项目。

（5）铁锰氧化态。

向上一步的残渣中加入 50 mL 盐酸羟胺溶液，摇匀，盖上盖子，于（25 ± 2）°C 下振速为 200 次/min 的振荡器上振荡 6 h。取下，除去盖子，在离心力 4 000 g 离心 20 min。将清液用 2 μm 滤膜滤入 50 mL 比色管中，取 10 mL 清液于比色管中，测多元素项目；分取 20 mL 于 25 mL 比色管中，加 5 mL 浓 HCl 摇匀，测 AFS 项目。用水将沉淀转移到 25 mL 比色管中，于离心力 4 000 g 离心 10 min，弃去水相，重复一次，留下残渣。

（6）强有机结合态。

向上一步的残渣中加入 3 mL 0.02 mol/L HNO_3、5 mL H_2O_2，摇匀。于（83 ± 3）°C 的恒温水浴锅中保温 1.5 h（期间每隔 10 min 搅动一次）。取下，补加 3 mL H_2O_2，继续在水浴锅中保温 1 h 10 min（期间每隔 10 min 搅动一次）。取出冷却至室温后，加入醋酸铵—硝酸溶液 2.5 mL，并将样品稀释至约 25 mL，搅匀，于室温静置 10 h 后，在离心力 4 000 g 离心 20 min。将清液倒入 50 mL 比色管中，水定容至 50 mL，摇匀。向残渣中加入约 40 mL 蒸馏水洗沉淀后，于离心力 4 000 g 离心 10 min，弃去水相，重复一次，留下残渣。

分取 25 mL 清液于 50 mL 烧杯中，加 10 mL 浓 HNO_3、1 mL 浓 $HClO_4$，盖上表面皿，于电热板上低温加热至近干，高温冒浓白烟近尽。取下，趁热加 5 mL 1 + 1 HCI 或 HNO_3，水洗表面皿，低温加热至盐类溶解，取下冷却，水定容至 25 mL，摇匀。然后，分取 5 mL 溶液于 10 mL 比色管中，留测多元素项目。于剩下的溶液中加入 5 mL 浓 HCl，留测 Se。分取 20 mL 清液于 25 mL 比色管中，加入 5 mL 浓 HCl，水定容，摇匀，留测 AFS（As、Hg、Sb）项目。

（7）残渣态。

将上一步残渣风干、磨细、称重，算出校正系数 d。称取 0.200 0 g 样品于聚四氟乙烯坩埚中，水润湿，加盐酸、硝酸、高氯酸混合酸（v + v + v = 1 + 1 + 1）5 mL，浓氢氟酸 5 mL，于电热板上加热蒸至高氯酸白烟冒尽。取下，趁热加 3 mL 浓 HCl 或浓 HNO_3，冲洗坩埚壁，电热板上加热至盐类溶解，取下冷却，用水定容于 25 mL，摇匀。留测多元素项目。

称取风干残渣 0.200 0 g 于 25 mL 比色管中，加 10 mL 50% 王水，水浴 2.5 h，冷却后用蒸馏水，定容至刻度，摇匀。用于 AFS 法测 As、Sb、Hg。

称取风干残渣 0.200 0 g 于 50 mL 烧杯中，水润湿，加 15 mL 浓 HNO_3、3 mL 浓 $HClO_4$，于电热板上加热至冒 $HClO_4$ 白烟 2 min 左右，取下，加 5 mL 浓 HCl，于电热板上低温加热至微沸，取下冷却，定容于 25 mL 比色管，摇匀。AFS 法测定 Se。

3. 欧盟三步法

（1）第一步（弱酸提取态）。

向盛有 1 g 沉积物的 150 ~ 250 mL 离心管中加入 40 mL 醋酸溶液（HAc，0.11 mol/L）（要边加提取剂边振荡），塞上瓶塞，在（22 ± 5）°C 下振荡提取 16 h（过夜）。在离心机 3 000 g 情况下离心 20 min，从固体滤渣中分离提取物，将上层液体倾析到聚乙烯容器中。塞上容器，立刻分析提取物，或者在分析前存储在 4 °C 的冰箱中。加入 20 mL 的蒸馏水洗涤剩余物，用振荡器振荡 15 min，在 3 000 g 下离心 20 min。倒掉上层清夜，注意不要将任何固体剩余物倒掉出。

（2）第二步（可还原态）。

向第一步得到的离心管中的剩余物中加入 40 mL 新配好的盐酸羟胺溶液（$NH_2OH \cdot HCl$，0.5 mol/L）（要边加提取剂边振荡）。用手振荡使再次悬浮，塞上塞子，在（22 ± 5）°C 下自动振荡提取 16 h（过夜）。与第一步一样通过离心和倾析从固体剩余物中分离出提取物。像前面一样，将得到的提取物倒入带塞的聚乙烯容器中用于分析。向剩余物中加入 20 mL 蒸馏水进行清洗，用振荡器振荡 15 min 然后在 3 000 g 下离心 20 min。倒掉上层清夜，注意不要将固体剩余物倒出。

（3）第三步（可氧化态）。

接上一步，向离心管中的剩余物中缓慢加入 10 mL 过氧化氢溶液（H_2O_2，300 mg · g^{-1}，即 8.8 mol/L），注意一定要小心部分地加入，以避免由于剧烈反应损失样品。用盖子盖住，在室温下消化 1 h，在消化过程中要不断用手摇晃。继续在（85 ± 2）°C 下消化 1 h，前 1/2 h 要不断用手摇晃，然后拔掉瓶塞，在蒸气浴或其他的里面继续加热直至体积减少到少于 3 mL。在加入 10 mL 过氧化氢溶液后，在（85 ± 2）°C 下再次加热消化 1 h。前 1/2 h 要不断用手摇晃，然后拔掉瓶塞，在蒸气浴或其他的里面继续加热直至体积减少到大约 1 mL。注意不要蒸干。向冷湿的剩余物中加入 50 mL 醋酸铵溶液（NH_4Ac，1.0 mol/L），在（22 ± 5）°C 振荡 16 h（过夜），要边加提取剂边振荡，如步骤 1，通过离心和倾析从固态剩余物中分离提取物，塞上塞子，在分析前保存好。

在第三步过氧化氢溶液的每一次加入后或者任何的热处理时，在前 15 min 要小心，以避免测定物质的损失。

（4）残渣态。

接上一步，向离心杯中的沉淀中加入 20 mL 超纯水，将沉淀振荡呈悬浮状，用振荡器振荡 15 min，然后在 3 000 g 下离心 20 min。倒掉上层清夜，注意不要将固体剩余物倒出。然后在水浴锅中蒸干，将残渣彻底转移到器皿中。残渣态样品经玛瑙研钵研磨后保存在干燥器中备用。

称取 3 次残渣态样品（每次 0.2 g 样品），参照元素总量样品的分解方法，用不同的酸或混酸溶解残渣态，用不同分析方法和仪器分别测定待测元素。

（五）结果计算

（1）有效态。

土壤中元素的有效态（微克/克）= 待测液体中含量(μg/mL) × 25/5

如提取液经过稀释，应乘以稀释倍数。

（2）七步法和欧盟三步法。

土壤中某一形态元素的含量（微克/克）= 待测液体中含量(μg/mL) × 定容容量(mL)/最初称取样品量（g）

（六）注意事项

要取得准确可靠的分析数据，需要注意以下几方面：

① 所有的实验器皿（包括离心管）应使用硼硅酸盐玻璃、聚丙烯或者聚四氟乙烯器皿。与样品或试剂有关的容器应使用 4 mol/L 的 HNO_3 过夜浸泡，使用前用蒸馏水反复冲洗。

② 在形态分析过程中，所有试剂应为分析纯或分析纯以上级别。全过程都使用超纯水

（Milli-Q 水），也可用二次去离子水和滤过水来代替。不能使用简单的一次去离子水（蒸馏水），因为它可能含有有机金属离子化合物。

③ 使用往复式自动振荡器振荡，要求室温 22.5 °C，振荡速度为（180 ± 20）rpm（次/分），振荡振幅为 20 mm，在振荡过程中，样品要处于悬浮状态。需详细记录实验条件。

④ 使用离心机，在离心力为 3 000 g 的条件下离心 20 min，水溶态要求在离心力为 4 500 g 的条件下离心 30 min。

⑤ 由于各相态浸提液的基体不同，各形态测定的标准工作溶液应加入与各相态测定的浸提液相同浓度量的浸提剂，使标准工作溶液的成分与分析液相匹配。

（七）土壤中总砷与有效态砷的测定

1. 土壤砷污染的来源

土壤环境中的砷来源可分为天然源和人为源。

① 天然源：砷是多价态元素，自然界中砷矿物有 200 多种。砷还是亲硫元素，因此，矿物中的砷主要以硫化物的形式存在，砷的硫化物有 60 ~ 70 种。它多以无机砷形态分布在许多矿物和地质岩石中，主要含砷矿物有雄黄矿（As_4S_4）、雌黄矿（As_2S_3）、臭葱石（$FeAsO_4 \cdot 2H_2O$）等，同时也伴有氧化物、砷酸盐以及金属砷化物等。这些含砷岩石矿物的风化、土壤侵蚀、森林火灾、微生物活动以及火山爆发是土壤砷的主要天然来源。据估计，全球每年从岩石风化和海洋喷溅释放的砷量为 $1.4 \times 10^5 \sim 5.6 \times 10^5$ kg。每年通过大气沉降进入土壤的砷约为 $8.4 \times 10^6 \sim 1.8 \times 10^7$ kg。

② 人为源：据估计，全球每年通过人类活动和大气沉降进入土壤中砷的量约为 $6.4 \times 10^7 \sim 13.2 \times 10^7$ kg，其中 41% 来源于消费商品，23% 来源于煤灰，14% 来源于大气沉降，10% 来源于尾砂，7% 来源于冶炼，3% 来源于农业，剩余的 2% 来源于工业和其他更小的污染源。砷污染人为源主要为农业和工业生产，农业中砷污染来源主要来自以砷化物为主要成分的农药和化肥，如无机砷（如砷酸铅、乙酰亚砷酸铜、亚砷酸钠和砷酸钙等）和有机砷酸盐（如稻脚青、稻宁和巴黎绿等）；还有大量甲胂酸和二甲次胂酸用作除草剂，铬砷合剂、砷酸钠、砷酸锌用作木材防腐剂，防止霉菌和昆虫的破坏；某些苯砷酸化合物（如对氨基胂酸）作为饲料添加剂用于家禽等。工业生产、有色金属矿（砷矿及砷伴生矿）的开采及冶炼是砷的主要污染源。砷可用于冶金和半导体工业，如砷化镓与砷化铜。因此，化工、冶炼、电子工业和矿山含砷废水、废渣的排放，以及矿物燃料（如煤）的燃烧等也是造成砷污染的重要来源。总之，人为造成的砷污染是主要污染源。

2. 土壤中砷形态

将土壤砷形态分为易溶态砷、铝型砷、铁型砷、钙型砷、残渣态等五种形态。土壤砷的形态分级测定的方法参照 Tessier 等（1988）、Onken 等（1997）的经典方法，其具体操作步骤如下：

易溶性砷（AE-As）的测定：准确称取 1.000 0 g 风干土样，装于 100 mL 离心管中，加入 50 mL 浓度为 1 mol/L NH_4Cl 摇匀，在 20 ~ 25 °C 温度下振荡 0.5 h，以 4 000 转离心 3 min，过滤，待测。

铝型砷（Al-As）的测定：准确称取 1.000 0 g 风干土样，装于 100 mL 离心管中，加入 50 mL 浓度 0.5 mol/L 的 NH_4F 摇匀，在 20 ~ 25 °C 温度下振荡 1 h，以 4 000 转离心 3 min，过滤，待测。

铁型砷（Fe-As）的测定：准确称取 1.000 0 g 风干土样，装于 100 mL 离心管中，加入 50 mL 浓度为 0.1 mol/L 的 NaOH 摇匀，在 20 ~ 25 °C 温度下振荡 2 h，静置 16 h，再振荡 2 h，以 4 000 转离心 5 ~ 15 min，过滤，待测。

钙型砷（Ca-As）的测定：准确称取 1.000 0 g 风干土样，装于 100 mL 离心管中，加入浓度为 0.25 mol/L 的 H_2SO_4 50 mL 摇匀，在 20 ~ 25 °C 温度下振荡 1 h，以 4 000 转离心 2 min，过滤，待测。

残渣态（O-As）的测定：差减法计算（土壤全砷减以上各形态砷含量）。

3. 测定意义

受含砷有色金属矿床开采的影响，或受金属冶炼、焦化、硫酸、氮肥厂废水、废气和废渣的影响，都会使土壤受到砷污染。使用含砷杀虫剂，也会使土壤-作物系统受污染。土壤受砷污染后，首先影响农作物生长发育，影响农产品产量。同时，砷也能进入作物可食部分。砷的毒性很强，并且进入人体容易吸收砷而排泄缓慢。因此，长期食用受砷污染的粮食，可能引起慢性、积蓄性中毒。对土壤环境中的总砷与有效态砷深入开展调查与分析具有重要意义。

4. 原　理

样品用水溶解后，在盐酸介质中，用硫脲和抗坏血酸将 As（Ⅴ）还原为 As（Ⅲ）而断续流动泵按照设定好的断续流动程序，吸入样品，硼氢化钾溶液和载流，使 As（Ⅲ）与硼氢化钾反应，生成气态的砷化氢，由氩气载入石英原子化器中分解为原子态砷，基态砷原子在特制砷空心阴极灯照射下产生原子荧光，其荧光强度与被测溶液中砷的质量浓度成正比。

5. 实验步骤

（1）样品制备。

准确称取高纯硼酸样品 1.000 0 ~ 2.000 0 于 50 mL 用水溶解后，转入 50 mL 容量瓶中，x(HCl) = 50% 的溶液 5 mL = 0，y(硫脲 + 抗坏血酸) = 50 g/L 的预还原剂溶液 10 mL，再用水稀释至刻度，静置 20 min，依据仪器测定砷的荧光强度，同时做试剂空白试验。

（2）实验方法。

取砷标准工作液 2 mL 于 50 mL 容量瓶中，如不注明，则按以下条件加入：x(HCl) = 50% 的溶液 5 mL = 0，y(硫脲 + 抗坏血酸) = 50 g/L 的预还原剂溶液 10 mL，用水稀释至刻度，此标准砷的质量浓度为 4 μg/L，放置 20 min 后，依仪器工作条件测定砷的荧光强度。

（3）测定。

将仪器预热 30 min 后，按照表 2.17.1 和表 2.17.2 条件设定仪器工作参数。将待测溶液依次装入样品盘中的样品管，并分别将导管插入装有载流溶液、硼氢化钾溶液的容器中，再将蠕动泵的压块压好各管子，加上载气和屏蔽气，石英炉点火，测定空白和标准系列，作工作曲线，按标准同样方法对样品进行测定，通过工作曲线读出所测的 x(As)。

表 2.17.1　AFS-230E 双道原子荧光光度计工作条件

灯电流/mA	光电倍增管负高压/V	原子化器高度/mm	原子化器温度/°C	载气流量/mL·min^{-1}
60	295	8	200	400
屏蔽气流量/mL·min^{-1}	读数时间/s	延迟时间/s	测量方式	读数方式
1 000	11	1.0	标准曲线法	峰面积

表 2.17.2　断续流动程序

步骤	时间/s	A 转速（r·min^{-1}）	B 转速（r·min^{-1}）	读数
1	14	110	110	No
2	16	120	120	Yes

（4）干扰试验。

考察了高纯硼酸中和砷共存的杂质元素 Pb、Ca、Mg、Fe、Na、Al 对测定砷的影响，实验结果表明，在测定相对误差不大于 5% 时，1 000 倍含量的 Pb、Ca、Mg、Fe、Na、Al 对砷的测定不产生干扰，而实际上，高纯硼酸中这些杂质元素含量远远低于这个数值，所以不会对砷的测定产生干扰。

思考题

1. 说明七步法和欧盟三步法各自对元素形态分类的依据，其相互对应关系如何？
2. 影响元素存在形态的主要因素有哪些？

第十八章 土壤中有机氯农药的含量测定

一、概 述

现代农业生产大量使用农药来控制田间杂草和害虫，进入环境中的农药有些被降解产生无毒或毒性更强的代谢产物，有些在环境中大量残留，有机氯农药在我国虽然已经被禁用多年，但由于这类农药脂溶性高，化学性质稳定难于降解，因而在土壤、水以及空气中仍被检出。随着环境样品复杂性的增加，越来越多的研究要求分析方法简便且具有较低的检测限，选择合适的样品前处理和净化程序是分析复杂样品的先决条件，发展快速简单的提取和净化方法来同时分析环境中的多种污染物非常重要。对于土壤中农药的提取和净化方法已有大量报道，作为传统提取方法的索氏提取无疑具有较好的提取效率，但具有耗时（通常为 10～24 h）、需要大量的提取溶剂（50～400 mL）和不利于批量处理大量样品等不足。长时间的索氏提取过程也会造成某些有机污染物的分解，从而影响了测定结果的准确性。为了解决传统提取方法的不足，相应地发展了一系列具有较高提取效率且自动化程度较高的提取技术。超临界流体提取具有较高的提取效率，但是仪器复杂且花费较高；微波提取能在 30 min 内完成对样品的提取，但要严格控制提取时的压力和温度；加速溶剂提取技术测定结果准确，但一次性设备投资较大，因而在日常分析中这些提取技术并不普遍应用。超声波技术可以有效地提取环境中有机污染物，同索氏提取相比，超声波提取时间短，提取效率较高且设备花费较低，因而此技术大量应用于环境样品提取。超声波提取土壤中的多种有机氯农药时，超声波产生巨大压力对土壤直接反复冲击，能破坏土壤与有机氯农药的表面吸附，其产生的微波与辐射力也起到了一种搅拌作用，使得土壤不断与新鲜溶剂充分接触，从而加速有机氯农药在有机相中的溶解。

二、实 验

（一）实验目的

① 了解土壤中有机物的提取富集方法。
② 进一步学习和掌握气相色谱法的原理和方法。

（二）基本原理

有机氯农药六六六和 DDT 具有物理化学性质稳定、不易分解、水溶性低、脂溶性高及在有机溶剂中分配系数较大的特点。实验中采用有机溶剂提取，浓硫酸纯化消除或减少对分析的干扰，然后用电子捕获检测器进行气相色谱测定。

（三）试剂及仪器

① 仪器。带有电子捕获监测器的气相色谱仪、脂肪提取器、500 mL 分液漏斗容量瓶、康氏振荡器、250 mL 具塞锥形瓶、布氏漏斗、吸滤瓶、石油醚：沸程 60 ~ 90 °C，色谱进样无干扰峰。如不纯，用全玻璃蒸馏器重蒸或通过中性三氧化二铝柱层析纯化。

② 试剂。丙酮：分析纯，空白分析无干扰峰，否则需要用全玻璃蒸馏器重蒸；无水硫酸钠：300 °C 烘 4 h，放入干燥器中备用；2% 硫酸钠水溶液、硅藻土：（Celife）粒度为 0.65 ~ 0.20 mm（30 ~ 80 目）；苯：用全玻璃蒸馏器重蒸；六六六、DDT 标准储备液：将六六六异构体、DDT 及其代谢产物用石油醚配制成 200 mg/L 的储备液（β-六六六先用少量重蒸苯溶解），再分别稀释 10 ~ 1 000 倍，配成适当浓度的中间溶液和标准溶液。

（四）注意事项

① 检查 GC 进样口是否引起 DDT 的降解，只有 DDT 分解为 DDD 和 DDE 的程度小于 20% 的仪器才可以进行样品的测定。

② 土壤样品有机氯农药检测结果表中未给出浓度范围的不代表不含该种化合物。

（五）操作步骤

1. 提　取

根据实际条件，①、②两种提取方法任选一种。

① 称取粒度为 0.30 mm（60 目）的土壤或风干土壤 20.00 g（同时另称量 20.00 g 以测定水分含量）置于小烧杯中，加 2 mL 水，用滤纸包好，移入脂肪提取器中，加入 80 mL（1 + 1）石油醚-丙酮混合溶液浸泡 12 h 后，提取 4 h，待冷却后将提取液移入 500 mL 分液漏斗中，用 20 mL 石油醚分 3 次冲洗抽提器烧瓶，将洗涤液并入分液漏斗中。向分液漏斗中加入 300 mL 2% 硫酸钠水溶液，振摇 2 min，静置分层后，弃去下层丙酮水溶液，上层石油醚提取液供纯化用。

② 称取 20.00 g 粒度为 0.30 mm（60 目）的土壤或风干土壤（同时另称量 20.00 g 以测定水分含量）置于 250 mL 磨口锥形瓶中，加 2 mL 水，加入 2 g 硅藻土，再加入 80 mL（1 + 1）石油醚-丙酮混合溶液浸泡 12 h 后，在康氏振荡器上振荡 2 h，然后用布氏漏斗抽滤，滤渣用 20 mL 石油醚分 4 次洗涤。全部滤液和洗涤液移入 500 mL 分液漏斗中，向分液漏斗中加入 300 mL 2% 硫酸钠水溶液，上层石油醚提取液供纯化用。

2. 纯　化

在盛有石油醚提取液的分液漏斗中，加 6 mL 浓硫酸，开始轻轻振摇，并不断将分液漏斗中因受热挥发的气体放出，以防发热引起爆裂，然后剧烈振摇 1 min。静止分层后弃去下部硫酸层，用浓硫酸纯化 1 ~ 3 次（依提取中杂质多少而定）。然后加入 100 mL 2% 硫酸钠水溶液，振摇洗去石油醚中残余的硫酸，静置分层后，弃去下部水相。上层石油醚提取液通过铺有 3 ~ 5 mm 厚度无水硫酸钠层的漏斗，漏斗下部用脱脂棉或玻璃棉支脱无水硫酸钠。脱水后的石油醚收集于 100 mL 容量瓶中，无水硫酸钠层用少量石油醚洗涤 2 ~ 3 次，洗涤液收集于上述 100 mL 容量瓶中，加石油醚稀释至标线，供色谱测定。

3. 色谱测定

（1）色谱条件。

色谱柱 2 m 长玻璃柱，内径 2 ~ 3 mm。

载体：Chromosorb – W（AWDMCS），粒度为 0.20 ~ 0.50 mm（80 ~ 100 目）。

固定液：1.5%OV-17 + 2%QF-1。

载气流速：60 ~ 70 mL/min，高纯氮。

温度：监测器 240 °C。

汽化室 240 °C。

层析室 180 ~ 195 °C。

纸速：5 mm/min。

进样量：5 μL。

（2）定量。

将各种浓度标准溶液注入色谱仪，确定电子捕获监测器线性范围，之后注入样品溶液。根据样品溶液的色谱峰高，选择与该浓度接近的标准溶液注入色谱仪。

（六）结果计算

① $C_{样}(\text{mg/kg}) = h_{样} C_{标} Q_{标} / h_{标} Q_{样} K$

式中 $C_{样}$——样品浓度（mg/kg）；

$h_{样}$——扣除全试剂操作空白峰高后样品的峰高；

$Q_{样}$——样品的进样量（μL），5 μL；

$C_{标}$——标准溶液浓度（mg/L）；

$Q_{标}$——标准溶液进样量（μL），5μL；

$h_{标}$——标准溶液色谱图峰高；

K——样品提取液体积相当于样品的质量（kg/L），本法为 1/5。

② 新装填的色谱柱在通氮气条件下，加温连续老化至少 48 h。老化时可注射六六六异构体和 DDT 及其代谢产物的标准液，待色谱柱对农药的分离及定性响应恒定后方能进行定量分析。

③ 在上述色谱条件下α-六六六与六氯苯保留时间相同，采用本方法六氯苯干扰α-六六六的分析。

思考题

1. 简述实验中的“净化”和“浓缩”（包括氮气吹扫浓缩）步骤的目的分别是什么？

2. 现在有一批环境土壤样品要寄送到某测试单位，要求分析其中的有机氯农药的含量，但你不能肯定对方的分析结果是否可靠。请你想个最简单的办法，可以判断其分析结果的可靠性。

第十九章　水域第一生产力的测定与分析

一、概　述

水域生态系统中的水生高等植物、藻类和滋养细菌等生物可以将光能通过叶绿素 a、b 以及其他色素的吸收，然后传递给色素中心，叶绿素 a 转化为化学能，在植物中要经过光系统 Ⅰ 和光系统 Ⅱ 的作用，经过循环和开放式磷酸化作用，将光能转换为 ATP 和 $NADPH_2$，然后再经暗反应将 ATP 和 $NADPH_2$ 形成固定的化学能。在水域系统中，水域中的浮游植物与水生高等植物共同组成湖泊中的初级生产者。

水域第一生产力（初级生产力）是指单位面积（或体积）水体在单位时间内生产有机物的能力。通常指水中初级生产者藻类、光合细菌和高等水生植物的光合作用率。

目前一般使用黑白瓶法测定每平方米水柱中初级生产者生产有机物的日生产力（即水柱日生产量，单位 $[g(O_2)/m^2 \cdot d]$）。"黑白瓶"是指可以进行曝光的（白瓶）和不可曝光的（黑瓶）的溶解氧装置。

二、实　验

（一）实验目的

① 掌握水域第一生产力的概念。

② 掌握黑白瓶法的基本原理。

（二）基本原理

水体初级生产力是评价水体富营养化水平的重要指标。水体初级生产力测定——"黑白瓶"测氧法是根据水中藻类和其他具有光合作用的水生生物，利用光能合成有机物，同时释放氧的生物化学原理，测定初级生产力的方法。该方法所反映的指标是每平方米垂直水柱的日生产力 $[g(O_2)/m^2 \cdot d]$。

（三）试剂及仪器

① 玻璃瓶：300 mL 具塞磨口、完全透明的细口玻璃瓶或 BOD 瓶。玻璃瓶用酸洗液浸泡 6 h 后，用蒸馏水清洗干净。黑瓶可用黑布或用黑漆涂在瓶外进行遮光，使之完全不透明。

② 采水器：可采用有机玻璃采水器。

③ 照度计或透明度盘、水温计。

④ 吊绳和支架：固定和悬挂黑、白瓶用，形式以不遮掩浮瓶为宜。

⑤ 测定溶解氧的全套器具和试剂（按国家标准“溶解氧测定 GB7489—87”执行）。

（四）操作步骤

1. 采水与挂瓶

① 采水与挂瓶深度确定：采集水样之前先用照度计或透明度盘测定水体透光深度，采水与挂瓶深度确定在表面照度 100% ~ 1% 之间，可按照表面照度的 100%、50%、25%、10%、1% 选择采水与挂瓶的深度和分层。浅水湖泊（水深≤3 m）可按 0.0 m、0.5 m、1 m、2 m、3 m 的深度分层。

② 采水：根据确定的采水分层和深度，采集不同深度的水样。每天采水至少同时用虹吸管（或采水器下部出水管）注满三个试验瓶，即一个白瓶、一个黑瓶、一个初始瓶。每个试验瓶注满后先溢出三倍体积的水，以保证所有试验瓶中的溶解氧与采样器中的溶解氧完全一致。灌瓶完毕，将瓶盖盖好，立即对其中一个试验瓶（初始瓶）进行氧的固定，测定其溶解氧，该瓶溶解氧为“初始溶解氧”。

③ 挂瓶与曝光：将灌满水的白瓶和黑瓶悬挂在原采水处，曝光培养 24 h。挂瓶深度和分层应与采水深度和分层完全相同。各水层所挂的黑、白瓶以及测定初始溶解氧的玻璃瓶应统一编号，做好记录。

2. 溶解氧的固定与分析

曝光结束后，取出黑、白瓶立即加入 $MnSO_4$ 和碱性碘化钾进行固定，充分摇匀后，测定溶解氧（按照国家标准“溶解氧测定 碘量法—GB7489-87”进行测定）。

3. 计算方法

（1）各水层日生产力 $[mg(O_2)/m^2 \cdot d]$ 计算方法：

总生产力 = 白瓶溶解氧 − 黑瓶溶解氧

净生产力 = 白瓶溶解氧 − 初始瓶溶解氧

呼吸作用量 = 初始瓶溶解氧 − 黑瓶溶解氧

（2）每平方米水柱日生产力 $[g(O_2)/m^2 \cdot d]$ 计算方法：

水柱日生产力指一平方米垂直水柱的日生产力，可用算术平均均值累计法计算。

例如：某水体某日的 0.0 m，0.5 m，1.0 m，2.0 m，3.0 m，4.0 m 处的总生产力分别是 2、4、2、1.0、0.5、0.0 $mg(O_2)/L$，则某水柱总生产力的计算见表 2.19.1。

表 2.19.1 水柱总生产力计算例表

水层（M）	1 m^2 水下 水层体积（L）	每升平均日生产量 （mg/L）	每平方米水面下 各水层日生产力 （$g/m^2 \cdot d$）
0.0 ~ 0.5	500	(2 + 4) ÷ 2 = 3	3 × 500 = 1 500 mg/L = 1.5 g/m^2
0.5 ~ 1.0	500	(4 + 2) ÷ 2 = 3	3 × 500 = 1 500 mg/L = 1.5 g/m^2

续表 2.19.1

水层（M）	1 m^2 水下水层体积（L）	每升平均日生产量（mg/L）	每平方米水面下各水层日生产力（$g/m^2 \cdot d$）
1.0 ~ 2.0	1 000	$(2+1)\div 2=1.5$	$1.5\times 1\ 000=1\ 500$ mg/L $=1.5$ g/m^2
2.0 ~ 3.0	1 000	$(1+0.5)\div 2=0.75$	$0.75\times 1\ 000=750$ mg/L $=0.75$ g/m^2
3.0 ~ 4.0	1 000	$(0.5+0)\div 2=0.25$	$0.25\times 1\ 000=250$ mg/L $=0.25$ g/m^2
0.0 ~ 4.0（水柱产量）			$\sum=5.5\ g(O_2)/m^2\cdot d$

三、注意事项

（1）测定宜在晴天进行，并采用上午挂瓶。

（2）采水器使用时注意先夹住出水口橡皮管，再将两个半圆形上盖打开，让采水器沉入水中，底部入水口则自动打开。下沉深度应在系绳上有所标记，当沉入所需深度时，即上提系绳，上盖和下入水口自动关闭，提出水面后，不要碰及下底，以免水样泄漏。将出水口橡皮管深入容器，松开铁夹，水样即流入容器。

（3）在有机质含量较高的湖泊、水库，可采用 2 ~ 4 h 挂瓶一次连续测定的方法，以免由于溶解氧过低而使净生产力可能出现负值。

（4）在光合作用很强的情况下，会形成氧的过饱和，在瓶中产生大量的气泡，应将瓶略微倾斜，小心打开瓶塞加入固定剂，再盖上瓶盖充分摇均，使氧气固定下来。为防止产生氧气泡，也可将培养时间缩短为 2 ~ 4 h，这样需要使用太阳辐射分布图，把培养时间的光合作用速率数据调整到代表整个光照期的初级生产力。

（5）测定时间应同时记录当天的水温、水深、透明度以及水草的分布情况。

（6）尽可能同时测定水中主要营养盐，特别是无机磷和无机氮。

（7）对于较大的湖泊和水库，因船只、风浪、气候等因素的影响，使用 24 h 曝光试验，耗资耗力较大，可采用模拟现场法。模拟现场法的采样、布设曝光方法同现场法。仅布设曝光地点可选择在离水岸较近的水域进行。选择模拟现场法，主要为了保证交通、安全、实施方便，但要尽可能考虑模拟地点和现场法在水深、光照、温度等因素一致。

思考题

1. 分析用黑白瓶法测定水生生态系统初级生产力的优缺点。
2. 初级生产力的测定方法还有哪些?
3. 水生生态系统初级生产力的限制因素有哪些?

第二十章 地表水叶绿素含量的水体富营养化的分析

一、概 述

绿色植物都具有色素，以进行光合作用。叶绿素广泛存在于藻类等绿色植物组织中，并在植物细胞中与蛋白质结合成叶绿体。藻类和其他绿色植物一样具有叶绿素 a 等多种色素，叶绿素是植物光合作用中的重要光合色素。当植物细胞死亡后，叶绿素即游离出来，游离叶绿素很不稳定，对光、热比较敏感；在酸性条件下叶绿素生成绿褐色的脱镁叶绿素，在稀碱液中可水解成鲜绿色的叶绿酸盐以及叶绿醇和甲醇。通过测定浮游植物叶绿素，可掌握水体的初级生产力情况。在环境监测中，可将叶绿素 a 含量作为湖泊富营养化的指标之一。

叶绿素 a 含量的测定方法有很多种，其中主要有：① 原子吸收光谱法，通过测定镁元素的含量，进而间接计算叶绿毒的含量。② 分光光度法，利用分光光度计测定叶绿素提取液在最大吸收波长下的吸光值，即可用朗伯-比尔定律计算出提取液总个色素的含量。本书采用第二种方法。

二、实 验

（一）实验目的

① 掌握水体叶绿素测定的方法。

② 了解水体叶绿素含量与水体富营养化的关系。

（二）基本原理

叶绿素不溶于水，溶于有机溶剂，可用多种有机溶剂，如丙酮、乙醇等研磨提取或浸泡提取。根据叶绿体色素提取液对可见光谱的吸收，利用分光光度计在某一特定波长测定其吸光度，即可用公式计算出提取液中各色素的含量。

（三）试剂及仪器

① 仪器：电子顶载天平（感量 0.01 g）、研钵、100 mL 棕色容量瓶、小漏斗、定量滤纸、吸水纸、擦境纸、滴管、叶片采样剪子、遮光恒温培养箱和分光光度计。

② 原料：新鲜（或烘干）叶片。

③ 试剂：95% 乙醇（或 80% 丙酮）、石英砂、碳酸钙粉。

（四）操作步骤

① 取新鲜植物叶片（或其他绿色组织）或干材料，擦净组织表面污物，剪碎（去掉中脉），混匀。

② 称取剪碎的新鲜样品 2，共 3 份，分别放入研钵中，加少量石英砂和碳酸钙粉及 2 ~ 3 mL 95 乙醇，研成匀浆，再加乙醇 10 mL，继续研磨至组织变白，静置 3 ~ 5 min。

③ 取滤纸 1 张，置漏斗中，用乙醇湿润，沿玻棒把提取液倒入漏斗中，过滤到 100 mL 棕色容量瓶中，用少量乙醇冲洗研钵、研棒及残渣数次，最后连同残渣一起倒入漏斗中。

④ 用滴管吸取乙醇，将滤纸上的叶绿体色素全部洗入容量瓶中。直至滤纸和残渣中无绿色为止。最后用乙醇定容至 100 mL，摇匀。

⑤ 取叶绿体色素提取液在波长 663、645 和 652 下测定吸光度，以 95 乙醇为空白对照。

（五）计算叶绿素含量

根据朗伯-比尔定律，即当一束单色光通过溶液时，溶液的吸光度与溶液的浓度和液层厚度的乘积成正比。其数学表达式为：

$$A = KbC$$

式中：A 为吸光度；K 为吸光系数；b 为溶液的厚度；C 为溶液浓度。

叶绿素 a、b 的丙酮溶液在可见光范围内的最大吸收峰分别位于 663、645 nm 处。叶绿素 a 和 b 在 663 nm 处的吸光系数（当溶液厚度为 1 cm，叶绿素浓度为 g/L 时的吸光度）分别为 82.04 和 9.27；在 645 nm 处的吸光系数分别为 16.75 和 45.60。

浓度 C 与吸光度 A 之间的关系如下：

$$A663 = C_a \cdot K_a(663) + C_b K_b(663) \tag{1}$$

$$A645 = C_a \cdot K_a(645) + C_b K_b(645) \tag{2}$$

根据 Lambert-Beer 定律，叶绿素溶液在 663 nm 和 645 nm 处的吸光度（$A663$ 和 $A645$）与溶液中叶绿素 a、b 和总浓度 Total（C_a、C_b、C_{Total}，单位为 g/L）的关系可分别用下列方程式表示：

$$A663 = 82.04C_a + 9.27C_b \tag{3}$$

$$A645 = 16.76C_a + 45.06C_b \tag{4}$$

解方程（3）和（4）得：

$$C_a = 12.7A663 - 2.69A645 \tag{5}$$

$$C_b = 22.9A645 - 4.68A663 \tag{6}$$

$$C_{Total} = C_a + C_b = 8.02A663 + 20.21A645 \tag{7}$$

在 652 nm 处，叶绿素 a/b 和 b 的吸光系数相同，因此提取液中叶绿素的总浓度 Total 也可通过测定溶液在波长 652 nm 处的吸光度（$A652$）求得，其计算公式为：

$$C_{Total} = A652 \times 1\,000 / 34.5$$

说明：34.5为叶绿素a和b在波长652 nm处的吸光系数，以上式中叶绿素浓度单位均为mg/L。

三、注意事项

（1）尽量避光，叶绿素见光会发生分解。

（2）每完成一种测试分析，应用乙醇等溶剂进行冲洗，否则会引起样品残留，影响下一个样品分析。

思考题

1. 使用分光光度计应注意的事项。
2. 恒温培养箱的具体使用方法。
3. 该实验应该注意的事项有哪些？

第二十一章　植物叶绿素含量变化与大气环境的关系分析

一、概　述

大气污染物对植物的伤害有两种类型：一种为高浓度污染物侵袭时，短期类植物叶片上出现坏死伤斑，称为急性伤害；另一种为植物长期与低浓度污染物接触时，因长期发育不良出现叶片失绿早衰的现象，称为慢性伤害。植物受害程度与污染物的浓度、种类和作用时间有关。诊断植物的伤害可依据各种污染物引起的特征性伤害症状差异，各种植物对不同污染物的敏感性或抗性的差异以及叶片的化学分析结果进行判断。

以往的研究表明，植物叶片的叶绿素含量受到大气污染的影响后，可呈现如下变化趋势：植物在受低浓度二氧化硫、一氧化碳、氯气等气体污染物危害后叶片叶绿素 Ca/Cb 值呈上升趋势，叶片叶绿素总含量（Ct）呈下降趋势。可以由此确定各种植物抗大气污染能力的大小，并对大气污染状况进行一定程度上的生物监测。

二、实　验

（一）实验目的

通过植物在人工模拟的污染条件下叶绿素含量变化及其比率变化，以了解大气污染对植物的影响及其危害，并尽可能达到通过植物形态与生理方面的变化来监测大气污染的目的。

（二）基本原理

叶片是植物与外界进行气体交换的主要通道，植物受到污染时，植物叶片将在生理和形态上产生反应。通过对形态的观察，以及生理上对叶绿素含量的测定来了解污染物对植物的危害程度。

本实验以大气中的污染物二氧化硫为例，来观察二氧化硫对植物的危害程度。

（三）试剂及仪器

1. 器　材

755 型分光光度计、电子天平、研体、剪刀、漏斗、滤纸、量筒、比色管、移液管、自制密封箱若干。

2. 试 剂

80% 丙酮、碳酸钙、石英砂等。

（四）操作步骤

在若干个自制的密封箱内通入不同浓度的二氧化硫气体，并将每份密封箱内放入等量的绿叶片，并做一组空白对照试验。

观察绿叶的变色情况，并做好记录，放置 10 min 后取出绿叶，对其叶绿素进行测定。

称取每份绿叶 1 g 左右，剪碎，放入研体中，加少许碳酸钙、少量的石英砂（中和细胞中的酸，并防止镁从叶绿素分子中移出）和 5 mL 丙酮。在研体中快速研磨，研磨完后收集于烧杯中。

再向研磨的研体中加入 10 mL 80% 丙酮，洗涤残渣中的色素，并收集于原烧杯中并过滤。在 25 mL 的试管里定容至 25 mL，滤液则为色素提取液。

用移液管取 1 mL 的提取液，用 80% 的丙酮稀释至 10 mL，然后在 1 cm 比色杯中注入次叶绿素提取液，另以 80% 的丙酮作为参比溶液，根据实验的要求，选用相应的波长在分光光度计上测定光的密度。

（五）试验结果

$$\text{样品中叶绿素含量} = \text{比色杯中叶绿素的含量} \times \text{稀释倍数} / \text{样品量(鲜重g)}$$
$$= C_{比} \times 25 \times 10 / 1\,000 \times 1$$

根据叶绿素测定试验中的计算方法计算出 C_a，C_b，$C_{总}$，从而进行比较，得出结论。

三、注意事项

（1）提取叶绿素时要避光，以免叶绿素见光分解。

（2）使用分光光度计要用分辨率较高的分光光度计，分辨率低的测定波长的半波宽大，不足区分叶绿素 a、b 的吸收峰，造成读数偏低，a/b 值偏小。

（3）用分光光度计测定物质含量时，分光光度计的波长要调节准确，参比杯与测定杯的透光率要一致。

（4）稀释过程中应用丙酮进行稀释。

（5）使用分光光度计时，在不同的波长下测量之前应对参比液进行重新调整。

思 考 题

1. 提取叶绿素为什么要用丙酮？
2. 能否用蓝光对叶绿素进行定量分析，为什么？
3. 对色素提取液的稀释，能否用蒸馏水进行稀释，为什么？

第二十二章　水质化学需氧量测定（COD 测定）

一、概　述

化学需氧量（Chemical Oxygen Demand，COD）是指水样在规定的条件下，用强氧化剂氧化水样时消耗氧化剂的量，用氧的 mg/L 表示。COD 反映了水体受还原性物质污染的程度，这些还原性物质不仅包括好氧的有机物，还包括一些该条件下能够被氧化的还原性无机物，如亚硝酸盐、硫化物、亚铁盐等。相对于好氧有机物而言，还原性无机物可以忽略不计。因此，COD 反映了水体受有机物污染的程度。

COD 是一个条件性指标，测定结果随所用氧化剂和操作条件不同而异。只有氧化剂种类、浓度、加热方式、作用时间、pH 等相同时，COD 值才具有可比性。

根据所用氧化剂的不同，化学需氧量的测定可以分为重铬酸钾法（$K_2Cr_2O_7$）和高锰酸钾法（$KMnO_7$）。前者称为化学需氧量（COD_{Cr}），后者称为高锰酸钾盐指数。高锰酸钾法操作简便，所需时间短，在一定程度上可以说明水体受有机物污染的状况，常被用于污染程度较轻的水样；重铬酸钾法对有机物氧化比较完全，适用于各种水样，是我国实施排放总量控制的指标之一。

在酸性高锰酸钾法和重铬酸钾法的基础上建立起来的氧化还原电位滴定法和库伦滴定法，配以自动化的监测系统，制成 COD 测定仪，现已广泛应用于水质 COD 的连续自动监测，目前国际国内都有 COD 仪的销售。

二、实　验

（一）实验目的

（1）了解土壤中有机物的提取富集方法。

（2）进一步学习和掌握气相色谱法的原理和方法。

（二）基本原理

在水样中加入已知量的重铬酸钾溶液，并在强酸介质下以银盐作催化剂，经沸腾回流后，以亚铁灵为指示剂，用硫酸亚铁铵滴定水样中未被还原的重铬酸钾，用消耗的硫酸亚铁铵的量换算成消耗氧的质量浓度。

在酸性重铬酸钾的条件下，芳烃及吡啶难以氧化，其氧化率较低。在硫酸银的催化作用下，直链脂肪族化合物可有效地被氧化。

（三）试剂及仪器

1. 试 剂

除非另有说明，实验所用的试剂均为符合国家标准的分析纯，实验用水均为蒸馏水或同等纯度的水。

（1）硫酸银（Ag_2SO_4），化学纯。

（2）硫酸汞（$HgSO_4$），化学纯。

（3）硫酸（H_2SO_4），$\rho = 1.84\ g/mL$。

（4）硫酸银-硫酸试剂：向 1 L 硫酸中加入 10 g 硫酸银，放置 1 ~ 2 d 使之溶解，并混匀，使用前小心摇动。

（5）重铬酸钾标准溶液。

浓度为 $C=\left(\frac{1}{6}K_2Cr_2O_7\right)=0.250\ mol/L$ 的重铬酸钾标准溶液：将 12.285 g 在 105 °C 干燥 2 h 后的重铬酸钾溶于水中，稀释至 1 000 mL。

浓度为 $C=\left(\frac{1}{6}K_2Cr_2O_7\right)=0.025\ 0\ mol/L$ 的重铬酸钾标准溶液：将 $C=\left(\frac{1}{6}K_2Cr_2O_7\right)=0.250\ mol/L$ 的溶液稀释 10 倍而成。

（6）硫酸亚铁铵标准滴定溶液。

① 浓度为 $C[(NH_4)Fe(SO_4)_2\cdot 6H_2O]\approx 0.10\ mol/L$ 的硫酸亚铁铵标准滴定溶液：溶解 39 g 硫酸亚铁铵 $[(NH_4)_2Fe(SO_4)_2\cdot 6H_2O]$ 于水中，加入 20 mL 硫酸，待其溶液冷却后稀释至 1 000 mL。

② 每日临用前，必须用重铬酸钾标准溶液 $\left[C=\left(\frac{1}{6}K_2Cr_2O_7\right)=0.250\ mol/L\right]$ 准确标定此溶液 $\left[C=\left(\frac{1}{6}K_2Cr_2O_7\right)=0.025\ 0\ mol/L\right]$ 的浓度。

取 10.00 mL 重铬酸钾标准溶液 $\left[C=\left(\frac{1}{6}K_2Cr_2O_7\right)=0.250\ mol/L\right]$ 置于锥形瓶中，用水稀释至约 100 mL，加入 30 mL 硫酸，混匀，冷却后，加入三滴（约 0.15 mL）试亚铁灵指示剂，用硫酸亚铁铵 $[(NH_4)_2Fe(SO_4)_2\cdot 6H_2O]$ 滴定溶液的颜色由黄色变为红褐色，即为终点，记录下硫酸亚铁铵的消耗量（mL）。

③ 硫酸亚铁铵标准滴定溶液浓度的计算：

$$C[(NH_4)_2Fe(SO_4)_2\cdot 6H_2O]=\frac{10.00\times 0.250}{V}\frac{2.50}{V}$$

式中 V——滴定时消耗硫酸亚铁铵溶液的毫升数。

④ 浓度为 $C[(NH_4)Fe(SO_4)_2]\cdot 6H_2O\approx 0.010\ mol/L$ 的硫酸亚铁铵标准滴定溶液：将 $C[(NH_4)Fe(SO_4)_2\cdot 6H_2O]\approx 0.10\ mol/L$ 的溶液稀释 10 倍，用重铬酸钾标准溶液($\left[C=\left(\frac{1}{6}K_2Cr_2O_7\right)=0.025\ 0\ mol/L\right]$ 标定，其滴定步骤及浓度计算分别与上述②、③两步类同。

（7）邻苯二甲酸氢钾标准溶液，$C(KC_6H_5O_4)=2.082\ 4\ mol/L$：称取 105 °C 时干燥 2 h 的

邻苯二甲酸氢钾（$HOOCC_6H_4COOK$）0.425 1 g 溶于水，并稀释至 1 000 mL，混匀。以重铬酸钾为氧化剂，将邻苯二甲酸氢钾完全氧化的 COD 值为 1.176 g 氧/克（指 1 g 邻苯二甲酸氢钾耗氧 1.176 g），故该标准溶液的理论 COD 值为 500 mg/L。

（8）1, 10 菲饶啉（1, 10-phenanathroline monohy drate）指示剂溶液：溶解 0.7 g 七水合硫酸亚铁（$FeSO_4 \cdot 7H_2O$）于 50 mL 的水中，加入 1.5 g 1.10-菲绕啉，搅动至溶解，加水稀释至 100 mL。

（9）防爆沸玻璃珠。

2. 仪　器

常用实验仪器如下：

① 回流装置：带有 24 号标准磨口的 250 mL 锥形瓶的玻璃回流装置。回流冷凝管长度为 300～500 mm，若取样量在 30 mL 以上，可采用带 500 mL 锥形瓶的全玻璃回流装置。

② 加热装置。

③ 25 mL 或 50 mL 酸式滴定管。

（四）采样和样品

1. 采　样

水样要采集于玻璃瓶中，应尽快分析，如不能立即分析时，应加入硫酸至 $pH < 2$，置于 4 °C 下保存，但保存时间不多于 5 d，采集水样的体积不得少于 100 mL。

2. 试料的准备

将试样充分摇匀，取出 20.0 mL。

（五）操作步骤

① 对于 COD 值小于 50 mg/L 的水样，应采用重铬酸钾标准溶液$[C=\left(\frac{1}{6}K_2Cr_2O_7\right)=0.025\ 0]$氧化，加热回流以后，采用低浓度的硫酸亚铁铵标准溶液滴定（$C[(NH_4)Fe(SO_4)_2]\cdot 6H_2O \approx$ 0.010 mol/L）回滴。

② 该方法对未经稀释的水样其测定上限为 700 mg/L，超过时必须经稀释后测定。

③ 对于污染严重的水样，可选取所需体积 1/10 的试料和 1/10 的试剂，放入 10 × 150 mm 硬质玻璃管中，摇匀后，用酒精灯加热至沸数分钟，观察溶液是否变成蓝绿色，如成蓝绿色，应再适当的少去试料，重复以上实验，直至溶液不变蓝绿色为止，从而确定待测水样适当的稀释倍数。

④ 取试料于锥形瓶中，或取适量试料加水至 20.0 mL。

⑤ 空白试验：按相同步骤以 20.0 mL 水代替试料进行空白试验，其余试剂和试料测定（下述第八步骤）相同，记录下空白滴定时消耗硫酸亚铁铵标准溶液的毫升数 V_1。

⑥ 校核试验：按测定试料（下述第八步骤）提供的方法分析 20.0 mL 邻苯二甲酸氢钾标准溶液的 COD 值，用以检测操作技术及试剂纯度。

该溶液的理论 COD 值为 500 mg/L，如果校核试验的结果大于该值的 96%，即可认为实验步骤基本上是适宜的，否则，必须寻找失败原因，重复实验，使之达到要求。

⑦ 去干扰实验：无机还原性物质如亚硝酸盐、硫化物及二价铁盐将使结果增加，使其需氧量作为水样 COD 值的一部分是可以接受的。

该实验的主要干扰物为氯化物，可加入硫酸汞部分地除去，经回流后，氯离子可与硫酸汞结合成可溶性的氯汞络合物。

当氯离子含量超过 1 000 mg/L 时，COD 的最低允许值为 250 mg/L，低于此值结果的准确度就不可靠。

⑧ 水样的测定：于试料（上述第四步）中加入 10.0 mL 重铬酸钾标准溶液 $\left[C=\left(\frac{1}{6}K_2Cr_2O_7\right)=0.025\,0\ \text{mol/L}\right]$ 和几颗防爆沸玻璃珠，摇匀。

将锥形瓶接到回流装置冷凝管下端，接通冷凝水。将冷凝管上端缓慢加入 30 mL 硫酸银-硫酸试剂，以防止低沸点有机物的逸出，不断旋动锥形瓶使之混合均匀。自溶液开始沸腾起回流 2 h。

冷却后，用 20 ~ 30 mL 水自冷凝管上端冲洗冷凝管后，取下锥形瓶，再用水稀释至 140 mL 左右。

溶液冷却至室温后，加入 3 滴 1, 10-菲绕啉指示剂溶液，用硫酸亚铁铵标准滴定溶液滴定，溶液的颜色由黄色经蓝绿色变成红褐色即为终点。记下硫酸亚铁铵标准溶液的消耗毫升数 V_2。

⑨ 在特殊情况下，需要测定的试料在 10.0 ~ 50.0 mL 之间，试剂的体积或重量要按表 2.22.1 作相应的调整。

表 2.22.1 不同取样量采用的试剂用量

样品量 /mL	0.250 $NK_2Cr_2O_7$ /mL	Ag_2SO_4-H_2SO_4 /mL	$HgSO_4$ /g	$(NH_4)_2Fe(SO_4)_2$*$6H_2O$ /（mol/L）	滴定前体积 /mL
10.0	5.0	15	0.2	0.05	70
20.0	10.0	30	0.4	0.10	140
30.0	15.0	45	0.6	0.15	210
40.0	20.0	60	0.8	0.20	200
50.0	25.0	75	1.0	0.25	350

（六）结果的计算

1. 计算方法

以 mg/L 计算水样化学需氧量，计算公式如下：

$$COD(\text{mg/L})=\frac{C(V_1-V_2)\times 8\,000}{V_0}$$

式中 C——硫酸亚铁铵标准滴定溶液的浓度（mol/L）；

V_1——空白试验（第五步骤第四小步骤）所消耗的硫酸亚铁铵标准滴定溶液的体积（mL）；

V_2——试料测定（第五步骤第八小步骤）所消耗的硫酸亚铁铵标准滴定溶液的体积（mL）；

V_0——试料的体积（mL）;

8 000——1/4 O_2 的摩尔质量以 mg/L 为单位的换算值。

测定结果一般保留三位有效数字，对 *COD* 值小的水样（*COD* < 50 mg/L），当计算出 *COD* 值小于 10 mg/L 时，应表示为"*COD* <10 mg/L"。

2. 精密度

（1）标准溶液测定的精密度。

40 个不同的实验室测定 *COD* 值为 500 mg/L 的邻苯二甲酸氢钾标准溶液，其标准偏差为 20 mg/L，相对标准偏差为 4.0%。

（2）工业废水测定的精密度（见表 2.22.2）。

表 2.22.2　工业废水 COD 测定的精密度

工业废水类型	参加验证的实验室个数	*COD* 均值/（mg/L）	实验室内相对标准偏差/%	实验室间相对标准偏差/%	实验室间总相对标准偏差/%
有机废水	5	70.1	3.0	8.0	8.5
石化废水	8	398	1.8	3.8	4.2
染料废水	6	603	0.7	2.3	2.4
印染废水	8	284	1.3	1.8	2.3
制药废水	6	517	0.9	3.2	3.3
皮革废水	9	691	1.5	3.0	3.4

思考题

1. 实验试剂的配制中需注意的问题。
2. 仪器设备中回流装置的作用。
3. 实验过程中如何提高实验测定结果的准确性？

第二十三章 水质 BOD 的测定

一、概 述

生化需氧量（Biochemical Oxygen Demand，BOD）是指由于水中的好氧微生物的繁殖或者呼吸作用，水中所含的有机物被微生物生化降解时所消耗的溶解氧的量。微生物分解有机物是一个缓慢的过程。有机物的生化氧化过程可分为含碳物质的氧化（碳化阶段）和含氮物质的氧化（硝化阶段）。有机物的完全生化氧化需要一百多天，要把可降解的有机物全部分解也至少需要 20 d。通常规定 20 °C 时 5 d 中所消耗氧量，以 BOD_5 表示，单位为 mg/L。

从 BOD 的定义可知，水体要发生生物氧化过程必须具备三个条件：① 好氧微生物；② 足够的溶解氧；③ 能被微生物利用的营养物质。对于生活污水及性质与其接近的工业废水，消化阶段大约在 5～7 d，甚至在 10 d 以后才显著进行，故目前广泛采用的 20 °C 5 d 培养法测定 BOD 值一般不包括硝化阶段。

目前，常用的生化需氧量测定方法有稀释于接种法（GB 7488-1987）（CJ/T 54-1999）、微生物传感器快速测定法、活性污泥曝气降解法等。

二、实 验

（一）实验目的

（1）了解水质 BOD 的原理。
（2）进一步学习和掌握测定水质 BOD 的方法。

（二）基本原理

将水样注满培养瓶，塞好后不应透气，将瓶置于恒温条件下培养 5 d。培养前后分别测定溶解氧的溶度，由两者的差值可计算出每升水消耗的氧的质量，即 BOD_5 的值。

由于多数水样中含有较多的需氧物质，其需氧量往往超过水中可利用的溶解氧的含量（DO），因此在培养前需对水样进行稀释，使培养后剩余的溶解氧的含量（DO）符合规定。

一般水质检验所测 BOD_5 只包括含碳物质的耗氧量和无机还原性物质的耗氧量。有时需要分别测定含碳物质的耗氧量和硝化作用的耗氧量，常用的区别含碳和氮的硝化耗氧的方法是向培养瓶中投加硝化抑制剂，加入适量的硝化抑制剂后，所测得的耗氧量即为含碳物质的耗氧量。在 5 d 培养时间内，硝化作用的耗氧量取决于是否存在足够数量的能进行硝化作用的微生物。原污水或初级处理的出水中这种微生物的数量不足，不能氧化显著量的还原性氮，而许多二级生化除了出水和受污染较久的水体中，往往含有大量的硝化微生物，因此，测定这种水样时应抑制其硝化反应。

在测定 BOD_5 的同时，需用葡萄糖和谷氨酸标准溶液完成验证试验。

（三）试剂及仪器

1. 试　剂

分析时，只采用公认的分析纯试剂和蒸馏水，水中含铜量不应高于 0.01 mg/L，并不应有氯、氯胺、苛性钠、有机物和酸类。

（1）接种水。

如实验样品本身不含足够的合适性微生物，应采用下述方法之一，以获得接种水：

① 城市废水，取自污水管或取自没有明显工业污染的住宅区污水管。

② 在 1 L 水中加入 100 g 花园土壤，混合并静置 10 min。取 10 mL 上清液用水稀释至 1 L。

③ 含有城市污水的河水或湖水。

④ 污水处理厂出水。

⑤ 当待分析水样为含难降解物质的工业废水时，取自待分析水排放口下游约 3 ~ 8 km 的水或所含微生物适宜于待分析水并经实验室培养过的水。

（2）盐溶液。

下述溶液至少可稳定一个月，应贮存在玻璃瓶内，置于暗处。一旦发现有生物滋长迹象，则应弃去不用。

① 磷酸盐：缓冲溶液。

将 8.5 g 磷酸二氢钾（KH_2PO_4）、21.75 g 磷酸氢二钾（K_2HPO_4）、33.4 g 七水磷酸氢二钠（$Na_2HPO_4 \cdot 7H_2O$）和 1.7 g 氯化铵（NH_4Cl）溶于 500 mL 水中，稀释至 1 000 mL 并混合均匀。此缓冲溶液的 pH 应为 7.2。

② 七水硫酸镁：22.5 g/L 溶液。

将 22.5 g 的七水硫酸镁（$MgSO_4 \cdot 7H_2O$）溶于水中，稀释至 1 000 mL 并混合均匀。

③ 氯化钙：27.5 g/L 溶液。

将 27.5 g 的无水氯化钙（$CaCl_2$）溶于水，稀释至 1 000 mL 并混合均匀。

④ 六水氯化铁（Ⅲ）：0.25 g/L 溶液。

将 0.25 g 六水氯化铁（Ⅲ）（$FeCl_3 \cdot 6H_2O$）溶解于水中，稀释至 1 000 mL 并混合均匀。

（3）稀释水。

取每种盐溶液（磷酸盐、七水硫酸镁、氯化钙和六水氯化铁）各 1 mL，加入约 500 mL 水中，然后稀释至 1 000 mL 并混匀，将此溶液置于 20 °C 下恒温，曝气 1 h 以上，采取各种措施，使其不受污染，特别是不被有机物质、氧化或还原物质或金属污染，确保溶解氧溶度不低于 8 mg/L。此溶液的 5 d 生化需氧量不得超过 0.2 mg/L，并且，此溶液应在 8 h 内使用。

（4）接种的稀释水。

根据需要和接种水的来源，向每升稀释水中加 1.0 ~ 5.0 mL 接种水，将接种水的稀释水在约 20 °C 下保存，8 h 后尽早使用。

已接种的稀释水的 5 d（20 °C）耗氧量应在每升 0.3 ~ 1.0 mg 之间。

（5）盐酸（HCl）溶液：0.5 mol/L。

（6）氢氧化钠（NaOH）溶液：20 g/L。

（7）亚硫酸钠（Na_2SO_3）溶液：1.575 g/L，此溶液不稳定，需每天配制。

（8）葡萄糖-谷氨酸标准溶液。

将适量无水葡萄糖（$C_6H_{12}O_6$）和适量谷氨酸（HOOC-CH_2-$CHNH_2$-COOH）在 103 °C 下干燥 1 h，每种物质称取（150 ± 1）mg，溶于蒸馏水中，稀释至 1 000 mL 并混合均匀。此溶液于临用前配制。

2. 仪 器

使用的玻璃器皿要认真清洗，不能吸有毒的或生物可降解的化合物，并防止沾污。

常用的实验室设备如下：

① 培养瓶：细口瓶的容量瓶在 250 ~ 300 mL 之间，带有磨口玻璃塞，并具有供水封用的钟形口，最好是直肩的。

② 培养箱：能控制在（20 ± 1）°C。

③ 测定溶解氧仪器。

④ 用于样品运输和贮藏的冷藏手段（0 ~ 4 °C）。

⑤ 稀释容器：带塞玻璃瓶，刻度精确到毫升，其容积大小取决于使用稀释样品的体积。

（四）样品的贮存

样品需充满并密封于瓶中，置于 2 ~ 5 °C 保存到进行分析时。一般应在采样后 6 h 之内进行检验。若需远距离转运，在任何情况下贮存皆不得超过 24 h。

（五）操作步骤

1. 样品预处理

（1）样品的中和。

如果样品的 pH 不在 6 ~ 8 之间，先做单独实验，确定需要用的盐酸溶液或氢氧化钠溶液的体积，再中和样品，不管有无沉淀形成。

（2）含游离氯或结合氯的样品。

加入所需体积的亚硫酸钠溶液，使样品中自由氯和结合氯失效，注意避免加过量。

2. 实验水样的准备

将实验样品温度升至约 20 °C，然后在半充满的容器内摇动样品，以便消除可能存在的过饱和氧。

将已知体积样品置于稀释容器中，用稀释水或接种稀释水稀释，轻轻地混合，避免夹杂空气泡。稀释倍数可参考下表 2.23.1。

表 2.23.1　测定 BOD_5 时建议稀释的倍数

所期 BOD_5 值/（mg/L）	稀释比	结果取整到	试用的水样
2 ~ 6	1 ~ 2 之间	0.5	R
4 ~ 12	2	0.5	R，E
10 ~ 30	5	0.5	R，E
20 ~ 60	10	1	E
40 ~ 120	20	2	S
100 ~ 300	50	5	S，C
200 ~ 600	100	10	S，C
400 ~ 1 200	200	20	I，C
1 000 ~ 3 000	500	50	I
2 000 ~ 6 000	1 000	100	I

表中　R——河水；

E——生物净化过的污水；

S——澄清过的污水或轻度污染的工业废水；

C——原污水；

I——严重污染的工业废水。

若采用的稀释比大于 100，将分两步或几步进行稀释。若需要抑制硝化作用，则加入烯丙硫脲（ATU）或 2-氯代-6-三氯甲基吡啶（TCMP）试剂。

若只需要测定有机物降解的耗氧，则必须抑制硝化微生物以避免氮的硝化过程。为此目的，在每升稀释样品中加入 2 mL 浓度为 500 mg/L 的烯丙硫脲（ATU）（$C_4H_8N_2S$）溶液或一定量的固定在氯化钠（NaCl）上的 2-氯代-6-三氯甲基吡啶（TCMP）（$Cl-C_5H_3N-CCl_3$），使 TCMP 在稀释样品中浓度大约为 0.5 mg/L。

恰当的稀释比应使培养后剩余溶解氧至少有 1 mg/L 和消耗的溶解氧至少 2 mg/L。

当难于确定恰当的稀释比时，可先测定水样的总有机碳（TOC）或重铬酸盐化学需氧量（COD），根据 TOC 或 COD 估计 BOD_5 可能值，再围绕预期的 BOD_5 值，做几种不同的稀释比，最后从测定结果中选取合乎要求的可能值。

3. 空白试验

用接种稀释水进行平行空白试验测定。

4. 测　定

① 按采用的稀释比（见表格 2.23.1）用虹吸管充满两个培养瓶至稍溢出。

② 将所有附着在瓶壁上的空气泡赶掉，盖上瓶盖，小心避免夹空气泡。

③ 将瓶子分为两组，每组都含有一瓶选定稀释比的稀释水样和一瓶空白溶液。

④ 放一组瓶于培养箱中，并在暗中放置 5 d。

⑤ 在计时起点时，测量另一组瓶的稀释水样和一瓶空白溶液。

⑥ 达到需要培养的 5 d 时间时，测定放在培养箱中那组稀释水样和空白溶液的溶解氧溶度。

5. 验证试验

为了检验接种稀释水，接种水的技术，需进行验证试验。将 20 mL 葡萄糖-谷氨酸标准液用接种水稀释至 1 000 mL，并按照测定的步骤进行测定。

得到的 BOD_5 应在 180～230 mg/L 之间，否则，应检查接种水。如果有必要，还应检查试验人员的技术。

6. 结果计算

① 被测定溶液若满足以下条件，则可以获得可靠的测定结果。

培养 5 d 后：

剩余 DO≥1 mg/L

消耗 DO≥2 mg/L

若不能满足以上条件，一般应舍掉该组的结果。

② 5 d 生化需氧量（BOD_5）以每升消耗氧的毫克数表示，由下式推出：

$$BOD_5=\left[(C_1-C_2)-\frac{V_1-V_2}{V_1}(C_3-C_4)\right]\cdot\frac{V_1}{V_2}$$

式中　C_1——在初始计时时一种试验水样的溶解氧浓度（mg/L）；

C_2——培养 5 d 时同一种水样的溶解氧浓度（mg/L）；

C_3——在初始计时时空白溶液的溶解氧浓度（mg/L）；

C_4——培养 5 d 时空白溶液的溶解氧浓度（mg/L）；

V_2——制备该试验水样用去的样品体积（mL）；

V_1——该试验水样的总体积（mL）。

若有几种稀释比所得数据皆符合上述所要求的条件，则几种稀释比所得的结果皆有效。以其平均值表示检测的结果。

思 考 题

1. 接种水的选取应注意的事项有哪些？
2. 实验的水样应该如何稀释？
3. 测定过程中需注意的事项有哪些？

第二十四章　水质总磷的测定

一、概　述

在天然水和废水中，磷主要是以正磷酸盐、缩合磷酸盐（焦磷酸盐、偏磷酸盐和多磷酸盐）和有机结合态磷（磷脂等）等各种磷酸盐形式存在于溶液中腐殖质粒子中或水生生物中。天然水中磷酸盐含量较微。化肥、冶炼、合成洗涤剂等行业的工业废水及生活污水常含有较大量磷，磷是生物生长必需的元素之一，但水体中磷含量过高，可能造成藻类的过度繁殖，甚至数量上达到有害的程度（即富营养化），造成湖泊、河流透明度降低，水质变坏。

水中总磷的测定，一般情况下将水中各种形态的磷消解为正磷酸盐。再可采用离子色谱法、钼锑抗光度法、氯化亚锡还原钼蓝法（灵敏度较低，干扰也较多），孔雀绿-磷钼杂多酸法等。

二、实　验

（一）实验目的

（1）学习测定磷前的水样消解方法。

（2）掌握水中总磷的分光光度测定法。

（二）基本原理

在天然水和废水中，磷主要是以正磷酸盐、缩合磷酸盐（焦磷酸盐、偏磷酸盐和多磷酸盐）和有机结合态磷（磷脂等）等各种磷酸盐形式存在。但是一般情况下将水中各种形态的磷消解为正磷酸盐（硝酸-硫酸消解或者过硫酸钾消解）。在酸性节制下，正磷酸盐与钼酸铵、酒石酸钾钠反应，生成磷钼杂多酸，被还原剂抗坏血酸（维生素 C）还原，生成蓝色络合物，称为磷钼蓝，在 700 nm 和 880 nm 处有最大吸收，其吸光度与水中的磷的浓度成正比。

（三）试剂及仪器

1. 试　剂

（1）10% 的抗坏血酸溶液：溶解 10 g 抗坏血酸于水中，并稀释至 100 mL，转入棕色试剂瓶中，在 4 °C 下保存，若颜色变黄则弃去不用。

（2）10 mol/L NaOH（氢氧化钠）溶液：称取 40 g NaOH，溶于 100 mL 水中。

（3）（1∶1）硫酸溶液 500 mL：98% 浓硫酸与水按 1∶1 混合。

（4）钼酸盐溶液：

① 钼酸铵溶液：溶解 13 g 钼酸铵 [$(NH_4)_6Mo_7O_{24}\cdot 4H_2O$] 于 100 mL 水中，用塑料瓶在 4 °C 保存。

② 酒石酸锑氧钾溶液：溶解 0.35 g 酒石酸锑氧钾 [$K(SbO)C_4H_4O_6\cdot 1/2H_2O$] 于 100 mL 水中，用棕色瓶在 4 °C 下保存。

③ 再不断搅拌，先将钼酸铵溶液徐徐加入到 300 mL（1∶1）硫酸中，加酒石酸锑钾溶液，混匀，贮存在棕色的玻璃瓶中，在 4 °C 下保存，至少可稳定两个月。

（5）磷酸盐贮备溶液（1 mg/mL 磷）：称取 0.220 g 磷酸二氢钾（KH_2PO_4）（110 °C 下干燥 2 h，在干燥器内放冷）溶解后转入 1 000 mL 容量瓶中，加 5 mL（1∶1）硫酸，加水稀释至刻度，即得 50 μg/mL 磷溶液。

（6）磷酸盐标准溶液：吸取 10.00 mL 贮备溶液于 100 mL 容量瓶中，用水稀释至刻度，得磷含量为 5.0 μg/mL 的标准溶液，临用时现配。

2. 仪 器

消解器、50 mL 比色管、721 分光光度计。

（四）操作步骤

1. 水样采集

（1）湖水：用注射器深入水面以下 10 cm 左右，吸取 80 ~ 100 mL 湖水样品，用手指按住注射器的吸口，以最快的速度到达实验室，将湖水样品注入棕色玻璃瓶中，滴几滴浓硫酸，盖上瓶盖，备用。

（2）自来水：取棕色玻璃瓶接自来水 80 ~ 100 mL，盖上瓶盖备用。

2. 水样处理（采取两种方法中的一种）

（1）硝酸-硫酸消解法

吸取 25 mL 水样置于 125 mL 凯氏烧瓶中，加数粒玻璃珠，加 2 mL（1∶1）硫酸及 2 ~ 5 mL 硝酸，在可调温电炉或者电热板上加热至冒白烟，如液体尚未澄清透明，放冷后加 5 mL 硝酸，再加热至冒白烟，并获得透明液体。放冷，加水 30 mL，加热煮沸 5 min，放冷，加 3 滴酚酞，滴加 NaOH 溶液至刚呈微红色，再滴加 1 mol/L 的硫酸溶液，使粉红色正好退去，充分混匀，转入 50 mL 比色管中，如溶液浑浊则用滤纸过滤，并用水洗凯氏烧瓶和滤纸，一并移入比色管中，加水稀释至标线，供分析用。

（2）过硫酸钾消解法

取水样 25 mL 置于 50 mL 比色管中，加入 1 mL 过硫酸钾溶液，旋紧瓶塞，摇匀后放入消解器，消解 30 min。消解完后置于冷水中冷却 2 min。

3. 绘制标准曲线

取 7 支 50 mL 比色管，分别加入磷酸盐标准溶液 0 mL、0.50 mL、1.00 mL、2.00 mL、3.00 mL、4.00 mL、5.00 mL 于 50 mL 比色管中，加水稀释至刻度，摇匀，加入 1.0 mL 10% 的抗坏血酸溶液，摇匀，30 s 后加 2 mL 钼酸盐溶液，充分混匀，放置 15 min 后，用比色皿放置于 700 nm 波长处，以 0 浓度溶液为参比，在可见光分光光度计上测量吸光度，并绘制标准曲线。

4. 样品测定

取适量经滤膜过滤或消解的水样（含磷量不超过 30 μg）加入 50 mL 比色管，用水稀释至标线。加入 1.0 mL 10% 的抗坏血酸溶液，摇匀，30 s 后加 2 mL 钼酸盐溶液，充分混匀，放置 15 min 后，用比色皿测定 700 nm 处的吸光度。

5. 数据分析

由标准曲线查得磷的含量，按下式计算水体中的磷含量：

$$\text{磷酸盐}\ (\text{P, mg/L}) = \frac{m}{V}$$

式中　m——由标准曲线上查的磷含量（μg）；
　　　V——测定时吸取水样的体积（mL）。

三、注意事项

（1）如试样中浊度或色度影响测量吸光度时，需做补偿校正。
（2）室温低于 13 °C 时，可在 20 ~ 30 °C 水浴中显色 15 min。
（3）操作所用的玻璃器皿，可用 1 + 5 的盐酸浸泡 2 h，或用不含磷酸盐的洗涤剂刷洗。
（4）比色皿用后应以稀硝酸或铬酸洗液浸泡片刻，以除去吸附的磷钼蓝显色物。
（5）测定吸光度时比色皿上的水滴和指纹要用擦镜纸擦干净，以免影响测定结果。

思 考 题

1. 测定水中总磷的分析方法由哪两个步骤组成？
2. 简述钼酸铵分光光度法测定水中总磷的原理。
3. 画出测定水中各种磷的流程图。
4. 用钼酸铵分光光度法测定水中总磷时，主要有哪些干扰？怎样除去？
5. 用高氯酸消解水样时应该注意什么？

第三部分　野外实习

第一章　岩石及成土母质的野外认识

一、概　述

土壤是由母质发育而成，母质是岩石风化的产物，岩石是矿物的集合体，而矿物本身又有它的化学组成和物理性质。学习土壤学的人，必须先学习岩石和矿物，以了解土壤母质，为学习土壤学打下基础。

（一）主要造岩矿物的认识

1. 形　态

矿物形态除表面为一定几何外形的单独体外，还常常聚集成各种形状的集合体，常见的有下列形态：

柱状——由许多细长晶体，组成平行排列者，如角闪石。

板状——形状似板，如透明石膏、斜长石。

片状——可以剥离成极薄的片体，如云母。

粒状——大小略等及具有一定规律的晶粒集合在一起，如橄榄石、黄铁矿。

块状——结晶或不结晶的矿物，呈不定型的块体，如结晶的块状石英、非结晶的蛋白石。

土状——细小均匀的粉末状集合体，如高岭石。

纤维状——晶体细小，纤细平行排列，如石棉。

鲕状——似鱼卵状的圆形小颗粒集合体，如赤铁矿。

豆状——集合体呈圆形或椭圆形，大小似豆者，如赤铁矿。

2. 颜　色

矿物首先引人注意的是它的颜色，矿物的颜色是其重要的特征之一。一般来说，颜色是光的反射现象。如孔雀石为绿色，是因孔雀石吸收绿色以外的色光而独将绿色反射所致。矿物的颜色，根据其发生的物质基础不同，可以有自色、他色和假色。

自色——矿物本身所含的化学成分中，具有的色素表现出来的颜色，如石英的白色。

他色——矿物因为含有外来的带色素的杂质而产生的颜色，如无色透明的石英（水晶）因锰的混入而被染成紫色，即是他色。

假色——矿物内部裂缝、解理面及表面由于氧化膜的干涉效应而产生的颜色。

3. 条　痕

将矿物在无釉瓷板上擦划（必须注意矿物硬度小于瓷板）所留在瓷板上的颜色即为条痕。条痕对有色矿物有鉴定意义。

4. 光 泽

矿物表面对入射光线的反射能力称光泽。按其表现可分为：

金属光泽（如黄铁矿）；半金属光泽（如赤铁矿）；非金属光泽（玻璃光泽：如石英晶面；油脂光泽：如石英断口面；丝绢光泽：如石棉；珍珠光泽：如白云母；土状光泽：如高岭石）。

5. 硬 度

矿物抵抗摩擦或刻划的能力。决定硬度时，常常用两个矿物相对刻划的方法即得出其相对硬度。表示硬度的大小，以摩氏硬度计的十种矿物作标准，从滑石到金刚石依次定为十个等级（见表 3.1.1），其排列次序是：

表 3.1.1

代表矿物	滑石	石膏	方解石	萤石	磷灰石	正长石	石英	黄玉	刚玉	金刚石
硬度等级	1	2	3	4	5	6	7	8	9	10

在野外可用指甲（硬度 2 ~ 2.5）、回形针（3）、玻璃（5）、小刀（5 ~ 5.5）、钢锉（6 ~ 7）代替标准硬度计。

6. 解 理

矿物受击后沿一定方向裂开成光滑平面的性质称为解理，矿物破裂时呈现有规则的平面称为解理面。按其裂开的难易，解理面之厚薄、大小及平整光滑程度，一般可有下列等级：

极完全解理——解理面极平滑，可以裂开成薄片状，如云母。

完全解理——解理面平滑不易发生断口，往往可沿解理面裂开成小块，其外形仍与原来的晶形相似，如方解石的菱面体小块。

中等解理——在矿物碎块上，既可看到解理面，又可看到断口，如长石、角闪石。

不完全解理——在矿物的碎块上，很难看到明显的解理面，大部分为断口，如灰磷石。

无解理——矿物碎块中除晶面外，找不到其他光滑的面，如石英。

必须指出，在同一矿物上可以有不同方向和不同程度的几向解理出现。例如，云母具有一向极完全解理；长石、辉石具有二向完全解理；方解石具有三向完全解理等。

7. 断 口

矿物受击后，产生不规则的破裂面，称为断口。在解理不发达以及非结晶矿物受击后，容易发生断口。其形状有：贝壳状（如石英的断口）、参差状（如自然铜）、平坦状（如磁铁矿）等。

同一矿物，解理与断口的性质表现出互为消长的关系，如极完全解理的云母，则不易见到断口。

8. 盐酸反应

含有碳酸盐的矿物，加盐酸会放出气泡，其反应式：

$$CaCO_3 + 2HCl \longrightarrow CaCl_2 + CO_2\uparrow + H_2O$$

根据与 10% 的盐酸发生反应时放出气泡的多少，可分四级：

低——徐徐的放出细小气泡；中——明显起泡；高——强烈起泡；极高——剧烈起泡，呈沸腾状。

根据表 3.1.2 所列项目，认识各种矿物。

表 3.1.2　各种矿物的性质和风化特点

名称＼特征	形状	颜色	条痕	光泽	硬度	解理	断口	10% HCl 反应	其他	风化特点与分解产物
石英	六方柱、椎或块状	无、白		玻璃油脂	7	无	贝壳状		晶面上有条纹	不易风化、难分解，是土壤中砂粒的主要来源。
正长石	板状、柱状	肉红为主		玻璃	6	二向完全				风化后产生黏粒、二氧化硅和盐基物质，正长石含钾较多，是土壤中钾素来源之一。
斜长石	板状	灰白为主			6～6.5				解理面上可见双晶条纹	
白云母	片状、板状	无	白	玻璃珍珠	2～3	一向极完全			有弹性	白云母抗风化分解能力较黑云母强，风化后均能形成黏粒。并释放大量钾素，是土壤中钾素和黏粒来源之一。
黑云母		黑褐	浅绿							
角闪石	长柱状	暗绿、灰黑		玻璃	5.5～6	二向完全	参差状			容易风化分解产生含水氧化铁、含水氧化硅及黏粒，并释放大量钙、镁等元素。
辉石	短柱状	深绿、褐黑			5～6					
橄榄石	粒状	橄榄绿		玻璃油脂	6.5～7	不完全	贝壳状			易风化形成褐铁矿、二氧化硅以及蛇纹石等次生矿物。
方解石	菱面体或块体	白、灰黄等		玻璃	3	三向完全		强		易受碳酸作用溶解移动，但白云石稍比方解石稳定，风化后释放出钙、镁元素，是土壤中碳酸盐和钙、镁的重要来源。
白云石					3.5～4			弱		
磷灰石	六方柱或块状	绿、黑、黄灰、褐		玻璃油脂	5	不完全	参差状贝壳状			风化后是土壤中磷素营养的主要来源。
石膏	板状、针状、柱状	无、白		玻璃、珍珠、绢丝	2	完全				溶解后为土壤中硫的主要来源。
赤铁矿	块状、鲕状、豆状	暗红至铁黑	樱红	半金属、土状	5.5～6	无				易氧化，分布很广，特别在热带土壤中最为常见。
褐铁矿	块状、土状、结核状	黑、褐、黄	棕黄	土状	4～5					其分布与赤铁矿同。
磁铁矿	八面体、粒状、块状	铁黑	黑	金属	5.5～6	无			磁性	难风化，但也可氧化成赤铁矿和褐铁矿。
黄铁矿	立方体、块状	铜黄	绿黑	金属	6～6.5	无			晶面有条纹	分解形成硫酸盐，为土壤中硫的主要来源。
高岭石	土块状	白、灰、浅黄	白、黄	土状		无			有油腻感	由长石、云母风化形成的次生矿物，颗粒细小是土壤黏粒矿物之一。

（二）主要成土岩石的观察

组成地壳的岩石，按其成因不同分为三大类，即：由岩浆冷凝而成者称岩浆岩；由各种沉积物经硬结成岩而成者称沉积岩；由原生岩经高温、高压以及化学性质活泼的物质作用后发生了变质的岩石称变质岩。三者由于成因不同，以致在各自的组成、结构和构造中都有较大的差异。肉眼鉴定岩石的方法，主要对岩石的颜色、矿物组成、结构、构造等方面进行观察后，才能区别出所属岩类和定出岩石名称。

1. 颜　色

岩石的颜色决定于矿物的颜色，观察岩石的颜色，有助于了解岩石的矿物组成。如岩石深灰及黑色是含有深色矿物所致。

2. 矿物组成

岩浆岩的主要矿物有石英、长石、云母、角闪石、辉石、橄榄石。沉积岩主要矿物除石英、长石等外，还含有方解石、白云石、黏土矿物、有机质等。变质岩的矿物组成除石英、长石、云母、角闪石、辉石外，常含变质矿物如石榴石、滑石、蛇纹石、绿泥石、绢云母等。

3. 结　构

（1）岩浆岩结构。

指岩石中矿物的结晶程度、颗粒大小、形状以及相互组合的关系。其主要结构有：全晶等粒、隐晶质、斑状、玻璃质（非结晶质）。

① 全晶等粒结构——岩石中矿物晶粒在肉眼或放大镜下可见，且晶粒大小一致，如花岗岩。

② 隐晶质结构——岩石中矿物全为结晶质，但晶粒很小，肉眼或放大镜看不出晶粒。

③ 斑状结构——岩石中矿物颗粒大小不等，有粗大的晶粒和细小的晶粒或隐晶质甚至玻璃质（非晶质）者称斑状结构。大晶粒为斑晶，其余的称石基，如花岗斑岩。

（2）沉积岩结构。

指岩石的颗粒大小、形状及结晶程度所形成的特征叫结构。一般沉积岩结构有：碎屑结构（砾、砂、粉砂）、泥质结构、化学结构、生物结构等。

① 碎屑结构——碎屑物经胶结而成，胶结物的成分有钙质、铁质、硅质、泥质等。按碎屑大小来划分有：

A. 砾状结构——大于 2 mm 以上的碎屑被胶结而成的岩石，如砾岩。

B. 砂粒结构——碎屑颗粒直径为 2 ~ 0.1 mm 者，如砂岩。

C. 粉砂结构——碎屑颗粒直径为 0.1 ~ 0.01 mm 者，如粉砂岩。

② 泥质结构——颗粒很细小，由直径小于 0.01 mm 的泥质组成，彼此紧密结合，呈致密状，如页岩、泥岩。

③ 化学结构——由化学原因形成，有晶粒状、隐晶状、胶体状（如鲕状、豆状），为化学岩所特有，如粒状石灰岩。

④ 生物结构——由生物遗体或生物碎片组成，如生物灰岩。

（3）变质岩结构。

变质岩多半具有结晶质，其结构含义与岩浆岩相似，有等粒状、致密状或斑状等。在结构命名上，为了区别起见，特加上“变晶”二字，如等粒变晶、斑状变晶、隐晶变晶。

（4）构造。

① 岩浆岩构造——指矿物颗粒之间排列方式及填充方式所表现出的整体外貌。一般有块

状、流纹状、气孔状、杏仁状等构造。

块状构造——岩石中矿物的排列完全没有秩序。为侵入岩的特点，如花岗岩、闪长岩、辉长岩均为块状。

流纹状构造——岩石中可以看到岩浆冷凝时遗留下来的纹路，为喷出岩的特征，如流纹岩。

气孔状构造——岩石中具有大小不一的气孔，为喷出岩特征，如气孔构造的玄武岩。

杏仁状构造——喷出岩中的气孔内，为次生矿物所填充，其形状如杏仁，常见的填充物如蛋白石、方解石等。

② 沉积岩构造——指岩石中各物质成分之间的分布状态与排列关系，所表现出来的外貌。沉积岩的最大特征是具层理构造，即岩石表现出成层的性质。层理的面上常常保留有波浪、雨痕、泥裂、化石等地质现象，把它称为层面构造。

③ 变质岩构造——变质岩的构造受温度、压力两个变质因素影响较大，主要构造是片理构造，它是由片状或柱状矿物有一定方向排列而成，由于变质程度的深浅，矿物结晶颗粒大小及排列的情况不同，主要有下列几种构造：

板状构造——变质较浅，变晶不全，劈开呈薄板，片理较厚，如板岩。

千枚状构造——能劈开呈薄板，片理面光泽很强，变晶不大，在断面上可以看出是由许多极薄的层所构成，故称千枚，如千枚岩。

片状构造——能劈开呈薄片，片理面光泽强烈，矿物晶粒粗大，为显晶变晶。

片麻状构造——片状、柱状、粒状矿物呈平行排列，显现深浅相间的条带状，如片麻岩。

块状构造或层状构造——矿物重结晶后呈粒状或隐晶质，一般情况在肉眼下很难看出它的片理构造，而呈块状或保持原来层状构造，如大理岩、石英岩。

（5）根据表 3.1.3 所列项目，认识各种岩石。

表 3.1.3　主要成土岩石

岩类	项目 名称 岩石	矿物组成	颜色	结构构造	风化特点和分解产物
岩浆岩	花岗岩	钾长岩、石英为主，少量斜长石、云母、角闪石	灰白、肉红	全晶等粒结构、块状构造	抗化学风化能力强，易物理风化，风化后石英成砂粒，长石变成黏粒，且钾素来源丰富，形成砂黏适中的母质。
	闪长岩	斜长石、角闪石为主，其次为黑云母、辉石	灰、灰绿	全晶等粒结构、块状构造	易风化，形成的土壤母质黏粒含量高。
	辉长岩	斜长石、辉石为主，其次为角闪石、橄榄石	灰、黑	全晶等粒结构、块状构造	易风化，生成富含黏粒、养料丰富的土壤母质。
	玄武岩	与辉长岩相同	黑绿、灰黑	隐晶质、斑状结构，常有气孔状、杏仁状或块状构造	与辉长岩相似。

续表 3.1.3

岩类	项目 名称 岩石	矿物组成	颜　色	结构构造	风化特点和分解产物
沉积岩	砾　岩	由各种不同成分的砾石被胶结而成	决定于砾石和胶结物	砾状结构（由粒径>2 mm砾石被胶结而成），层状构造	风化成砾质或砂质的母质，土壤养分贫乏
	砂　岩	主要由石英、长石砂粒被胶结而成	红、黄、灰	砂粒结构（颗粒直径0.1～2 mm），层状构造	风化难易视胶结物而定，石英砂岩养分含量较少，长石砂岩养分含量较多
	页　岩	黏土矿物为主	黄、紫、黑、灰	泥质结构（颗粒粒径<0.01 mm），页理构造	易破碎，风化产物为黏粒，养分含量较多
	石灰岩	方解石为主	白、灰、黑、黄	隐晶状、鲕状结构，层状构造，有碳酸盐反应	易受碳酸水溶解，风化产物质地黏重，富含钙质
变质岩	板　岩	泥页岩浅变质而来	灰、黑、红	结构致密板状构造（能劈开成薄板）	比页岩坚硬而较难风化，风化后形成的母质和土壤与页岩相似
	千枚岩	含云母等泥质岩变质而来	浅红、灰、灰绿	隐晶结构，千枚状构造，断面上常有极薄层片体，表面具有绢丝光泽	易风化，风化产物黏粒较多，并含钾素较多
	片麻岩	多由花岗岩变质而来	灰、浅红	粒状变晶结构，片麻状构造（黑白相间，呈条带状）	与花岗岩相似
	石英岩	由硅质砂岩变质而来，矿物成分主要为石英	白、灰	粒状、致密状结构，块状构造	质坚硬，极难化学风化，物理破碎后成砾质母质
	大理岩	方解石、白云石为主，多由石灰岩变质而来	白、灰、绿、红、黑、浅黄	等粒变晶结构，块状构造，与10% HCl反应剧烈	与石灰岩相似

二、实　验

（一）目的与要求

成土母质，可从它的成因类型、母岩性质及所发育的土壤的性质加以认识。在开展野外调查之前，利用已有的地质、地貌等相关资料和图件，了解工作区的地形和成土母岩的类型、特点、岩性及分布。在实地调查时，根据观察地点所在的地形部位和土壤剖面的形态特征，对成土母质进行鉴别。如果母质成因类型不能确定，需采标本于室内进一步鉴定。

（二）实验步骤

地壳表层的岩石在太阳辐射、大气、水及生物的作用下产生风化。岩石表面的风化产物，是土壤发育的物质基础，因此称作成土母质（也叫土壤母质）。与岩石不同，成土母质初步具备了水、气、热和养分等肥力因素。但成土母质还不具备土壤良好的物理结构，保肥能力差，释出的养分多被淋失，缺少有机物质，养分元素还不能满足大多数植物的需要。

本实验是使用放大镜、条痕板、小刀、硬度计、小锤、稀盐酸等物品，对主要的造岩矿物和成土岩石进行肉眼观察鉴定。

1. 母岩性质

成土母质源自岩石。岩石按其成因可以分为火成岩、沉积岩和变质岩三大类。火成岩主要是由岩浆冷凝而成。火成岩的矿物以硅酸盐矿物为主，其中最多的是长石、石英、黑云母、角闪石、辉石、橄榄石等。最常见的岩浆岩有花岗岩、玄武岩等。沉积岩是在地表环境中，由各种外力地质作用形成的沉积物经过固结成岩作用形成的岩石。沉积岩具有层理构造特征。沉积岩按成因、物质成分和结构分为三类：碎屑岩类（包括砾岩、砂岩、粉砂岩）、泥质岩类（包括黏土、泥岩和页岩）和生物化学岩类（碳酸盐岩等）。变质岩是由沉积岩或火成岩变质而成的。变质岩最重要特征是具有片理构造，包括板状构造、片状构造、片麻状构造等。常见变质岩包括板岩、千枚岩、片岩、片麻岩、大理岩等。在一定条件下，火成岩、沉积岩和变质岩之间可以相互转化。

母岩的风化能力对成土母质的形成影响很大。矿物成分、结构、构造和节理状况不同的岩石，其风化能力也不同。

（1）岩石的矿物成分。

矿物化学成分，含有钙、镁、钾、钠等元素越多，而铁、铝、硅等元素相对少时，越容易风化。反之，则越稳定。当外界条件相同时，矿物风化的相对稳定性顺序为：橄榄石<辉石<角闪石<黑云母<滑石<蛇纹石<绿帘石<斜长石<正长石<白云母<石英。

（2）岩石的结构和构造。

矿物颗粒细小，且呈粒状结构的岩石，比粗粒状和斑状的岩石抵抗物理风化的能力强。较坚硬的砂岩、板岩和石英岩等，其风化作用一般是以物理崩解为主。具有层理或片理构造的岩石，其层理或片理易受水和空气侵入而加速风化。

（3）岩石节理状况。

节理是岩石中没有明显位移的断裂。节理促进岩石风化，所以岩石节理密集处，往往最容易风化。

2. 常见岩石的风化物

成土母质由岩石风化而成的，可进一步形成土壤。因此，可以通过岩石的矿物成分和土壤的特征来识别成土母质。一些常见的岩石，如花岗岩、玄武岩、砂岩、石灰岩、页岩、石英岩的风化产物（成土母质）及其发育的土壤的特征如下：

花岗岩的风化物：含石英、长石等矿物多，质地粗（多为散碎的沙粒），透水性好。通常，这类母质形成的土壤，层次深厚，砂黏适中，而且含有钾素（由长石风化后提供）。如果砂性过强，遭受侵蚀，则十分贫瘠。

玄武岩的风化物：没有石英，质地多黏细，富含铁、镁的矿物，透水性较差，矿质养分含量较丰富。

砂岩的风化物：含砂量较高，松散，透水性好。如果石英含量多，形成的土壤，质地砂，养分含量少，肥力较低；当母岩含长石、云母或其他矿物较多时，可形成较肥沃的土壤。

石灰岩的风化物：母岩的矿物成分是碳酸钙，黏土杂质含量很少。湿润的地区，风化作用以溶解为主。风化残留物少，质地黏细，富含钙质，酸性较弱；土层浅薄，并直接覆盖在基岩上。干旱的地区，化学风化作用较弱，土层浅薄。

页岩的风化物：富含黏土矿物（在地表较稳定）。在湿热条件下，较黏重，矿质养分较丰富，保水力强，易形成较肥沃的土壤。

石英岩的风化物：母岩坚硬致密，风化困难。地面的风化层含有大小不一的碎石。土层薄，质地粗，肥力不高。

3. 主要成土过程

（1）原始成土过程：在裸露的岩石表面或薄层岩石风化物上着生细菌、放线菌、真菌等微生物，随后生长藻类，再后生长地衣、苔藓，它们开始积累有机物并为高等植物生长创造条件。

（2）灰化过程：在强酸性淋溶作用下，土壤矿物遭受破坏。铁、铝和有机质发生化学迁移形成淀积层，二氧化硅在表层残留，形成灰白色的淋溶层（称灰化层）和铁、铝氧化物的淀积层。

（3）黏化过程：一定深度土层黏粒的生成或淋溶、淀积而导致黏粒含量增加的过程。尤其在温带、暖温带的半湿润、半干旱地区，土体中的水热条件较稳定，发生强烈的原生矿物分解和次生黏土矿物的形成，或表层黏粒向下机械淋洗而淀积，形成黏粒明显聚积的黏化层。

（4）富铝化过程：在湿热气候条件下，土壤中原生矿物遭受强烈分解，盐基离子和硅酸移动并大量淋失，铁、铝、锰在次生黏土矿物中不断形成氧化物在相对聚积，使土体呈鲜红色。这种铁、铝的富集过程由于伴随着硅以硅酸形成的淋失，亦称为脱硅富铝化过程。

（5）钙化过程：在干旱和半干旱弱淋溶条件下，易溶性盐大部分被淋失，硅铝铁氧化物基本不发生移动，而钙、镁等盐类就地累积或在土体中发生淋溶、淀积，并在土体中、下部形成一个钙积层。

（6）盐渍化过程：在干旱及高山寒漠地区，地表水、地下水及母质所含易溶性盐分，在蒸发作用下于地表或土体中聚积形成盐化层。

（7）碱化过程：在季节性积盐和脱盐频繁交替作用下，土壤吸收复合体上钠的饱和度很高，水解后，释放碱质，其 pH 值可高达 9 以上，呈强碱性反应，并引起土壤物理性质恶化的过程。

（8）潜育化过程：土壤长期水分过饱和，铁锰化合物在嫌气条件下被还原为低价铁、锰。使上层颜色变为灰蓝色或青灰色的潜育层；同时，低价铁、锰流动性强，极易流失，即发生所谓“潜水离铁作用”，使潜育层黏粒部分的硅铝率和硅铁率都较高。

（9）潴育化过程：系指土壤形成中的氧化-还原过程。主要发生在直接受到地下水浸润的土层中。由于地下水位的季节性变化，使该土层干湿交替，从而引起铁、锰化合物发生移动或局部淀积，在土体中形成锈纹、锈斑以及含有铁锰结核的土层，称为潴育层。

（10）白浆化过程：土壤表层由于季节性上层滞水，引起土壤表层铁锰还原，并随水侧向流失或向下淀积，部分则在干季就地形成铁锰结核，使腐殖质层下的土层逐渐脱色，形成粉砂含量高，铁、锰贫乏的淡色白浆层。

（11）腐殖质化过程：有机质在土壤表层聚积，形成暗色腐殖质层。这种土壤的腐殖化过程主要发生在草原和草甸土中，同时也广泛发生于自然界其他土壤中。自然界中，各种土壤是某种主要成土过程和某些附加成土过程相叠加的产物。研究成土过程可以为土壤的分类和分布、土壤的利用和改良及农业生产规划等提供科学依据。

（12）泥炭化过程：有机质以植物残体形式的累积过程。

（13）土壤的人为熟化过程：在人类合理耕作利用改良及定向培育下，使土壤朝着肥力提高的方向发展的过程。

4. 成土母质的成因类型

岩石风化形成的成土母质按搬运和沉积特征，分为定积母质和运积母质。前者是指岩石风化后保留在原地的残积物，也叫残积母质。后者是在重力、水、风、冰川等作用下搬运到其他地方形成的各种沉积物，如坡积物、洪积物、冲积物、湖积物、海积物、风积物、冰碛物等，相应地称作坡积母质、洪积母质、冲积母质、湖积母质、海积母质、风积母质、冰积母质等。

残积母质：是岩石就地风化，且未经搬运的产物，主要分布在山地、丘陵顶部或较高的部位。母质来自基岩，其原生矿物组成与基岩基本相同。夹杂碎石和砂砾，磨圆度差，颗粒无分选性，层次不明显。发育的土壤，一般土层较薄，由上到下砂砾和碎石含量增多，粒径逐渐增大；由于通透性好，盐基淋失较多，土壤 pH 值一般较小。

坡积母质：是岩石风化物在重力、流水的作用下，沿坡面搬运堆积而成。多出现在山坡或山麓处。搬运距离较短，夹杂的砾石，无磨圆度，分选性不好，没有明显的层次。坡积母质一般较深厚，且承接坡上的各种盐基物质，所以形成的土层深厚，养分较丰富，pH 值较高。

洪积母质：山上的岩石风化物被山洪搬运沉积而成，多分布于山麓和沟谷出口处，形成洪积扇或洪积锥。母质粗细混杂，分选性差，在山口处以砾石、粗砂为主，向外逐渐为细砂和黏土，土层薄，易透水。

冲积母质：一般是由河流侵蚀、搬运和堆积而成。主要分布在河床内。砾石磨圆度和分选性好。一般冲积物在河床纵向上的粒径由粗到细。河流上游山区河床冲积物多为巨砾、卵石；山前河床冲积物主要是卵石、粗砂；中游丘陵平原区河床冲积物以粗-细沙为主；下游与河口段河床冲积物为细-粉沙。从河床浅滩、河漫滩到阶地，沉积物一般越来越细，呈带状分布。发育在河漫滩上的冲积物多为二元结构，即上层为质地细（黏土、粉沙等）、具有水平层理的河漫滩相堆积，而下层为质地较粗（较粗大的沙粒和砾石）、具有交错层理的河床相堆积。冲积母质形成的土壤，一般土层深厚，富含养分。

湖积母质：是湖盆底部的沉积物，主要分布在地形低洼地区。沉积物颗粒较细，形成的母质层较厚，有时还具有层次。湖积母质，受生物、气候、地球化学物质迁移的影响很大，因此具有地域特性。我国南方的湖积物，多为肥沃、黑色的沉积物；西北内陆的湖积物，往往伴随盐湖相沉积，造成严重的盐渍化。

海积母质：是海滨物质在波浪作用下沉积而成的，经常在风力作用下进行再搬运沉积。海滨沉积物具有斜层理，往往是砂质的。

风积母质：岩石的风化产物（包括小的砾石、沙等物质）在风力作用下从一个地方搬运到另一个地方之后沉积而成，如沙丘、沙漠等。风积物经过长时间的演化，形成了土壤。

冰积母质：冰川运动过程中，大量岩石碎屑物产生。这种被冰川搬运和冰川一起运动的碎屑物质称作运动冰碛。当冰川衰退和消融以后，运动冰碛就堆积下来，形成各种冰碛物。冰碛物是由砾、沙、粉沙和黏土组成的混杂堆积体，结构疏松，分选性差，粒级差别悬殊，一般无层理。冰碛物的矿物成分取决于冰川源区和冰川下伏基岩性质。冰碛物中砾石的磨圆度一般较差，颗粒形态多呈棱角状和半棱角状。

思 考 题

1. 简述未知矿物的鉴定。
2. 简述未知岩石的鉴定。
3. 简述主要的成土过程。
4. 简述各成土因素在土壤形成过程中的作用。

第二章　土壤剖面的野外观察

一、概　述

观察土壤剖面的形态特征，可以帮助了解土壤特性。因此，土壤剖面资料是确定土壤类型、土壤界线，以及选择典型土壤样品的重要依据。要求掌握观察土壤剖面的基本方法，了解土壤剖面性状与土壤肥力和农业生产的关系。

二、实　验

（一）实验工具

铁铲、土钻、钢卷尺、剖面刀、土壤坚实度计、塑料袋（采集分析土样用，其容量为 500 g 土左右）、标签、标本盒、铅笔、本门塞尔土壤色卡、pH 比色卡、比色瓷盘、10% 盐酸、pH 混合指示剂。

（二）实验内容

1. 基础知识

土壤剖面是指从地表垂直向下的土壤纵剖面，即完整的垂直土层序列。它是土壤成土过程中物质发生淋溶、淀积、迁移和转化形成的。每一种成土类型都有由其特征性土层组合形成的土壤剖面。土壤剖面按来源可以分为自然剖面和专门剖面。按剖面的用途和特性，又可分为主要剖面、检查（或对照）、定界剖面三种。

（1）自然剖面。

由于人为活动而造成的土壤自然剖面，例如，兴修公路、铁路、工程或房屋建设、矿产开采、兴修水利、平整土地和取土烧砖瓦，以及河流冲刷、塌方等，均可形成土壤自然剖面。自然剖面的优点是垂直比较深厚，可观察到各个发生土层和母质层，同时暴露范围比较宽广，可见到土层薄厚不等的各种土体构型的剖面，这就有利于选择典型剖面，比较不同类型土体构型的剖面，对分析研究土壤分类、土壤特性、土壤分布规律都比较有利。自然剖面的另一大优点是挖掘省工，只需挖去表面旧土就可进行观测。自然剖面的缺点是暴露在空气中较久，因受风吹日晒雨淋的影响，其剖面形态已发生了变化，不能代表当地土壤的真实情况，因而它只能起参考作用，不宜作主要剖面。但一些最新挖掘的自然剖面，在进行观测时，应加整修，以挖除表面的旧土，使其暴露出新鲜裂面。

（2）人工剖面。

这是根据土壤调查绘图的需要，人工挖掘而成的新鲜剖面，有的也叫土坑。

① 主要剖面：是为了全面研究土壤的发生学特征，从而确定土壤类型及其特性，而专门设置挖掘的土壤剖面。它应该是人工挖掘的新鲜剖面，从地表向下直接挖掘到母质层（或潜水面）出露为止。

② 检查剖面：这种剖面也叫对照剖面，是为了对照检查主要剖面所观察到的土壤性态特征是否有变异而设置的。它一方面可以丰富和补充修正主要剖面的不足，另一方面又可以帮助调查绘制者分土壤类型。检查剖面应比主要剖面数目多而挖掘深度浅，其深度只需要挖掘到主要剖面的诊断性土层为止，所挖土坑也应较主要剖面为小，目的在于检查是否与主要剖面相同。如果发现土壤剖面性状与主要剖面不同时，就应考虑另设主要剖面。

③ 定界剖面：顾名思义是为了确定土壤分布界线而设置的，要求能确定土壤类型即可。一般可用土钻打孔，不必挖坑，但数量比检查剖面还要多。定界剖面只适用于大比例尺土壤图调查绘制中采用，中小比例尺土壤图调查绘制中使用很少。

在成土过程中，原生矿物不断风化，产生各种易溶性盐类，例如含水氧化铁和含水氧化铝以及硅酸等，在一定条件下合成不同的黏土矿物。同时通过土壤有机质的分解和腐殖质的形成，产生各种有机酸和无机酸。这些物质在降雨的淋洗作用下发生淋溶和淀积，从而形成了土壤剖面的各种发生层次。

天然土壤剖面土壤发生层次的划分，过去常采用道库恰耶夫的划分方案，即腐殖质聚积层（A）、过渡层（B）和母质层（C）。1967 年国际土壤学会提出了新的土壤发生层次划分方案，将天然土壤划分为六个发生层：有机层（O）、腐殖质层（A）、淋溶层（E）、淀积层（B）、母质层（C）和母岩层（R），如图 3.2.1 所示。

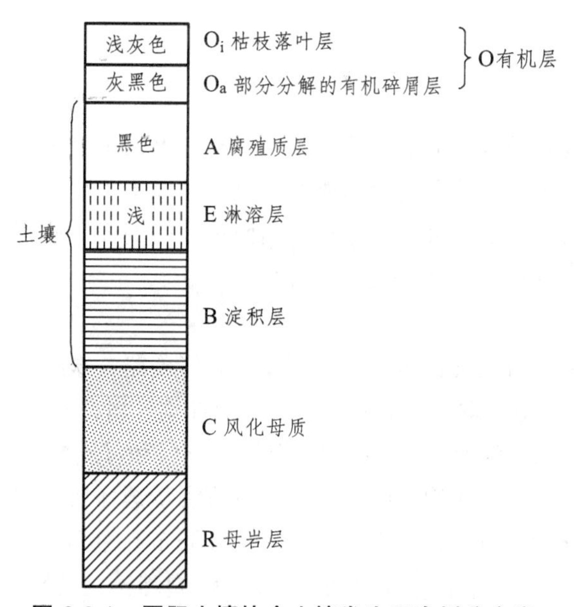

图 3.2.1 国际土壤协会土壤发生层次划分方案

人类生产活动和自然因素的综合作用，使耕作土壤产生层次分化。耕作土壤剖面从上到下一般分成四层：耕作层（表土层）、犁底层（亚表土层）、心土层（生土层）和底土层（死土层）。耕作层，由于受耕作施肥的影响，土性疏松、结构良好，有机质含量高，颜色较深，肥力较高，厚度一般大于 15 cm；犁底层，在耕作层之下厚 10～20 cm，土壤紧实，呈片状结构，有机质含量比上层少；心土层，在犁底层之下，受耕作影响比较小，淀积作用明显，颜色较浅；底土层，几乎没有受耕作影响，根系少，仍保留母质特征。

2. 观察方法

土壤剖面的观察除了要对剖面进行土壤发生层次的划分之外，还要对土壤的形态特征作观察、描述与记录。

（1）土壤剖面的选择。

土壤剖面观测地点应该具有比较稳定的土壤发育条件，因此要根据植被、小气候、小地形、岩石和母质类型，选择有代表性的地点；一般不宜在路旁、住宅四周、肥堆、沟边等人为影响较大的地方设置观察剖面。

（2）土壤剖面的挖掘。

观测地点选定后，即可开始挖掘土壤剖面。剖面坑的平面一般为 1×（1.5～2）m 的长方形，深度因土而异。对于发育在基岩上的土壤，一般挖至出露母岩为止；对于沼泽土、潮土、盐土和水稻土等地下水位较高的土壤，以出现地下水为止。观察面垂直向阳。挖掘剖面时应注意：丘陵山地的观察面应与坡向同向；较平坦的地方，观察面对面应修成阶梯状，以利于观察者上下土坑；在山坡上挖掘剖面时，应使剖面与等高线平行（与水平面垂直）；农田、苗圃、果园等种植园挖掘剖面时，应将表土与底土分别堆放在剖面两侧，以便看完土壤剖面以后分层回填，不致打乱土层，影响肥力；在观察面的上方留一个保护区，不要堆土和践踏，以保持植被和枯枝落叶的完整。剖面挖好后，用小锄修理观察面，尽量使土壤的自然结构面表现出来，以便正确判别土壤特征。观察结束后回填土坑，注意不能搅乱土层。

（3）观察点基本情况记录。

对土壤剖面进行编号，记录剖面所在位置、地形（海拔、地势、坡向、坡度）、地面侵蚀情况、植被、作物（以及轮作施肥情况）、土地利用、排灌情况、地下水位、土壤母质。

（4）土壤剖面形态的描述。

土层厚度，用剖面刀挑出自然结构面，根据土壤颜色、质地、结构、紧实度、新生体、侵入体及植物根系分布等形态特征，将土壤剖面划分成若干个层次。从地面开始算起，用尺子向下连续量出每个土层的厚度，并逐层记录下来。

干湿度，土壤湿度即土壤干、湿程度。通过土壤湿度的观测，不但可了解土壤的水分状况和墒情，而且有利于判断土壤颜色、松紧度、结构、物理机械性等，因此，在土壤剖面描述中必须观测土壤湿度。野外判断的土壤相对湿度只在晴天时才有意义，一般分干、稍润、润、潮、湿五个等级（见表 3.2.1）。

表 3.2.1　土壤干湿度

级别	干湿度	判断标准
1	干	手捏土时，无湿和凉的感觉；用嘴吹气，有尘土飞起
2	稍润	手捏土时，有凉的感觉，稍有湿润感
3	润	手捏土时，有明显湿润感，但没有湿的痕迹（会让纸变湿）
4	潮	手捏土时，有湿的痕迹，可搓成球或条，但挤不出水来
5	湿	手捏压时，可挤出水来且黏手

① 干：土样放在手掌中，感不到有凉意，无湿润感，捏之则散成面，吹时有尘土扬起。

② 稍润：土样放在手中有凉润感，但无湿印，吹气无尘土飞扬，手捏不成团，含水量约8%～12%。

③ 润：土样放在手中，有明显湿润感觉，手捏成团，扔之散碎。

④ 潮：土样放在手中，有明显湿痕，能捏成团，扔之不碎，手压无水流出，土壤孔隙50%以上充水。

⑤ 湿：土壤水分过饱和，手压能挤出水。

土壤颜色，土壤颜色是土壤物质成分和内在性质的外部反映，是土壤发生层次外表形态特征最显著的标志。许多土壤类型的名称都以颜色命名，例如黑土、红壤、棕壤、褐土、紫色土，等等。

由于土壤颜色是十分复杂而多样的，绝大多数呈复合色彩，其基本色调是红、黑、白三种，其复合关系可用土壤颜色三角图式来表示。加以每人对颜色的分辨力和理解不同，因而对土壤颜色的描述上存在的分歧也较大。

为了使土壤颜色的描述科学化（避免主观随意性），真正能反应土壤颜色的本质，目前普遍采用以门塞尔颜色系统为基础的标准色卡比色法，它包含有428个标准比色卡。命名系统是用颜色的三属性，即色调（hue）、亮度（value）、彩度（chroma）来表示的。

色调，是指土壤所呈现的颜色，又叫色彩或色别，它与光的波长有关。包括红（R）、黄（Y）、绿（G）、蓝（B）、紫（P）五个主色调，还有黄红（YR）、绿黄（GY）、蓝绿（BG）、紫蓝（PB）、红紫（RP）等五个半色调或补充色调，每一个半色调又进一步划分为四个等级，如2.5YR、5YR、7.5YR、10YR。

亮度：也叫色值，是指土壤颜色的相对亮度。以无彩色（Neutral color，符号N）为基准，把绝对黑作为0，绝对白作为10，分为10级，以1/、2/、3/、4/、5/、6/、7/、8/、9/、10/表示由黑到白逐渐变亮的亮度。

彩度，指光谱色的相对而言纯度，又叫饱和度，即一般所理解的浓淡度，或纯的单色光补白光“冲稀”的程度。土壤颜色的完整命名法是：颜色名称＋门塞尔颜色标量，如：淡棕（7.5YR5/6），暗棕（7.5YR3/4）。5/6、3/4不是分数关系，不能写成分子式。土壤颜色的比色，应在明亮光线下进行，但不宜在阳光下。土样应是新鲜而平的自然裂面，而不是用刀削平的平面。碎土样的颜色可能与自然土体外部的颜色差别很大，湿润土壤的颜色与干燥土壤的颜色也不相同，应分别加以测定，一般应描述湿润状态下的土壤颜色。土层若夹有斑杂的条纹或斑点，其大小多少和对比度，影响到土色时，亦应加以描述。如根据明显度（即按土体与斑纹之间颜色的明显程度）划分为：① 不明显：土体与斑纹的颜色很相近，常是同一的色值和彩度。② 清晰：相差几个色值和彩度。③ 明显：不仅色值和彩度相差几个单位，而且具有不同的色调。

根据丰度，即按单位面积内斑纹所占面积的百分数，可分为：① 少：少于2%。② 中：2%～20%。③ 多：多于20%。

根据大小，按斑块最长轴直径分为：① 细：<5 mm。② 中：5～15 mm。③ 粗：>15 mm。

土壤质地，野外鉴定土壤质地，一般用目视手测的简便方法。此法虽较粗放，但在野外条件下还是比较可行的。鉴定者经过长期磨炼，也可达到基本鉴别质地类别的目的。土壤质地的鉴别应注意“细土”部分的鉴定和描述。鉴定质地时，先边观察，边手摸，以了解在自然湿度下的质地触觉。然后和水少许，进行湿测，再按上述判定质地，定名、填入记载表。砾质土壤质地描述，要在原有质地名称前冠以砾质字样，如多砾质砂土、少砾质砂土等。

① 少砾质：砾石含量 1%～5%；

② 中砾质：砾石含量 5%～10%；

③ 多砾质：砾石含量 10%～30%。

砾石含量在 30% 以上的土壤属砾石土，则不再记载细粒部分的质地名称而以轻重相区别，如轻砾石：砾石含量 30%～50%。中砾石土：砾石含量 50%～70%。重砾石：砾石含量大于 70%。土壤质地类型的准确测定需通过室内分析。在野外可以用简单易行的手测法（包括干测法和湿测法）来鉴定土壤质地（见表 3.2.2）。干测时，取一蚕豆大小的土块，用拇指和食指上下压捏，根据捏碎的难易和粉末的粗细及手指的感觉来鉴定；湿测时，取一小快土，捏碎成粉末，用水调匀至不粘手为止，然后根据手指的感觉和土壤的形态变化进行行鉴定。

表 3.2.2　土壤质地的手测法

<table>
<tr><th rowspan="2">质地名称</th><th rowspan="2">泥沙比例</th><th rowspan="2">干测法</th><th colspan="2">湿测法</th></tr>
<tr><th>手搓</th><th>手挤</th></tr>
<tr><td>砂土</td><td>1∶9</td><td>分散不能成块</td><td>不能搓成球</td><td></td></tr>
<tr><td>砂壤土</td><td>2∶8</td><td>疏松成块，手触即散</td><td>能搓成球，但不能搓成条</td><td rowspan="2">不能成扁</td></tr>
<tr><td>轻壤土</td><td>3∶7</td><td>手捏即散，有粗糙感</td><td>能搓成较粗的土条，拿起摇动即散</td></tr>
<tr><td>中壤土</td><td>4∶6</td><td>用力捏可散，有面粉感</td><td>土条能弯成圆环，但产生裂痕</td><td>能成扁，易断裂</td></tr>
<tr><td>重壤土</td><td>5∶5</td><td>用很大力才勉强捏碎</td><td>土条能弯成圆环，不产生裂痕</td><td>能成扁条，不易断</td></tr>
<tr><td>黏土</td><td>6∶4</td><td>用很大力也难以捏碎，有刺手感</td><td>圆环压扁时也无裂痕</td><td>扁条弯曲也不断</td></tr>
<tr><td>石渣子土</td><td>石渣>5%</td><td></td><td></td><td></td></tr>
</table>

土壤结构，在自然条件下，土壤被手或其他取土工具轻触而自然散碎成的形状，即土壤的结构体。土壤结构主要是按形态和大小来划分。在野外常见的有：粒状、核状、棱柱状、片状、块状等。土壤结构影响土壤孔性，从而影响土壤水、气、肥，以及耕性。它是土粒的排列、组合形式。土壤结构体是土粒互相排列和团聚，具有一定形状和大小的土块或土团。它们具有不同程度的稳定性。自然土壤的结构体种类可以作为土壤鉴定的依据。土壤结构体是依据它的形态、大小和特性等进行分类的。土壤结构体通常有片状、柱状、块状和团粒等形态。在野外观察土壤结构，先挖取一大块土，用手顺其结构之间的裂隙轻轻掰开，或轻轻摔于地上，使结构体自然散开。然后观察结构体的形状、大小，确定结构体类型。再用放大镜观察结构体表面有无黏粒或铁锰淀积形成的胶膜，并观察结构体的聚集形态和孔隙状况。观察完后用手指轻压结构体，看其散开后的内部形状或压碎的难易，也可将结构体浸泡在水中，观察其散碎的难易程度和所需时间，以了解结构体的水稳性。

联合国粮农组织的《土壤剖面描述准则》中，对土壤结构按级、类、型等单位来划分，同时辅之以大小范围（mm）。

① 级：指团聚体的程度，表达团聚体内黏结力之间的差异，以及团聚体之间的不同黏附能力。这种特性随土壤含水量的多少而不同。共划分为四个级：0——无结构：见不到团聚体，或没有明确的依次排列的微弱自然线条。若有黏结便是大块状，若无黏结便是单粒。1——弱结构：能观察到不明显土体特性的团聚体程度，扰动则崩解成几个完整土体，这些土体往往与没有团聚力的土粒混合在一起。还可细分为特弱级、中等弱级。2——中等结构：已形成明显而良好的土体结构，中等耐久。在未扰动土壤中表现不明显，扰动则崩解成许多明显而完整的土体及少量非团聚体的混合物。3——强结构：具有明显而稳定的土壤自然结构体，黏附力差，抗位移，扰动则分散成碎块，从剖面移走时能保持完整土体，同时包括少数碎土体及无团聚的土粒。也可再分为中强、很强级。

② 类和型：类用以描述团聚体的平均大小；型用以描述结构体的形状。

松紧度，它是反映土壤物理性状的指标。目前测松紧度的方法、名词术语概念尚不统一。有的用坚实度，有的用硬度。坚实度指单位容积的土壤被压缩时所需要的压力，单位用 kg/cm^3；硬度指土壤抵抗外压的阻力（抗压强度），单位用 kg/cm^2 表示。因此，松紧度应用特定仪器来测试。在没有仪器的情况下，可用采土工具（剖面刀、取土铲等）测定土壤的松紧度。其标准可概括如下：

Ⅰ. 极紧实：用土钻或土铲等工具很难楔入土体，加较大的力也难将其压缩，用力更大即行破碎。干结时结成坚硬的块状，很难用手弄碎，块状外表呈光滑面，质地为黏土，往往形成棱块状、柱状等结构，多出现于土层中部，有时成硬盘层；湿时泥泞，可塑性强，泥团用力切割会留下光滑面，黏性强。

Ⅱ. 紧实：土钻或土铲不易压入土体，加较大的力才能楔入，但不能楔入很深。干时也很紧实甚至坚硬，用手很难捏碎，加压力也难缩小其体积；湿时可塑性强，属黏土或黏壤质地。

Ⅲ. 稍紧实：用土钻、土铲或削土刀较易楔入土体，但楔入深度仍不大。干时较紧，但不坚硬，可以用手捏碎，并形成一定形态的结构体，如团块结构。质地属壤土，湿时可塑性较差，用力切割形不成光滑面，加压力会使体积缩小，但缩小程度不太大，用土钻取土能带出土壤。

Ⅳ. 疏松：土钻、削土刀很容易楔入，深度大，易散碎，加压力土体缩小较显著，湿时也呈松散状态。若含大量腐殖质，则形成团粒结构，土体易散碎，缺乏可塑性，透水性强。

孔隙，土壤剖面描述孔隙时，必须对孔隙的大小、多少和分布特点，进行仔细地观察和评定。土壤孔隙的大小分级标准：

① 小孔隙：孔隙直径<1 mm；

② 中孔隙：孔隙直径 1～2 mm；

③ 大孔隙：孔隙直径 2～3 mm。

土壤孔隙的多少，用孔隙间距的疏密或单位面积上孔隙的数量来划分，一般分为：

① 少量孔隙：孔隙间距约 1.5～2 cm，1 cm^2 有 1～50 个孔隙，或 2.5 cm^2 面积上有 1～3 个孔隙；

② 中量孔隙：孔隙间距约 1 cm 左右，10 cm^2 面积上有 50 ~ 200 个孔隙，或 2.5 cm^2 内有 4 ~ 14 个孔隙；

③ 多量孔隙：孔隙间距约 0.5 cm，10 cm^2 内有 200 个以上的孔隙，或 2.5 cm^2 内有 14 个以上孔隙。

土壤孔隙形状有：

① 海绵状：直径 3 ~ 5 mm，呈网纹状分布；

② 穴管孔：直径 5 ~ 10 mm，为动物活动或植物根系穿插而形成的孔洞；

③ 蜂窝状：孔径大于 10 mm，系昆虫等动物活动造成的孔隙，呈现网眼状分布。

在观察孔隙时，对土壤中裂隙也应加以描述。裂隙指结构体之间的裂缝，其大小可划分为：

① 小裂缝：裂缝宽度<3 mm，多见于结构体较小的土层中；

② 中裂缝：裂缝宽 3 ~ 10 mm，主要存在于柱状、棱柱状结构体的土层中；

③ 大裂缝：裂缝宽度>10 mm，多见于柱状、棱柱状结构的土层内，寒冷地区的冰冻裂缝也大于 10 mm。

新生体，土壤中的新生体是土壤形成过程中的产物，它是确定土壤类型、鉴定土壤肥力的重要依据之一，常见的新生体有：二氧化硅（白色，常呈粉末状，存在于结构面上）、碳酸钙（常呈结核、结皮、粉末等形态）、铁锰氧化物和氢氧化物（颜色复杂，呈锈棕色、猪肝色、黑色等）、亚铁化合物（带深蓝色、淡蓝或绿色）、易溶性盐类（在剖面层中呈盐霜、脉纹和粉粒状）、石膏（白色或稍带黄色，是土层内细小或较大的孔隙或孔洞中常见的脉纹状物、假菌丝体、结核状物，有时石膏在土面上形成结皮和盐霜）。

石灰反应，取一小块土，放在瓷盘上，加入 3 ~ 5 滴 10% 盐酸，如果有气泡出现，说明土壤含有碳酸盐。根据气泡多寡，进一步判断土壤中石灰的含量（见表 3.2.3）。

表 3.2.3　石灰反应分级

反应程度	反应现象	估计碳酸盐含量（%）
强	气泡急剧，历时很久，有响声	>5%
中	明显气泡，但很快消失	1% ~ 5%
弱	缓慢放出小气泡，或难以看到气泡	<1%
无	没有气泡出现	0

动物穴及其填充物，土壤剖面层次中，往往有土壤动物活动形成的洞穴和填充物，它反映土壤形成特性，尤其是土壤松紧度和有机质含量状况，因而动物活动状态在一定意义上反映土壤肥力状况。例如，蚯蚓活动频繁的土壤，有机质蚯蚓类含量、土壤孔隙数量较多，土壤肥力也较高；草原土壤中，多啮齿类动物的洞穴和填充物。

植物根系，植物根系的种类、多少和在土层中的分布状况，对成土过程和土壤性质有重要作用，因此，在土壤剖面的形态描述中，须观察描述植物根系。

植物根系的观察、描述，主要应分清根系的粗细和含量的多少，其标准可分为：

① 按植物根系的粗细分：

Ⅰ. 极细根：直径小于 1 mm，如禾本科植物的毛根；

Ⅱ. 细根：直径 1～2 mm，如禾本科植物的须根；

Ⅲ. 中根：直径 2～5 mm，如木本植物的细根；

Ⅳ. 粗根：直径大于 5 mm，如木本植物的粗根。

② 按植物根系的含量多少，可分为三级描述：

Ⅰ. 少根：土层内有少量根系，每平方厘米有 1～2 条根系；

Ⅱ. 中量根：土层内有较多根系，每平方厘米有 5 条以上根系；

Ⅲ. 多量根：土层内根系交织密布，每平方厘米根系在 10 条以上。

此外，若某土层无根系，也应加以记载。

新生体，新生体不是成土母质中的原有物质，而是指土壤形成发育过程中所产生的物质。比较常见的新生体有石灰结核、石灰假菌丝体、石灰霜；盐霜、盐晶体、盐结皮；铁锰硬盘、黏土硬盘等。新生体的种类、形态在状态和成分，因土壤形成过程与环境条件而异。描述新生体时，要指明是什么物质、存在形态、数量、分布状态及颜色等特征。

侵入体，指由于人为活动由外界加入土体中的物质，它不同于成土母质和成土过程中所产生的物质。常见的侵入体有砖瓦碎片、陶瓷片、灰烬、炭渣、煤渣、焦土块、骨骼、贝壳、石器等。

观察侵入体，首先要辨别人类活动加入土体的物质，还是土壤侵蚀再搬运沉积的物质。由于其来源的不同，可说明土壤形成发育经历过程的差异。

对侵入体的观察和描述，不但要弄清是什么物质、数量多少、个体大小、分布特点，而且应探讨其成因，这样做有助于对成土过程的深入了解。

pH 值，剖面观测中，速测土壤的 pH 不但可帮助了解土壤的性质，而且可作为土壤野外命名的参考。

测定方法可采用速测法——用混合指示剂比色法，或用 pH 值广泛试纸速测法。即用蒸馏水浸提土壤溶液，滴加 pH 混合指示剂（或用 pH 广泛试纸醮取侵提液），然后用标准颜色比色以确定其 pH 的大小，从而判断该土属于酸性、微酸性、中性、微碱性、碱性。

（5）土壤标本及样品的采集。

土壤标本有土盒标本和整段标本两类。前者一般用于剖面比较、分类、对照和评土，是分层采集的小型示意性标本；后者能够完整地展示土壤剖面的真实状态，主要用于陈列。若需对土壤作精确的实验分析，则需采集土壤分析样品。

纸盒标本，根据土壤剖面层次，用剖面刀由下而上逐层采集原状土，挑出结构面，装入纸盒，结构面朝上，每层装一格，每格要装满。在盒盖上注明剖面号、土壤名称、母质、地形部位、植被、地下水位、地点、日期、采样人。为了避免标本多时易搞错，在盒盖盒底上要注明同样的剖面号。采集标本时应注意要有代表性，且保持土壤结构体原样，不能用手压实标本，使其主要形态特征在纸盒标本上能够反映出来。

整段标本，只在典型的土类上采集。先在土坑壁上挖一个与标本木盒内空大小（长 100 cm、宽 20 cm、厚 8 cm）一致的土柱，然后将木框套在土柱上，削平土柱加盖，用螺旋钉旋紧，用铁铲尖沿着土柱内缘垂直切断土柱（切时扶住带木框的土柱，顺势放下，勿使土柱断裂、破碎），削平，加盖即可。

分析样品，一般在各种土壤类型的主要剖面内挑选。采样时，先将观察面削去一薄层，露出新鲜土壤。然后根据土壤剖面层次，由下而上逐层取样。采样时要避免侵入体或其他偶然性的东西混入。表土层或耕作层全层均匀取样，以下各个层则选典型部位，取其中 10 cm 厚的土样（一般为 1 ~ 0.5）kg。如果只化验耕作层，可以围绕主要剖面周围采集 10 个点以上的耕层土壤样品，每个点的土样宽度、深度、长度力求一致，取完后，各点土样混合均匀，用对角四分法除去多余土样，留 500 g 左右。土样装入布袋或塑料袋，袋子内外要挂放标签，标明土壤剖面号、土壤名称、采样深度、地点、日期，采样人等。土样带回室内风干备用。化验项目主要有酸碱度、有机质、全氮、全磷、全钾、速效磷和速效钾等。

（6）剖面观察与描述记载。

土壤剖面形态特征包括土体构型，·各发生层次的颜色、质地、结构等，是野外鉴别和划分土壤类型的主要依据。因此，学习观察和正确地描述记载剖面特征，是土壤野外调查的重要基本功。

土壤发生层次及其排列组合特征（或剖面构型），是长期而相对稳定的成土作用的产物。由于各类土壤的成土条件、成土过程的差异，土壤发生层次及其剖面构型亦不相同。它是鉴别和划分土壤类型的重要形态特征之一。代表某土类或亚类成土条件、成土过程的土壤发生层次，可称之为该类型的诊断土层。例如，寒温带针叶林成土条件下的灰化层、腐殖质淀积层，就是灰化土的诊断层；温带草甸草原植被条件下的腐殖质化和钙化过程形成的暗色腐殖质层和钙和解层，就是草原土壤的诊断层。

根据土壤剖面发生层次的基本图式，结合实习地区剖面观察点的成土条件、各土层综合特性等来划分发生层次，并用符号加以标记。例如：用 A 代表腐殖质层；A_0 或 0 表示枯枝落叶层或草毡层；H· 表示泥炭层；E 表示淋溶层；B 代表淀积层；C 代表母质层；D 或 R 代表母岩层。根据各土层性状与成因的差异可进一步细分，并在大写字母的右侧加一小写字母的方式来表示区别，如：A 层可细分为：Ah（自然土壤的表层腐殖质层），Ap（耕作层），Ag（潜育化 A 层），Ab（埋藏腐殖层）。E 层可细分为：Es 或 A_2（灰化层），Ea（白浆层或漂洗劫层）。B 层可细分为：Bt（黏化层），BCa（钙积层），Bn（腐殖质淀积层），Bin 或 Box（富含铁、铝氧化物的淀积层），Bx（紧实的脆盘层），Bfe（薄铁盘层），Bg（潜充化的）。C 层可细分为：Ca（松散的），Cca（富含碳酸盐的），Ccs（富含石膏的），Cg（潜育化的），Cc（强潜育化），Cx（紧实、致密的脆盘层），Cm（胶结的）。

土层划分之后，采用连续读数，用钢卷尺从地表往下量取各层深度，单位为厘米，将量得的深度记入剖面记载表。最后将土体构型画成剖面形态素描图。

思 考 题

1. 简述土壤剖面的含义及划分。
2. 什么是土壤质地？
3. 主要从哪几个方面描述土壤剖面形态？

第三章　土壤侵蚀调查

一、概　述

土壤侵蚀的调查就是依据一定的方法和规则，将调查范围划分为若干个具有一定面积的调查单元进行土壤侵蚀调查。通过调查分析影响土壤侵蚀的因子，制定出土壤侵蚀形式、土壤侵蚀程度的判定指标，并形成判定指标体系。根据调查得到的土壤侵蚀类型、土壤侵蚀形式及其分布特点、土壤侵蚀发生程度及其强度，对调查范围内的土壤侵蚀发生发展特点、主要因素等作出评价。其成果主要包括两个方面：一是土壤侵蚀调查评价报告；二是与土壤侵蚀相关的图面资料，包括土壤侵蚀形式分布图、土壤侵蚀程度图和土地利用现状图、地面坡度图、沟系分布图等。

我国山区、丘陵区及风沙区的自然条件复杂，土壤侵蚀类型和形式多样，通过土壤侵蚀调查，可查明调查地区土壤侵蚀特点、发展规律、形成原因，以及调查范围的水土资源利用现状及土地利用状况对土壤侵蚀的影响等。归结起来，土壤侵蚀调查的目的有两个：一是为防治措施规划提供依据；二是为水土资源综合利用规划提供依据。

二、实　验

（一）概　念

土壤侵蚀是指在水力、风力、冻融、重力等自然营力和人类活动作用下，土壤或其他地面组成物质被破坏、剥蚀、搬运和沉积的过程。

（二）导致土壤侵蚀的营力

土壤侵蚀的营力分为内营力作用和外营力作用。内营力作用是由地球内部能量所引起的。地球本身有其内部能源，人类能感觉到的地震、火山活动等现象已经证明了这一点。地球内部能量主要是热能，而重力能和地球自转产生的动能对地壳物质的重新分配、地表形态的变化也具有很大的作用。内营力作用的主要表现是地壳运动、岩浆活动、地震等。外营力作用的主要能源来自太阳能。地壳表面直接与大气圈、水圈、生物圈接触，他们之间发生复杂的相互影响和相互作用，从而使地表形态不断发生变化。

外营力作用总的趋势是通过剥蚀、堆积（搬运作用则是将二者联系成为一个整体）使地面逐渐夷平。外营力作用的形式很多，如流水、地下水、重力、波浪、冰川、风沙，等等。各种作用对地貌形态的改造方式虽不相同，但是从过程实质来看，都经历了风化、剥蚀、搬运和堆积（沉积）几个环节。

（三）土壤侵蚀的因素

土壤侵蚀产生的原因既有自然因素的作用，也有人为因素的作用。自然因素包括气候（降水或风力等）、地形地貌、地表组成物质、植被盖度。

1. 气　候

几乎所有的气候因子都从不同方面影响土壤侵蚀作用，但主要是降水与风。降水量和暴雨是引起水蚀的主要因素。降水量越大，降水强度越大，侵蚀作用越强。风是引起风蚀的因素，风速与风的持续时间，决定土壤风蚀的强弱。

2. 地形地貌

地形地貌土壤侵蚀的影响主要体现在坡度、坡长、坡形及坡面糙率，它们决定着坡面径流的汇集和能量的转化程度，当坡度、坡形有利于径流汇集时，则能汇集较多的径流，而当坡面糙率大则在能量转化过程中，消耗一部分能量用于克服粗糙表面对径流的阻力，径流的冲刷力就要相应的减小。因此，不同的地形地貌对土壤侵蚀的影响是不同的，这也是在调查和评价土壤侵蚀时不可忽略的一个因子。

3. 地面组成物质

地面组成物质是侵蚀的对象，但其本身的物理性状也影响侵蚀的发生和侵蚀强度。土壤透水性越好，渗水量大，渗透迅速，则地表径流小，侵蚀弱，反之易遭侵蚀。土壤透水性决定于土壤质地、结构、孔隙、湿度及土体构型等。土壤抗冲性越大，抵抗径流机械破坏和推移的能力越强。土壤抗冲性与土壤的膨胀系数、土壤中植物根系量及土壤硬度、结构有关。

4. 植被盖度

植被阻止土壤侵蚀。植被覆盖度愈大，保护土壤的作用愈强。植被的地上部分可拦截雨滴，减轻溅蚀，其中以森林植被的作用最明显；森林、草地中的凋落物层及草丛，可分散地表径流，减缓流速；植物的地下部分，即根系可固结土壤，减少冲刷。植被还可削弱地表风力，减轻风蚀作用。

人为活动是导致土壤侵蚀加剧的主导因素，其行为主要是破坏森林、滥垦草原、不合理开垦坡地、耕作粗放等。

一般，各种因素对土壤的侵蚀作用不是单一表现的，它们是相互作用、相互制约的，因此，在调查和评价土壤侵蚀时，要根据不同的侵蚀类型提出不同的治理措施。

（四）土壤侵蚀的类型

1. 土壤侵蚀分类系统

土壤侵蚀分类既要考虑侵蚀发生的成因联系，又要重视侵蚀发育阶段和形态特点；既要突出主导因素的作用，又要考虑综合作用的影响。科学工作者根据土壤侵蚀研究和其防治的侧重点不同，将土壤侵蚀的类型划分为三类：根据起主导作用的侵蚀外营力类型与性质来划分、按土壤侵蚀发生的时间划分和按土壤侵蚀发生的速率划分。

2. 按导致土壤侵蚀的外营力种类进行土壤侵蚀类型的划分

这是土壤侵蚀研究和土壤侵蚀防治等工作中最常用的一种方法。一种土壤侵蚀形式的发生往往主要是由一种或两种外营力导致的，因此这种分类方法就是依据引起土壤侵蚀的外营力种类划分出不同的土壤侵蚀类型。这种类型可将土壤侵蚀类型划分为水力侵蚀、风力侵蚀、重力侵蚀、冻融侵蚀、冰川侵蚀、混合侵蚀和化学侵蚀等。

以人类在地球上出现的时间为分界点，将土壤侵蚀划分为两大类：一类是人类出现在地球上以前所发生的侵蚀，称之为古代侵蚀（Ancienterosion）；另一类是人类出现在地球上之后所发生的侵蚀，称之为现代侵蚀（Modernerosion）。人类在地球上出现的时间从距今 200 万年之前的第四纪开始时算起。

按土壤侵蚀发生的速率，可将土壤侵蚀划分为加速侵蚀和正常侵蚀。

3. 土壤侵蚀强度分级指标

土壤侵蚀强度是指地壳表层土壤在自然营力（水力、风力、重力及冻融等）和人类活动综合作用下，单位面积和单位时段内被剥蚀并发生位移的土壤侵蚀量，以土壤侵蚀模数表示。其单位名称和代号为吨每平方千米年（t / km · a），或采用单位时间段内的土壤侵蚀厚度，其单位名称为毫米每年（mm / a）。土壤侵蚀强度分级原则上以土壤允许流失量与全国最大流失量为两级值，内插分级，全国统一划分为 6 级，分别为微度、轻度、中度、强度、极强度和剧烈。

（五）土壤侵蚀的危害

土壤侵蚀属于自然灾害，它包含面蚀、沟蚀、崩塌、滑坡、山洪、泥石流、风沙等，常常造成农田淤埋、桥梁垮塌、厂矿被毁、道路中断等，给山区、丘陵区及风沙区的农业、工矿、交通带来巨大的灾难。当前，土壤侵蚀已成为全球性的公害，它危及着全人类的生存、社会稳定和经济发展。土壤侵蚀的危害具体表现在以下几个方面：① 破坏土地资源；② 制约粮食增长；③ 造成灾害频繁发生；④ 降低土壤肥力；⑤ 污染水资源环境；⑥ 淤积库容和湖泊；⑦ 危害城市的安全。

土壤侵蚀问题是人类生存发展过程中所面临的重大环境问题，世界各国都遭受不同程度的土壤侵蚀。我国是土壤侵蚀问题最严重的国家之一，全国的土壤侵蚀面积高达 482.53 万 km^2，占国土面积的 50.78%。我国土壤侵蚀类型主要包括水力侵蚀、风力侵蚀和冻融侵蚀。青藏高原和新疆、甘肃、四川等地分布有现代冰川的高原、高山，是冻融侵蚀为主的类型区；新疆、甘肃的河西走廊、青海的柴达木盆地、宁夏、陕北、内蒙等地的风沙地区，是风力侵蚀为主的类型区；其余的所有山地丘陵地区，则是以水力侵蚀为主的类型区。

（六）土壤侵蚀的调查方法

1. 高差法

（1）实地测量法：在一定的时间间隔的起止分别精确测量各个观测点的高程值，利用统计学方法求得区域的平均土壤侵蚀厚度，再计算其侵蚀模数。

（2）航空摄影高程测量法：一定时间间隔内进行两次航空摄影，再利用仪器在室内对两套照片进行高程测量，求得侵蚀模数。

2. 侵蚀针（Erosion Pins）

侵蚀针也叫标桩法，是最为简单易行的土壤侵蚀研究方法，用树立在坡面、细沟或切沟内的有刻度的标桩或铁钉来记录侵蚀或沉积的垂直高度，利用土壤容重来推算土壤侵蚀量。侵蚀针法具有灵活、省钱、省力的优点，但只能用于侵蚀或沉积量的粗测。由于侵蚀导致地形高度的变化，使用这种方法时侵蚀针的插入会引起土壤扰动，邻近针的水流受到影响，而且侵蚀速率一般每年只有几个毫米，因此需要长期的测量来获得可靠的侵蚀估计。

3. 捕沙器法

该方法是挖坑将盒子放入坑中，盒子的上端与地表齐平，在斜坡上收集表面径流和沉积物。为了得到单位面积上的土壤侵蚀速率和侵蚀量，需要确定捕沙器收集的泥沙来源面积，因此需要圈闭范围。

4. 阶地剖面法

要求选择某一流域主河道发育较好、保存完整的多个阶地横剖面，横剖面的选择要具有典型意义，并注意均衡分布，通过实测剖面上的物质侵蚀堆积量及其时间段来求取侵蚀速率。

5. 水土流失监测点法

在特定研究区域设置监测点，用水槽或托盘以固定的比例把径流和沉积物收集到大容器中，得到该地块的土壤流失量。监测地块用混凝土、金属边框、木料、石棉等限定地块面积，在这种侵蚀物质贡献面积已知的情况下，土壤流失速率就可以用单位面积单位时间的流失量来表示。

6. 侵蚀小区测定法

用木板、铁皮、混凝土等围成矩形小区或天然的集水区，在较低的一端安装集水池和测量设备，以确定每次降雨的径流量和土壤流失量。小区测定法是定量研究土壤侵蚀的经典方法。

7. 地貌研究法

地貌研究法是一种早期使用的土壤侵蚀研究方法。它是通过野外观察、测量与土壤侵蚀有关的各种地貌现象，定性或半定量地确定土壤侵蚀强度。

8. 土壤学方法

该方法是将土壤剖面各层的现今厚度与原始厚度进行比较，进行侵蚀的强弱分类。

9. 水文学研究方法

水文学研究方法是建立在长期水文观测的基础之上，通过测量断面控制范围内的侵蚀量来研究土壤侵蚀现状的。

10. 测量学方法

此类方法通过研究每平方千米土壤侵蚀的总重量（常用侵蚀掉的土层的厚度来表示），以计算整个流域内的侵蚀模量。侵蚀土壤的厚度则是利用各种测量学方法求取，根据所采用的测量手段的差异，又可以分为以下几种方法：① 高程实测法；② 航空摄影测量法；③ 直接丈量法等。

11. 地球化学法

（1）稀土元素示踪法：此法是通过施放多种作为示踪剂的稀土元素，经过一定的侵蚀时间（如一次暴雨）后，在特定的位置采集侵蚀泥沙，利用中子活化分析技术测定其中 REE 浓度，用以测量任何一给定坡段的侵蚀和沉积量。所选取的稀土元素应具有土壤背景值低、实验时施加量少、容易识别和探测且不易被植物吸收等特征。Lc、Ce、Nd、Sm、Eu、Dy、Yb 是应用较多的几种示踪剂。在施放方法上，又可以分为段面法、条带法、点状法三种。

（2）放射性核素法：137Cs 作为示踪剂运用于土壤侵蚀研究在理论和技术上较为成熟，其他用于土壤侵蚀研究的放射性核素如 7Be、10Be、210Ph、226Ra、228Ra 近年来也陆续有所报道，而 239Pn、240Pu、228Tn、3H、241Am、90Sr 等放射性核素在沉积环境恢复方面的研究预示着它们在土壤侵蚀速率研究领域的可能性。

12. 遥感研究法

利用遥感数据光谱特征，对地表植被覆盖度、地形地貌、土壤、地球化学异常等信息进行提取、分析与处理，特别是 GIS、GPS、RS 技术的结合进行土壤侵蚀的定性和定量研究。

（七）利用小区径流法进行野外调查土壤侵蚀的具体步骤

① 规划布置小区时，要选择能代表区域环境特征（包括地形、土壤、土地利用、植被、人为生产活动等）的地段，小区径流场应设置在具有代表性的典型地段。

② 考虑环境因素的极端情况，如坡度和坡长的极大、极小值，极端降雨、植被覆盖度等，以使设置的小区涵盖和适应各种情况。

③ 具体布设的地段，应有一定面积，尽可能使小区设置相对集中，并应交通方便，利于管理和观测。

④ 在小区集中的径流场周围要设栏保护。

⑤ 为了使不同环境区域观测资料有可比性，及不同小区观测资料归一化，各径流场必须设置一组标准小区，最好设全国一致的标准小区。标准小区面积为 $5 \times 20\ m^2$，坡度为 10°（或 15°），地面采用裸露休闲匀整的直线坡、人工锄草和长期不施肥处理。

⑥ 小区观测属于 1∶1 比尺的真实观测，因而必须保持自然原始状态，尽量减少认为对地形尤其对土壤层次的干扰破坏。

⑦ 小区规划时，要有相当数量的坡度和坡长小区，因为地形因子不易改变，需要先设置好。坡度在 10°以下时，可设 3 级或 4 级，如 2°、5°、8°或 2°、4°、6°、8°、10°以上可等距设置，如 10°、15°、20°…根据目前研究结果，25°～28°存在着侵蚀强度转折点，一般不再设大于 30°的裸露小区，但林草地小区多在 20°以上。坡长小区一般按自然坡面设置，如丘陵区从分水岭到峁边线，分水岭到峁梁坡边线，分水岭到沟坡底边三个坡长小区；在地面倾斜匀整的区域，也可在保持坡度不变的情况下，等距设置坡长小区，如 20 m、40 m、60 m、80 m…或 20 m、30 m、40 m…

⑧ 侵蚀小区各处理必须设置重复（最少需一个）构成一组处理，各处理在径流场内的排列多为对比随机排列，若条件允许也可作对比顺序排列，标准小区组也排列其中。

⑨ 小区测试应从每年第一次降水产生侵蚀开始，到最后一次侵蚀降雨结束。我国北部地区，一般从每年 5 月 1 日起到 10 月底止，因而要保持观测期小区处理的一致性。

（八）小区修建及设施

① 为提高测验精度，侵蚀观测的径流小区布设成宽 5 m、长 20 m（水平距）的长方形，且顺坡向为长坡；重复小区紧邻，中间被隔板分开。

② 每组小区设置宽不小于 2 m 的保护带，保护带的处理与小区相同。

③ 用三角形小土埂或混凝土板（中间为隔板）把小区与保护带（或小区）分开。混凝土板与隔板高不小于 40 cm，厚约 5 cm，埋深不小于 20 cm。

④ 小区顶部应有排洪渠（亦称截水沟），以防止上部坡面径流流入小区。底部设集流槽，将径流泥沙导入集流池或集流桶。

⑤ 集流槽上沿为一水平面，宽不超过 5 ~ 10 cm，集流槽下沿为挡土墙，槽体中部为倾斜的陡槽，将径流泥沙导入集流口，并通过安装在墙体内的集流管，将径流泥沙收集在集流池（桶）中。集流槽多为混凝土或砖砌砂浆抹面做成，表面匀整光滑，以减少泥沙沉积。

小区径流泥沙多为雨后总量观测，若径流泥沙数量不大，可采用激流池收集。该池平面为一小正方形或长方形，利用设在边壁的刻度尺可以推算出体积。为了清除泥沙方便，通常在下游的一个角设一个小排泥坑，多为 10 cm × 10 cm × 10 cm 尺寸大小（也可留有塞孔）。当集流桶收集径流泥沙时，可用一个或两个（甚至三个、四个）集流桶连接方式收集。当径流泥沙总量大，则采用集流桶加分流箱收集，设置分流箱可以加（称一级分流）也可以每隔一个集流桶加分流箱收集。分流箱为一铁皮制长方箱体，长、宽、高分别为 45 cm、30 cm、45 cm，结构箱内安装有两道活动铁丝网和一道挡水板，铁丝孔径 1.6 cm（黄土区），它能阻挡杂物，不影响出流。挡水板能将翻滚扰动的水流经消力栏消能后转变成稳态流，使水出流平稳，少有波浪。分水箱的分水孔设在近底部约 15 cm 处，孔径为 2 cm 或更大。通常分水箱前的集流桶泥沙多，经沉积进入分水箱，泥沙含量逐渐减少。不管分水箱的分水孔有多少个，仅收集中间一孔至下一集流桶。

应该注意的是，无论采用何种设施收集径流泥沙，顶部均有防雨遮盖，以免雨水落入。

（九）小区观测项目、方法与资料整理

1. 分水箱分水系数试验

分水箱的结构变化是为出流均匀服务的，但实践证明中孔出流量小，边孔出流量大。若要改变结构尺寸，需要厘定分水系数。厘定分水系数是一项细致反复的试验工作过程。设集中试验流量，计算出总流量、分水系数α和误差。

$$\text{总流量} = \text{边孔出流量} + \text{中孔出流量}$$

$$\text{分水系数}\alpha = \text{总出流量}/\text{中孔出流量}$$

分水系数最大误差是从该流量多次试验中的最大α（或最小α）与平均α值之差；最大误

差百分数是分水系数最大误差与多次求得的平均分水系数α之比的百分比值。一般分水系数最大误差应控制在1%上下，并在实地安装之后，再进行测试，以避免人、畜影响而变化。

2. 径流观测与计算

降雨产量结束以后，应立即观测收集的径流量。当为集流池（或仅有集流桶）时，可直接测量浑水位，计算出或用表查出浑水总体积（$V_{浑总}$）。当有分水箱时，在量得分流前的浑水量、分流箱的水量以及分流箱后的出流量后，用已知的分水系数α计算出浑水总量。式为：

$$V_{浑总} = (V_{A1} + V_{A2} + \cdots) + V_{AB} + (V_{B1} + V_{B2} \cdots V_{BC}) \times \alpha_1 + V_C \cdot \alpha_1 \alpha_2$$

式中 V_{A1}、$V_{A2} \cdots V_{AB}$——分流前集流桶和分流中的泥水量（m^3）；

V_{B1}、$V_{B2} \cdots V_{BC}$——第一次分水量（m^3）；

V_C——第二次分水量（m^3）；

α_1、α_2——试验的第一次、第二次……分水系数。

需知上述取得的数值为含泥沙的浑水量，并非产流真值。从浑水体积中扣除其中泥沙体积，以及集流槽收集的多余径流和其他人为加入水量后，才能得出小区产流量。即

$$V_{净} = V_{浑总} - V_{泥总} - PA_{集} - V_{其他}$$

式中 P——降雨量（m）；

$A_{集}$——集流槽面积（m^2）；

$V_{浑总}$、$V_{泥总}$——分别为浑水总体积和泥沙总体积；

$V_{其他}$——其他人为加入水量。

3. 泥沙观测与计算

泥沙观测分泥沙取样及处理两个步骤，其中取样十分重要。

（1）采样：在取样前，首先应将集流槽中沉积的泥沙，收集或扫入（或用定量水冲入）集流池中；再分不同情况采样。若是集流池，用人工将浑水充分搅匀，立即用采样器取柱状水样；再搅匀，再取一个水样；这样重复3～4次（视泥沙含量而定）；然后将水样混合，取出1 000 cm^3浑水样。

若采用有分流箱的集流桶收集浑水方式，由于泥沙的沉积作用在多级分流箱的前半部分泥沙多，后部分的集流桶中泥沙含量少，这样就需分别采样。采样方法同前。

这里要详细说明采样器机操作方法。一般采集柱状水体（从水面至底部）的采样器有多种，小区测验中常用的有旋底式长管、小径玻璃管和采样桶采样三种。旋底式长管采样器为一长1 m，直径约5 cm的硬塑料管，管底由转动底板带止水橡皮塞组成，管侧用固定夹将管与转动杆连接，转动杆顶部安装弹簧和手柄。使用时先将底板旋转打开，待水搅匀后，将采样器垂直插入水体中部，直至水底后关闭地板提出，晃动倒入收集处理盒中，重复1～2次即可。注意将取样管中泥沙倒净，可用清水涮洗，最后要扣除涮洗水量。小径玻璃管采样器为直径约1 cm的玻璃管顶端套结6 cm长的橡皮管。操作时应小心将玻璃管缓慢插入水中，防治砂石打碎玻璃，到底后用手夹紧橡皮管（或折夹），防止空气进入；再缓慢提出，并用另一只手堵塞底孔，同上法倒入处理盒中。采样桶采样是最简单的采样方法，称横式分层采样。它用镀锌铁皮制成，容积在1 000 cm^3以上。采样时将水搅匀，约20～30 cm深采集一筒。为

使底层采样准确，先从筒底第一层采样起，直到水表层结束，在采样筒入水前，横拿样筒并用小塑料板盖住筒口，到采样位置后，打开筒口收集水样并再次将盖口提出，注入处理盒中，如此反复直至结束。由上述采样器采样方法可以看出，管式采样器采样精度较高，采样筒精度较低，但后者设备简单、操作容易。

（2）样品处理：将采集样注入铝制样品盒（盒需编号）后立即称重（G_1）或量积（V_1），以免因气温高蒸发损失；后静置 24 h，再过滤出泥沙（通常慢慢到出清水）；再将盛泥沙盒放入烘箱，在 110 °C 温度下烘干至恒重（约需 6 ~ 8 h），取出放置常温称重（G_2）。

（3）计算：经过以上收集和处理，取得基本观测资料后，就可计算：

① 样品泥沙量 $G_{泥}$及含沙量ρ;

$$G_{泥} = G_2 - G_{盒}$$

$$\rho = G/V_1$$

式中　$G_{盒}$——为盛该样盒重（g），通常在盒上标出；

G_2，V_1——分别为烘干泥加盒重和泥水样体积。

② 一次产沙量 $G_{泥总}$及平均含沙量 $\bar{\rho}$。

若采用集流池或无分水箱集流桶集流，因等距采样，则求其平均含沙量后再求泥沙总量。式为：

$$\bar{\rho} = \rho_1 + \rho_2 + \cdots + \rho_n/n$$

$$G_{泥总} = V_{浑总} \cdot \bar{\rho}$$

式中　n——测次或重复样次；

$V_{浑总}$——集流池浑水总体积（m^3）。

若采用集流桶加分水箱收集径流泥沙，则在求得个集流桶、分水箱的含沙量后，以下式计算总泥沙量：

$$G_{浑总} = V_{A1}\rho_{A1} + V_{A2}\rho_{A2} + \cdots + V_{AB}\rho_{AB} + (V_B\rho_B + V_{BC}\rho_{BC}) \times \alpha_1 + V_C\rho_C \cdot \alpha_1\alpha_2$$

③ 径流量及径流、侵蚀模数。

前述得出泥沙总重量，还需换算成体积，才能在浑水体积中扣除，得到径流总体积。计算总泥沙体积：

$$V_{泥总} = G_{泥总}/\gamma_{泥}$$

式中　$\gamma_{泥}$——泥沙容重；

$G_{泥总}$——泥沙总重量。

通常一个地区的径流场设置后，土壤类型及其物理性质变化小，可以预先求出$\gamma_{泥}$，有的以土壤容重代替（因为主要流失的是表层土壤）。

计算总径流量：

$$V_{水总} = V_{浑总} - V_{泥总}$$

计算相同处理一组小区的平均产沙量和径流量，计算时要注意单位统一。有了平均径流总体积（m^3）和平均泥沙总重量（kg），再求出各处理径流模数和侵蚀（泥沙）模数：

$$M_w = V_{水总} \times 1\,000 \ (m^3/km^2)$$

$$M_s = G_{泥总} \times 1\,000 \ (kg/km^2 或 t/km^2)$$

将一年中各次产流和侵蚀的模数相加，即得本年某一小区的径流模数（$m^3/km^2 \cdot y$）和侵蚀模数（$t/km^2 \cdot y$）。经过多年得出平均径流模数（$m^3/km^2 \cdot a$）和平均侵蚀模数（$t/km^2 \cdot a$）。

（十）用测针法进行土壤侵蚀调查的具体步骤

测针法是将细针（通常用细钉代替）按等距布设在要观测的裸露坡面上，从上到下形成一观测带（岩性一致也可从左到右），带宽 1 m；若要设置重复，可相邻布设两条观测带，通过定期观测测针间坡面（如图 3.3.1 中 AB、BC、AD…）到两侧针顶面连线距离的大小变化，计算出土壤侵蚀的平均厚度。该法若从上向下布设测针，为避免人为影响，高度较大，除注意安全外还要注意不要影响观测带。测针打入土坡会破坏周围小范围土体，因而，不能测量测针处坡面变化，必须在 AB 间，AD 间，BC 间…进行测量。在布设好测针后，即可量测坡面到 AB 或 AD、BC…测针顶连线的距离，依次记录作为基数。后每月量测一次，用后者距离减去基数得该月该点剥蚀厚，用算术平均法求得平均剥蚀厚。无论采用何法测定剥蚀量，都必须换算到平面单位面积上。换算式为：

$$B = \frac{L}{\cos\alpha}$$

$$S = A \cdot B = \frac{AL}{\cos\alpha}$$

式中 B——观测坡面的水平长度（m）；

A——观测坡面水平宽度（m）；

L——观测坡面的倾斜长度（m）；

α——观测坡面的坡度。

应用集泥槽法直接称重（风干），除以 S 得每平方米剥蚀量；应用测针法，在算出平均剥蚀厚度后乘以 1 m^2 得体积，再乘以土（岩体）容重即得 1 m^2 斜面剥蚀重量，除以 $\cos\alpha$ 即得每平方米剥蚀量。

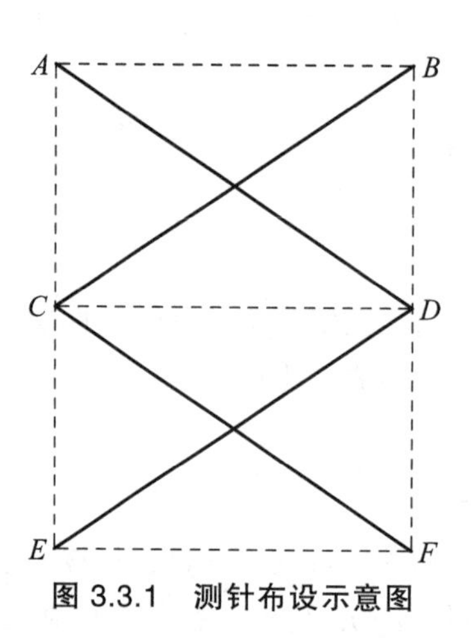

图 3.3.1 测针布设示意图

（十一）利用 3S 进行土壤侵蚀调查的具体方法

1. 资料准备

（1）TM 影像。

采用比例尺为 1∶5 万至 1∶10 万的 TM 2, 3, 4 波段近期假彩色合成数字图像为基本工作底图。图像处理的几何精校正采用最小二乘法计算，像元重采样采用最近邻点法或双线性插值法，影像几何纠正误差不超过 2～3 个像元。采用的投影为等面积割圆锥投影，用全国统一的中央经线和双标准纬线，中央经线为东经 105°，双纬线为：北纬 25°和北纬 47°采用克拉索夫斯基椭球体。

（2）土地利用图。

水利部的数据文件，数据格式为工作站 Arc/info 的 Coverage。投影方式同陆地卫星 TM 影像数据。

（3）其他资料。

收集与土壤侵蚀有关的图件和文字资料。特别是能反映近年变化的各种资料。为了提高影像的信息可解译性和保证成果质量，广泛收集整理现有基础研究成果及各种比例尺的地质图、地貌图、植被图、土壤图、沙漠化图、土壤侵蚀图、土地利用图、中国水土流失区划图和流域界线图等专业性图件；站点的水文、气象观测资料：包括水文站点的水文泥沙资料、实验站的土壤侵蚀观测资料、淤地坝的泥沙淤积资料及其他有关研究报告。

2. 野外踏勘调查，建立影像判读解译标志

野外踏勘调查，掌握区域土壤侵蚀变化的第一手资料，特别是影响区域土壤侵蚀变化的各种影响因素的近年特点，拍摄相应的野外实况照片，每一张照片均记录拍摄时间、所处位置的经纬度、拍摄的方位角和内容简介等相关信息，建立土壤侵蚀类型和强度变化的遥感解译标志，用于土壤侵蚀强度判读分析。同时，收集有关从影像上无法获取的信息资料。

3. 室内人机交互判读

（1）首先输入标准分幅地形图大小的影像栅格文件，如文件数据量太大，需要进行分块作业。如果选用 Arc/info 更新软件，需对图像数据进行处理，但需注意的是 Arc/info 环境下的图像显示效果较差。

（2）利用 Intergraph MGE Arcview 或 Corel Draw 软件对栅格数据和矢量数据的综合处理能力、数据分层管理能力、数据分层管理功能，设置 TM 图像层、土地利用层，建立新的土壤侵蚀数据层面，以人机交互方式，在计算机屏幕上进行土壤侵蚀类型及强度变化部分的判读，用鼠标或笔式鼠标直接进行图斑界限勾绘和属性判定。为保证判读解译的准确性，经过个人初判、交叉核判和质量检查与修改三道工序，最后形成侵蚀更新草图。下面就 ArcView 对 GPS 接收数据的处理进行详细介绍：① 将 GPS 接收数据导出后转成*.dbf 数据格式。② 进入 ArcView，在 Untitled 下选择 Table 并 add 一个*.dbf 文件。③ 添加一个 View 并激活它，在 View 下拉菜单中选择 Add Event Theme，根据 Add Event Theme 对话框提示，进行 Table 文件、X 和 Y 坐标数据项的输入，确定后生成一个 GPS 定位点主题。④ 在 Theme 下拉菜单中选择 Convert to Shapefile，将 GPS 定位点主题转换成 ArcView 格式的*.shp 点主题。

4. 判读完成后保存

使用 Intergraph MGE 和 Corel Draw 软件，以*.dbf 矢量格式文件导出，而应用 ArcView，以*.shp 格式导出。之后用 Arc/info 的 Dxfarc 和 Shapearc 命令转换成 Arc/info 格式，进行图形编辑使用。

5. 野外验证

利用 GPSD 对不熟悉地区和土壤侵蚀与影像特征不明确及有怀疑的地方，进行实地对照验证，修改土壤侵蚀图斑，检验判读精度。

6. 室内修改

根据野外验证情况，对土壤侵蚀动态更新草图进行全面修改，主要是对属性修改。

7. 图形编辑与数据集成

将修改定稿后的土壤侵蚀草图导入 Arc/info7.1.1 进行编辑处理和数据集成与更新，同时用 Mapjoin 命令将两个相邻地区图形文件拼接在一起，在 Arcedit 中对相邻两地方同一专题层面的图形实施接边处理（包括图形接边和属性接边），属性接边指不同侵蚀类型和强度分级的接边，图形接边指具体图斑界线的接边。以上工作完成后，用 clean 或 build 命令建立图形拓扑关系：

Arc：BUILD <cover> {POLY | LINE | POINT | NODE | ANNO.<subclass>}

Arc：CLENA <in_cover> {out_cover} {dangle_length} {fuzzy_tolerance} {POLY | LINE}

再经过 nodeerrors 和 labelerrors 两个命令进行改错，直至拓扑后无错误为止，最终形成土壤侵蚀图形、属性数据库。

8. 面积量算、分类统计与数据库建设

在 Arc/info 属性数据库中，进行土壤侵蚀面积量算，并用分类分级面积统计和加权平差，最后建立调查地区的土壤侵蚀动态变化数据库。

9. 土壤侵蚀动态更新内容与表示方法

（1）土壤侵蚀动态内容。

采用多位复合编码方式，包括原属类型、强度和目前应该属于的类型和强度、判读分析和动态图斑提取后的信息与原来的土壤侵蚀图进行叠加，叠加后的成果中包括未变化区域的原有图斑信息，也包括已经变化区域内的动态信息图斑。

（2）土壤侵蚀动态表示方法。

土壤侵蚀类型与侵蚀强度未发生变化的地区分类系统采用 2 位编码方式表示，如 12、22 分别表示水力侵蚀轻度和风力侵蚀轻度。

对本次调查侵蚀强度和类型变化的地区分类系统采用 6 位复合编码方式表示，如 120110，前 3 位表示原属类型和强度，后 3 位表示目前应该属于的土壤侵蚀类型及其强度。由于土壤侵蚀分类系统的编码爵士 2 位，本次均需在其后补“0”，相当于 6 位编码的第 3 位和第 6 位。

土壤侵蚀分类分级标准及参考指标依据水利部最新颁布的《土壤侵蚀分类分级标准》确定。土壤水力侵蚀、风力侵蚀、重力侵蚀强度分级标准见表 3.3.1、3.3.2、3.3.3。

表 3.3.1　土壤水力侵蚀的强度分级标准

级别	平均侵蚀模数 [t/(km^2·a)]	平均流失厚度（mm/a）
微度	<200，<500，<1 000	<0.15，<0.37，<0.74
轻度	200，500，1 000～2 500	0.15，0.37，0.74～1.9
中度	2 500～5 000	1.9～3.7
强度	5 000～8 000	3.7～5.9
极强度	8 000～15 000	5.9～11.1
剧烈	>15 000	>11.1

注：本表流失厚度系按土的干密度 1.35 g/cm^3 折算，各地可按当地土壤干密度计算。

表 3.3.2　土壤风力侵蚀分级参考指标

级别	床面形态（地表形态）	植被覆盖度（%）（非流沙面积）	风蚀厚度（mm/a）	侵蚀模数 [t/(km^2·a)]
微度	固定沙丘、沙地和滩地	>70	<2	<200
轻度	固定沙丘、半固定沙丘、沙地	70～50	2～10	200～2 500
中度	半固定沙丘、沙地	50～30	10～15	2 500～5 000
强度	半固定沙丘、流动沙丘、沙地	30～10	25～50	5 000～8 000
极强度	流动沙丘、沙地	<10	50～100	8 000～15 000
剧烈	大片流动沙丘	<10	>100	>15 000

表 3.3.3　重力侵蚀强度分级标准

重力侵蚀分级		侵蚀形态面积占沟坡面积/%
1	轻度侵蚀	<10
2	中度侵蚀	10～25
3	强度侵蚀	25～35
4	极强度侵蚀	35～50
5	剧烈侵蚀	>50

10. 需要注意的问题

① 在 TM 影像的季相确定时，不仅要注意所在调查区域内 TM 信息瞬时覆盖时本身的质量（如含云量度小于 10% 等技术指标），而且必须顾及不同区域的时效性季相差异选择。

② 图形接边后保证图形内没有 dangle 点和“双眼皮”现象。

③ 质量检查样本采用随机抽样方法，检查图斑数不得少于图幅总图斑数的 5%，不符合精度要求者应及时返工。

④ 判读精度：图斑定性的判对率>90%，图斑界线勾绘的定位偏差<0.6 mm，相当于屏幕解译线划描迹精度为 2 个像元。

⑤ 上图标准：所有动态图斑最小上图标准为 TM≥6×6 个像元，条状图斑短边长度≥4 个像元。

因为我国地域辽阔，自然条件千差万别，各地区的成土速度也不相同，该标准规定了我国主要侵蚀类型区的土壤容许流失量（见表 3.3.4）：

表 3.3.4 我国主要侵蚀类型区的土壤容许流失量

类型区	西北黄土高原区	东北黑土区	北方土石山区	南方红壤丘陵区	西南土石山区
容许土壤流失量 [t/(km^2·a)]	1 000	200	200	500	500

（十二）土壤侵蚀的防治

目前，科学工作者对土壤侵蚀的研究已经取得了一定的成果，人们在土壤侵蚀的综合治理方面也做出了很大的努力，但是我国的土壤侵蚀类型复杂多样，土壤侵蚀过程本身的复杂性、影响因素间的相互作用以及进行理论分析、实际观测和室内试验存在诸多困难，而且人们对土壤侵蚀的危害性认识不够，致使土壤侵蚀状况依然严峻。因此，土壤侵蚀的防治是一项紧迫而艰巨的任务。对土壤侵蚀的防治对策主要有：

① 加大土壤侵蚀的科研力度，建立完善土壤侵蚀的调查和评价体系。

② 加强宣传教育，增强人们对土壤侵蚀的危害性的认识，减小人为因素的影响。

③ 因地制宜，研究、示范、推广有效的综合治理模式。

④ 合理开发土地，实行农、林、牧有机结合。

⑤ 国家政策性扶持和制订统一协调的综合防治规划。

思 考 题

1. 土壤侵蚀调查的目的是什么？
2. 简述利用 3S 进行土壤侵蚀调查的方法。
3. 如何合理开发土地，实行农、林、牧的有机结合？

第四章　地貌实习

地貌实习可以使学生初步了解地质、水文、气候、土壤与植被等对地貌发育、地貌灾害与防治的影响，使学生学习掌握地貌野外调查全过程的程序与方法，地貌法研究新构造运动，包括资料的搜集、野外观测记录、标本与样品的采集、资料的综合分析整理等。通过野外实习，使学生将理论知识与实践相结合，培养学生的实践能力，了解和掌握有关仪器和工具（罗盘、海拔仪、GPS 等）的使用原理和方法。

第一节　地貌调查程序

野外地貌调查程序可分为三个阶段：准备阶段、野外调查阶段和室内整理阶段。

（一）准备阶段

包括明确任务要求，收集和研究已有资料，了解调查地区情况，制订计划，以及各种物质、生活准备等。

1. 收集资料

全面收集前人有关本区和邻区的地貌、地质和自然地理等方面文献、报告和图表等资料，并加以研究整理，提出与本次调查有关的问题，以便在调查中解决。此外，还要收集卫片和航片，加以初步判读，以便对调查区的地貌得到初步了解。选择调查区的较大比例尺的地形图是一项重要工作，因为它是地貌调查的主要依据之一，选用地形底图时应当用较大的比例尺，便于较准确地定位和进行野外填图。选定地形图之后，同样要先作判读工作，作为野外工作中的参考。

2. 制订调查计划

根据调查任务的要求，结合具体情况，编制计划任务书。主要内容有：

① 前言：介绍调查的任务、目的要求、调查区的地理概况，包括地理位置、地质构造、自然灾害及交通等。

② 地貌概况及存在的主要问题。

③ 工作方案：提出调查方法和技术要求、器材装备、工作量、工作人员的配备、经费以及时间安排。

④ 预期成果。

（二）野外调查阶段

1. 初步踏勘

首先应对调查区作全面概括的了解，因此，应选择几条方向不同的路线作初步勘察。调查路线的选择原则一般有两个：

① 路线应穿越调查区的各种地貌类型，以便对每种地貌类型获得详细的了解。

② 通过的路线能揭露地貌发育与地质相关的问题。因此，调查路线选择应考虑：A. 路线垂直于山地走向：山地走向一般与地质构造或岩层走向一致，垂直于地质走向就能在短距离内测察到各种构造形态或岩性的变化，以及它们对地貌的影响。这种路线最为重要，它通常沿顺向谷，再顺向谷或逆向谷进行。B. 路线平行于山地走向：这种路线是横穿顺向谷或逆向谷进行，它对于了解山前地区的地貌，如河谷、沟谷、洪积扇的发育及新构造运动对地貌的影响等具有较大的作用。

2. 全面观测

在确定的主要路线上选择有代表性的观察点详细观察、描述、测量，并进行记录、填图、采样、照相及素描等。由于调查路线可能有多条，每条路线的观察点有多个，这项工作往往是多人同时进行的。观测点选择的原则有：

① 具有代表性及典型性的地貌类型。通过地貌类型点的分析也就得知调查区内同类地貌的状况。对于侵蚀地貌点，要注意选择岩性和构造明显的地点，对于堆积地貌点，要注意选择第四纪堆积物清晰、颗粒结构和构造明显、化石多、沉积连续和厚度大的地点。

② 地貌类型之间的转折点。它对解释相邻两种地貌的差别具有重要意义，为此要注意转折点的地质构造、岩性、堆积物或侵蚀作用的变化。

③ 地貌特殊点。该类地貌有异于相邻的地貌，它是调查中的一种补充。

④ 人类活动影响明显的地貌点。某些地貌的发育受人类活动影响甚大，如滑坡、崩塌、塌陷、水土流失等灾害性地貌点，更要详细了解。

3. 经常性和阶段性资料整理

目的是及时整理记录内容，校正错误，并对资料做初步归纳分析，以便发现问题，及时深入或补漏，纠正填图上的错漏；对采集的样品应按测试要求，进行分类整理，有的可做初步鉴定。

4. 小　结

对完成的野外工作，以及某些问题进行必要的小结，及时发现问题，解决问题，明确今后的任务和方法，及时调整工作计划和要求。

（三）室内整理阶段

（1）资料的整理主要对野外记录进行复核校对、归纳和综合分析整理，写成调查报告。将野外采集的样品按分析要求进行清理和鉴定。对照片应进行挑选、剪接或放大，并加以文字的简要说明，作为成果内容之一，纳入调查报告中。

（2）编绘图件包括地貌类型图、剖面图等，应将这些野外草图与前人的图件对比，修改补充，最后确定其内容，并按制图标准清绘成图，作为调查的重要成果之一。

（3）编写调查报告一般包括下列主要内容：

① 绪言。包括调查任务来源、目的、要求、地理位置、行政区划、范围、面积、人员组成、采用的调查方法与手段、调查日期、完成的调查项目和成果。

② 区域地理概况。包括地势、水系、气候、水文、土壤、植被等自然地理概况及交通经济概况。

③ 区域地质概况。简述本区主要影响地貌发育的地质构造、新构造运动及地质发展史概要。

④ 地貌分析。是调查报告的重点部分，内容包括地貌类型的划分及各类地貌特征、分布，地貌发育原因（与地质构造、新构造运动、岩性和第四纪沉积物、外力作用等的关系），地貌发育过程，地貌发育年代等。

⑤ 结束语。在分析研究的基础上，说明调查区内地貌的主要特征，发育规律或模式，地貌利用存在问题与改造意见和建议等。

第二节 地貌调查内容

野外地貌观测和记录的内容因任务不同而有所差异。一般着重于地貌形态的测量与描述、地貌的组成物质、地貌类型、现代地貌作用过程、地貌成因及地貌年龄的分析确定等方面的内容。地貌野外观测，重点是通过观测点上工作来完成。野外记录，是最原始的观测到的实际资料，是研究和解决地貌问题的依据。所以记录必须真实，力求全面、详细、整齐和清晰。

记录本在左面作剖面和素描图用，右面作文字记录用，它包括记录的日期、天气、路线（从 XX 到 XX）、观测点的顺序号（No.1、No.2…）、位置（位于某明显地物，如村庄、车站和桥等的方向与距离以及它所处的地貌部位，如河岸、冲沟和山顶等）、高程（绝对高度和相对高度）以及两点间所观测到的现象，而后再描述观测点上所见到的具体内容。下面就地貌野外观测和记录的主要内容扼要说明。

（一）地貌形态的测量与描述

确定地貌形态的特征要从定性和定量，即地貌形态特征观察描述和地貌形态的测量两方面进行观测和记录。由于不同等级地貌形态特征和空间分布规律是不同的，一般遵循从大到小，先整体后局部的原则进行描述。例如，首先进行大型地貌，如山地、高原、盆地等的描述；然后是次级地貌，如谷地、阶地、洪积扇、河漫滩等描述；再次是地貌要素的分析，如阶地由阶地面及斜坡谷组成，山由山顶、山坡和山麓三者组成。

如果要对形态特征作深入描述时，必须要作定量描述。因此，有关地貌的面积（长度、高度、宽度），表面起伏变化（坡度、坡形）、深度和密度，等等，都要用数据说明。这些数据可通过仪器实地测量或在地形图、航片上测量得到。

（二）地貌组成物质的分析

要解释地貌的成因，就需要对地貌的组成物质进行分析。在分析组成物质时，首先要判定是岩石还是第四纪松散沉积物。地壳运动形成的具有一定产状和结构的岩石是构成地貌的物质基础，对地貌发育有重要影响。因此，就要明确岩石的类型和抗蚀性（即抵抗风化作用和其他外力剥蚀作用的强度，它是岩石其他性质的综合反映，主要取决于岩石的矿物成分、可溶性、岩石的结构、硬度、透水性、产状等）。松散沉积物也有不同的机械成分、化学性质和层理结构等，也影响着地貌的发育。只有这样才能分析地貌的成因。

（三）查明地貌类型之间的相互关系

野外地貌调查时，要注意地貌与其他自然要素之间，各种地貌类型之间，以及地貌的各个要素之间在成因、发育和空间变化上的相互关系。例如，河谷阶地的纵横剖面变化，洪积扇的变形与新构造运动的关系，水平溶洞分布与阶地发育的关系，沙丘的分布、移动与主要风向的关系，海蚀穴和激浪的高度，剥夷作用与相关沉积之间的关系等。

（四）现代地貌作用和过程的观察

现代地貌作用常对工程设计和建设产生直接影响。如滑坡、沙丘移动、边岸冲刷、海岸侵蚀、泥石流、塌陷、水土流失、泥沙的沉积等，都可能会造成地貌灾害。在地貌调查中对现代地貌作用的强度、形成过程、发育阶段和规律等，都应详细观测或调查访问，并进行仪器测量，其资料对于生产建设和防治工作均有重要意义。

（五）地貌成因的分析

确定地貌的成因是比较复杂的，因此要综合、辨证的分析。主要根据地貌的形态和空间分布的特征进行确定。不同等级地貌形成的主导营力常常是不同的，就是相同等级的地貌或相似的地表形态，也可以由不同的主导营力生成。一般来说，堆积地貌，根据形态特征、物质的组成结构与岩相特征以及所受作用过程来确定其成因，侵蚀地貌除了根据形态特征和分布规律外，还要研究他们与地质条件和自然地理条件以及其他地貌成因类型的组合和相关沉积物的关系等来确定。

（六）分析地貌年龄

地貌年龄是指某种地貌形态最初形成的地质时代，如河流阶地年龄指的是最初形成河漫滩平原时的地质时代。显然，最初定形的古地貌发展至今，其形态经历了不同的发展阶段，已受到不同程度的改造。所以地貌年龄是古代地貌的年龄，地貌形态是现代地貌形态。地貌年龄可以分为绝对年龄和相对年龄两种。绝对年龄是指地貌形成距今的具体年龄。测定绝对年龄需要在野外采集有关沉积物的样品，通过实验分析才能得出，常用的测年方法有 ^{14}C 法、钾-氩法、铀系法、裂变径迹法和热释光法等。相对年龄是指地貌形成的先后顺序，即属早或晚，老或新的相对关系。主要确定方法有如下几种：

1. 相关沉积法

侵蚀和堆积是不可分割的统一过程，当山区受到侵蚀、剥蚀时，产生的碎屑物质就被带到山麓和山外堆积。因此，这些堆积物就是山区侵蚀地形的相关沉积，堆积物的年龄就是就是山区侵蚀地形的年龄。

2. 岩相过渡法

不同岩相的沉积物以直接接触、相互叠置、彼此穿插的形式，从一种岩相过渡到另一种岩相，称之为岩相过渡关系，这样两种岩相应该是同时期形成的。因此，当不明年龄的地层在水平方向逐渐过渡为岩相不同但时代已经确定的地层时，就可以根据后者确定其年龄。例如，同一时期的洪积物，由扇顶至扇缘，由粗变细，逐渐过渡，如果知道当中一段的年龄，则其他段年龄就可以断定，整个洪积扇的年龄也因而可以得知。

3. 年界法

不明年龄的地层如果分布于两个可以定出年龄的地层之间，这样就可以从其上、下地层的年龄确定其中间地层的年龄。

4. 位相法

侵蚀切割形成的夷平面和侵蚀阶地等地貌类型，其分布的位置越高，形成时代越老。位置越低，时代越新。如河流第三级阶地比第二级老，第一级阶地又比第二级新。

第三节　利用河流地貌特征分析新构造运动

对于新构造运动，大多数学者认为是新第三纪以来发生的地壳构造运动。由于新构造运动本身的特点，决定了研究方法的多样性和综合性。地质法、地貌法、考古学方法、大地测量、地震学方法等都是常用的研究方法。新构造运动是地球环境变化的重要因素之一，与重大灾害关系密切，它的研究对大型工程建设、地震预报、城市规划、环境及防灾减灾等都具有实用价值。

地貌法主要通过对河流地貌、岩溶地貌、海岸地貌、构造地貌、洪积扇、夷平面等内容研究新构造运动。这里主要介绍如何通过河流地貌特征分析新构造运动。

河流地貌是流水长期侵蚀、搬运和堆积而塑造的各种地貌。河流地貌的形成，除了流水的地质营力作用外，还受其他作用的影响。其中新构造运动与河流地貌的发育关系非常密切，受新构造运动影响后的河流发育在地貌特征上必然具有明显的构造运动烙印。故可利用这些特征，分析和推断新构造运动。

（一）新构造运动与河流作用的关系

河流在近地质时期发育过程中，伴随新构造运动同步进行。河流受构造运动影响后，河流的地质作用朝不同方向发展，当地壳抬升时，河流的侵蚀作用必然得到加强。这是由于地壳抬高，河床随之也要抬高。河流要保持它原来的高度，就强烈地向下侵蚀，加深河床。同时，由于地壳的抬升，相对降低了河流的侵蚀基准面，增大了河床比降，河流活力增大，所以侵蚀作用加强。如果地壳下降，河流的侵蚀作用反而减小，堆积作用相对增大，从而出现了不同形态特征的河流地貌。由于新构造运动也影响水系格局的变化，那么不同特征的河流地貌形态必然是不同性质的新构造运动烙印的反映，因此，可以利用新构造运动在河流地貌上的烙印，推断、研究新构造运动。

（二）分析新构造运动的几种方法

1. 河谷形态分析法

河谷受构造运动影响后，会表现出独特的形态特征。当地壳强烈上升，河流强烈下切形成的河谷横剖面常是非常陡峭的 V 形或峡谷形态。如长江三峡、黄河段的龙羊峡等都是新构造运动强烈上升后形成的典型峡谷。纵剖面常是比降很大的阶梯状或上凹形曲线，因其比降增大，河流溯源侵蚀增大，河床上形成裂点，每一次裂点即相当于一次地壳抬升，河谷平面形态也明显受构造运动的影响，当地壳稳定下降，河流才得以侧蚀，展宽河道，堆积大量冲积物，形成自由曲流。当地壳强烈抬升，河流强烈下切，河床深深切入到基岩里而形成深切曲流，这些典型形态特征是推断分析新构造运动的基本证据之一。

2. 水系格局分析法

流域如遇到新构造运动影响，水系发生不同形式的变化，掀斜式构造上升区可以形成平行状水系；断陷谷或断陷崖一侧可以形成支流短而密，且与主流呈直角相交的羽毛状水系；弯窿状构造区可以形成放射状或环状水系；有的因为构造运动的上升大于河流下切速度，致使有的支流与主流流向相反，有的支流绕道入主流。

3. 河流阶地分析法

（1）河流阶地。

河流阶地是由于河流下切，河床不断加深，原先的河漫滩地面超出一般洪水期水面，呈阶梯状分布于河谷两侧的地貌。一般河谷中有一级或多级阶地，每一级阶地都是由阶地面和阶地斜坡两个主要部分组成。标记阶地级序采用从新到老的方法，即自下而上的编号，把最新的称为第一级阶地，其余向上依次类推。在阶地调查时，应逐级系统地描述和形态测量，研究其形成时代（相对时代）、分布规律、保存和变形等。

（2）阶地形态要素的描述与测量。

① 阶地形态要素及其长宽高。阶地是由阶地面和阶地斜坡组合而成的，各级阶地面都是一个向河流下游及河床微微倾斜的斜面。它顺沿河谷分布在一定的距离内，其长度各级阶地均不等，常在各裂点之下而告终。阶地面的宽度是指阶地的前缘至后缘的距离，宽度大小由阶地保存状况而定，有宽有窄，但在同一个河谷横剖面上，低阶地面宽度常大于高阶地面宽度。随着河流侧向侵蚀过程，阶地面日益遭受破坏而缩小，以至消失。由于阶地面是微微倾斜的斜面，阶地面的高度各处不一样，一般测其前缘与后缘高出河流平水期水面的垂直距离。因而阶地面的高度常采用两个数字，如 25 ~ 30 m，这个数字为相对高度，同级阶地相对高度相差不大，下游略比中上游偏低，上游最高。阶地高度一般不采用海拔高度，因为海拔高度

常常把同级阶地分成不同等级，又把不同级别的阶地误认为是同级阶地，易造成很多混乱。

阶地斜坡是指前缘至坡麓的倾斜面。坡度大小各不相同，取决于斜坡组成物质和流水冲刷程度。一般来说，基岩斜坡较松散，沉积物组成的阶地斜坡要大些，上升区要比下降区陡峭，近河床比远离河床的斜坡要陡。

阶地面与阶地斜坡是代表河流发展两个不同的阶段，前者为河流相对稳定或微微下降，以堆积为主阶段的产物；后者则在地面抬升，流水深切时期形成的。它们反映陆地下降或海面上升和地面抬升或海面下降两个相反过程的产物。因此，在调查中不仅要查明各阶地形态要素，实测（或查图）长、宽、高数据，而且还要描述阶地形成的原因与过程。同时要注意研究阶地的组成物，以便进一步划分阶地类型。

② 阶地的类型。阶地形成要经过堆积与侵蚀两个阶段，两者的速度和幅度又有差异，因而形成不同类型的阶地。根据不同的分类标准，可以将阶地划分为不同类型，例如，根据形态和结构特征，将河流阶地分为侵蚀阶地、堆积阶地、基座阶地与埋藏阶地四种基本类型。它们可以在同一条河流的同一地段出现，也可以在一条河流的不同地段出现，如果在同一地段出现，一般高阶地为侵蚀阶地或基座阶地，低阶地是堆积阶地。如果在不同地段出现，通常上游为侵蚀阶地或基座阶地为主，下游以堆积阶地和埋藏阶地为主。非河流作用形成的阶地称为假阶地，如滑坡阶地、泥流阶地、构造阶地，等等。因此，在调查中除查明阶地形态特征外，还应该研究阶地的成因类型。

③ 阶地的时代。一般情况下，阶地的时代是由组成阶地的冲积物中最新冲积物时代来确定（徐馨，1992）。例如，覆盖在阶地面上的最新冲积物时代为中更新世，那么阶地形成时代应在中更新世以后。在其下级的低阶地，一般应覆盖晚更新世地层，时代应在晚更新世后期或更晚。如果这两级平台的堆积物相同，都是中更新世冲积物，那么两者高度虽不同，却属同级阶地，受后期差别侵蚀造成了高差，而不是两个时代的两级阶地。阶地通常是高度越高或级数越大（从下向上数级）其时代越老。但这两种确定时代的方法只是说明阶地形成的先后（相对时代），不能肯定其确切的年龄。埋藏阶地的时代则相反，埋藏越浅时代越老，埋藏越深时代越新。

④ 阶地的保存与对比不同的河流或同一条河流的不同河段，阶地保存不一致。阶地保存条件：第一决定于河流冲刷能力，第二取决于河流边界条件，第三要看阶地面积大小，第四应了解阶地剥蚀速度。总之阶地保存状况主要决定于河流变动过程，一般多保存在河流的凸岸。

⑤ 绘制河流阶地位相图。河谷纵剖面的发展与阶地的形成，是河流侵蚀作用与堆积作用长期相互作用的结果。研究河谷纵剖面的发展与阶地的成因，对于恢复河流发育史，确定流域地壳运动的性质和幅度，以及研究古气候、古地理的变化，都有重要意义。调查方法一般是从调查各河段的河谷横剖面开始。在作图之前，首先在野外实测的基础上并根据室内计算出的各项数据，确定比例尺。应用直角坐标系统，纵坐标表示高度，横坐标表示水平距离。作图时水平比例尺与垂直比例尺可根据精度以及实际要求确定（在必要时垂直比例尺可以放大到水平比例尺的 5 ~ 10 倍）。其次，根据实测和计算数据按照规定的比例尺画出地形线，并用规定的图例符号填绘各地貌单元的结构和组成物质。然后，将上、下游各河段的河谷横剖面联系起来，作出同一时代的阶地纵剖面图—阶地位相图。最后，进行图面整饰，包括注明图名、方法、比例尺、图例、重要的地理名称以及各地貌单元的名称等。

根据各时期阶地纵剖面的特点，分析各级阶地的成因，并恢复河谷发育的历史过程，为生产建设提供科学依据。

第四节 地形图的地貌判读（实验）

地形图是表示地形地物的平面图件。地形图上一般标有地形等高线和山峰、水系、道路、居民点等地物。还标有比例尺、经纬度或其他大地测量坐标、接图表、磁偏角、成图日期等。

在地形图上判断地形的基本方法：一组从四周向中间逐渐升高的等高线表示高地，最高处为山顶。一组从四周向中间逐渐降低的等高线表示洼地。从山顶向外突出的尖端指向低处的一组V字形等高线表示山脊。两条山脊之间的尖端指向高处的一组V字形等高线表示山谷。等高线稀疏的地方坡度小，等高线密集的地方坡度大。几条等高线并为一条等高线的地方是直立的峭壁。两个高地之间同时又是两条山谷的源头的地方称为鞍部。

根据罗盘交会法测得的点或GPS测得的点，再结合地形地物的判断，便可以标出观察点在地形图上的位置。如图3.4.1所示。

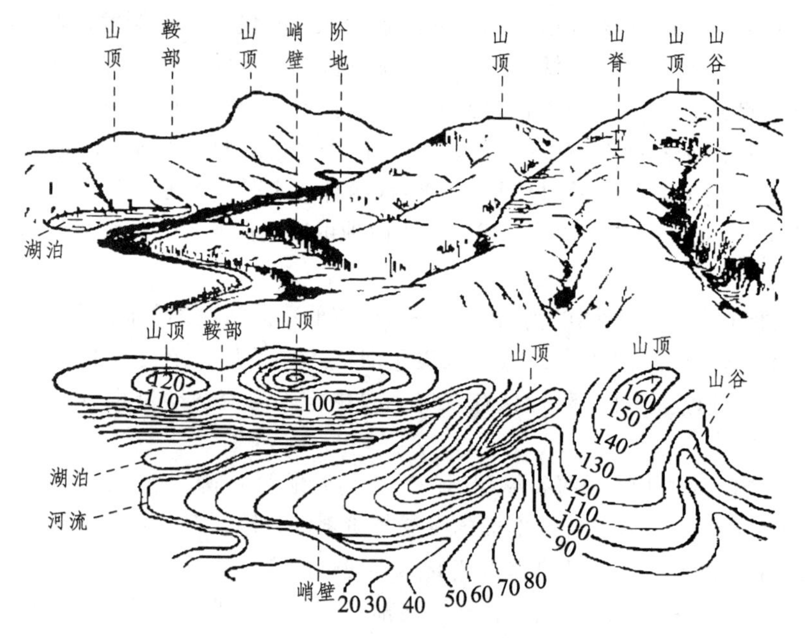

图 3.4.1 等高线表示的地形

1. 目的与要求

通过实习初步掌握地形图的地貌判读方法。学会从地形图上读出图面范围内的地形大势，地表形态的各种特征，初步确定野外观察的主要路线、地点和内容。

2. 主要内容

① 熟悉地形图中的图式符号，了解不同符号所反映的地形、地物及其数量与质量的特征。

② 熟悉各种类型地貌形态、形态组合、成因类型及相应物质组成的具体特征。

③ 分析与各种地貌形态对应的地形等高线典型图式。

3. 原理方法

地形图是地貌研究的重要工具，地形图的地貌判读，就是从等高线形式的变化出发，利用等高线形式与地貌形态间的对应关系、等高线形式变化与地貌形态类型组合的一致性，分析地貌形态与形态类型组合，判译地貌形态成因类型及物质组成。这样可以掌握图面范围内的地形大势，初步了解区域地貌的基本特征，还可以发现地表形态的细节。对地表形态的判读，一般包括形态描述与形态计量两方面。

（1）形态描述。

指用文字描述地表形态的特征。如对于山地，可描述山势的高低起伏、山体的走向与水文网的格局，等等。山脊线的走向或明显或紊乱；山峰与山脊的形态可以是尖峭的、浑圆的或平顶的；山坡形态可分为凸形的、凹形的或直线形的等。有的坡面宽阔平坦，有的则沟壑纵横、崎岖破碎。对于平原，应描述其展布的形势、起伏状态及其与江河湖海的关系。平原的形态可有平坦的、波状起伏的和倾斜的等区别；平原上常有洼地、天然堤、残丘等多种多样的中小形态。对于河谷平原，应注意河谷的形态，辨认河床形态类型，以及河漫滩与阶地的分异；描述阶地地面与阶地斜坡的形态，阶地的展布、级数以及阶地地面被侵蚀切割的情况。

（2）形态计量。

指用数字反映地表形态的定量指标，常用的有绝对高度、相对高度、坡度，以及各种地表形态的长度、宽度、面积、排列方位、分布密度、形态指数等。

4. 操作步骤

① 确定地面特征线。在进行地貌判读时，以流水地貌为主的地区，首先要确定地面特征线（地性线）的部位和走向。在流水作用下，常见的地性线有分水线（山脊线）、汇水线（谷底线）、坡折线和坡麓线，等等，这些地性线把地面分割成许多单元地形面。

② 判别地面形态类型。要从判断地貌的形态类型入手，根据等高线所反映的形态特征，初步确定大的形态类型。陆地地貌的形态类型，首先可分为山地、丘陵、台地和平原，等等，山地又可进一步划分为极高山、高山、中山和低山。最后划分并描述中、小地貌的形态类型。

③ 进行形态描述和形态计量。对于大、中、小形态类型的认识，需要进行详细的形态描述和形态计量。要注意它们的组合规律和空间结构特点，运用典型地段的地形剖面分析来把握不同地形面的垂直结构，如河漫滩、阶地和不同高度的夷平面，等等。

④ 分析形成原因。不同成因的地貌类型，其形态多有不同，这在地形图上通过等高线的配列弯曲而充分反映出来。因此，在对形态认识的基础上，就可以进行形态的成因分析，确定当地地貌发育的主要动力是内力还是外力，从而判断可能存在的形态成因类型。

根据形态成因类型及其空间结构规律，还可进一步分析地貌发育的特点，重建地貌发育的过程，把握地表形态在空间分布和时间演变上的规律。

思考题

1. 比较野外地貌调查程序的三个过程，简述各个过程的主要内容。
2. 简述地貌野外观测和记录的主要内容。
3. 利用分析新构造运动的几种方法分析新构造运动与河流地貌的发育的关系。
4. 利用地形图分析区域水系发育与地貌的关系。

第五章　气象与气候学实习（实验）

学习对温度、气压、湿度、降水、蒸发、风、云、能见度以及各种天气现象的观测，重点掌握观测的方法和观测仪器的使用方法及原理。通过实习，学生能认识天气现象，了解天气预报的基本方法。

气象观测是气象业务工作的基础，是研究、测量和观察地球大气层的物理和化学过程的方法和手段的学科。地面气象观测是气象观测的重要组成部分，它是对地球表面一定范围内的气象状况及其变化过程进行系统、连续的观察和测定，为天气预报、气象情报、气候分析、科学研究和气象服务提供重要的依据。包括地面气象观测、高空气象观测、大气遥感和气象卫星探测等。本书主要讲地面气象观测部分的内容。

一、实验一（建立观测场地）

（一）试验目的

了解气象站的建立条件及各种仪器的布局。

（二）试验要求

① 掌握气象站建立的原则、面积、大小等要求；② 掌握气象站内的各种仪器安装位置、要求，站内各种仪器布局的原因。

1. 观测场地的要求

（1）观测场一般为与周围大部分地区的自然地理条件相同的 25 m × 25 m 的平整场地；确因条件限制，也可取 16 m（东西向）× 20 m（南北向），高山站、海岛站、无人站不受此限；需要安装辐射仪器的台站，可将观测场南边缘向南扩展 10 m。

（2）要测定观测场的经纬度（精确到分）和海拔高度（精确到 0.1 m），其数据刻在石桩上，埋设在观测场内的适当位置。

（3）观测场四周一般设置约 1.2 m 高的稀疏围栏，围栏所用材料不宜反光太强。场地应平整，保持有均匀草层（不长草的地区例外），草高不能超过 20 cm。对草层的养护，不能对观测记录造成影响。场内不准种植作物。

（4）为保持观测场地自然状态，场内铺设 0.3 ~ 0.5 m 宽的小路（不用沥青铺面），只准在小路上行走。有积雪时，除小路上的积雪可以清除外，应保护场地积雪的自然状态。

（5）根据场内仪器布设位置和线缆铺设需要，在小路下修建电缆沟或埋设电缆管，用以铺设仪器设备线缆和电源电缆。电缆沟（管）应做到防水、防鼠，并便于铺设和维护。

（6）观测场的防雷必须符合《气象台（站）防雷技术规范》（QX4-2000）的要求。

2. 观测场内仪器的安置

观测场内仪器的安置应当保持一定距离，互不影响，具体要求如下：

（1）仪器高的安排在北面，低的安在南面，东西成行，大体对称。

（2）仪器设备应安置在东西走向的小路的南侧，便于观测人员观测时能迅速从北面接近仪器。观测次数多的仪器，尽量接近中间小路。

（3）各仪器设施东西排列成行，南北布设成列，相互间东西间隔不小于 4 m，南北间隔不小于 3 m，仪器距观测场边缘护栏不小于 3 m。

（4）百叶箱内的温度表安置的高度规定为 1.5 m。

（5）测量降雨量的雨量器的安置高度规定为 70 cm。

（6）测量风的仪器安置在距地面 10 m 以上。

（7）辐射观测仪器一般安装在观测场南边，观测仪器感应面不能受任何障碍物影响。因条件限制不能安装在观测场内时，总辐射、直接辐射、散射辐射，以及日照观测仪器可安装在天空条件符合要求的屋顶平台上，反射辐射和净全辐射观测仪器安装在符合条件的有代表性下垫面的地方。

3. 观测时间

（1）每日以北京时间 02、08、14、20 时进行四次气候观测，部分观测站、哨仪进行 08、14、20 三次气候观测。

（2）定时观测项目表（见表 3.5.1）。

表 3.5.1

观测时间	02、08、14、20 时	08 时	14 时	20 时	日落后
观测项目	云、能见度、天气现象、空气的温度、湿度、风、气压、0～40 cm 地温	降水、冻土、雪深、雪压、地面最低温度	80～320 cm 地温、换温度、气压、湿度自记纸	降水，蒸发，最高、最低气温和地面最高、最低气温，并调整观测表，放回原位	日照计换纸

（3）温度、湿度、气压等要素尽可能接近正点观测，而目观测项目如云、能见度等可在正点观测前进行观测。

（4）气象要素均以北京时间 20 时为日界，自记记录以 24 时为日界，日照计以日落为界。

（5）中学气象员观测项目，每天观测 3 次，在不影响教学工作的前提下，可以提前 1 h，在 07、13、19 时观测。

二、实验二（空气温度的观测）

空气温度是最基本的气象要素之一，它是表示大气中所发生的热力过程的物理量。空气温度是与许多天气现象密切相关的物理量，且是构成一个地区气候的重要因素之一，与农作物的生长、发育有着密切的关系。我们国家测量空气温度最普遍采用的指标是摄氏温标（°C），它是以标准大气压力下纯水的冰点为 0 °C，沸点定为 100 °C。

（一）试验目的

了解气象站观测空气温度的方法和基本操作步骤。

（二）试验要求

① 掌握液体温度表测量空气温度的基本原理；② 掌握百叶箱内空气温度表的安装方法。

（三）测温原理

任何物质温度变化都会引起它本身的物理特征与几何形状的改变。利用物质这一特性，确定它与温度间的数量关系，就可以作为测温仪器的感应部分，制成各种各样的温度表。常用的温度表有以水银或酒精为感应液的玻璃液体温度表。

当温度表与空气接触时，球部与空气间便发生热量交换。如果空气湿度升高，温度表球部便吸收空气中的热量，球部的玻璃和水银（酒精）都受热而膨胀，然而水银（酒精）膨胀量远比玻璃大，所以一部分水银（酒精）被迫进入毛细管中，于是毛细管内水银柱便随之升高，直到热量交换平衡时为止。这时水银柱（酒精柱）随之下降。反之，气温降低时，毛细管内的水银柱（酒精柱）随之下降，直到热量交换平衡为止。因此，温度表水银柱（酒精柱）的示度也能表示气温的高低。

常见的几种液体温度表有普通温度表（干湿球温度表）、最高温度表和最低温度表。

（四）空气温度表的安装

测定空气温度的仪器，应放在防止太阳直接照射，又能防止强风、雨淋、雪盖，并能使空气自由流通的保护装置内。目前观测台站用的保护装置就是百叶箱。

百叶箱，四周是由两排薄的木板百叶组成，木板向内向外倾斜与水平方向成 45°角。箱底由三块木板组成，中间木板比两侧的木板高出一些，箱盖有两层，其间空气能流通。为了避免太阳直接照射仪器，百叶箱要漆成白色，以防吸热过多，影响箱内气温。

百叶箱分大小两种，大百叶箱是安装温度、湿度自记仪器的，小百叶箱是安装干湿球和最高、最低温度表的。

百叶箱应水平地牢固地安装在一个特制的架子上，支架应牢固地埋入地下，其顶端高出地面 125 cm，箱门朝正北。

箱内仪器的安装：小百叶箱内的各种温度表都安置在箱内特制的铁架上，干湿球温度应垂直固定在铁架两侧，干球在东，湿球在西，球部离地面 1.5 m，湿球的下方是一个带盖的水盂，水盂口离湿球约 3 cm，湿球温度表球部包扎一条纱布，纱布通过杯盖上的狭缝引入水盂内。

最高温度表平放在铁架下面横梁上的钩中，球部中心离地为 1.5 m；最低温度表放在最下面的钩上，两支表球部都向东。

大百叶箱内的温度计安装在前面的木架上，感应部分中心离地 1.5 m；湿度计放在后面稍高的木架上。

百叶箱内外要保持清洁，大雨、大雪后，要及时将箱内的雨水擦干净，以免影响记录的准确性。

（五）温度表的观测

按规定时间首先读干球，后读湿球，记录之后再复读一次，然后读最高温度、最低温度。复读记录后，调整最高、最低温度表，放置最高温度表时，要先放球部，后放头部，以免水银上滑。

观测温度表须注意下列事项：

① 必须保持视线和水银柱顶端高度齐平，以避免由于视差而使读数偏高或偏低。

② 温度表是很灵敏的仪器，所以读数时应迅速，勿使头部、手和灯接近表的球部，不要对着温度表呼吸。

③ 观测后应复读一次读数，避免发生错读，特别是5°、10°或零上零下看颠倒等大差错。

上述温度表观测后，然后观测大百叶箱内的湿度计。

三、实验三（观测空气湿度）

湿度一般是指相对湿度，即空气中所含水蒸气量（水蒸气压）与其空气相同情况下饱和水蒸气量（饱和水蒸气压）的百分比，它的大小和增减，会直接或间接地引起云、雾、降水等现象的发生和演变。湿度的表示方法通常有：水汽压、绝对湿度、相对湿度、露点、湿气与干气的比值（重量或体积）、露点温度，等等。湿度观测方法有两种：干、湿球温度表测湿法和毛发湿度表测湿法。

（一）试验目的

了解和掌握湿度的表示方法及观测空气湿度方法的原理。

（二）试验要求

① 了解和掌握干、湿球表测定湿度的原理；② 掌握湿球温度表的使用和测定方法；③ 掌握毛发湿度表和湿度计的测定方法。

（三）用干、湿球表测定湿度的原理

这个方法是用两支相同的温度表，其中一支温度表的球部缠有湿润的纱布，称为湿球；另一支用来测定空气温度，称为干球。在未饱和的空气中，由于湿球纱布上的水分不断蒸发，而蒸发所需要的热量来自于湿球本身及流经湿球周围的空气，致使湿球温度下降。当湿球因蒸发所消耗的热量和从周围空气中获得热量相平衡时，湿球温度就不再继续下降，结果干、湿球温度示度出现了一个差值。这个差值大小，取决于蒸发的快慢程度，而蒸发的快慢又取决于空气的湿度大小以及当时的气压和风速。空气湿度愈小，湿球水分蒸发快，湿球温度降得愈多，干湿球差就愈大；反之，湿度大，湿球水分蒸发得慢，湿球降低得少，干湿球差值就小。另外，当气压小和风速大时也利于湿球蒸发，使干湿球差值小，因此可以利用干湿球温度差来测定空气的湿度。计算空气湿度的基本公式是：

$$e = Et' - AP(t - t')$$

式中 e——绝对湿度；Et'——湿球 t' 时的饱和水汽压；t——干球温度；t'——湿球温度；A——干湿表系数，它不是一个常数。其值决定于湿球附近的空气流速。在实际工作中，湿度的计算是利用气象常用表第一号进行查算的。

（四）湿球温度表的使用和观测

测定空气湿度的准确度与湿球温度示度是否准确有很大关系，要使湿球示度准确，主要在干湿球表面有良好蒸发和热量交换，这就要求选择吸水性好的纱布及用纯净的蒸馏水来润湿纱布等。

（1）选择吸水性能良好的纱布，一般要求 15 min 内至少吸水 7 ~ 8 cm。纱布应保持清洁、柔软、无灰尘。一般一周更换一次纱布。如遇大风、沙暴天气，应随时更换纱布，换布时把手洗干净，用清水将表的球部洗净，再把长 10 cm 左右的纱布在蒸馏水中浸湿，然后把它缠在水银球部，纱布在球部上重叠的部分，不得超过球部表面积的四分之一，再用纱线将球的上部和下部做好活扣扎紧。

（2）湿球纱布要用蒸馏水浸湿，不得用河水、泉水。因含有杂质的水湿润纱布会使蒸发量减少，湿球示度偏高，所以规定用蒸馏水。纱布下的水盂，应经常装满水。如因空气过于干燥，纱布吸水不及时，则应在观测前巡视仪器时用水盂将纱布浸湿，以保证观测正常进行。

（3）在湿球纱布结冰时，应把水盂从百叶箱内取走，以防冻裂。湿球上纱布应在球部以下 2 ~ 3 mm 处剪断。由于湿球结冰后，不能再用水盂供水时，在每次观测时均应润湿纱布，这一步称为溶冰。溶冰的方法是：用一杯和室温相同的蒸馏水，将湿球球部全部浸入水杯内，使球部原有冰全溶化。待纱布浸透而全溶化后，将水杯拿走，并仔细地用杯沿将集聚在湿球布头上的水滴除去。溶冰的时间应视当时的天气条件而定。一般湿度小而风速大时，约在观测前 20 min 左右进行；湿度正常时，约在观测前 30 min 进行。观测时，应在读数前，先看湿球示度是否稳定不变。如果稳定不变，即进行读数，并注意湿球纱布是否结冰，如果观测时湿球已结冰，则在湿球读数右上角记“B”字。如果观测时，湿球示度还在变动时，只读干球，不读湿球，等数分钟后再读一次干湿球读数以算湿度。而气温则以第一次干球读数为准。湿球温度一般比干球温度低或者相等。但在降水、浓雾天气情况下，可能发现湿球比干球温度高的现象，这时应以干球为准，将湿球示度改成与干球温度相等来查算湿度。湿球温度冰面订正值（见表 3.5.2）：

表 3.5.2

t'	订正值
0.0 ~ 1.2	0.0
1.3 ~ 4.6	− 0.1
4.7 ~ 10	− 0.2

（五）毛发湿度表

人的头发经过脱脂后会随着空气相对湿度变化而有改变长度的特性。实验表明，当相对湿度由 0% 增加到 100% 时，毛发伸长量为原来长度的 2.5%，但在不同湿度上其伸长量是不均等的。利用这一特性可以制成毛发湿度表。

感应部分为单根脱脂的人发，人发的上端固定在架子上部的调整的螺丝上，下端则固定在架子下部的弧钩上，弧钩与一小锤连接，小锤可使毛发拉紧。弧钩和指针固定在同一轴上，指针的尖端在刻度上移动，刻度尺上刻着相对湿度百分数的刻度。当空气中相对湿度大时，毛发伸长，小锤下压，指针向右移动；反之，相对湿度变小时，指针就向左移动。毛发湿度表观测读数时，要使视线垂直于刻度盘，并对准指针的尖端，读取指针所指的数值，只读整数，小数四舍五入。指针超过刻度线 100 以外，应用外推法读数，利用 90%～100% 刻度间距，从 100% 推延出去，然后估计读数，照常记录。

四、实验四（气压的观测）

气压是指作用在单位面积上的大气压力，即等于单位面积上向上延伸到大气上界的垂直空气柱的重量。气压的观测，通常包括测定本站气压，以及根据本站气压计算出海平面气压。本站气压是指气象台站所安置的气压表的海拔高度以上的大气压力。测定本站气压通常用水银气压表和气压计，野外观测时常用空盒气压表。

（一）实验目的

了解气压表的测压原理及各种气压表测定气压的方法。

（二）实验要求

了解和掌握水银气压表的测压原理及使用方法。

（三）水银气压表

气象站常用的气压仪器有：动槽式水银气压表和定槽式水银气压表两种。它是利用作用在水银面上的大气压力，与以之相通、顶端封闭且抽成真空的玻璃管中的水银柱对水银面产生的压力相平衡的原理来测定气压的。用长约 1 m 的一根玻璃管，内装经蒸馏过的纯水银倒插在水银槽内，这时管内的水银柱就开始下降，当下降到一定高度后（通常水银柱顶离槽中水银面为 760 mm 左右）就不在下降了。这是因为水银槽面上的大气压力，支持住了管内水银柱的重量的缘故。随着大气压力升高或减小，水银柱亦随之升高或降低。所以根据水银柱高低就可以测出大气压力的大小。设玻璃横截面积为 S，水银柱高度为 h，水银密度为ρ，重量为 w，重力加速度为 g。则压力：

$$P=\frac{W}{S}=\frac{mg}{S}=\frac{\rho vg}{S}=\frac{\rho Shg}{S}=\rho gh$$

公式中水银密度ρ和重力 g 固定时，则ρ与 h 成正比，故气压 P 可用水银柱高度 h 来表示。

（四）水银气压表的观测方法和步骤

1. 动槽式气压表观测步骤和方法

（1）首先观测附属温度表，精确到 0.1 °C。

（2）调整水银槽内的水银面与象牙针尖恰好相接，直到象牙针尖相接完全无空隙为止。

（3）调整游尺，使其底边与水银柱顶相切，调整过程中视线和游尺的底边必须始终保持在同一平面上，从上往下调，在水银柱顶与游尺底边相切两旁还应露出三角形空隙时为止。

（4）读数并记录。先在标尺上读整数，从游尺上读取小数，精确到 0.1 mm。读整数时，应以稍低于游尺零线或与游尺零线相齐的标尺刻度为准；读小数时，应以标尺上某一刻度线相齐的标尺刻度为准。

（5）降低水银面。读数后旋底部螺旋使水银面离开象牙针尖约 2 ~ 3 mm，目的是使象牙针尖不致被水银磨秃，使刻度零点位置升高。

2. 定槽式水银气压表的观测步骤和方法

用定槽式水银气压表观测气压，程序较动槽式简单，不必调整水银面。

（1）观测附温。

（2）轻击管壁，使水银柱顶端呈正常的凸面。

（3）调整游尺与水银柱相切。

（4）读数、记录并复读。

（五）水银气压表读数订正

水银气压表读数只是表示测得的水银柱高度。由于各气压表精确度不同，所测出的数值往往是不同的，即使用同一支气压表进行测量，由于温度不同、地理位置不同，测量的数值也会各有差异。这说明水银气压表的示度，不仅随气压的变化而改变，而且还随仪器的改变、温度、重力的改变而变化。因此，直接从水银气压表测得的气压数值，并不能代表真正的本站气压值。

1. 器差订正

每支水银气压表都有一定误差，这种仪器自身的误差叫仪器差（简称器差）。器差主要是由于内管真空不良、水银不纯、刻度不均等原因所造成的。因此，每支气压表必须和标准气压表比较，得出误差值，编成检定证。器差可从检定证上直接查取。

订正方法：① 根据测得气压读数，从检定证相应的气压值范围内查出订正值。② 把气压读数与订正值相加，取代数和，即为经器差订正后的气压值。

例如：气压读数为 761.0 mm，检定证上查得订正值为 – 0.2，则订正后的气压值为：

$$761.0 + (-0.2) = 760.8\ \text{mm}$$

2. 温度订正

水银气压表在制作过程中，是以附温 0 °C 时的水银柱长度和黄铜标尺的长度作为标准长度。当附温不等于 0 °C 时，由于水银和黄铜刻度标尺膨胀系数不同（水银膨胀系数 α = 0.000 181 8，黄铜膨胀系数 β = 0.000 184），也就引起了两者相对位置发生改变。这种由于温度影响而引起的气压示度的改变值，称水银气压表的温度差。当附温在 0 °C 以上时，由于水银的膨胀比黄铜大得多，如果这时依照水银柱高度读数就会偏高，因此应减去一段由于水银柱与黄铜膨胀不同造成的气压差，即温度差应为负值。如果附温在 0 °C 以下时，水银收缩比黄铜多，水银柱示度偏低，因此就加上一段水银柱高度，即温度差为正值。

温度差订正值可从《气象常用表》第二号第一表中直接查取。

（六）气压计

气压计是自动记录气压连续变化的仪器，其准确度不如水银气压表。气压计在构造上与其他自记仪器相似，可分为感应部分、传递放大部分和自记部分。感应部分：由几个空盒串联而成的，最上的一个空盒与机械部分连接，最下一个空盒的轴固定在一块双金属板上，双金属板上用以补偿对空盒变形的影响。传递放大部分：由于感应部分的变形很小，常采用两次放大。空盒上的连接片与杠杆相连，此杠杆的支点为第一水平轴，杠杆借另一连接片与第二水平轴的转臂连接。这一部分的作用是将空盒的变化以放大后传到自记部分去。这样以两次放大能够提高仪器的灵敏度。自记部分与其他自记仪器相同。气压计应水平安放在水银气压表附近，离地高度以便于观测为宜。气压计读数要精确到 0.1 mm，其换纸时间和方法与其他自记仪器相同。

五、实验五（风的观测）

风是指由于空气运动产生的气流，它是由许多在时空上随机变化的小尺度脉动叠加在大尺度规则气流上的一种三维矢量。地面气象观测中测量的风是两维矢量（水平运动），用风向和风速表示。

风向是指风的来向，最多风向是指在规定时间段内出现频数最多的风向。人工观测风向一般采用十六方位法，例如北（N）、东（E）、西（W）、南（S）四个方位，分别以 360°（0）、90°、180°、270°表示；自动观测风向一般以度（°）为单位。风速是指单位时间内空气移动的水平距离，以米/秒（m/s）为单位，取一位小数。最大风速是指在某个时段内出现的最大十分钟平均风速值。极大风速（阵风）是指某个时段内出现的最大瞬时风速值。瞬时风速是指三秒钟的平均风速。测量风的仪器主要有 EL 型电接风向风速计、EN 型系列测风数据处理仪、海岛自动测风站、轻便风向风速表、单翼风向传感器和风杯风速传感器等。在没有仪器或仪器失灵的情况下，可根据某些物体被风吹动的情况用目力来判定。

（一）实验目的

掌握风的观测方法及了解常用的观测仪器。

（二）实验要求

① 掌握风向的观测、记录方法。② EL 型电接风向风速计的测定原理、观测方法。③ 轻便三杯风向风速仪的测定原理、观测方法。

（三）EL 型电接风向风速仪

EL 型电接风向风速仪是由电感应器、指示器和记录器三部分组成的有线遥测仪器。

感应器：感应器安装在室外 10 ~ 12 m 高的杆子上。感应器的上部为风速部分，由风杯、交流发电机、蜗轮等组成；感应器的下部为风向部分，是由风标、风向方位块、导电环、接触簧片等组成。

指示器：放在室内桌上用来观测瞬时风向和瞬时风速的，由电源、瞬时风向指标盘、瞬时风速指示盘等组成。

记录器：记录器也置于室内，用来记录风向风速连续变化。它是由八个风向电磁铁，一个风速电磁铁、自记钟、自记笔、笔档、充放电线路等部分组成。

感应器与指示器用一长电线相连，指示器与记录器之间用短电线相楼。

观测方法：① 打开指示器的风向风速开关，观测两分钟风速指针摆动的平均位置，读取整数，记在观测簿相应栏中。风速小的时候，把风速开关拨到“20”挡，读 0 ~ 20 m/s 标尺刻度；风速大时，应把风速开关拨到“40”挡，读 0 ~ 40 m/s 标尺刻度。观测风向指示灯，读取 2 min 的最多风向，用十六方位的缩写记录。静风时，风速记 0，风向记 c；平均风速超过 40 m/s，则记为>40。② 自记纸更换方法、步骤与温度计基本相同，只是更换时间为 13 时。风向符号与度数对照表见表 3.5.3。

表 3.5.3　风向符号与度数对照表

方位	符号	中心角度/°	角度范围/°
北	N	0	348.76 ~ 11.25
北东北	NNE	22.5	11.26 ~ 33.75
东北	NE	45	33.76 ~ 56.25
东东北	ENE	67.5	56.26 ~ 78.75
东	E	90	78.76 ~ 101.25
东东南	ESE	112.5	101.26 ~ 123.75
东南	SE	135	123.76 ~ 146.25
南东南	SSE	157.5	146.26 ~ 168.75
南	S	180	168.76 ~ 191.25
南西南	SSW	202.5	191.26 ~ 213.75
西南	SW	225	213.76 ~ 236.25
西西南	WSW	247.5	236.26 ~ 258.75
西	W	270	258.76 ~ 281.25
西西北	WNW	295.5	281.26 ~ 303.75
西北	NW	315	303.76 ~ 326.25
北西北	NNW	337.5	326.26 ~ 348.75
静风	C	风速小于或等于 0.2 m/s	

（四）轻便三杯风向风速仪

轻便三杯风向风速表用于测量风向和一分钟时间内的平均风速。轻便三杯风向风速表由风向仪、风速、手柄三部分组成。风向仪包括风向指针、方位盘、制动小套管部件。

风速表：由十字护架、感应组件旋杯和风速表主机体组成。旋杯是风速表的感应元件，它的转速与风速有一个固定的关系。风速表主要就是根据这个基本原理制成的。

手柄：由一段空心管和一个带螺纹的零件组成。以上三部分可以通过螺纹连接在一起。

安置和使用：风向风速表可以手持使用，也可安置在固定地点使用。仪器安在四周开阔无高大障碍物的地方。安装高度以便于观测为限，并保持仪器垂直，机壳侧面向风。观测时将方向下小套管拉下再右转一角度，此时方向盘就可以按地磁子午线的方向稳定下来。风向与方向盘所对的读数就是风向。如果指针摆动，可读摆动的中间值。用手指压下风速按钮，风速指针就回到零位。放开风速按钮后，红色时间小指针就随风速指针开始走动，经一分钟后铜指针停止转动。接着时间指针转到最初位置也停止下来，结束了风速的测量。风速指针所示数值称为指示风速。以这个风速值从风速检定曲线图中查出实际风速值即为所测之平均风速。如欲进行下一次观测时，只要再压一下风速按钮就可以了。当观测完毕时，务必将小套管向左转一角度，使其恢复原来位置，这时方向盘就可以固定不动。小心地将风向仪和手柄退下，放入仪器盒内。

（五）目测风力风向

在测风仪器发生故障或没有测风仪器时，也可用目力来测风力、风向，作为正式记录。根据风对地面物体的影响而引起的各种征象，将风力分为 13 级，最小为 0 级，最大为 12 级。如以目力来测风作为正式记录，则应估计风力等级并换算成相当的风速。目测风向一般是旌旗、布条、炊烟的方向以及人体感觉等方法，按八个方位进行估计。

目测风向和风力时，观测者尽量站在空旷地方，多选几种物体，仔细观测。观测时，应连续看两分钟，以平均情况记录，风力等级如下表 3.5.4 所示。

表 3.5.4 风力等级

风力等级	陆地上面物体征象	相当风速/（m/s）	
		范围	中数
0	静烟直上	0.0 ~ 0.2	0.1 ~ 0.9
1	烟能表示风向，树叶略有摇动	0.3 ~ 1.5	2.5
2	人面感觉有风，树叶有微响	1.6 ~ 3.3	4.1
3	树叶及小枝摇动不息，旗子展开	2.4 ~ 5.4	6.7
4	能吹起地面灰尘和纸张，树的小枝摇动	5.5 ~ 7.9	9.4
5	有叶的小树摇摆，内陆的水面有小波	8.0 ~ 10.7	12.3
6	大树枝摇动，电线呼呼有声，撑伞困难	10.8 ~ 13.8	15.5
7	大树摇动，大树枝弯下来，迎风步行感觉不便	13.9 ~ 17.1	19.0
8	可折毁树枝，人向前感到阻力甚大	17.2 ~ 20.7	22.6
9	烟囱及平房屋顶受到损坏，小屋遭到破坏	20.8 ~ 24.4	26.5
10	树木可被吹倒，一般建筑物遭破坏	24.5 ~ 28.4	30.6
11	大树可被吹倒，一般建筑物遭到严重破坏	28.5 ~ 32.6	30.6
12	陆上少见，摧毁力极大	>32.6	

六、实验六（降水的观测）

降水是指从天空降落到地面上的液态或固态（经融化后）的水。降水观测包括降水量和降水强度。降水量是指某一时段内的未经蒸发、渗透、流失的降水，在水平面上积累的深度，以毫米（mm）为单位，取一位小数。降水强度是指单位时间的降水量，通常测定 5 min、10 min 和 1 h 内的最大降水量。气象站观测每分钟、时、日降水量。

常用测量降水的仪器有雨量器、翻斗式雨量计、虹吸式雨量计和双阀容栅式雨量传感器等。

（一）实验目的

了解降水的观测方法和降水的测量仪器。

（二）实验要求

① 掌握雨量器、翻斗式雨量计、虹吸式雨量计和双阀容栅式雨量传感器测量降水的方法。
② 掌握测量降水仪器的安装方法。

（三）雨量器

雨量器是观测降水量的仪器，由雨量筒与量杯组成。雨量筒用来承接降水，包括承水器、贮水瓶和外筒。我国采用直径为 20 cm 正圆形承水器，其口缘镶有内直外斜刀刃形的铜圈，以防雨滴溅失和筒口变形。承水器有两种：一种是带漏斗的承雨器，另一种是不带漏斗的承雪器。外筒内放贮水瓶，以收集降水量。量杯为一特制的有刻度的专用量杯，其口径和刻度与雨量筒口径呈一定比例关系，量杯有 100 分度，每 1 分度等于雨量筒内水深 0.1 mm。

雨量器应安装在观测场内固定的架子上，器口保持水平，距地面高约 70 cm。冬季积雪较深地区，应备有一个较高的备份架子。当雪深超过 30 cm 时，应把仪器移至备份架子上进行观测。

单纯测量降水的站点应尽量选在避风地方，不宜选择在斜坡或建筑物顶部，同时也不能太靠近障碍物，雨量仪器最好安装在低矮灌木丛间的空旷地方。观测方法如下：

（1）每天 08、20 时分别量取前 12 h 降水量。观测液体降水时要换取储水瓶，将水全部倒入量杯。测量时量杯保持垂直，人的视线与水面的凹面齐平，读得刻度数即为降水量，记入相应栏内。降水量大时，应分数次量取，求其总和。

（2）冬季降雪时，须将承雨器取下，换上承雪口，取走储水器，直接用承雪口和外筒接收降水。观测时，将已有固体降水的外筒，用备份的外筒换下，盖上筒盖后，取回室内，待固体降水融化后，用量杯量取。也可将固体降水连同外筒用专用的台秤称量，称量后应把外筒的重量（或 mm 数）扣除。

（四）翻斗式雨量计

翻斗式雨量计可分为双翻斗雨量传感器和单翻斗雨量传感器。

1. 双翻斗雨量传感器

双翻斗雨量传感器装在室外，主要由承水器（常用口径为 20 cm）、上翻斗、汇集漏斗、计量翻斗、计数翻斗和干簧管等组成。采集器或记录器在室内，二者用导线连接，用来遥测并连续采集液体降水量。

承雨器收集的降水通过漏斗进入上翻斗，当雨水积到一定量时，由于水本身重力作用使上翻斗翻转，水进入汇集漏斗。降水从汇集漏斗的节流管注入计量翻斗时，就把不同强度的自然降水，调节为比较均匀的降水强度，以减少由于降水强度不同所造成的测量误差。当计量翻斗承受的降水量为 0.1 mm 时（也有的为 0.5 mm 或 1 mm 翻斗），计量翻斗把降水倾倒到计数翻斗，使计数翻斗翻转一次。计数翻斗在翻转时，与它相关的磁钢对干簧管扫描一次。干簧管因磁化而瞬间闭合一次。这样，降水量每次达到 0.1 mm 时，就送出去一个开关信号，采集器就自动采集存储 0.1 mm 降水量。

先将承水器外筒安在观测场内，底盘用三个螺钉固定在混凝土底座或木桩上，要求安装牢固、器口水平。感应器安在外筒内，注意当上翻斗处于水平位置时，漏斗进水口应对准其中间隔板。最后将电缆线与室内仪器连接，电缆线不能架空，必须走电缆沟（管）。

安装完毕后，将清水徐徐注入感应器漏斗，观察计数翻斗翻动过程和信号情况。检查室内仪器上是否采集到数据。最后注入定量水（60 ~ 70 mm），如无不发信号或多发信号的现象，且室内仪器的数据与注入水量相符合，说明仪器正常，否则须检修调节。

双翻斗雨量传感器与记录器连接作为连续测量降水量的仪器称为双翻斗雨量计。

观测：读数后按回零按钮，使计数器复位（计数器的五位 0 数必须在一条直线上）。

2. 单翻斗雨量传感器

单翻斗雨量传感器是用来自动测量降水量的仪器，主要由承水器（口径为 159.6 mm）、过滤漏斗、翻斗、干簧管和底座等组成。降水通过承水器，再通过一个过滤斗流入翻斗里，当翻斗流入一定量的雨水后，翻斗翻转，倒空斗里的水，翻斗的另一个斗又开始接水，翻斗的每次翻转动作通过干簧管转成脉冲信号（1 脉冲为 0.1 mm）传输到采集系统。仪器测量范围为 0 ~ 4 mm/min。

安装和观测可以参照双翻斗雨量传感器。

（五）虹吸式雨量计

虹吸式雨量计是用来连续记录液体降水的自记仪器，由承水器（口径 20 cm）、浮子室、自记钟和虹吸管等组成。有降水时，降水从承水器经漏斗进水管引入浮子室（浮子室是一个圆形容器，内装浮子，浮子上固定有直杆与自记笔相连接）。浮子室外连虹吸管，降水使浮子上升，带动自记笔在钟筒自记纸上划出记录曲线。当自记笔尖升到自记纸刻度的上端，浮子室内的水恰好上升到虹吸管顶端，虹吸管开始排水，使自记笔尖回到刻度“0”线，又重新开始记录。自记曲线的坡度可以表示降水强度。由于虹吸过程中落入雨量计的降水也随之一起排出，因此要求虹吸排水时间尽量快，以减少测量误差。

虹吸式雨量计的校准步骤如下：

（1）调整零点，往承水器里倒水，直到虹吸管排水为止。待排水完毕，自记笔若不停在自记纸零线上，就要拧松笔杆固定螺钉，把笔尖调至零线再固定好。

（2）用 10 mm 清水，缓缓注入承水器，注意自记笔尖移动是否灵活；如摩擦太大，要检查浮子顶端的直杆能否自由移动，自记笔右端的导轮或导向卡口是否能顺着支柱自由滑动。

（3）继续将水注入承水器，检查虹吸管位置是否正确。一般可先将虹吸管位置调高些，待 10 mm 水加完，自记笔尖停留在自记纸 10 mm 刻度线时，拧松固定虹吸管的连接螺帽，将虹吸管轻轻往下插，直到虹吸作用恰好开始为止，再固定好连接螺帽。此后，重复注水和调节几次，务必使虹吸作用开始时自记笔尖指在 10 mm 处，排水完毕时笔尖指在零线上。

（六）双阀容栅式雨量传感器

该传感器也是用来自动测量降水量的仪器，主要由承水器、贮水室、浮子与感应极板，以及信号处理电路等组成。它是利用降水量贮水室内浮子随雨量上升带动感应极板，使容栅移位传感器产生的电容量变化，经转换为位移计量的原理测得降水量。

安装后用电缆与室内仪器连接。使用时要注意维护仪器清洁，定期清洗过滤网与贮水室。

思考题

1. 气象站选址的要求是什么？
2. 观测场的要求与周围的环境要求有哪些？
3. 湿度传感器选择的注意事项有哪些？
4. 简述玻璃液体地温表的测温原理。
5. 干、湿球表测定湿度的原理、使用及测定方法是什么？
6. EL 型电接风向风速计的测定原理、观测方法是什么？
7. 降水的测量仪器有哪些？各自的安装方法是什么？

第六章 植物标本的采集和制作

植物标本是指将新鲜植物体的全株或一部分经过特殊处理（物理或化学方法）以便长期保存和进行教学与研究的植物实物样本。在自然界，植物的生长、发育，有它的季节性以及分布地区的局限性。植物标本包含着一个物种的大量信息，诸如形态特征、地理分布、生态环境和物候期等，也可反映出植物生长生境中诸如土壤因子、气候因子、生物因子的生态因子的特性，是植物分类和植物区系研究必不可少的科学依据，是植物资源调查、开发利用和保护以及旅游资源、自然保护区、湿地保护区等的建设、开发、可持续发展和生物多样性保护的重要资料。同时还是进行生态保护、环境保护、园林绿化、植物地理等相关学科、行业工作和学科研究的必要资料。为了不受季节或地区的限制，有效地进行学习交流和教学以及研究活动，采集、制作和保存植物标本就显得相当重要了。

第一节 植物标本的采集

采集植物标本一般选择在春、秋季花果最多的时节，并且在上午露水消灭后进行。对草本植物，必须采集完整的标本，有根、茎、叶、花和果。标本完整才好鉴定。雌雄异株的应将雌雄株一同采下。乔木、灌木或特别高大的草本植物，虽然采集植物的一部分，但必须注意采集的标本应尽量能代表该植物的一般特征。如有可能，最好拍一张该植物的全形照片，以弥补标本的不足。对一些先叶开花的植物，采花枝后，出叶时应在同一株上采其带叶和带果的标本，如白玉兰、紫玉兰。对寄生植物的采集应注意连同寄主一同采下。如菟丝子寄生在大豆上，采菟丝子时应连同大豆一同采下。采集标本的同时应做好野外记录，如植物产地、生长环境、性状、花的颜色和采集日期等。

一、采集用具

进行标本采集前，先要做好材料用具的准备工作。

1. 吸湿草纸（废旧报纸和吸水纸均可）

足量，用于干燥植物标本。其大小规格应与标本夹相配套（42 cm × 29 cm 为宜）。

2. 标本夹

是压制标本的主要用具之一。它的作用是将吸湿草纸和标本置于其内压紧，使标本的花叶不致皱缩凋落，枝叶平坦，容易装订于台纸上。标本夹可用坚韧的木材为材料，一般长约43 cm，宽 30 cm，用宽 3 cm、厚约 5 ~ 7 mm 的小木条，横直每隔 3 ~ 4 cm，用小钉钉牢，四周用较厚的木条（约 2 cm）嵌实。

3. 枝　剪

用以剪断木本或有刺植物。

4. 采集箱或背篓

临时收藏采集品用。

5. 小锄头（或掘铲）

用来挖掘草本及矮小植物的地下部分。

6. 记录簿、小标签、铅笔

用以野外记录用。

7. 纸　袋

用牛皮纸制成，规格为 10 cm × 7 cm，用于盛取种子及标本上脱落下来的花、果、叶、鳞茎、块根等。

8. 钢卷尺

用来测量植物的高度、胸高直径等。

9. 其　他

海拔仪、GPS 定位仪、照相机、放大镜以及必要的安全防护和生活用品等。

二、采集方法

采集选材应以“最小的面积能表示最完整的部分”为原则，即选取有代表性特征的植物体各部分器官，一般除采枝叶外，最好采带花或果的标本。如果有用部分是根和地下茎或树皮，也必须同时选取少许压制。每种植物要采至少 2 个复份。要用枝剪采取标本，不能用手折，因为手折容易伤树，压成标本也不美观。不同的植物标本应用不同的采集方法。

1. 木本植物

应以生长正常无病虫害的植株为采集对象，采集典型、有代表性特征、带花或果的枝条。对先花后叶的植物，应先采花，后采枝叶，应在同一植株上，雌雄异株或同株的，雌雄花应分别采取。一般来说，没有花或果的标本不能作为鉴别种类的根据，所以必须采叶、花（或叶、果）齐全的枝条，同时最好带有二年生的枝条，因为当年生枝条可能有较大的变异。

2. 草本及矮小灌木

部分高大的草本植物采集方法同木本植物，要采集叶、花、果等，且要尽可能采集地下部分，如根茎、匍匐枝、块茎、块根或根系等；矮小的草本和灌木采集开花或结果的全株。

3. 藤本植物

应剪取有代表性的中间一段，剪取的部分要能显示出其藤本性状。

4. 寄生植物

须连同寄主一起采集。并且寄主的种类、形态、同寄生的关系等记录在采集标签上。

5. 水生植物

很多有花植物生活在水中，有些种类具有地下茎，有些种类的叶柄和花柄是随着水的深度而增长的，因此采集这种植物时，有地下茎的应采取地下茎，这样才能显示出花柄和叶柄着生的位置。但采集时必须注意有些水生植物全株大都很柔软而脆弱，一提出水面，它的枝叶便会彼此粘贴重叠，携回室内后常失去其原来的形态。因此，采集这类植物时，最好整株（或成束）捞取，用草纸包好，放在采集箱里，带回室内立即将其放在水盆中，等到植物的枝叶恢复原来形态时，用旧报纸一张，放在浮水的标本下轻轻将标本提出水面后，立即放在干燥的草纸里好好压制。

6. 蕨类植物

应采着生有孢子囊群的植株或叶，连同根状茎一起采集。

7. 特殊植物

某些植物叶柄过长、叶片过大（如棕榈科、芭蕉科植物），采集时只能采集其叶、花、果、树皮等的一小部分。要求采集时一定要将它们的高度、茎直径、叶的长宽和裂片数目、叶柄和叶鞘的长度和形态等特征进行详细记录。

另外，药用、食用等资源植物，还要采集它的应用部分，如皮、果实、地下根茎、块茎、鳞茎、块根等，并编号保存。

三、记录方法

进行植物标本野外采集时要做好详细记录。野外采集时往往只能采集植物体的一部分，同时植物进行压制后又往往与自然生活状态的颜色、气味等有较大差别，如果所采回的标本没有详细记录，日后记忆模糊，就难以对这一种植物标本进行正确完全了解，也会对鉴定植物造成困难。因此，记录工作在野外采集是极重要的，而且采集和记录的工作是紧密联系的。所以，我们到野外前必须准备足够的采集记录纸（样式见附 1），熟练地掌握野外采集、记录的方法，随采随记，保证后期工作的顺利进行。每一标本要有一张记录纸，并进行唯一的编号。记录时必须注意：有关植物的产地，生长环境，习性，叶、花、果的颜色，有无香气和乳汁，采集日期以及采集人和采集号等必须记录。记录时还应该注意观察，有些植物同一株上有两种叶形，如果采集时只能采到一种叶形的话，还需要作相关说明记录。此外，如禾本科植物、芦苇等高大的多年生草本植物，我们采集时只能采到其中的一部分，记录时必须将它们的高度、地上及地下茎的节的数目、颜色等记录下来。这些对植物分类工作都极为重要。

采集标本时，每一标本都要即时系上标好采集号的小标签（小标签需要打孔并系好细线，样式见附 2)，采集号要与标本记录纸上的编号一致。同一采集人采集号要连续不重复，同种植物的复份标本要编同一号。进行编号的时候一定要认真，保证记录表上的情况要与所采的标本一致，如果其中发生错误，就失去标本的价值。

第二节　标本制作

植物标本根据制作方法和形式的不同，有腊叶标本、浸渍标本、玻片标本、叶脉标本、干花标本和化石标本六种类型，其中最常见的是腊叶标本。

一、腊叶标本的制作

腊叶标本是将带有花、果的枝条或完整的植物个体经压平、干燥、装帧而成。其制作方法如下：

1. 压　制

(1)整形：对采到的标本根据有代表性、面积要小的原则作适当的修理和整枝，剪去多余密迭的枝叶，以免遮盖花果，影响观察。如果叶片太大不能在夹板上压制，可沿着中脉的一侧剪去全叶的 40%，保留叶尖；若是羽状复叶，可以将叶轴一侧的小叶剪短，保留小叶的基部以及小叶片的着生位置，保留羽状复叶的顶端小叶。对肉质植物如景天科、天南星科、仙人掌科等先用开水杀死。对球茎、块茎、鳞茎等除用开水杀死外，还要切除一半，再压制，以促使干燥。

(2)压制：整形、修饰过的标本及时挂上小标签。将有绳子的一块标本夹板做底板，上置吸湿草纸 4 ~ 5 张。然后将标本逐个与吸湿纸相互间隔，平铺在平板上，铺时须将标本的首尾不时调换位置，在一张吸湿纸上放一种或同一种植物，若枝叶拥挤、卷曲时要拉开伸展，叶要正反面都有，过长的要作“N”、“V”、“M”、“W”形的弯折，最后将另一块木夹板盖上，用绳子缚紧。

(3)换纸(干燥)：标本压制头两天要勤换吸湿草纸。每天早晚两次换出的湿纸应晒干或烘干，以便重复使用。换纸是否勤和干燥，对压制标本的质量关系很大。如果换纸不及时，可能导致标本颜色转暗，花、果及叶脱落，甚至发霉腐烂。标本在第二、三次换纸时，要对标本进行整形，使枝叶展开，不折皱。易脱落的果实、种子和花，要用小纸袋装好，以免翻压时丢失。标本干后，可从吸湿草纸中取出，放入旧报纸内暂时保存。条件允许或需要快速干燥标本时，也可用便携式标本烘干机烘干标本，快速烘干的标本可以很好地保持标本颜色。

2. 杀虫与消毒

为防止害虫蛀食标本，必须进行消毒，通常用升汞(即氯化汞)配制 0.5% 的酒精溶液，倾放平底盆内，将标本浸入溶液处理 1 ~ 2 min，再拿出夹入吸湿草纸内干燥。此外，也可用二硫化碳或其他药剂熏蒸消毒杀虫。

3. 上 台

把干燥的标本放在台纸上（一般用 250 g 或 350 g 白板纸），台纸大小通常为 42 cm × 29 cm。为减少浪费，也可以根据纸张裁剪实际情况适当调整台纸大小（如大小为 36 cm × 27 cm 比较节省纸张，也同样可用）。一张台纸上只能订一种植物标本，标本的大小、形状、位置要适当的修剪和安排，然后用棉线或纸条订好，也可用胶水粘贴。标本装订好后在台纸的右下角贴上一张鉴定名签（见附 3），左上角贴上野外采集记录签，脱落的花、果、叶等，装入小纸袋，粘贴于台纸的右上角。

4. 保 存

装订好的标本，经定名后，都应放入标本柜中保存，标本柜应有专门的标本室放置，注意干燥、防蛀（放入樟脑丸等驱虫剂）。标本室中的标本应按一定的顺序排列，通常按分类系统排列，也有按地区排列或按科名拉丁字母的顺序排列；属、种一般按学名的拉丁字母顺序排列。

二、浸渍标本的制作

浸渍标本就是将新鲜的植物材料，浸制保存在化学药品配制的溶液里，使其保持原有的形态结构。

1. 普通防腐浸渍液

将标本放入 70% 酒精或 5% 甲醛溶液中。若标本上浮，可用线将标本固定在玻片或玻棒上。标本瓶加盖密封。

2. 保持绿色浸渍液

（1）醋酸铜液：将结晶的醋酸铜逐渐加入到 50% 醋酸中，直到不溶解为止，将原液加水稀释至 3 ~ 4 倍，加热煮沸，然后将标本放入，随之叶绿素被漂去，约 3 ~ 4 min 后，绿色又逐渐恢复，直到接近原来的本色。之后，将标本取出并用清水冲洗，最后保存在 5% 的甲醛或 70% 的酒精中。

（2）硫酸铜浸渍液：

甲液：1% ~ 10% 硫酸铜溶液。

乙液：将 211 g 亚硫酸钠溶于 100 mL 水中，再缓慢加入浓硫酸 16 mL，即成亚硫酸钠液。

制作时，将标本放入甲液中浸 24 ~ 28 h，用清水浸泡 6 h 以上，保存于乙液中。用该种方法保存标本无须加温，可避免绿色果实在沸水中崩裂。

3. 几种有色果实标本的浸渍液

（1）红色果实标本的浸渍液：

甲液：水 400 mL，甲醛 4 mL，硼酸 3 g。

乙液：用 0.15% 或 0.12% 的亚硫酸溶液加硼酸少许。

果实在甲液中浸泡的时间，因果实颜色的深浅而不同，通常在果皮由红色变褐色时即可取出放入乙液中保存。

（2）黄色、褐色、橘红色果实浸渍液：如橘、梨、胡萝卜、番茄及红辣椒等，可直接浸泡在 0.12% ~ 0.13% 亚硫酸中，能基本保持其原色原形。

（3）黑色果实（如黑葡萄）浸渍液：甲醛 20 mL，饱和盐水 30 mL，蒸馏水 150 mL，少许甘油。

三、玻片标本的制作

包括切片法、撕片法、压片法和悬滴法。

1. 切片法

这种方法不需要任何机械设备，只需一把锋利的剃头刀或刀片就可进行。徒手切片的方法是用左手三个指头拿住材料，使材料突出于手指上面。右手平稳地拿住剃刀或刀片，从右向左的方向切，所切的材料和剃刀或刀片一定要保持水平方向。切下的切片应该是透明的，可放在盛有水的培养皿中，或直接放在滴有水的载玻片上。先不加盖玻片，放在低倍物镜下检查是否可用。当看到透明的部分就是可用的。然后从显微镜上取下，盖上盖玻片即可。对于过于柔软的器官，如幼嫩的叶片，难于直接拿在手中进行切片，切时需要夹在胡萝卜根、土豆块茎或泡沫塑料等维持物中，以便于把握操作。

2. 撕片法

通常用镊子。如制作洋葱表皮细胞的玻片标本，先取一洋葱鳞茎，用解剖刀纵切为两半，取一片肉质鳞片叶，从其中凹下的一面用镊子轻轻刺入表皮层，然后捏紧镊子夹住表皮，并朝一个方向撕下，将撕下的表皮迅速放在滴有水滴的载玻片上，如洋葱表皮已生折皱或重叠，要用解剖针将其铺平，然后盖上盖玻片即可。

3. 压片法

是将比较疏松的材料（如花粉粒），用较小的压力压碎在载玻片上，使其形成一薄层。取一洁净的载玻片，在载玻片上滴一滴水或醋酸洋红染色剂，放上材料，盖上盖玻片，用针尖或刀尖轻压盖玻片即可压碎，不可用手指去压，以免留下指纹，影响观察。

4. 悬滴法

是将培育在载玻片上溶液里的活动材料封闭在盖玻片的小室里，以观察它们的活动的一种制片方法，如观察花粉粒的萌发。

四、叶脉标本的制作

叶脉标本可清楚观察叶脉的分布，利于鉴别植物。制作通常使用煮制法和水浸法。

1. 煮制法

多用于叶片较硬、叶肉较厚的叶片。将 4 g 氢氧化钠和 3 g 碳酸钠放入 100 g 的水中配制成腐蚀液。把叶片放入溶液中烧煮 40 min 左右，当叶片发黄，叶肉酥烂时，就捞出漂洗去黏液，摊平，用软毛刷刷去叶肉。不能刷净时，可再煮一下再刷。除净了叶肉，用 10% 的漂白粉水溶液或过氧化氢漂白，再染上颜色，压干即可。

2. 水浸法

此法多用于叶肉较薄的叶片。选择叶片，将其浸没在水中，放在温暖处，以使水中细菌获得繁殖的适宜温度，能使叶片的叶肉逐渐腐烂。当水已变臭时，应进行换水。稍稍震动叶片，它的叶肉部分大部分脱落在水中时即可取出，用软毛刷将残留的叶肉轻轻刷掉，等到叶片仅剩叶脉时，进行漂白、染色、压干即可。

五、干花标本的制作

干花标本通常用包埋干燥法和急速脱水法两种方法来制作。

1. 包埋干燥法

首先选定干燥剂和包埋花的容器。干燥剂可购买新出厂的颗粒较小的珍珠岩。珍珠岩不但轻，包埋植物时，叶、花不易变形，且吸水能力强，是较理想的干燥剂。也可用沙子代替，但沙子要反复清洗，冲去土粒，晒干备用。包埋花的容器体积应比标本大，并具有较好的透气性，如带孔的纸箱（一般纸箱用针扎些小孔），带有网眼的塑料容器。

制作方法（以月季花为例）：选择天气晴朗的日子，在上午 10：00—下午 17：00 时，剪取花朵较好，颜色艳丽，未彻底开放，叶片、花瓣上没有露水，带 2 ~ 3 片复叶的月季花。先在包埋容器的底部放一层珍珠岩或沙子，将花插入，然后向容器内慢慢注入珍珠岩或沙子，包埋月季花。在包埋的过程中，注意保持花的本来姿态。完全包埋后，将其放在通风干燥处，自然风干 2 周左右。干燥后，倒出珍珠岩或沙子。若个别花瓣脱落，可用解剖器醮少量乳胶黏合。在盛放月季花容器的底部，放一块泡沫塑料板，贴上标签，选择干燥后的叶片，花朵颜色较好、形态自然的月季花，插入容器的泡沫塑料板内，将其固定好，放入干燥剂，密封即成。

2. 急速脱水法

将采集来的鲜花，清理干净，放在瓷板上，放入恒温箱或微波炉内急速脱水，也可制成干花。

六、化石标本的制作

植物化石是指那些在岩石上保存下来的各地质时期的植物的遗体或遗迹。死去的植物被风和地表径流搬运到河流、湖泊和海滨地带去，在那里，这些植物的遗体下沉到底部并被泥沙等沉积物所掩盖，有的就被永久地保存了起来，还有的植物极完整地保存在沼泽泥炭中，或保存在火山灰的覆盖层下面，或被从矿泉里出来的石灰质沉淀物覆盖了起来。在漫长的地质年代中，只要岩石中的温度压力等条件达到要求，这些植物体就会形成化石。当在某一岩石层中发现了植物化石，应当往下深挖，再砸成大的岩石，然后将其敲成小块，如发现破裂，要就地将其黏合，以免损坏。采集后的化石标本应及时附上标签，标签上面写明初步定名及采集时间、地点及岩石的名称。

附 1　采集记录签（简明样本）

（单位名称）

植物标本采集记录

日期　　年　　月　　日	
采集者	采集号
产地　　　省	县
生境　海拔　　m	
纬度　°　′　″N	经度　°　′　″E
习性：〔记录栽培、寄生、水生、野生、木（草）本、灌木（乔木）等〕	
植株高　　cm	胸径　　cm
叶	树皮
花	
果实	
科名	土名
学名	
附记：[记录生长环境、分布状况、用途及其他说明等]	

附 2　小标签样本

采集号
采集日期　　年　　月　　日
采集人
采集地

附 3　鉴定名签

（单位）（馆）植物标本签	
采集号数	登记号数
科名	
学名	
中名	
采集人	鉴定人
产地	日期

思 考 题

1. 分组采集、制作并保存校园不同类植物的标本。
2. 比较文中六种标本的制作方法，比较每种标本制作方法的优缺点。

第七章 植物类群及校园植物观察

第一节 植物群落调查

一、目的与要求

通过对实习基地植物群落的调查，学生应掌握植物群落野外调查技术，并对实验数据进行整理，达到识别群落的目的；学生应掌握几种常见测定仪器的工作原理及其使用方法，并对实验结果进行分析；通过调查研究，对植物群落做综合分析，找出群落本身特征和环境因子的关系。

二、用品与材料

（1）测量仪器：海拔仪、罗盘、便携式光照度计、大气温度计、地表温度计、土壤温度计、空气湿度测定仪、土壤湿度计、风速测定仪、GPS、测高仪、指南针、气压高度表、测绳、计步器。

（2）实验工具：铝盒、土钻、剪刀、标本夹、采集杖、标签、米尺、皮尺、钢卷尺、记录表格、计算机（或计算器）、打印机、白瓷板（多孔穴）、彩笔、铅笔、橡皮、小刀、绘图簿、资料袋等。

三、实习内容

（一）样地的选择

样地是指能够反映植物群落基本特征的一定地段。样地的选择标准是：种类成分的分布均匀一致；群落结构完整，层次分明；生境条件一致（尤其是地形和土壤），能反映该群落生境特点的地段；样地要设在群落中心的典型部分，避免选在两个类型的过渡地带；样地要用显著的实物标记，以便明确观察范围。

1. 取样技术

取样技术就是代表地段的选取或确定，包括设置的方法、范围大小等，它们常依具体的群落类型、群落分析的目的等的不同而不同。目前植物群落常用的取样技术，包括样地取样法和无样地取样法。

（1）样地取样法。

有样地取样技术（指有规定面积的取样），如样方法（最小面积调查法）、样线法。植物种类数开始随着面积扩大而迅速增加，随后，随着面积增加，种数增加的速度降低，最后，面积再扩大，植物种类也很少增加或不再增加。

① 样方法。

以样方面积为横坐标，物种累积数为纵坐标，获得种-面积曲线，此曲线开始陡峭上升，后平缓而伸直，曲线开始平伸的一点所指示的面积就是最小面积（见图 3.7.1b），不同群落类型的最小面积不同，我国各类植被的最小面积常用标准见表 3.7.1。

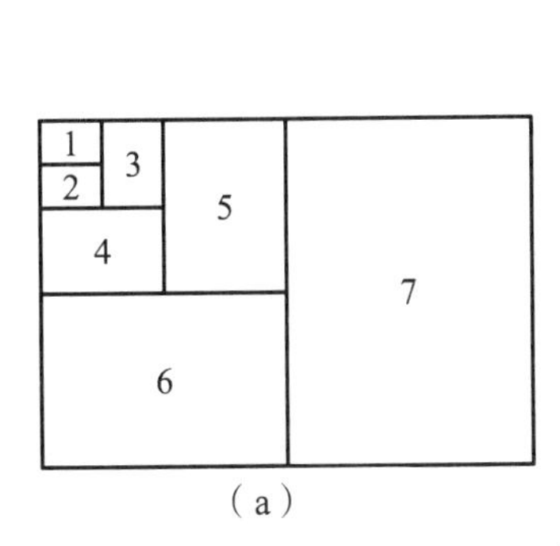

（a）

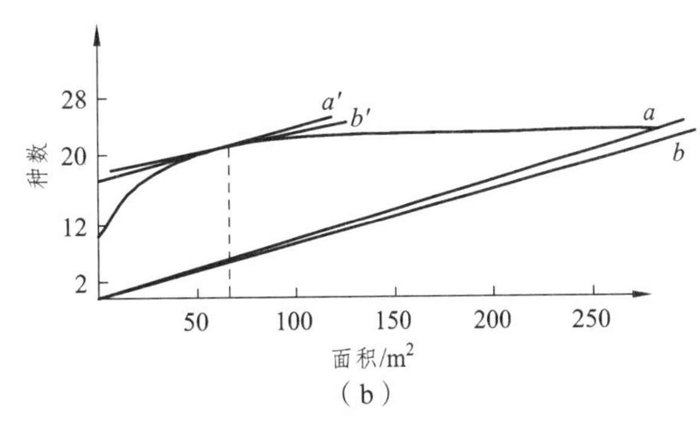

（b）

图 3.7.1　确定面积的程序

表 3.7.1　中国各类植被研究时的最小面积常用标准

植被类型	最小面积/m²	植被类型	最小面积/m²	植被类型	最小面积/m²
热带雨林	2 500 ~ 4 000	针阔混交林	200 ~ 400	高草群落	25 ~ 100
南亚热带森林	900 ~ 1 200	东北针叶林	200 ~ 400	中草群落	25 ~ 400
常绿阔叶林	400 ~ 800	灌丛幼树林	100 ~ 200	低草群落	1 ~ 2
温带落叶阔叶林	200 ~ 400				

在拟研究群落中，选择植物生长比较均匀的地方，用绳子圈定一块小的面积。对于草本群落，最初的面积为 10 cm × 10 cm；对于森林群落则至少为 5 m × 5 m，登记这一面积中所有植物的种类。然后，按照一定顺序成倍扩大（见图 3.7.1a），逐次登记新增加的植物种类。在一块样地单位上选定样点，将仪器放在样点的中心，水平向正北 0°，东北 45°，正东 90°引方向线，量取相应的长度，则四点可构成所需大小的样方。

A. 样方的范围：选择具有代表性的小面积统计植物种类数目，并逐步向外围扩大，同时登记新发现的植物种类，直到基本不再增加新种类为止。

B. 面积扩大的方法。

a. 向外逐步扩大法：通过中心点 *O* 作两条互相垂直的直线。在两条线上依次定出距离中心点的位置。将等距的四个点相连后即可得到不同面积的小样方。在这些小样地中统计植物种数，如图 3.7.2 所示。

b. 从一点向一侧逐步扩大法：通过原点作两条直角线为坐标轴。在线上依次取距离原点的不同位置，各自作坐标轴的垂线，分别连成一定面积的小样地。统计植物种数，如图 3.7.3 所示。

c. 成倍扩大样地面积法：按照图 3.7.4 所示方法逐步扩大，每一级面积均为前一级面积的 2 倍。

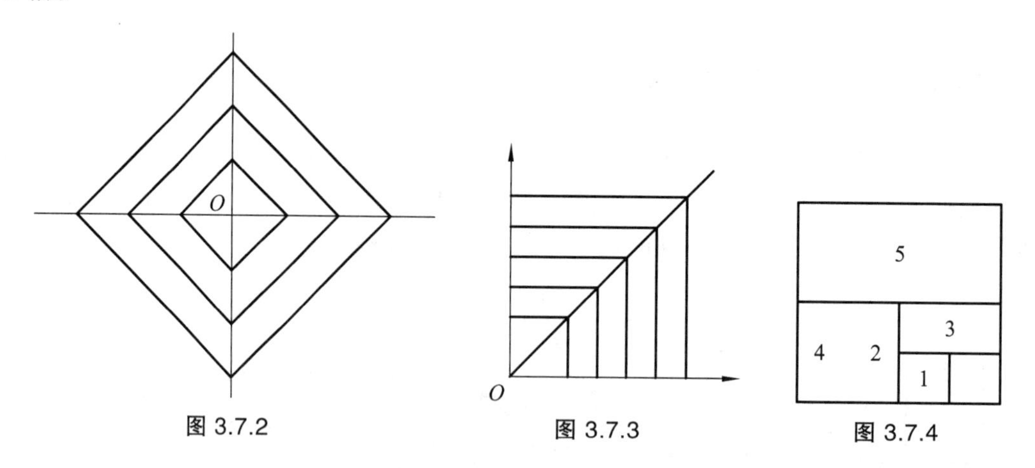

图 3.7.2　　图 3.7.3　　图 3.7.4

C. 记录方法：以面积大小为 x 轴，以种数为 y 轴，填入每次扩大面积后所调查的数值，并连成平滑曲线，则曲线上由陡变缓之处相对应的面积就是群落的最小面积。

D. 植物群落调查所用的最适样方大小：乔木层惯用样方大小为（$10\times10\sim40\times50$）m^2，灌木层为（$4\times4\sim10\times10$）m^2，草本层为（$1\times1\sim3\times3.3$）m^2。

E. 样方数目：乔木：2 个；灌木：3 个；草本：5 个。

② 样线法。

A. 样线的设置：主观选定一块代表地段，并在该地段的一侧设一条线（基线）。然后沿基线用随机或系统取样选出待测点（起点）。沿起点分别布线进行调查，如图 3.7.5 所示。

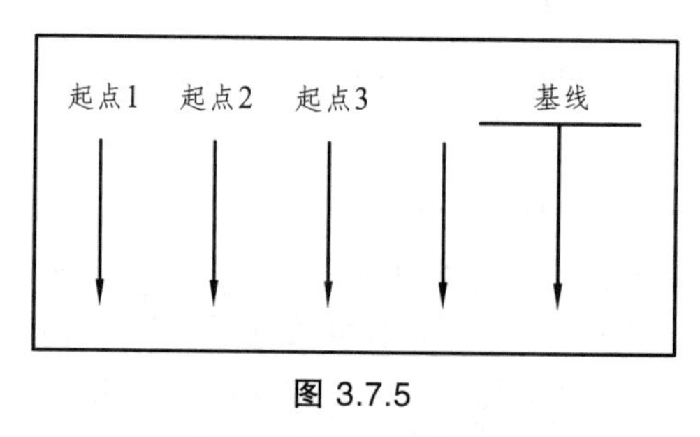

图 3.7.5

B. 样线的长度和取样数目：草本：6 条 10 m 样线；灌木：10 条 30 m 样线；乔木：10 条 50 m 样线。

C. 样线的记录：在样线两侧 0 .5 m 范围记录每种植物的个体数（N）。

（2）无样地取样法。

无样地取样法是不设样方，而是建立中心轴线，标定距离，进行定点随机抽样的方法。这种方法的优点是随机采样避免主观，设备简单，调查时间节省而迅速，特别是山地陡坡，不易拉样方地段，就更为有效准确。该方法在森林和灌丛调查中应用广泛。目前无样地抽样法有四种：最近个体法、近邻法、随机成对法和中心点四分法，其中以中心点四分法应用最为广泛。

① 样点选定：在选定调查地块之后，在调查地块内随机布点（样点）。每个调查地段的取样点理论值至少要 20 个点。取得 80 株大树、80 株幼树、20 个小样方的基本数据。在常绿

阔叶林及其次生林中，20 个样点取得的数据与 2 个 500 m^2 的样方的精确度相当。

② 建立象限：将事先准备好的“十字架”中心点与任一样点重合，在地面上构成四个象限。

③ 测定方法：在每一象限内找到最靠近中心点的个体。在每一个测点的固定象限内设置一个 2 m×2 m 的样方，登记草本、灌木、乔木幼苗胸径的种名、株数（丛数）、高度。

2. 取样数目

如果群落内部植物分布和结构都比较均一，则采用少数样地；如果群落结构复杂且变化较大、植物分布不规则时，则应提高取样数目。

（二）植物群落调查指标的测定方法

（1）测定盖度：

盖度 =(一个种的密度/所有种的密度)×100%

（2）测定频度：频度是指某一种植物所出现的样方数占总样方数的百分率。

频度 =(出现该种的样方数/样方总数)×100%

（3）生物量的测定。

方法：直接收割法。直接将植物体地上枝叶及繁殖器官全部割下来测定鲜重和干重（烘干或晒干）。

（4）蓄积量。

A. 草本植物。蓄积量的计算公式是：

$$W = d \cdot F \cdot S$$

其中：W——总蓄积量；d——单位面积上植物可利用部位的生物量；F——植物的频度。S——草本植物种群分布面积。

B. 木本植物。蓄积量的测定较为困难，一般须应用航空相片进行抽样调查，再采用比估计法和回归估测来完成。

（5）测定多度：多度是指单位面积（样方）上某个种的全部个体数。通常采用的多度等级制表示，习惯用的符号是：

① 背景化（Soc）：植物地上部分的郁闭形成背景。

② 多（Cop）：植物生长很好，个体数目很多，但未达到背景化。

③ 稀疏（Sp）：植物数量不多，稀疏散生。

④ 零落（Sol）：植物的个体很稀少。

计算公式为：

$$M = 1/D = R/q$$

其中：M——多度；

D——密度；

R——统计样方总数；

q——在样地内所调查到的某种特定种的平均个体数。

（三）植物群落的观察步骤

1. 了解调查区域概况

首先应该熟悉典型地段的植物群落概况，包括组成特征及其所属分类系统，然后根据植物群落调查的要求，确定相宜的调查范围。

2. 确定调查范围

依据小范围差异，确定具有代表性的群落界限进行观察。例如：在木本植物群落中，可以有针叶林、针阔混交林或阔叶林等；在草本植物群落中，可以有干草地、草地、高山草地等。

3. 观察要点

（1）木本植物群落：应记载组成群落的种类及其密度、各层平均高度、总郁闭度、分层郁闭度、优势种的主要生长指标，木本植物的种类及其生长情况等。

（2）草本植物群落：应记载总盖度、纯盖度、分层高度及各层的优势种类。如果可以划出个别的群聚，最好能够记明群聚和不同环境的关系。

（3）荒漠植物群落：应记载灌木及其他旱生植物的优势种类。由于这类群落的生态因素比较特殊，在观察中应特别注意生活力的反应；同时，对于苔藓和地被的生长情况，也应该进行厚度和季相的观察。

（4）群丛分层：记录这一群丛的层次及各层高度。一般常用“T”代表乔木，“S”代表灌木，“H”代表草本，“G”代表苔藓地被植物。

① 乔木层数据调查：又分常绿木本群落、阔叶常绿木本群落、针叶常绿木本群落等。采用每木调查法，在每个 5 m×5 m 的小样方内，记录树高 $h \geqslant 3$ m，胸径 $d \geqslant 2.5$ cm 的乔木树种的植物名称、胸径、高度、冠幅以及目测每个树种的郁闭度，并将数据记录到表 3.7.2 乔木层样方记录表中。

表 3.7.2 乔木层样方记录表

调查者：__________调查日期：____________样方号：___________样地面积：___________
郁闭度：__________________________群落名称：_____________________________________

小样方号	植物名称	高度 /m	胸围/cm	冠幅	枝下高	生活型	物候期

② 灌木层数据的调查：在每个 5 m×5 m 的小样方内识别灌木层中的植物名称、数目，目测每个灌木种类的盖度、平均高度以及多度，并将数据记录到灌木层样方调查表（见表 3.7.3）内。

表 3.7.3　灌木层样方记录表

调查者：__________调查日期：____________样方号：___________样地面积：___________
郁闭度：__________________________群落名称：___________________________________

小样方号	植物名称	层次	株数	盖度	高度/cm	生活型	物候期

③ 草本层数据的调查：在 1 m×1 m 的草本植物样方进行草本层每个植物物种的盖度、平均高度以及多度的调查，并将数据记录到草本层样方调查表（见表 3.7.4）内。

表 3.7.4　草本层样方记录表

调查者：__________调查日期：____________样方号：___________样地面积：___________
郁闭度：__________________________群落名称：___________________________________

小样方号	植物名称	层次	高度/cm		盖度	株（丛）数	生活型	物候期
			生殖层苗高	叶层高				

④ 层间植物数据记载在层间植物调查表（见表 3.7.5）中。

表 3.7.5　层间植物调查表

调查者：__________调查日期：____________样方号：___________样地面积：___________
郁闭度：__________________________群落名称：___________________________________

植物名称	类型			被附着植物		分布情况	位置	方向	物候期
	藤本	附生	寄生	名称	生活型				

（四）样地环境因子的测定

在选择好样地以后，要记录样地的环境特征，包括地理位置、海拔、地貌、坡向、坡度、光照强度、温度、空气湿度以及人为干扰情况等，将这些数据记录到表 3.7.6 中，并采集土样带回实验室分析。

表 3.7.6 群落样地调查表

样方号__________样地面积______________海拔高度____________________

群落类型______________________________群落名称____________________

地理位置_____省_____市（县）_____乡（村）：_______经度：_______纬度：_______

地形：_____________坡向：________________坡度：________________

母岩与地质：____

枯枝落叶层的性质及其覆盖百分率：____________________________

土壤：名称：_______厚度：_____质地：_____颜色：_____ pH 反应 ________________

群落特点：（外貌、动态、结构等）________________________________

周围环境级群落小环境状况：____________________________________

____

人类及动物的活动情况：____

其他：（风速、气温、相对湿度、光照强度等）________________________

（1）地形因子的测定。运用 GPS 测定每个样方的经度与纬度。GPS 给出的海拔高度误差较大，所以再用海拔表校正海拔高度。用罗盘测出样地山体的坡度，并测出坡向。

（2）土壤因子的测定。判断土壤的类型、土层厚度、质地、土壤酸碱度等。

（3）群落内光照条件的测定。从林缘向林地中心均匀选取 5 个测定点，用照度计测定每一点的光照强度，并记录每次测定的数值；选择一空旷无林地（最好地面无植被覆盖）作为对照，随机测定 5 个点，用照度计测定裸地的光照强度，并记录每次测定的数值。

（4）大气温度和湿度的测定。从林缘向林地中心，在 1.5 m 高处均匀选取 5 个点，测定每一点的温度和湿度，并记录每次测定的数值；同时在空旷无林地的 1.5 m 高处，随机选取 5 个点，测定空气温度和湿度，并记录每次测定的数值。

（5）地表温湿度的测定。从林缘向林地中心均匀选取 5 个测定点，用地表温度计与湿度计分别测定每一点的地表温湿度，并记录每次测定的数值；同时在空旷无林地随机选取 5 个点，同样测定地表温度与湿度。

（6）群落内土壤不同深度温湿度的测定。在群落中，随机确定 2 个测定点，用土壤温度计与土壤湿度计分别测定距地表 5 cm、10 cm、15 cm、20 cm、25 cm、30 cm 和 35 cm 深处的土壤温度与湿度，并记录每次测定的数值。

在空旷无林地同样随机选取 2 个观测点，同样分别测定距地表 5 cm、10 cm、15 cm、20 cm、25 cm、30 cm 和 35 cm 深处的土壤温度与湿度。

（7）风速的测定。在上述同样的针叶林与阔叶林群落中，从林缘向林地中心，在 1.5 m 的高处均匀选取 5 个点，用风速测定仪分别测定每点的风速；同时在空旷无林地，随机选取 5 个点，测定每个点的风速。

（五）注意事项

（1）选定的典型群落，必须具有该群落的代表特征（例：科属外貌和生态结构等）。

（2）在草地植物群落中，一般总覆盖度应在 70% 左右，不宜选择过疏或过密的地方。

（3）进行野生果林群落调查时，所选择的标准地必须成片；如果是零星小块者，虽优势植物显著也不宜选用。

（4）地形特殊的，如溪边、河边、局部低洼地，均不宜作为标准地。

（5）植物群落内和对照地的生态因子（如光照强度、空气温度和湿度、地表温度和湿度、土壤温度和湿度）测定，一定要在相同的时间进行，这样获得的数据才具有可比性。

（六）实验总结

1. 整　理

系统整理调查所得到的各种原始材料和采集的各类样品与标本。

2. 调查报告的撰写

（1）提纲。

前言：

① 调查的目的和任务。

② 调查的范围（地理位置、行政区域、总面积）。

③ 调查工作的组织与工作过程。

④ 调查的内容和完成结果的简要概述。

（2）调查地区的社会情况：

① 调查地区的人口与劳动力。

② 人们的生活水平。

③ 有关生产单位的组织状况和经营体制。

（3）调查地区的自然条件：

① 气候。

② 地形。

③ 土壤。

④ 植被。

（4）资源综合评价：① 种类情况。② 用途情况。③ 开发利用的前途及存在的问题。

（5）调查工作评价：针对调查结果的准确性、代表性进行分析，得出结论，对调查工作中存在的问题，今后要补充进行的工作，也要明确提出。

第二节 校园植物观察（实验）

实验一 植物形态特征的观察

一、实验目的

（1）通过对校园里的植物进行调查，认识校园常见植物，掌握野外植物调查的基本方法。
（2）了解植物器官的主要类型和特征，并掌握植物分类的基础知识。
（3）分析校园植物区系特征，使学生掌握植物区系分析的方法。

二、材料与器材

放大镜、镊子、铅笔、笔记本、计算器或计算机、植物检索表、植物志、《高等植物图鉴》、《中国种子植物属的分布区类型》和《世界种子植物科的分布区类型系统》、照相机、标签、刻度尺、皮尺、钢卷尺、记录表格、放大镜、镊子、铅笔、笔记本、解剖针、培养皿。

三、实验过程

（1）室内准备阶段：学生分组 5 人为一组，明确任务分工；校园划片，每小组负责调查一片区域；准备好室外取样的工具。

（2）室外观察阶段：植物形态特征的观察应起始于根（或茎基部），结束于花、果实或种子。先用眼睛进行整体观察，细微且重要的部分须借助放大镜观察。特别是对花的观察要极为细致、全面：需从花柄开始，通过花萼、花冠、雄蕊，最后到雌蕊，必要时要对花进行解剖，分别进行横切观察和纵切观察，观察花各部分的排列情况、子房的位置、组成雌蕊的心皮数目、子房室数及胎座类型等。只有这样，才能全面、系统地掌握植物的详细特征，才能正确、快速地识别和鉴定植物。

（3）室内分析阶段：对照植物检索表、植物志、《高等植物图鉴》、《中国种子植物属的分布区类型》和《世界种子植物科的分布区类型系统》等工具书，对校园内所有调查的植物进行鉴定、统计，按照植物界系统演化关系，写出植物名录并把植物归并到科一级，填写表 3.7.7。

四、注意事项

（1）对特征明显、自己又很熟悉的植物，确认无疑后才能写下名称。
（2）对于陌生的植株，可借助于植物检索表等工具书进行检索、识别。

表 3.7.7　××校园植物调查表

时间：＿＿＿＿＿年＿＿＿＿＿月＿＿＿＿＿日　　　　记录人：＿＿＿＿＿＿＿

特征 中文名	生长类型				叶																	花		果		其他
					叶型		叶序				叶缘						叶脉									
	乔木	灌木	藤本	草本	单叶	复叶	互生	对生	轮生	簇生	全缘	微波状	波状	锯齿	重锯齿	深裂	掌状脉	网状脉	平行脉	平行侧	三出脉	颜色	类型	颜色	类型	

实验二　探索菖蒲对污水的净化作用

一、实验目的

通过观察菖蒲在不同水样中的生长，观测处理前、后污水的 COD 浓度以及金鱼生存实验，探索菖蒲对污水的净化作用。

二、基本原理

水体富营养化是由于水体中富含的营养物质导致藻类过量繁殖的现象，是水体衰老和水质恶化的一种表现。水面种植高等植物是净化水体富营养化和修复水体的有效途径之一。利用水生植物吸收水体营养物质及其对藻类的化感抑制作用来防治水体富营养化，是当前水环境修复领域的一个重要研究课题。菖蒲是天南星科多年生挺水草本植物，常见于浅水池塘、水沟及溪涧湿地处。菖蒲作为一种观赏性较强的挺水植物，对藻类化感作用强，经济价值高，在富营养化水体修复及观赏水体水质保持中具有很好的应用前景。

三、实验仪器

透明塑料箱（45 cm × 60 cm × 40 cm）4 个、刻度尺、5B-3C 型智能型 COD 测定仪、消解防喷罩、专用反应管冷却槽（架）、专用比色池托架、专用固体试剂、专用反应管（敞口）数支、打印纸。

四、实验内容

1. 观察菖蒲在不同水样中生长实验

（1）试验材料与方法。

① 取 4 个透明塑料箱（45 cm×60 cm×40 cm），编号 A，B，C，D。

② 分别注入 40 L 生活污水 1#、校园湖水 2#、河水 3#、造纸厂废水 4#。

③ 选取生长良好、长势一致的菖蒲，将老叶片剪到 30 cm，新叶不剪，每 16 株种植于不同处理组的塑料箱中。菖蒲采取铁丝网和塑料筛网固定（菖蒲取自揽月湖）。

④ 菖蒲在塑料箱中水培 15 d，每 5 d 观察 1 次。观察比较菖蒲的根数、根长、节长、叶数等生长指标，填写记录表 3.7.8。

表 3.7.8

水样	A（生活污水）			B（校园湖水）			C（河水）			D（造纸厂废水）		
观察时间												
根数												
根长												
节长												
叶数												
备注												
记录员												

（2）实验结果。

菖蒲在各种水样中生长良好，尤其是在严重污染的生活污水中，表现强劲的生长态势。

2. 水质净化程度的定性对比实验

① 实验组：取 4 个金鱼缸，编号 2-A，2-B，2-C，2-D。从水培菖蒲 15 d 的 A～D 号容器中各取 3 kg 水样，分别加入 4 个金鱼缸中。每个金鱼缸中分别放养同种、生长健康状况都相同的金鱼 4 条。观察记录每个水样中金鱼的生存时间的长度（天数），取平均值，在表 3.7.9 中做好记录。

表 3.7.9

实验组水样	2-A（生活污水）			2-B（校园湖水）			2-C（河水）			2-D（造纸厂废水）		
观察时间												
金鱼存活情况												
备注												
记录员												

② 对照组：取 4 个金鱼缸，编号 2-1#，2-2#，2-3#，2-4#。从未经菖蒲水培处理的 4 种水样中各取 3 kg，分别加入 4 个金鱼缸中。放同样大小的同种金鱼各 4 条，培养 1 周。观察

记录每个水样中金鱼的生存时间的长度（天数），取平均值，在表 3.7.10 中做好记录。

表 3.7.10

实验组水样	2-1#（生活污水）			2-2#（校园湖水）			2-3#（河水）			2-4#（造纸厂废水）		
观察时间												
金鱼存活情况												
备注												
记录员												

对比实验组与对照组的金鱼生存时间（平均值）。

3. 观测 A～D 水样中的 COD 的变化

每 5 d 收集 1 次经菖蒲处理后的污水水样，分别测定其 COD 和总氮含量的变化。每个水样重复测 3 次，取平均值。

结论：从 4 种水样经菖蒲 15 d 的处理过程中，连续取样分析来看，水样中的 COD 浓度持续下降，最终达到池塘水相当的水平，说明菖蒲对生活污水（1#）、混合污水（3#）、工业污水（4#）3 种水样都有明显的净化效果。

思考题

1. 根据调查结果撰写一份完整的亚热带常绿阔叶林植物群落调查实验报告。
2. 分析影响山地植被垂直地带性分布的主要因素。
3. 对比玉兰与银杏，分析裸子植物与被子植物的主要区别。
4. 对比桂花树与樟树的形态特征。
5. 编写校园植物名录（要求比较详实）：所调查植物的学名、俗名（汉语名、民族译名）、科名、用途、利用部位、生态习性、地理分布、形态特征等。
6. 按植物分类原则，分别论述食用、药用、工业原料用、保护环境用等资源植物的种类和数量，以及开发利用的可行性分析。
7. 绘制出实验组与对照组 4 种水样中金鱼生存时间（平均值）的柱状图。
8. 绘制出 4 种不同营养状态水体 COD 含量变化折线图。

第八章 植物与环境

植物与环境间关系的研究范围极其广泛，而植物地理学野外实习中，围绕植物与环境内容进行的野外实习，安排的时间和次数不多，主要是通过地植物学野外调查方法，了解植物群落的基本特征、植物群落与环境之间的相互关系及其变化规律。熟悉植物野外的生存环境，正确认识植物与环境之间的关系。

第一节 植物与环境的关系

植物与环境是相互作用的关系，植物周围的环境为植物的生长提供阳光、空气、水分、养料、适宜的温度等植物生长所必需的条件，而植物的生长又会对环境产生影响，同时植物又依赖于特定的环境，植物离开了所适合的生长环境，可能会造成不结实、生长不良、甚至死亡等不良后果。

一、植物的环境

植物的环境是指植物生活空间的外界条件的总和。它不仅包括对植物有影响的各种自然环境条件，而且还包括生物对它的影响和作用。

植物的环境首先可分为自然环境和人工环境两种。

（一）自然环境

植物的自然环境，主要是指大气圈、水圈、岩石圈和土壤圈四个自然圈，其中的土壤圈是半有机环境。在这四个圈层的界面上，构成了一个有生命的、具有再生产能力的生物圈。而植物层（地球植被）则是生物圈的核心部分。

在植物及其群体生长发育和分布的具体地段上，各种具体环境因子的综合作用形成生境。如阳坡生境，它适合于桦、杨等生长；阴坡生境，它适合于云杉、冷杉等生长。

小环境是指接触植物个体表面，或植物个体表面不同部位的环境。如植物根系接触的土壤环境（根际环境），叶片表面接触的大气环境。

内环境是指植物体内部的环境。内环境中的温度、湿度、CO_2和O_2的供应状况，都影响着细胞的生命活动，而对植物的生长和发育产生作用。

（二）人工环境

人工环境有广义和狭义之分。广义的人工环境包括所有的栽培植物及其所需的环境，还有人工经营管理的植被等，甚至包括自然保护区内的一些控制、防护等措施。狭义的人工环境，指的是人工控制下的植物环境，如人工温室等。

二、生态因子及分类

生态因子是指环境中对生物（植物）的生长、发育、生殖、行为和分布有着直接或间接影响的环境要素。根据因子的性质，可以划分为以下五类：

（1）气候因子：如光、温度、水分、空气、雷电等。

（2）土壤因子：包括土壤结构、理化性质及土壤生物等。

（3）地理因子：如海拔高低、坡度坡向、地面的起伏等。

（4）生物因子：指与植物发生相互关系的动物、植物、微生物及其群体。

（5）人为因子：指对植物产生影响的人类活动。

以上五类因子在很多情况下可以对植物起综合作用，以下我们要讲述几种生态因子（光、温、水分、土壤）与植物的关系。在具体对某一现象进行生态学分析时，还要考虑生态因子作用的综合性、非等价性、不可替代性和互补性，以及限定性。

三、植物与光的关系

（一）光质的变化及其对植物的影响

光质就是指光谱成分，它的空间变化规律是短波光随纬度增加而减少，随海拔升高而增加；长波光则与之相反。不同波长的光对植物有不同的作用。植物叶片对太阳光的吸收、反射和透射的程度直接与波长有关，并与叶的厚薄、构造和绿色的深浅，以及叶表面的性状不同而异。如叶对红橙光和蓝光吸收较多，而对绿光反射较多；厚的叶片透射光的比例较低。

当太阳光透过森林生态系统时，因植物群落对光的吸收、反射和透射，到达地表的光照强度和光质都大大改变了，光照强度大大减弱，而红橙光和蓝紫光也已所剩不多。因此，生长在生态系统不同层次的植物，对光的需求是不同的。

（二）光照强度的变化及其对植物的影响

光照强度的空间变化规律是随纬度和海拔高度增加而逐渐减弱，并随坡向和坡度的变化而变化。光照强度对植物生长与形态结构的建成有重要的作用，如植物的黄化现象。光强同时也影响植物的发育，在开花期或幼果期，如光强减弱，也会引起结实不良或果室发育中途停止，甚至落果。光对果实的品质也有良好作用。根据植物与光照强度的关系，可以把植物分为阳生植物、阴生植物和耐阴植物三大生态类型。阳生植物和阴生植物在植株生长状态、茎叶等形态结构及生理特征上都有明显的区别。

（三）日照长度的变化及其对植物的影响

日照长度是指白昼的持续时数或太阳的可照时数。日照长度对植物的开花有重要影响，植物的开花具有光周期现象，而日照长度对此有决定性的作用。日照长度还对植物休眠和地下贮藏器官的形成有明显的影响。根据植物（开花过程）与日照长度的关系，可以将植物分为四类：长日照植物、短日照植物、中日照植物和中间型植物。了解植物的光周期现象，对植物的引种驯化工作十分重要。

四、植物与温度的关系

（一）节律性变温对植物的影响

节律性变温就是指温度的昼夜变化和季节变化两个方面。昼夜变温对植物的影响主要体现在：能提高种子萌发率，对植物生长有明显的促进作用，昼夜温差大则对植物的开花结实有利，并能提高产品品质。此外，昼夜变温能影响植物的分布。植物适应于温度昼夜变化称为温周期，温周期对植物的有利作用是因为白天高温有利于光合作用，夜间适当低温使呼吸作用减弱，光合产物消耗减少，净积累增多。

（二）极端温度对植物的影响

极端高低温值、升降温速度和高低温持续时间等非节律性变温，对植物有极大的影响。

1. 低温对植物的影响

温度低于一定数值，植物便会因低温而受害，这个数值便称为临界温度。在临界温度以下，温度越低，植物受害越重。低温对植物的伤害，据其原因可分为冷害、霜害和冻害三种。

冷害是指温度在零度以上仍能使喜温植物受害甚至死亡，即零度以上的低温对植物的伤害。冻害是指冰点以下的低温使植物体内形成冰晶而造成的损害。霜害则是指伴随霜而形成的低温冻害。冰晶的形成会使原生质膜发生破裂和使蛋白质失活与变性。

此外，在相同条件下降温速度越快，植物受伤害越严重。植物受冻害后，温度急剧回升比缓慢回升受害更重。低温期愈长，植物受害也愈重。

植物受低温伤害的程度主要决定于该种类（品种）抗低温的能力。对同一种植物而言，不同生长发育阶段、不同器官组织的抗低温能力也不同。

2. 高温对植物的影响

当温度超过植物适宜温区上限后，会对植物产生伤害作用，使植物生长发育受阻，特别是在开花结实期最易受高温的伤害，并且温度越高，对植物的伤害作用越大。高温可减弱光合作用，增强呼吸作用，使植物的这两个重要过程失调，植物因长期饥饿而死亡。高温还可破坏植物的水分平衡，加速生长发育，促使蛋白质凝固和导致有害代谢产物在体内的积累。水稻开花期间如遇高温就会使受精过程受到严重伤害，因高温可伤害雄性器官，使花粉不能在柱头上发育；日平均温度 30 °C 持续 5 d 就会使空粒率增加 20% 以上；在 38 °C 的恒温条件下，实粒率下降为零，几乎是颗粒无收。

（三）温度对植物分布的影响

由于温度能影响植物的生长发育，因而能制约植物的分布。影响植物分布的温度条件有：① 年平均温度、最冷和最热月平均温度；② 日平均温度的累积值；③ 极端温度（最高、最低温度）。低温限制植物分布比高温更为明显。当然温度并不是唯一限制植物分布的因素，在分析影响植物分布的因素时，要考虑温度、光照、土壤、水分等因子的综合作用。

温度也能影响植物的引种。在长期的生产实践中，得出了植物引种的经验：北种南移（或高海拔引种到低海拔）比南种北移（或低海拔引种到高海拔）容易成功；草本植物比木本植物容易引种成功；一年生植物比多年生植物容易引种成功；落叶植物比常绿植物容易引种成功。

五、植物与水的关系

水对植物的影响是通过不同形态、量和持续时间三方面的变化来实现的。植物需水量是相当大的，一株玉米一天大约需消耗 2 千克左右的水，一生需要 200 多千克水。夏季一株树木一天的需水量约等于其全部鲜叶重的 5 倍。因此，缺水对植物来说十分严重。在长期的进化过程中，植物通过体内水分平衡即根系吸收水和叶片蒸腾水之间的平衡来适应周围的水环境。植物表皮生有一层厚厚的蜡质表皮，可减少水分的蒸发。有些植物的气孔深陷在叶内，有助于减少失水。有很多植物靠光合作用的生化途径适应于快速摄取 CO_2，这样可使交换一定量气体所需的时间减少；或把 CO_2 以改变了的化学形式贮存起来，以便能在晚上进行气体交换，此时温度较低，蒸发失水的压力较小。一般而言，在低温地区和低温季节，植物吸水量和蒸腾量小，生长缓慢；反之亦然，此时必须供应更多的水才能满足植物对水的需求和获得较高的产量。

水对植物的不利影响可分为旱害和涝害两种。旱害主要是由大气干旱和土壤干旱引起的，它使植物体内的生理活动受到破坏，并使水分平衡失衡。轻则使植物生殖生长受阻，产品品质下降，抗病虫害能力减弱，重则导致植物长期处于萎蔫状态而死亡。植物抗旱能力的大小，主要决定于形态和生理两方面。我国劳动人民很早以前就有对有些作物进行“蹲苗”，以提高抗旱能力的经验。涝害则是因土壤水分过多和大气湿度过高引起，淹水条件下土壤严重缺氧、CO_2 积累，使植物生理活动和土壤中微生物活动不正常、土壤板结、养分流失或失效、植物产品质量下降。植物对水涝也有一定的适应，如根系木质化增加、形成通气组织等。

六、植物与土壤的关系

土壤是岩石圈表面的疏松表层，是陆生植物生活的基质。它提供了植物生活必需的营养和水分，是生态系统中物质与能量交换的重要场所。由于植物根系与土壤之间具有极大的接触面，在土壤和植物之间进行频繁的物质交换，彼此强烈影响，因而土壤是植物的一个重要生态因子，通过控制土壤因素就可影响植物的生长和产量。土壤及时满足植物对水、肥、气、热要求的能力，称为土壤肥力。肥沃的土壤同时能满足植物对水、肥、气、热的要求，是植物正常生长发育的基础。

（一）土壤的物理性质对植物的影响

1. 土壤质地和结构

砂土类土壤黏性小、孔隙多，通气透水性强，蓄水和保肥性能差，易干旱。黏土类土壤质地黏重，结构致密，保水保肥能力强，但孔隙小，通气透水性能差，湿时黏、干时硬。壤土类土壤质地比较均匀，既不松又不黏，通气透水性能好，并具一定的保水保肥能力，是比较理想的农作土壤。

具有团粒结构的土壤是结构良好的土壤，它能协调土壤中水分、空气和营养物质之间的关系，统一保肥和供肥的矛盾，有利于根系活动及吸取水分和养分，为植物的生长发育提供良好的条件。无结构或结构不良的土壤，土体坚实，通气透水性差，土壤中微生物和动物的活动受抑制，土壤肥力差，不利于植物根系扎根和生长。

2. 土壤水分

土壤水分能直接被植物根系所吸收。土壤水分的适量增加有利于各种营养物质溶解和移动，有利于磷酸盐的水解和有机态磷的矿化，这些都能改善植物的营养状况。土壤水分还能调节土壤温度，但水分过多或过少都会影响植物的生长。水分过少时，植物会受干旱的威胁及缺少养份；水分过多会使土壤中空气流通不畅并使营养物质流失，从而降低土壤肥力，或使有机质分解不完全而产生一些对植物有害的还原物质。

3. 土壤空气

土壤中空气成分与大气是不同的，且不如大气中稳定。土壤空气中的含氧量一般只有10%～12%，在土壤板结或积水、透气性不良的情况下，可降到10%以下，此时会抑制植物根系的呼吸，从而影响植物的生理功能。土壤空气中CO_2含量比大气高几十至几百倍，排水良好的土壤中在0.1%左右，其中一部分可扩散到近地面的大气中被植物叶子光合作用时吸收，一部分可直接被根系吸收。但在通气不良的土壤中，CO_2的浓度常可达10%～15%，这不利于植物根系的发育和种子萌发，CO_2的进一步增加会对植物产生毒害作用，破坏根系的呼吸功能，甚至导致植物窒息死亡。

4. 土壤温度

土壤温度能直接影响植物种子的萌发和实生苗的生长，还影响植物根系的生长、呼吸和吸收能力。大多数作物在10～35 °C的范围内生长速度随温度的升高而加快。温带植物的根系在冬季因土温太低而停止生长。土温太高也不利于根系或地下贮藏器官的生长。土温太高或太低都能减弱根系的呼吸能力。此外，土温对土壤微生物的活动、土壤气体的交换、水分的蒸发、各种盐类的溶解度以及腐殖质的分解都有显著影响，而这些理化性质与植物的生长有密切关系。

（二）土壤的化学性质对植物的影响

1. 土壤酸碱度

土壤酸碱度对土壤养分有效性有重要影响，在pH = 6～7的微酸条件下，土壤养分有效性最高，最有利于植物生长。在酸性土壤中易引起P、K、Ca、Mg等元素的短缺，在强碱性土壤中易引起 Fe、B、Cu、Mn、Zn 等的短缺。土壤酸碱度还能通过影响微生物的活动而影响养分的有效性和植物的生长。酸性土壤一般不利于细菌的活动，真菌则较耐酸碱。pH = 3.5 ~ 8.5 是大多数维管束植物的生长范围，但其最适生长范围要比此范围窄得多。pH>3 或 pH<9 时，大多数维管束植物便不能生存。

2. 土壤有机质

土壤有机质是土壤的重要组成部分，它包括腐殖质和非腐殖质两大类。前者是土壤微生物在分解有机质时重新合成的多聚体化合物，约占土壤有机质的 85% ~ 90%，对植物的营养有重要的作用。土壤有机质能改善土壤的物理和化学性质，有利于土壤团粒结构的形成，从而促进植物的生长和养分的吸收。

3. 土壤中的无机元素

植物从土壤中摄取的无机元素中有 13 种对其正常生长发育都是不可缺少的(营养元素): N、P、K、S、Ca、Mg、Fe、Mn、Mo、Cl、Cu、Zn、B。植物所需的无机元素主要来自土壤中的矿物质和有机质的分解。腐殖质是无机元素的储备源，通过矿化作用缓慢释放可供植物利用的元素。土壤中必须含有植物所必需的各种元素及这些元素的适当比例，才能使植物生长发育良好，因此通过合理施肥改善土壤的营养状况是提高植物产量的重要措施。

第二节　生态序列调查法

自然界中光、水、土壤、温度、空气等环境因子随着地理场所、海拔高度和空间位置的连续变化，可形成一定的环境梯度变化序列，这种生态条件在空间的变化序列导致植物种类的分布和生长状况出现相应的连续变化，从而清楚地反映出环境因子的生态效应。通过这种生态系列的调查，应当熟悉生态序列的意义和观察方法，巩固课堂所学的植物与环境的基本知识，特别是了解与掌握各种生态类型的主要特征和习性。

生态序列法是选择一定的典型地段，调查一种或几种生态因子对各种植物的影响，阐明某种植物与某一因子的相互关系和相互作用。最基本的方法有生态因子观察法和样线法。

一、生态序列的一般观察方法——生态因子观察法

进行本项实习，选择好典型的地点很重要，应当尽量选择某一种或几种生态因子有逐渐变化的地区作为观察地点。

植物对水湿条件生态反应的观察：可以选择湖泊或河流沿岸地带、小溪、沟谷地段进行观察，这些地段的地下水位由岸边到陆上高地逐渐降低，且呈连续变化，导致土壤及其理化性质的渐变，相应地可以观察到植物由沉水植物、浮水植物、挺水植物逐渐演替为湿生植物、中生植物、旱生植物的生态系列。

植物对土壤理化性质生态反应的观察：土壤类型不同，生长其上的植物种类、组成以及

形态结构也不相同。各种不同的土壤，它们的土层厚度、质地、水热条件、理化性质（如 pH 值、有机物质和无机盐分的含量等）有显著的差异。选择较高的坡地，观察自下而上的土壤因子演变情况，以及植物种类组成的演变情况，若乔木的变化不很显著，可侧重于对灌木和草本植物的观察。

植物对光因子生态反应的观察：阳光是一切生命活动赖以生存的最终能量来源，但光照条件常受到地形和山坡坡度、坡向的影响，从而直接、间接地影响着植物的分布、形态和生长。根据植物对光生态反应的不同，通常把植物分为阴生植物、耐阴植物和阳生植物三大类型。阴生植物的形态接近于湿生植物，叶片大而薄，叶绿体大而多，花色较鲜艳（多为虫媒传粉），根系较浅较短。阳生植物的形态接近于旱生植物，叶小而厚，叶绿体小而少，花色不鲜艳（多为风媒传粉），根系较长较深。耐阴植物形态介于上述两类植物之间。选择不同坡向的地段，如阴坡、阳坡、半阴坡等不同坡向上植物种类组成的变化，因为阴坡与阳坡在光照、热量条件方面的差异，会引起其他生态因子的变化，相应地阴坡与阳坡上的植物种类组成、植物群落结构往往有很大的差别。所以，在野外实习时，选择一个山丘，绕行一周考察不同光照条件对植物种类组成、植物生长状况的影响是很有益的。也可观察林内不同层次光照强度的变化，同时比较各层的植物种类更替情况和生长状况的变化。

二、样线法

这种方法要求分小组进行，各小组沿着生态序列中环境梯度显著变化的方向拉开 30 ~ 50 m 长的皮尺或测绳，在记录本上记录绳尺通过所接触到的所有植物名称、高度和物候期，并随时记录该地段的生态环境特点。除一般文字记录外，还可以按一定比例在坐标纸上绘制成样线图。样线的长短视环境梯度变化、植物种类组成和密度等具体情况而定，也就是说当测量的地段环境梯度改变较小或基本一致、植物种类贫乏时，所拉样线就宜短些。总的原则是，样线的长度能够表现出生态类型更替即可，一般情况下，样线长一般掌握在 30 ~ 50 m，已足够表现出生态系列的更替。

最后，根据各小组用样线法实地观察到的资料，可总结出环境条件与植物生态类型之间的相关性，这将有助于了解植被调查地区植物分布、种类组成和植物群落的概况。

第三节 植物群落样地调查法

样地调查是地植物学最基本的研究方法。它所获得的资料详细可靠，可以作为其他调查方法精确程度的对照依据。

一、样地的设置与群落最小面积的调查

1. 样地的选择

在大面积的植物群落里，不可能对所有地段进行调查，一般是采取抽样调查的方法。选

择样地时应先对整个群落有宏观的了解，然后，选择植物生长比较均匀，且有代表性的地段作为样地，用绳子或事先做好的框架圈定。样地不要设在两个同群落的过渡区，其生境应尽量一致。

2. 样地的形状

样地多采用长方形或正方形，称为样方。也可采用圆形，称为样圆。长方形样地的长边方向以平行等高线为宜，否则会因高差过大，而造成生境上的差异。

3. 样地面积大小

样地面积，取决于群落类型。一般采用逐步扩大样方面积先找出群落的最小面积，然后根据群落最小面积来确定（见表 3.8.1）。在草本群落中，起始样方面积用 10 cm × 10 cm；在森林群落中，则用 5 m × 5 m。首先登记起始样方中所有的植物种类，然后按着一定顺序扩大样地边长，每扩大一边，登记一次新增加的种类，直到基本不再增加新种类为止，最后绘制植物种类面积曲线图。在曲线由陡变缓处相应的面积就是群落的最小面积。

表 3.8.1　群落最小面积调查记录表

样地面积（m^2）	1	2	4	6	8	…
种　　名	A B C D E F G	H I J K	L M N	O	P	
增加的种数	7	4	3	1	1	…
累计种数	7	11	14	15	16	…

样地面积的大小也应根据具体的自然条件而定。下列样地最小面积经验值可供参考：温带草原为 1 m^2；温带阔叶林为 200 m^2；温带针叶林为 100 m^2；亚热带常绿林为 500 m^2；热带雨林为 2 500 m^2。

4. 样地数目

如果群落结构复杂，植物分布不规则，样地数目应多一些；如果植物群落内部分布均匀，结构较简单，样地的数目可少一些。同时，样地的数目还取决于研究的精度。

二、样地调查的内容和方法

样地确定后，先在地形图上找出样地的位置，然后填写植物群落野外调查表。

（1）环境条件调查：按调查表 3.8.2 上的顺序逐项记载。

调查表 3.8.2　群落环境条件记载表

样地编号　　样地面积　　m^2　　调查时间　　年　　月　　日　　调查者	
地理位置	
GPS 数据	
群落类型和名称	
地　　形	

续表 3.8.2

地　　质	
土　　壤	
湿度条件及地下水	
死地被物	
群落周围环境	
人类及动物影响	
植被动态	
其　　他	

地理位置：写明省、县、乡、村等名称，具体样地位置应尽量确切。

GPS 数据：根据 GPS 所测，记录准确的经纬度和高程相关数据。

群落名称：用群丛命名方法。根据各层的优势种进行命名，不同层次用“-”相连，如果某一层中有两个优势种，可用“+”相连。如蒙古栎 + 黑桦–胡枝子–万年蒿群丛。

地形：记载海拔高度、坡高、坡度、地形起伏以及侵蚀状况等。

地质：记载出露岩层的地质时代、岩石类型。

土壤：记载土壤剖面特征、质地、结构及土壤类型。

温度条件及地下水：地表土壤湿润情况以及地下水的埋深情况。

死地被物：记录枯树落叶层，包括腐烂和未腐烂的枯枝落叶的厚度。

群落周围环境：记载群落四周生境情况，有助于分析相邻群落、村庄、道路、河流等对该群落的影响。

人类及动物的影响：记载是否有砍伐、栽种、放牧和火灾，以及野生动物活动状况等。

植被动态：通过调查后，分析此群落发展的动态情况。

（2）乔木层调查：群落乔木层调查通常采用每木调查法。调查前应对乔木层的总体情况进行记载，并弄清其种类组成。对不能识别的种类，其名称可用号码代替，但必须采集标本编上相应号码后带回，以供鉴定。群落乔木层每木调查的项目见调查表 3.8.3。

调查表 3.8.3 群落乔木每木调查表

调查者：________调查日期：________样地编号：________样地面积：______________m²

层高度（m）/盖度（%）总的________ 分层：Ⅰ________Ⅱ________Ⅲ______________

群落类型：________________________群落名称：________________________

序号	植物名称	小样方号	亚层	高度（m）	枝下高（m）	冠幅（m）	胸径（m）	聚生度	物候期	生活力	生活型	备注

其中：

盖度：用目测估计法，即估计林冠间露出天空的面积比例。如林冠间露出天空的面积占样地的3/10，则树冠盖度为70%。

胸径：即胸高直径，以“厘米（cm）”为单位。可用钢卷尺或轮尺测量植株离地面到1.3 m高处的树干直径。

树高：用目测法估计样地内树木离地面的高度。

枝下高：用目测法估计自地面起到第一个大枝条伸出处的高度。

聚生度：指各种植物在群落中成群生长的特征，也叫群聚度。分以下5级：① 单株散生生长；② 几个个体成小群生长；③ 很多个体成大群生长并散布成小片；④ 成片或散生的簇状生长；⑤ 大面积簇生，几乎完全覆盖样地。记录时可用上面序号代表。

物候期：记载植物所处的发育阶段。① 营养期——植物处在生长阶段；② 蕾期——植物长出茎和梗，花蕾出现；③ 花期——植物处在花盛开时期；④ 花后期——植物处在花凋谢阶段；⑤ 嫩果期——植物花凋谢，但种子尚未成熟；⑥ 果期——种子、果实已经成熟。

生活力：表明植物种对环境的适应能力，一般是用3级表示：强（3）——完成整个生长发育阶段，生长正常；中（2）——仅能生长或有营养繁殖，但不能正常开花、结实；弱（1）——植物达不到正常的生长状态，营养体生长不良。

（3）灌木层调查：灌木层的调查一般不采用每木调查法，而是先对灌木层的总体情况进行记载，确定总盖度（用百分数表示），记载各亚层的高度和盖度，并记录植物名称，然后按调查表3.8.4的项目逐项进行调查记载。

调查表3.8.4 群落灌木层/下木层调查表

调查者：________调查日期：________样地编号：________样地面积：____________m^2

层高度（m）/盖度（%）总的________ 分层：Ⅰ________Ⅱ________Ⅲ____________

群落类型：____________________群落名称：________________________

序号	植物名称	出现的小样方号码	亚层	株数或多度	盖度	高度（m）		胸径（m）		聚生度	物候期	生活力	生活型	起源		备注
						最大	优势	最大	优势					萌生	实生	

其中：

多度：多度指某个植物种在群落中的个体数目。测定多度有两种方法：一是个体的直接计算法；二是目测估计法。前种方法工作量大，一般多采用后种方法。目测估计法可有几种表示方法，但目前采用德氏（Drude）多度法表示，其等级如下：

Soc（Sociales）——植株地上部分郁闭，形成背景化；

Cop3（Copiosae）——植株很多；

Cop2（Copiosae）——植株多；

Cop1（Copiosae）——植株尚多；

Sp（Sparsac）——植株数量不多，散生；

Sol（Solitarae）——植株很少，极其稀疏；

Un（Unicum）——在样地内只有一株。

（4）草本层调查：草本层与灌木层的调查方法基本相同，只是草本层的高度记载以厘米（cm）为单位，并且分别测量生殖枝高度和叶层高度。生殖枝高度是从茎基部到花序顶端的高度，叶层高度是从茎基到最上面叶层的高度。群落草本层调查的项目见调查表 3.8.5。

调查表 3.8.5 群落草本层调查表

调查者：________调查日期：________样地编号：_________样地面积：______________m²

层高度（m）/盖度（%）总的_________ 分层：Ⅰ_______Ⅱ________Ⅲ________________

群落类型：_________________________群落名称：___________________________________

序号	植物名称	出现的小样方号码	亚层	多度	盖度	高度（cm）		聚生度	物候期	生活力	生活型	备注
						叶层	生殖层					

（5）立木更新调查：调查样地内树径不足 2.5 cm 的苗木，包括形成乔木层和将来能够进入乔木层的各树种的苗木。调查其更新情况及影响更新的原因，分析群落的发展和演替。立木更新层的调查方法与灌木层相同，均可用调查表 3.8.4。通常情况下，可将两者一并调查，合称下木层调查。表中的起源一项应该调查更新苗是实生还是萌生。

（6）层间植物调查：层间植物调查的项目见调查表 3.8.6。

调查表 3.8.6 群落层间植物调查表

调查者：________调查日期：________样地编号：_________样地面积：______________m²

群落类型：_________________________群落名称：___________________________________

序号	植物名称	类型			出现的小样方号码	数量或多度	体高（m）	直径（cm）	物候期	生活力	被附植物		分布情况		备注
		藤本	附生	寄生							名称	生活型	位置	方向	

各项调查均完成后，要对调查所得的原始资料进行整理和统计分析，填写植物群落汇总表，并对整个群落特征进行总评。

第四节　植物群落无样地调查法

样方调查虽然界限清楚，数量准确，但要花费很多时间和人力。近年来，多采用无样地法调查，对于林地、灌丛调查效果较好。

无样地调查有多种方法，其中以中心点四分法的效果较好。这种方法对测点的确定是随机的。在群落地段内设置两条互相垂直的 X、Y 坐标线，线上各取一组随机数字，构成一系列随机点的坐标值，依次进行调查；或者在任意测线上随机决定若干测点。当该类群落在大范围内连续分布时，用后者比较方便。每个测点上划分四个象限（设想），在测线上补充一条通过测点垂直测线的线段，或在地段内部通过随机点作两条互相垂直的线。再从随机点的四个象限内各取距测点最近的植株作为取样对象，观测并按下表填写（见表 3.8.7）。

表中冠幅（树冠的直径）用目测法确定，记下纵向和横向两个直径。

表 3.8.7　中心点四分法调查法

调查地点（或测线号）						
群落类型和名称						
调查者				调查日期		
随机点号	象限	树种或编号	点到树的距离（m）	胸径（cm）	冠幅（m）	生长状况（或高度）
1	① ② ③ ④					

最后计算以下数值：

随机点各自到植株距离（点株距）的总和 $\sum d$；

平均点株距 $\overline{\sum d} = \sum d$ / 总株数 n；

平均每株面积 MA = $\left(\overline{\sum d}\right)^2$；

所有种的总密度 = 单位面积/MA，单位面积可以取 100 m^2，10 000 m^2 等；

某个种相对密度 = 某个种株数 n_i/总株数 n；

（各种的）平均显著度（平均总断面积）= 全部断面积总和(总显著度)/n；

某个种的显著度 = 平均显著×某个种的密度；

某个种的频度 = 该种的测点数/测点总数；

某个种的相对频度 = 某个种频度/各个种频度总和；

某个种的重要值 = 相对密度 + 相对频度 + 相对显著度（相对盖度）；

以每一测量点为中心设置小面积样地即可记录林下各层特征。

第五节 频度法

频度指群落中某种植物在各小样方内的出现率。通过频度调查，能够反映出群落组成种在水平分布上是否均一，从而说明植物与环境或植物之间的某些关系。

测定频度时，至少要取 20 ~ 30 个小样方或小样圆。登记某种植物出现的次数，然后求出百分数。

$$F=\frac{r}{R}\times 100\%$$

式中 F——频度；

r——某种植物出现的次数；

R——小样地数。

为了调查方便，可用事先印好的表格进行登记，计算频度（见表 3.8.8）。

表 3.8.8 样方植物频度调查表

编号＿＿＿＿＿＿＿＿＿＿＿ 群落名称＿＿＿＿＿＿＿＿＿＿＿

编号	植物名称	样方编号																						频度（%）
		1	2	3	4	5	6	7	8	9	10	11	12	13	14	15	16	17	18	19	20	…	50	

频度调查样地面积经验值如下：

乔木 100 m^2；灌木 16 m^2；小灌木和高草 4 m^2；草本 0.1 ~ 1 m^2。

思考题

1. 概述植物与环境的关系。
2. 生态序列法有哪两种？比较两种方法的异同，并运用这两种方法调查某一典型地段生态因子对植物的影响。
3. 简述样地调查法的内容与方法。
4. 描述样地调查法与无样地调查法的联系与区别。
5. 利用频度调查说出你周围植物与环境或植物之间的关系。

参考文献

[1] 王建. 现代自然地理学. 北京：高等教育出版社，2001.
[2] 杨士弘. 自然地理学实习教程. 北京：科学出版社，2002.
[3] 胡伍生，高成发. GPS 测量原理及其应用. 北京：人民教育出版社，2002.8.
[4] 赵温霞. 周口店地质及野外地质工作方法与高新技术应用. 北京：中国地质大学出版社，2003.
[5] 合肥工业大学资源与环境工程学院. 苏浙皖赣地区野外认识实习指导书，2005.
[6] 王慧麟，等. 测量与地图学. 南京：南京大学出版社，2009.
[7] 蔡蒨. 分析化学实验. 上海：上海交通大学出版社，2010.
[8] 马全红. 分析化学实验. 南京：南京大学出版社，2009.
[9] 武汉大学化学与分子科学学院实验中心. 分析化学实验. 北京：中国中医药出版社，2003.
[10] 北京林业大学. 土壤理化分析实验指导书. 2002.
[11] 李天杰，等. 土壤地理学. 3 版. 北京：高等教育出版社，2004.
[12] 中华人民共和国环境保护行业标准. 土壤环境检测技术规范. 国家环境保护总局分布，2004.
[13] 《土壤水分测定方法》编写组. 土壤水分测定方法. 北京：水利电力出版社，1986.
[14] 李笑吟，毕华兴，刁锐民，刘利峰，李孝广，李俊. TRIME-TDR 土壤水分测定系统的原理及其在黄土高原土壤水分监测中的应用[J]. 中国水土保持科学，2005（1）.
[15] 赵明智. 一种先进的水分仪. 503 型中子水分仪[J]. 分析仪器，1988（1）.
[16] 李道西，彭世彰. TDR 在测量农田土壤水分中的室内标定. 干旱地区农业研究，2008，26（1）.
[17] 全国农业技术推广服务中心. 土壤分析技术规范. 2 版. 北京：中国农业出版社，2006.
[18] 霍亚贞. 土壤地理学实验实习. 北京：高等教育出版社，1987.
[19] 刘南威. 自然地理学. 3 版. 北京：科学出版社，2009.
[20] 宋青春. 地质学基础. 4 版. 北京：高等教育出版社，2005.
[21] 姜尧发. 矿物岩石学. 北京：地质出版社，2009.
[22] 赖绍聪. 晶体光学与岩石学实习教程. 北京：高等教育出版社，2010.
[23] 路凤香，桑隆康. 岩石学，北京：地质出版社，2002.
[24] 唐洪明. 矿物岩石学，北京：石油工业出版社，2007.

[25] 陈雄，李凤全，等. 地理学实验与野外实习. 北京：科学普及出版社，2007.

[26] 霍夫里特，斯泰因比歇尔. 郭圣荣，主译. 生物高分子. 北京：化学工业出版社，2004：273-315.

[27] Hofrichter M. Steinbüchel A. Guo S R Biopolymers，2004.

[28] Perminova I V. Hatfield K. Hertkorn N Use of humic substances to remediate polluted environments：from theory to practice，2005.

[29] Serudo R L. Oliveira L C. Rocha J C Reduction capability of soil humic substances from the rio negro.

[30] Basin，brazil，towards Hg（Ⅱ）studied by a multimethod approach and principal component analysis（PCA）2007（3-4）.

[31] Lovley D R，Coates J D，Blunt-harris E L，et aJ. Humic substances electron acceptors for microbial respiration. Nature，1996，382（6590）：445-448.

[32] Lovley D R，Blunt—harris E L. Role of humie-bound iron all electron traer agent in dissimilatory Fe（m）reduction. Applied andEnvironmental Microbiology，1999，65（9）：4252-4254.

[33] 武春媛，李芳柏，周顺桂. 腐殖质呼吸作用及其生态学意义. 生态学报，2009，29（3）：1535-1542.

[34] 何云龙，刘大强. 硝酸氧解法提高泥炭中黄腐酸的产率[J]. 应用化学，2003，20（12）：19 ~ 21.

[35] 葛红光，陈丽华. 泥炭中黄腐酸的分离研究[J]. 延安大学学报：自然科学版，2001，20（3）：57 ~ 58.

[36] 何立千. 生物技术黄腐酸的研究与应用[M]. 北京：化学工业出版社，1999.

[37] 菊地敦纪，福基正己，田中文子，等. 通过与阳离子表面活性剂形成离子对的方法分离黄腐酸[J]. 腐殖酸，2005（1）：40 ~ 41.

[38] 成都科学技术大学分析化学教研组，浙江大学分析化学教研组. 分析化学试验[M]. 北京：高等教育出版社，1989：64 ~ 67.

[39] 汪善峰，汪海蜂，陈安国. 生化黄腐酸的作用效果与作用机理[J]. 中国饲料，2004（22）：12 ~ 13.

[40] 贺倩，颜丽，杨凯，等. 不同来源腐殖酸的组成和性质研究[J]. 土壤通报，2003，34（4）：343 ~ 345.

[41] 焦立为. 重量法测定黄腐酸含量[J]. 理化检验—化学分册，2004，5（4）：297.

[42] 黄瀛华，王曾辉，杭月珍. 煤化学及工艺学试验[M]. 上海：华东化工学院出版社，1988.

[43] 孙鸿烈，刘光崧. 土壤理化分析与剖面描述. 北京：中国标准出版社，1996：33.

[44] 中国科学院南京土壤研究所. 土壤农化分析. 上海：上海科学出版社，1978：512.

[45] 中国科学院南京土土壤研究所土壤物理研究室. 土壤物理性质测定法. 北京：科学出版社，1978：10.
[46] 华孟，王坚. 土壤物理学. 北京：北京农业大学出版社，1993：38.
[47] 李酉开，等. 土壤农业化学常规分析方法. 北京：科学出版社，1983：17.
[48] 于天仁，张效年，等. 电化学方法及其在土壤研究中的应用. 北京：科学出版社，1982：100-154.
[49] 勒弗戴. 灌溉土壤分析方法. 黄震华，等，译. 银川：宁夏人民出版社，1981：190-191.
[50] 刘光崧. 土壤理化分析与剖面描述. 北京：中国标准出版社，1996：24-29，33-37，41-42，208-209.
[51] 南京农业大学. 土壤农化分析. 2 版. 北京：中国农业出版社，1986：95-116，115-137.
[52] D. L. Sparks. Methods of Soil Analysis，SSSA，ASA，Madison，Wisconsin，USA. 1996：p1215-1218.
[53] D. L. Sparks et al. ed. Methods of soil analysis. Part 3 Chernical Methods. SSSA/ASA，Madison，WI，USA. 1996，665 ~ 681.
[54] 南京农业大学. 土壤农化分析. 2 版. 北京：中国农业出版社，1986：40-64.
[55] 李酉开. 紫外分光光度法测定硝酸. 土壤学进展. 1992，6，44-45.
[56] 易小琳，李酉开，韩琅丰. 紫外分光光度法测定硝态氮. 土壤通报，1983，6.
[57] [美]L. M 沃而什 J. D 比坦. 土壤测定与植物分析. 周鸣铮，译，袁可能，校. 北京：中国农业出版社，1982：65-75.
[58] 农业部教育局，华南农学院. 水稻营养与施肥. 外籍学者讲学材料之十九. 1982：74-76.
[59] [美]J M 布伦纳，等. 土壤氮素分析法. 曹亚澄，译. 朱北良，刘芷宇，邢光喜，校. 1981：208-230.
[60] 刘崇群. 土壤硫素和硫肥施用问题. 土壤进展，1981（4）：11-18.
[61] [美]S L 蒂斯代尔，W L 纳尔逊. 土壤肥力与肥料. 孙秀廷，曹志洪，等，译. 鲁如坤，等，校. 北京：科学出版社，1984：167-182.
[62] 国家标准 GB 7875—87 森林土壤全硫的测定. 1988.
[63] D L Sparks. Methods of Soil Analysis，1996，p921-960，SSSA，ASA，Madison，Wisconsin，USA.
[64] 鲁如坤，等. 土壤农业化学分析方法. 北京：中国农业科技出版社，2000.
[65] 史瑞和，等. 土壤农化分析. 北京：中国农业出版社，1996.
[66] Sharpley A N. Phosphorus cycling in unfertilized and fertilized agricultural soils. Soil Sci. Sod. Am. J.，1985，49：905-911.
[67] 中国土壤学会农业化学专业委员会. 土壤农业化学分析常规方法. 北京：科学出版社，1983.

[68] Page A L, MillerR H, Keeney (eds.). Methods of Soil Analysis, Part2. Madison, Wis.: ASA Publication Inc. 1982.

[69] 孙建民，崔萌，高峥. 痕量磷测定方法的研究及新进展. 微量元素与健康研究，2005，22（2）：55-58.

[70] 张福锁. 测土配方施肥技术要览. 北京：中国农业大学出版社，2006.

[71] 鲍士旦. 土壤农化分析. 3 版. 北京：中国农业出版社，2002.

[72] Chang S C, Jackson M L. Fractionation of soil phosphorus[J]. Soil Science, 1957, 133-144.

[73] Sims J T. Comparison of Mehlick 1and Mehlick 3 extractants for P, K, Ca, Mg, Mn, Cu and Zn in Atlantic Coastal Plain Soils[J]. Commun., S S P A, 1989, 20 (17-18): 1707-1726.

[74] 刘肃，李酉开. MehlichⅢ通用浸提剂的研究[J]. 土壤学报，1995，32（2）：132-141.

[75] 沈仁芳，蒋柏藩. MehlichⅢ浸提剂与石灰性土壤有效磷的关系[J]. 土壤通报，1994，25（3）：142-141.

[76] 鲁如坤，等. 土壤植物营养学原理和施肥. 北京：化学工业出版社，1998.

[77] 徐爱丽，ICP. AES 测定海娜植物及土壤中镉、铜、铅、锌（青海师范大学化学系，青海西宁 810008）.

[78] 王新，周启星，外源镉铅铜锌在土壤中形态分布特性及改性剂的影响（中国科学院陆地生态系统痕量物质生态过程开放研究实验室，辽宁沈阳 110016）.

[79] 于彬，郑钦玉. 土壤铅污染的防治技术（西南大学农学与生物科技学院，重庆北碚 400716）.

[80] 崔德杰，张玉龙. 土壤重金属污染现状与修复技术研究进展（沈阳农业大学，辽宁沈阳 110161）.

[81] 周京霞，丁红芳. 氢化物-原子荧光光谱法测定高纯硼酸中痕量砷（核工业北京化工冶金研究院，北京 101149）.

[82] 李圣发. 土壤砷污染及其植物修复的研究进展与展望（江西省永丰县环境监测站，江西永丰 331500）.

[83] 郎印海，蒋新，赵振华，赵其国，等. 土壤中 13 种有机氯农药超声波提取方法研究. 环境，2004.

[84] 熊晓娇，张家来，等. 国内外水土流失与土壤退化现状及特点分析[J]. 湖北林业科技，2006（4）：41-42.

[85] 王占礼. 中国土壤侵蚀影响因素及其危害分析[J]. 农业工程学报，2000，16（4）：32-33.

[86] 赵晓丽，张增祥，刘斌，等. 基于遥感和 GIS 的全国土壤侵蚀动态监测方法研究[J]. 水土保持通报，2008，22（4）：29-32.

[87] 王育新，田卫堂，等. 利用 3S 技术进行土壤侵蚀调查和动态监测[J]. 河北水利水电技术，2003（2）：43-45.

[88] 郑永春，王世杰，欧阳自远，等. 地球化学元素在现代土壤侵蚀研究中的应用[J]. 地理科学进展，2002，21（5）：507-515.

[89] 南秋菊，华珞，等. 国内外土壤侵蚀研究进展[J]. 首都师范大学学报：自然科学版，2003（2）：87-95.

[90] 刘震，等. 水土保持监测技术[M]. 北京：中国大地出版社，2004.